改訂新版

新編 電氣機械

工學博士 李 允 鍾 著

東 明 社

머 리 말

이 책은 大學의 電氣 및 電子工學의 각 分野의 學生을 위한 電氣機器 敎材와 參考書로서 著述한 것이다.

현재 사용되고 있는 電氣機器의 종류는 매우 多樣하며, 더욱 새로운 機器의 開發도 活潑한 實情이다.

電氣機器를 供給電力에 의하여 나누면 直流機器와 交流機器로 大別할 수 있고, 動作狀態에 따라서는 回轉機와 靜止機器로 나눌 수 있다.

이 책의 內容은 從來의 慣習에 따라 第1章 直流機에서 시작하여 變壓器, 同期機, 誘導機, 交流整流子機의 順으로 하고, 끝 章에는 水銀整流器 대신 半導體素子와 그 應用의 槪要를 追加挿入하였다.

그리고 되도록 모든 分野에 걸쳐 充實하려고 努力하였고, 代表的이며 基本的인 電氣機器의 難解한 理論을 알기 쉽게 解說하는데 力點을 두었으나 그래도 不充分한 點이 많이 있을 것으로 알고, 이 點은 앞으로 여러분의 助言을 받아 補完하려고 생각한다.

끝으로 改訂新版을 맡아 주신 東明社 여러분의 配慮에 깊이 感謝하는 바이다.

1986년 8월

저자 씀

차 례

第1章 直 流 機

第2章 變 壓 器

第3章 同 期 機

第4章 誘 導 機

第5章 交流整流子機

第6章 電力用 半導體素子와 應用概要

第1章 直 流 機

1·1 直流發電機

1·1·1 直流發電機의 原理

그림 1·1 (a), (b)와 같이 磁極 N, S 사이에 코일 a b c d 를 놓고 그 두 끝을 슬립 링(slip ring) C_1, C_2에 연결하여 xx'를 軸으로 時計方向으로 一定速度로 돌리면 導體 ab, cd는 磁束을 切斷하므로 vBl 法則에 의하여 이들 導體에는 起電力이 유기된다.

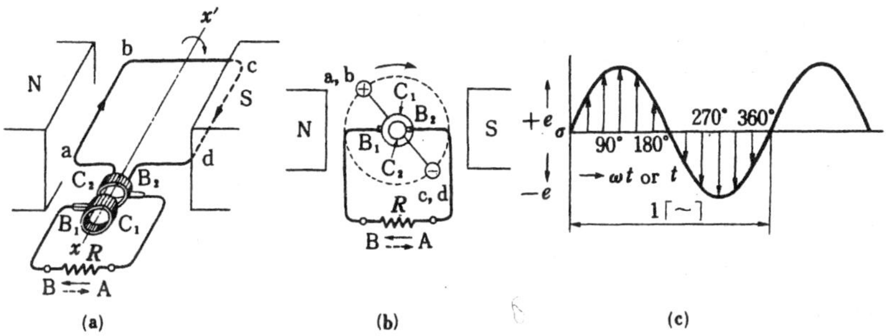

그림 1·1

코일이 그림 1·1 (a)의 위치에서 180° 回轉하면 導體 ab, cd에 발생하는 電壓의 極性은 반대가 되고 360° 回轉, 즉 1회전하면 이 동안에 그림 1·1 (c)와 같이 1[∼]의 交番起電力이 생기며, 端子 A, B 사이에는 이들 두 導體의 起電力의 合이 발생하므로 A, B의 電壓도 1[∼]의 交番起電力이 된다.

다음에 그림 1·1 (a)의 슬립 링 C_1, C_2 대신에 그림 1·2 (a)와 같이 서

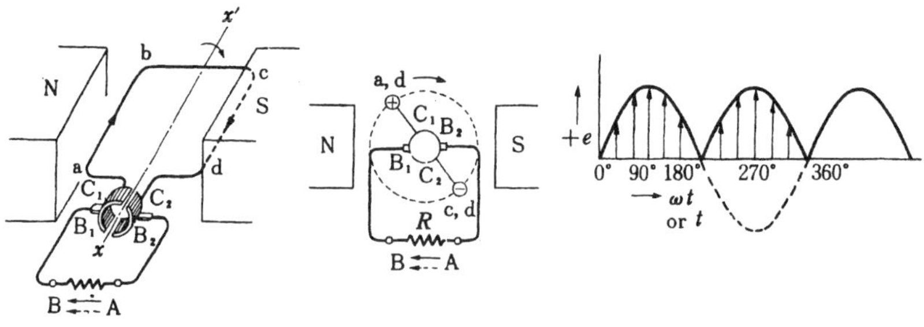

(a) (b) (c)

그림 1·2

로 절연된 2개의 金屬片 C_1, C_2로 된 1개의 環을 붙이고 코일의 두 끝을 각각 金屬片에 연결하여 xx'를 軸으로 時計方向으로 돌리면 그림 1·2 (a)의 위치에서는 金屬片에 接觸된 브러시를 통하여 電流는 $C_2 \rightarrow B_2 \rightarrow$ 負荷 $\rightarrow B_1 \rightarrow C_1$과 같이 흐른다. 코일이 半回轉하면 金屬片 C_1, C_2와 브러시 B_1, B_2의 접촉이 바뀌므로 電流는 $C_1 \rightarrow B_2 \rightarrow$ 負荷 $\rightarrow B_1 \rightarrow C_2$와 같이 흘러서 여전히 같은 방향이 된다. 이와 같이 되는 것은 코일(또는 導體)에 誘起된 交番起電力이 C_1, C_2와 B_1, B_2의 접촉이 半回轉마다 바뀌므로 브러시에서 얻어지는 電壓은 그림 1·2(c)와 같은 直流電壓으로 변환되었기 때문이다.

이것이 直流發電機이며, 2개의 金屬片 C_1, C_2를 **整流子片**(commutator segment), C_1, C_2로 된 環을 **整流子**(commutator)라 한다.

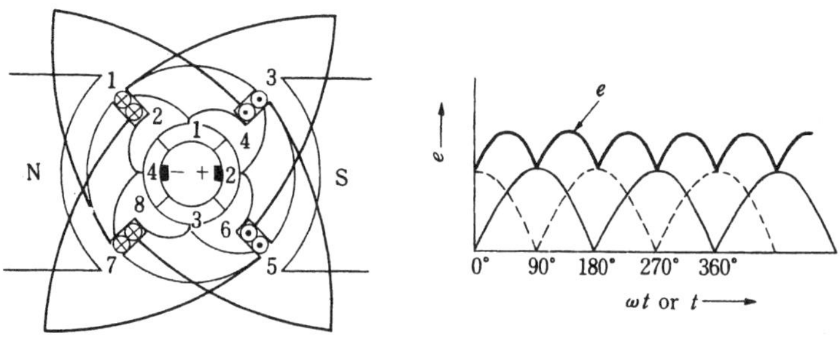

(a) (b)

그림 1·3

이 경우에는 코일이 1개 뿐이므로 整流子片數도 2개면 된다. 이와 같이 코일의 數가 적어 整流子片數도 적으면 最大電壓과 最小電壓과의 差가 심한 脈動電壓이 되어 이러한 直流電壓은 실용상 지장이 많다.

그러나, 그림 1·3(a)와 같이 코일과 整流子片數를 4개로 하면 브러시 사이에 얻어지는 直流電壓은 그림 1·3 (b)의 e와 같이 되어 脈動의 정도가 줄어든다.

실제의 直流發電機에서는 많은 코일을 鐵心圓筒 위에 배치하고 整流子片數도 많으므로 脈動이 거의 없는 直流電壓이 발생하게 되어 있다.

1·1·2 勵磁方式에 따른 直流發電機의 分類

直流發電機의 磁束을 만들어 주기 위하여는 永久磁石(parmanent magnet)을 쓰는 경우와 電磁石(electro-magnet)을 쓰는 경우가 있는데, 현재의 直流機에는 대개 電磁石을 쓴다. 電磁石의 捲線 (**界磁捲線**;field winding이라 한다)에 電流를 흘리는 것을 **勵磁**(excite)한다 하며, 直流發電機를 勵磁方式으로 분류하면 다음과 같다.

(1) **他勵磁發電機**(separately excited generator)

勵磁電流를 다른 直流電源(蓄電池 또는 다른 直流發電機)에서 취하는 發電機이다.

(2) **自勵磁發電機**(self excited generator)

勵磁電流를 發電機 자신의 誘起起電力으로 흘리게 하는 것이며, 이것을 다음과 같이 또 나눌 수 있다.

① **分捲發電機**(shunt generator) : 電機子捲線과 界磁捲線이 並列로 연결되어 있는 發電機〔그림 1·4 (a)〕

② **直捲發電機**(series generator) : 電機子捲線과 界磁捲線이 直列로 연결되어 있는 發電機〔그림 1·4 (b)〕

③ **複捲發電機**(compound generator) : 電機子捲線과 並列로 연결된 界磁捲線(分捲捲線)과 直列로 연결된 界磁捲線(直捲捲線)을 다 함께 가지

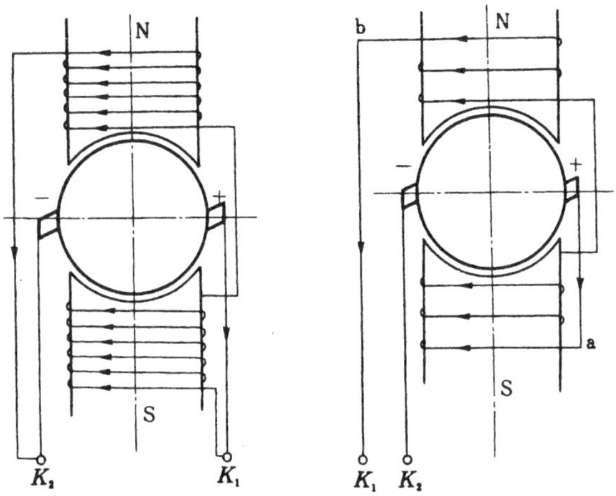

그림 1·4

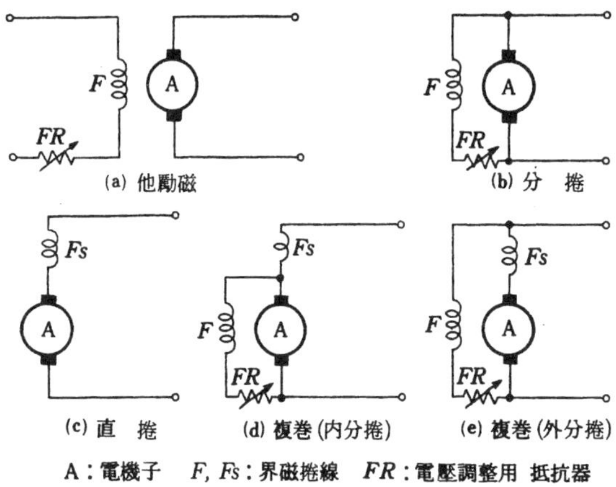

그림 1·5 直流機의 勵磁方式

고 있는 發電機이며, 分捲捲線이 그림 1·5(d)와 같이 연결되어 있는 것을 内分捲(short shunt), 그림 1·5(e)와 같은 것을 外分捲(long shunt)이라고 하지만 이 區別은 그다지 重要한 것이 아니다.

直捲捲線과 分捲捲線의 起磁力이 서로 합하여지도록 되어 있는 것을

加動複捲(cumulative compound), 반대 방향으로 작용하여 서로 지워지도록 되어 있는 發電機를 **差動複捲發電機**(differential compound generator)라 한다.

그리고 각종 勵磁方式의 發電機를 그림 1·5와 같이 표시한다.

1·1·3 直流發電機의 構造

直流機의 실제 구조는 그림 1·6과 같으며, 이의 주요 부분은 磁路를 구성하는 磁極鐵心(pole core), 電機子鐵心(armature core), 繼鐵(yoke)과 電路를 구성하는 電機子捲線(armature winding), 整流子(commutator), 브러시, 起磁力을 만들어 주는 界磁捲線(field winding)이다.

이 외에 中形機 이상의 直流機에는 磁極 NS의 中間位置에 補極(inter pole)이 있는 것이 많으며, 磁極表面에 補償捲線(compensating winding)이 감겨 있는 것도 있다.

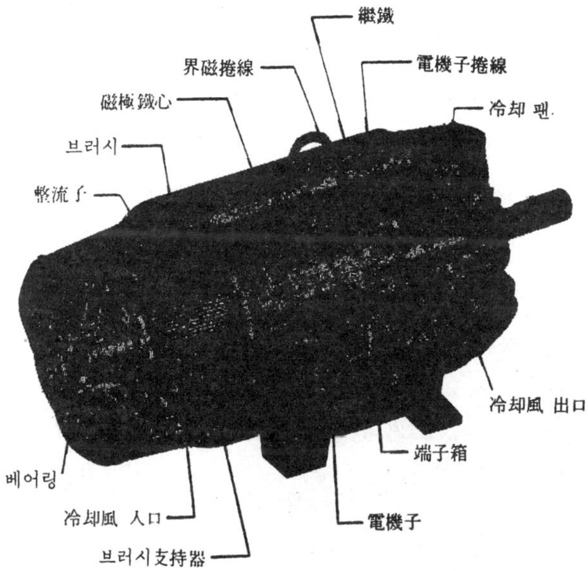

그림 1·6 直流機의 構造

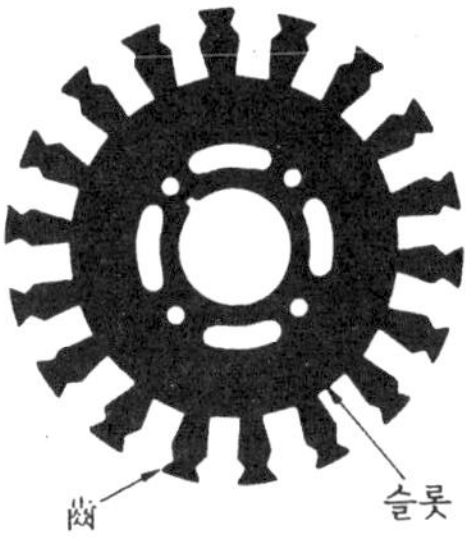

(a) 小形機用

(b) 大形機用

그림 1·7

繼鐵은 軟鋼板을 구부려서 熔接하든가 다이캐스트(die cast) 등으로 만든다.

電機子鐵心은 두께 0.5 mm 정도의 珪素鋼板을 그림 1·7과 같이 圓形 또는 扇形으로 加工하고 積層(lamination)하여 圓筒狀으로 組立한다. 大形機에서는 積層 5~10 [cm]마다 폭 1 [cm] 정도의 通風渠(air duct) 또는 通風孔(ventilation hole)을 만든다. 그리고 鐵心을 조이는 보울트가 渦電流通路가 되지 않도록 絕緣 보울트를 사용한다.

純鐵에 珪素(silicon)를 2~5 [%] 함유시킨 珪素鋼板을 양면에 絕緣바니쉬를 塗布하여 鋼板表面을 절연하고 積層하여야 하는데, 이렇게 하는 것은 鐵心에 交番磁束이 통함으로써 생기는 渦流損(eddy current loss)과 히스테리시스損(hysteresis loss)을 줄이기 위해서이다.

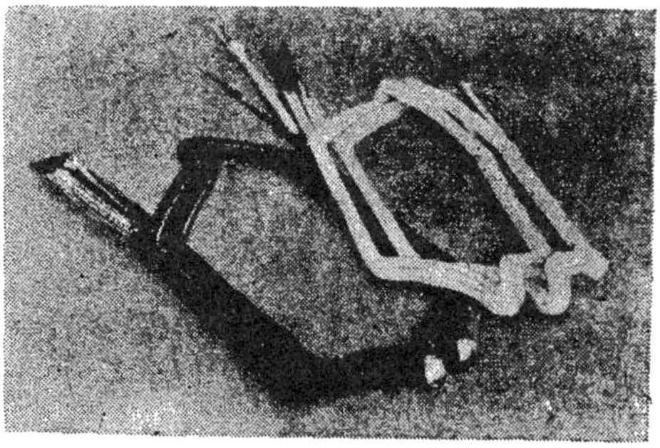

그림 1·8 型捲코일

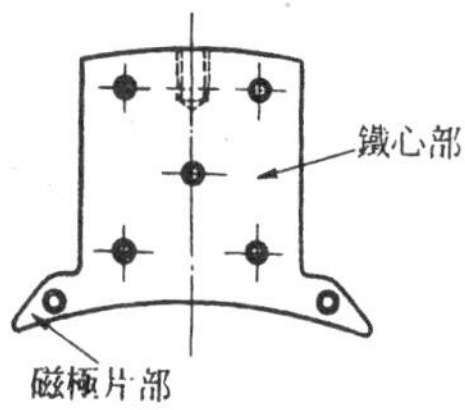

그림 1·9 界磁鐵心用 鋼板

電機子 코일에는 導電率 97[%] 이상의 軟銅을 절연하여 사용한다. 絕緣은 電氣的 耐力 뿐만 아니라 運轉中의 壓力에 견딜 수 있는 機械的 强度를 가져야 한다.

電機子捲線은 대개 그림 1·8과 같이 型捲코일(former-wound coil)을 써서 만들며, 바니쉬 處理를 한 다음 슬롯에 넣는다.

主磁極은 그림 1·9와 같이 두께 0.8~1.6[mm]의 軟鋼板을 펀칭(punching)해서 成層한 다음 리베트(ribet)로 조이고 繼鐵에 보울트로 고정한다. 때로는 界磁鐵心만을 鑄鐵 또는 鑄鋼으로 만들어 여기에 成層한 磁極片을 붙이는 경우도 있다.

界磁捲線은 電流가 적고 捲數가 많은 것(分捲捲線)과 電流가 크고 捲數가 적은 것(直捲捲線)과는 구조가 다르다. 前者에는 에나멜 絕緣 또는 綿絕緣을 한 가는 電線을 捲線틀에 몇 겹으로 겹쳐서 감고 雲母紙, 絕緣布 등으로 절연한 것을 사용하고, 後者에는 굵은 裸銅棒을 감거나 리본모양의 銅帶를 雲母紙, 石綿紙 등을 끼워서 平捲으로 감은 것을 사용한다.

그림 1·10 界磁捲線

그림 1·10은 複捲發電機의 界磁捲線의 그림인데, 안쪽에 捲數가 많은 分捲捲線이 감겨 있고 바깥쪽에 捲數가 적은 굵은 直捲捲線이 감겨 있다.

그림 1·11(a)는 整流子의 구조를 나타낸다. 直流機의 고장은 整流子面上에서 발생하기 쉬운 불꽃에 기인하는 경우가 많다. 그림 1·11(b)는 브

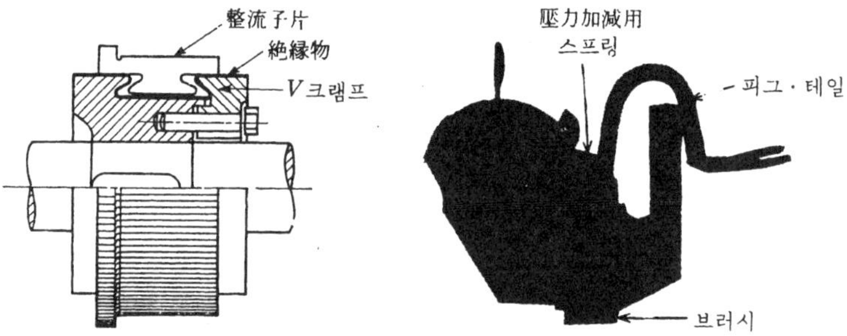

(a) 整流子의 구조

(b) 브러시 支持器

그림 1·11

러시 支持器(brush holder)이며, 브러시를 整流子面上의 적당한 위치에 적당한 壓力으로 접촉시키는 작용을 한다.

1·1·4 電機子捲線

電機子捲線의 각 導體에는 時間과 位相에 따라서 서로 다른 방향의 起電力이 誘起되고 있다. 따라서 이들 起電力이 서로 상쇄됨이 없이 유효하게 합하여지도록 導體를 접속해 가야 할 것이며, 整流作用에도 지장을 주는 捲線이 되어서는 안 된다.

(1) 環狀捲과 鼓狀捲

그림 1·12(a), (c)와 같이 環狀鐵心에 안팎으로 코일을 감은 것이다. 環狀捲으로 하면, 鐵心表面에 있는 導體만이 磁束을 끊으므로 이들에만 起電力이 誘起되고 鐵心內面에 있는 導體는 磁束을 끊지 못하므로 起電力이 誘起되지 않는다. 또한 捲線을 감기도 불편하므로 현재는 거의 사용하지 않는다.

그림 (b), (d)와 같이 環狀電機子의 鐵心內面에 있는 導體를 鐵心外面으로 옮겨서 이들에게도 起電力이 誘起되게끔 해 준 捲線이 鼓狀捲이며, 현재 사용되고 있는 捲線은 거의 鼓狀捲이다.

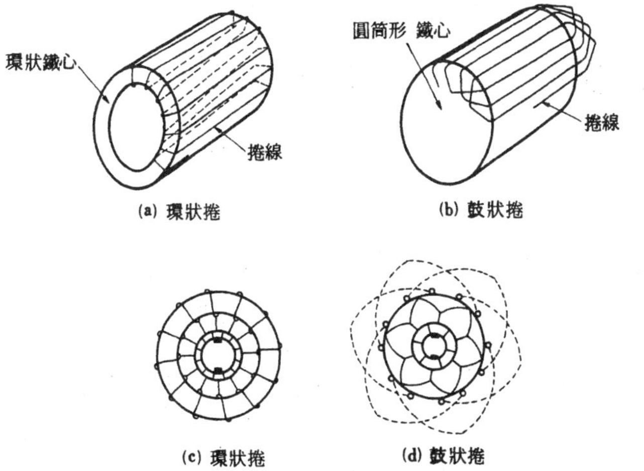

그림 1·12

(2) 閉路捲과 開路捲

그림 1·12(c), (d)에 표시해 놓은 捲線은 어느 것이나 권선의 어떤 점에서 출발하여 捲線導體를 따라가면 출발점에 되돌아와서 닫혀지고 閉回路가 된다. 이와 같은 捲線을 **閉路捲**(closed circuit winding)이라 한다.

開路捲(open circuit winding)이라 함은 몇 개의 開路된 獨立捲線을 鐵心에 감은 것이며, 이것이 외부 회로에 접속되어야만 비로소 閉回路가 되는 捲線이다. 直流機의 捲線은 전부 閉路捲이다.

(3) 單層捲과 2層捲

鼓狀捲의 경우 한 導體와 이것에 접속된 다음 導體와는 대략 1磁極間隔만큼 떨어진 위치에 있는데, 이러한 한 쌍의 導體를 **코일**(coil)이라 하고, 각 導體를 각각 **코일邊**(coil side)이라 한다(그림 1·13). 이 코일邊을 슬롯에 넣는 방법에 따라 **單層捲**(single layer winding)과 **2層捲**(double layer winding)으로 나누어진다.

單層捲은 그림 1·14(a)와 같이 슬롯 1개에 코일邊 1개만을 넣는 방법이며, 2層捲은 그림 (b)와 같이 슬롯 1개에 상, 하 2층으로 코일邊을

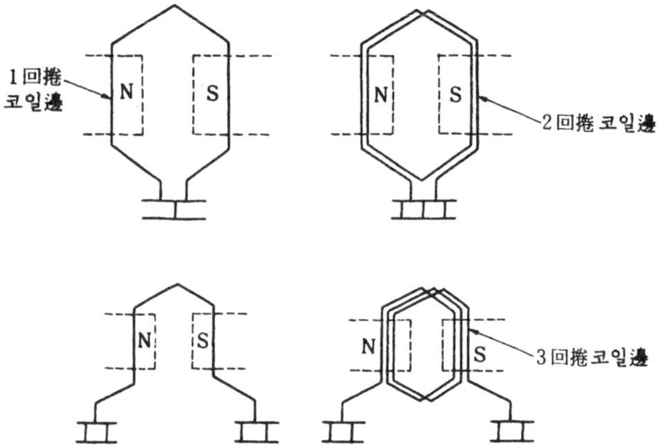

그림 1·13

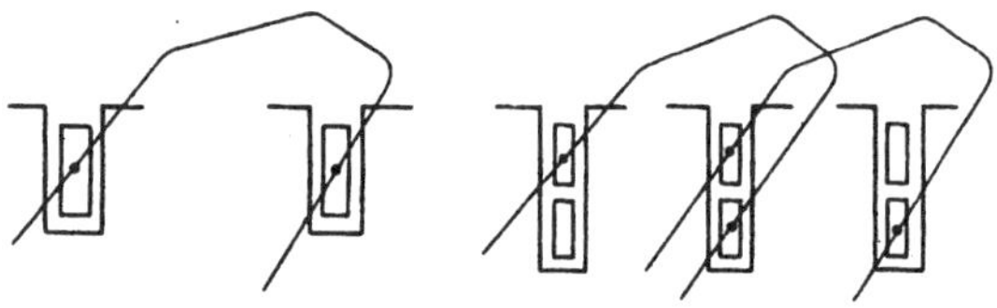

(a) 單層捲 (b) 2層捲

그림 1·14

넣는 방법이다. 2層捲으로 한 경우에 코일의 한쪽 邊을 어떤 슬롯의 상층에 넣으면 다른쪽 邊은 거의 1磁極間隔 떨어진 다른 슬롯의 하층에 넣도록 한다.

(4) 重捲과 波捲

코일邊을 서로 연결하는 방법에는 그림 1·15 (a), (b)의 2가지가 있다. (a)를 **重捲**(lap winding), (b)를 **波捲**(wave winding)이라고 한다. 그림에서 y_b를 **後節**(back pitch), y_f를 **前節**(front pitch), y를 **合成節**(resultant pitch)이라 하고, 코일邊數로 표시한다. 또 y_c를 **整流子節**(commutator pitch)이라 하고 整流子片數로 표시한다.

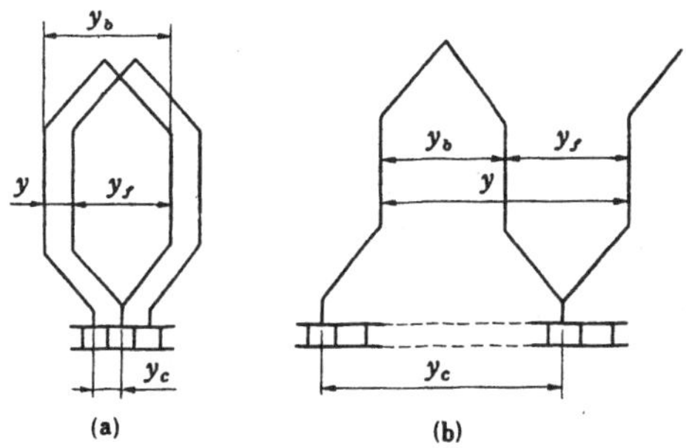

그림 1·15

(5) **全節捲과 短節捲**

後節이 極間隔과 같은 것을 **全節捲**(full pitch winding)이라 하고〔그림 1·16 (a)〕, 後節이 極間隔보다 짧은 것을 **短節捲**(short pitch winding)이라 한다〔그림 (b), (d)〕. 또 後節이 그림 1·16 (c)와 같이 極間隔보다 긴 捲線을 **長節捲**(long pitch winding)이라 하는데, 이것은 電氣的으로는 短節捲과 같은 것이다.

그런데 整流를 잘 되게 하려면, 全節捲이나 全節捲에 가까운 短節捲으로 해야 한다.

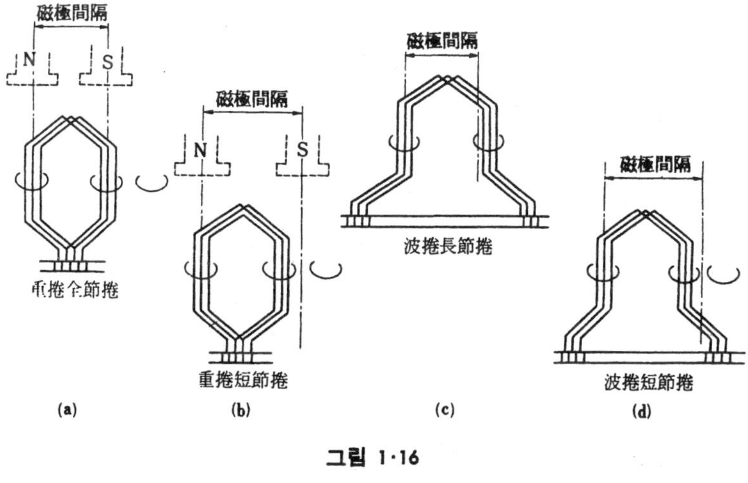

그림 1·16

(6) 重捲捲線法

그림 1·17은 極數 $P=4$, 整流子片數 $K=21$, 코일邊數 $Z_c=42$, 슬롯數 $S=21$, 슬롯에 2개의 코일邊이 있는 一重重捲(simplex lap winding)의 예이다.

整流子片 1이 上層 코일邊 1에 연결되고 後結線을 거쳐 하층 코일邊 12에 이르고, 이것과 整流子片 2를 연결한다. 整流子片 2는 상층코일邊 3에 연결한다. 이와 같이 捲線은 차례차례 시계방향으로 감겨져 가서 모든 코일邊이 整流子片과 연결된다.

이 捲線의 경우는,

$y_b = 12 - 1 = 11,$

$y_f = 12 - 3 = 9,$

$y = 3 - 1 = 2,$

$y_c = 2 - 1 = 1$

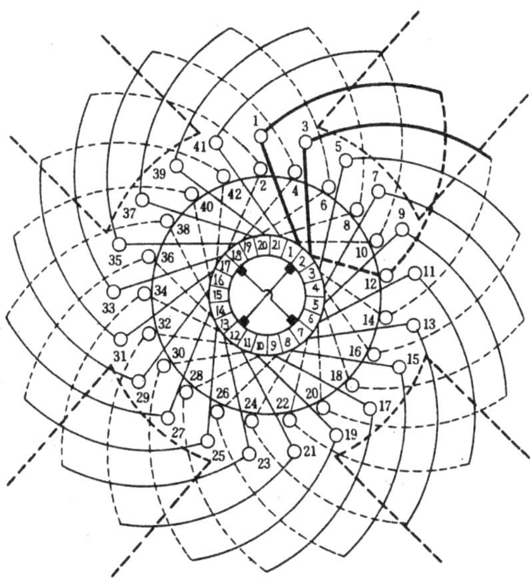

그림 1·17

이 된다.

이것에서 알 수 있는 바와 같이 後節 y_b 및 前節 y_f 는 偶數와 奇數의 差이고 y_b, y_f 는 모두 奇數이며, 이들은 1極當 코일邊數 $\frac{Z_c}{P}=\frac{42}{4}=$ 10.5에 가까운 값이다.

따라서 一重重捲으로 하려면, y_b, y_f 는 다음과 같이 정해야 한다.

$\frac{Z_c}{P}$가 偶數일 때는

$$y_b=\frac{Z_c}{P}\pm1, \qquad y_f=\frac{Z_c}{P}\mp1 \tag{1·1}$$

$\frac{Z_c}{P}$가 奇數일 때는

$$y_b=\frac{Z_c}{P}, \qquad y_f=\frac{Z_c}{P}\mp2 \tag{1·2}$$

또는

$$y_b=\frac{Z_c}{P}\pm2, \qquad y_f=\frac{Z_c}{P} \tag{1·3}$$

만일, $\frac{Z_c}{P}$가 整數가 아닐 때에는 $\frac{Z_c}{P}$에 가까운 2개의 奇數를 y_b, y_f 로 한다.

또 $y_c=\pm1$(進捲일 때 +, 戾捲일 때 −) (1·4)

$y_b>y_f$ 인 것을 **進捲**(progressive winding)이라 하고, 그림 1·17과 같이 捲線은 時計方向으로 감겨져 간다. 또 $y_b<y_f$ 인 경우에는 그림 1·17의

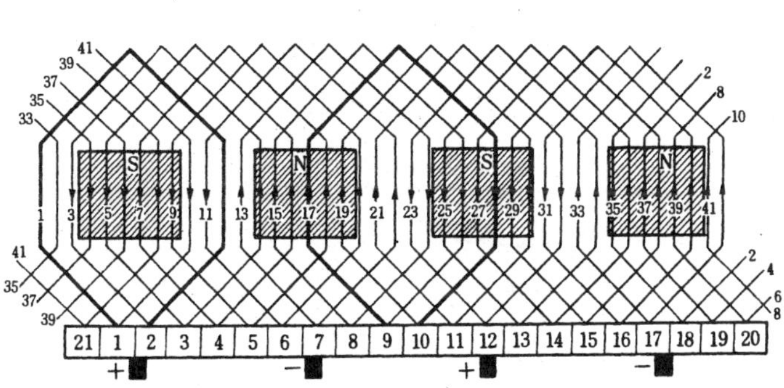

그림 1·18

整流子片 1에서 시작해서 코일邊 1, 코일邊 12를 거쳐 整流子片 21에 오게 된다. 이와 같이 捲線이 反時計方向으로 감겨져 가게 되는데 이것을 戾捲(retrogressive winding)이라 한다. 그림 1·18은 그림 1·17의 電機子捲線의 展開圖이다.

(7) 波捲捲線法

그림 1·19는 $P=4$, $K=21$, $Z_c=42$, $S=21$, 슬롯에 2개의 코일邊이 있는 一重波捲(simpex wave winding)의 예이다.

整流子片 1이 上層邊 1에 연결되고 後結線을 거쳐 下層邊 12에 이르고 이것과 整流子片 12를 연결한다. 整流子片 12에서 나와 上層邊 23, 下層邊 34를 거쳐 출발점인 整流子片 1에 이웃되는 整流子片 2로 돌아왔다. 만일 整流子片 2에 돌아오지 않고, 整流子片 1에 돌아오면, 이것으로 회로가 닫혀져서 捲線이 진행할 수 없다. 捲線을 進行시키자면, 電機子를 한 바퀴 돈 다음 출발점이 된 整流子片의 이웃되는 整流子片 2에 오게

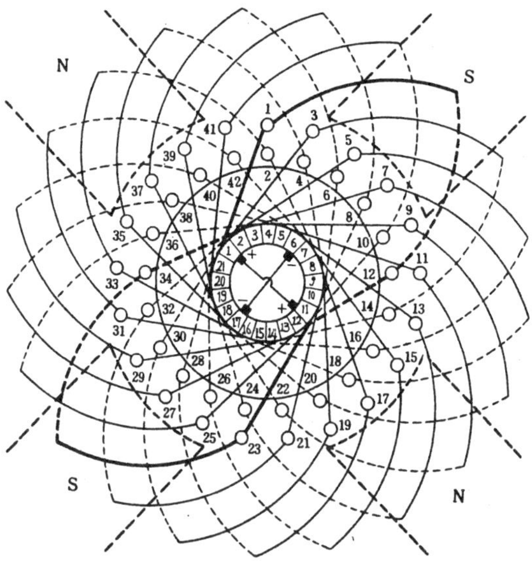

그림 1·19

하거나(進捲), 21에 오도록 해야 한다(戾捲).

이렇게 되려면,

$$y_c=2\cdot\frac{K\pm1}{P}=\text{整數}(+\text{는 進捲, }-\text{는 戾捲}) \qquad (1\cdot5)$$

가 되도록 整流子節 y_c를 정해야 한다. 그림 1·19를 보면,

$$y_c=12-1=11$$

이것은 식 (1·5)를 써서 계산한

$$y_c=2\cdot\frac{21+1}{4}=11$$

과 一致한다.

또 그림 1·19의 捲線에서는,

$$y_b=12-1=11, \qquad y_f=23-12=11, \qquad y=11+11=22$$

로 되어 있다.

一重波捲으로 하려면 y_b, y_f는 다음과 같이 정한다.

$Y=\dfrac{Z_c\pm2}{P}$가 偶數일 때,

$$y_b=Y\pm1, \qquad y_f=Y\mp1 \qquad (1\cdot6)$$

$Y=\dfrac{Z_c\pm2}{P}$가 奇數일 때,

$$y_b=y_f=Y \qquad (1\cdot7)$$

그림 1·20은 그림 1·19의 電機子捲線의 展開圖이다.

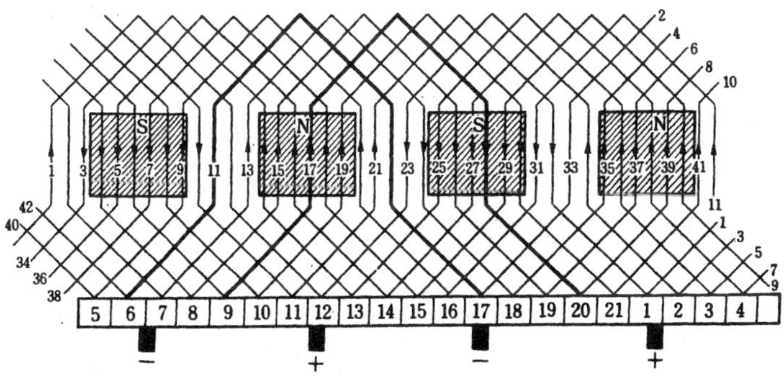

그림 1·20

(8) 브러시의 位置, 中性點

그림 1·18, 1·20의 화살표는 起電力의 방향을 표시하는 것이므로 어떤 브러시에서 출발하여 코일邊을 차례차례 따라가면, 다음 브러시에 이르기까지에 起電力이 합해져 가는 모양을 알 수 있으며 브러시에 의하여 短絡되고 있는 整流子片에 연결된 코일邊은 N, S 兩極의 중간에 있어 起電力을 誘起하지 않는 것들이다(그림 1·18을 예로 들면, 코일邊 1과 12). 만일 그렇지 않은 위치에 브러시를 놓으면, +, − 두 브러시 사이에 서로 반대 방향의 起電力을 誘起하는 코일邊이 같이 섞여서 들어가게 되므로 일부의 起電力은 +, − 상쇄되고 만다. 또 起電力을 誘起하고 있는 코일을 브러시로 短絡하는 것이 되어 이 短絡코일 안에 큰 電流가 循環해서 흐른다. 이 電流는 코일이 브러시를 떨어질 때에 갑자기 끊기므로 불꽃이 계속해서 생기고 브러시와 整流子面을 손상시킨다.

이와 같이 N, S 어떤 磁極의 영향도 받지 않는 코일邊의 위치를 **中性點** (neutral point)이라 한다. 그래서 브러시는 中性點에 있는 코일邊과 연결되는 整流子片에 접촉되도록 놓아야 한다. 이것을 간단히 표현하여 브러시를 中性點에 놓는다고 한다. 브러시는 중성점마다 놓을 수 있으므로 브러시의 수는 極數와 같다.

(9) 重捲과 波捲의 틀리는 點

그림 1·18을 보면, 重捲의 경우는 각각 +, − 브러시 사이에 코일邊을 오른쪽으로 따라가는 回路와 왼쪽으로 따라가는 回路의 2개의 並列回路가 있으므로 + 브러시를 한데 묶은 (+) 端子와 − 브러시를 한데 묶은 (−) 端子 사이에는 전체로써 극수와 같은 수의 並列回路가 생긴다.

일반적으로 重捲으로 하면 P극의 경우 브러시數 및 +, − 브러시 사이의 並列回路數는 다 같이 P개이며, +, − 브러시 사이에 直列로 연결된 코일邊數는 $\frac{Z_c}{P}$이다. 이것에 대하여 그림 1·20과 같은 波捲에서는 어떤 + 브러시에서 출발하면 전부의 코일邊을 차례차례 直列로 이어가서 −브러시에 이르므로 並列回路는 極數에 관계 없이 늘 오른쪽 回路와 왼쪽 回

路의 2개 뿐이다. 그리고 +, − 각각 1개씩의 브러시만 두고 나머지는 빼도 된다. 이것은 + 브러시끼리 − 브러시끼리는 서로 中性點에 있는 코일邊으로 連絡이 되어 있기 때문이다.

並列回路가 이상과 같으므로 波捲으로 하면 重捲의 $\frac{P}{2}$배의 電壓을 낸다. 따라서 高電壓에는 波捲이 적당하고 低電壓大電流에는 重捲이 적당하다. 또 重捲에서는 空隙이 균일하지 않다든가 해서 각 磁極의 磁束이 같지 않게 되어 각 並列回路의 誘起起電力이 不平衡이 되는 경우가 있다. 이것 때문에 循環電流가 브러시를 통해서 흐르고 整流가 잘 되지 않으므로 이것을 막기 위해 그림 1·21과 같이 等電位가 되는 점을 抵抗이 매우 적은 導線으로 연결하여 循環電流가 전부 이 導線을 통하게 한다. 이것을 **均壓環** (equalizing ring)이라 한다.

波捲으로 하면 각 回路의 導體는 모든 極의 영향 밑에 있으므로 起電力은 각 회로가 다 같게 되기 때문에 均壓環이 필요 없다.

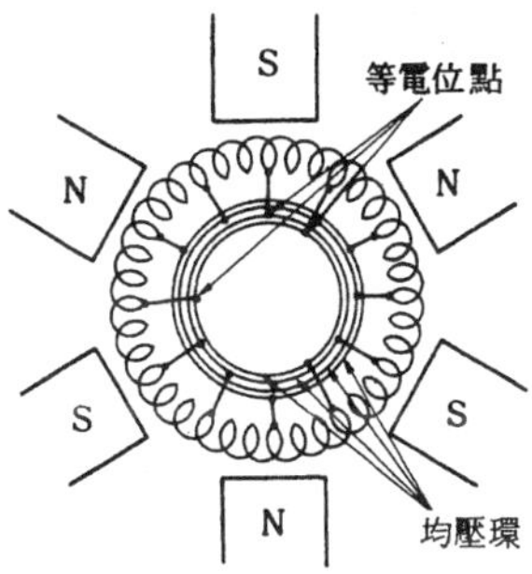

그림 1·21

1·1·5 磁氣回路 및 無負荷電壓

(1) 發生起電力

發電機는 起電力을 발생하여 電力을 공급하지만 負荷電流가 흐르면 토오크를 발생하므로 이것을 극복하여 電機子를 회전시키기 위한 機械的 入

力을 필요로 한다. 電動機는 토오크를 발생하고 機械動力을 공급하지만 동시에 電機子捲線에 起電力을 유기하므로 이것을 극복하여 電流를 계속 흘리기 위한 電氣的 入力이 필요하다.

이와 같이 負荷를 걸고 運轉하고 있을 때에는 發電機와 電動機 모두 起電力과 토오크를 동시에 발생하는 것이다. 여기서는 우선 誘起起電力(發電機의 경우에는 無負荷端子電壓)의 식을 誘導한다.

交流發電機의 空隙磁束은 正弦波分布가 바람직하나 直流機에서는 그렇게 할 필요가 없으므로 矩形波에 가까운 分布가 되도록 磁極片의 形狀과 空隙의 길이를 정한다.

空隙의 平均磁束密度를 B_a[Wb/m²], 導體의 유효길이를 l[m], 그 速度를 v[m/s]라 하면 誘起起電力의 平均値는

$$e_a = B_a lv \text{ [V]} \tag{1·8}$$

가 된다. 電機子의 周邊에는 많은 導體가 놓여 있고 이들 導體 하나하나에 각각 e_a [V]의 起電力이 誘起되므로 브러시 사이의 起電力은 브러시 사이에 直列로 연결된 導體數에 e_a를 곱한 것이 된다.

여기서 D : 電機子의 지름[m], P : 極數

ϕ : 1極의 磁束[Wb], N : 回轉數[rpm]

Z : 全體導體數, a : 브러시 사이의 並列回路數

라 하면 回轉速度 v [m/s]는

$$v = \pi D \frac{N}{60} \tag{1·9}$$

식 (1·9)를 (1·8)에 넣으면

$$e_a = B_a l \pi D \frac{N}{60} \tag{1·10}$$

식 (1·10)의 πDl은 電機子 주변의 全面積이므로 이것에 平均磁束密度 B_a를 곱한 것이 電機子 표면에서의 總磁束 $P\phi$이다. 즉

$$B_a \pi Dl = P\Phi$$

$$\therefore\ e_a = P\Phi \frac{N}{60} \tag{1·11}$$

그런데 브러시 사이의 直列導體數는 $\frac{Z}{a}$이므로 브러시 사이의 誘起起電力 E [V]는

$$E=\frac{Z}{a}e_a=\frac{P}{a}Z\Phi\cdot\frac{N}{60} \tag{1·12}$$

그리고 電機子電流를 I_a [A], 電機子抵抗을 R_a [Ω]라 하면 發電機의 端子電壓은

$$V=E-I_aR_a \text{ [V]} \tag{1·13}$$

가 된다.

(2) 磁氣回路

界磁電流로 磁極이 勵磁되어 磁束이 발생하면 그림 1·22와 같이 이 磁束의 대부분은 電機子鐵心을 지나는 主磁束(main flux) Φ를 만드나 일부의 磁束은 極間을 통과하여 起電力에 관여하지 않는 漏洩磁束(leakage flux) Φ_l이 된다. 여기서 漏洩係數(leakage coefficient) σ를

$$\sigma=1+\frac{\Phi_l}{\Phi} \tag{1·14}$$

과 같이 定義한다. σ는 1.1～1.4 정도이다.

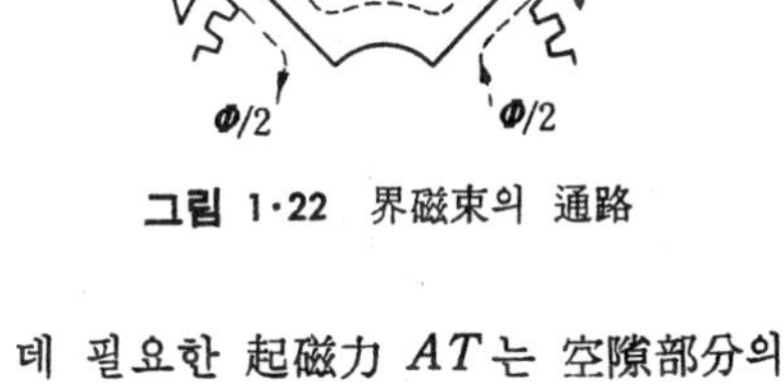

그림 1·22 界磁束의 通路

界磁束을 통하는 데 필요한 起磁力 AT는 空隙部分의 $(AT)_g$와 界磁極 및 繼鐵 각 부분의 $(AT)_n$의 합이 된다. 鐵部分에 대한 것은 각 부분을 통하는 磁束을 斷面積으로 나누어 磁束密度를 구한 다음 그림 1·23의 磁化曲線으로부터 이 磁束密度에 필요한 단위길이당 起磁力[AT/m]을 알고

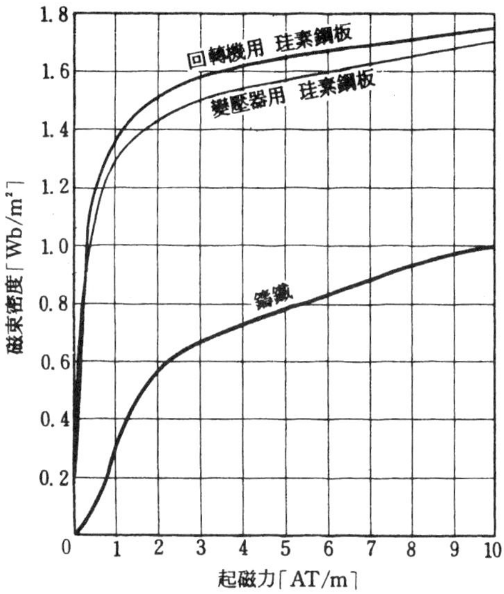

그림 1·23 鐵의 B-H 曲線

이에 磁路의 길이[m]를 곱하여 각부의 필요 AT를 구한다.

$$AT = 2(AT)_g + \sum_1^n (AT)_n \tag{1·15}$$

$(AT)_g$에 대하여는 空隙의 길이를 δ[m]라 하면

$$(AT)_g = 8 \times 10^5 B_g \cdot \delta k_c \tag{1·16}$$

B_g는 空隙의 平均磁束密度[Wb/m²]이다. k_c는 電機子에 슬롯이 있으므로 空隙의 實効길이가 증가함을 補正하는 **空隙係數**(carter's coefficient)이며, 1보다 약간 크다. 開放슬롯의 경우에는

$$k_c = \frac{t}{t - \gamma\delta}, \qquad \gamma \fallingdotseq \frac{(s/\delta)^2}{5 + (s/\delta)} \tag{1·17}$$

와 같이 된다. 여기서 t는 슬롯피치[m], s는 슬롯幅[m]이다.

磁束密度는 電機子鐵心에서 1.0~1.5[Wb/m²], 電機子齒에서 1.8~2.6[Wb/m²], 磁極에서 1.5~2.0[Wb/m²], 繼鐵에서 1.0~1.5[Wb/m²], 空隙에서 0.5~1.0[Wb/m²] 정도로 취한다. 磁束密度를 너무 크게 취하면 鐵心이 過飽和하여 필요한 勵磁 AT가 부당하게 크게 되고, 鐵損도 증가

한다. 반대로 적게 취하면 鐵心斷面이 크게 되어 不經濟이다.

(3) 無負荷特性

鐵의 磁化曲線은 飽和하므로 위에서와 같이 계산한 直流機의 磁化特性 및 誘起起電力은 당연히 飽和特性을 나타내어 그림 1·24와 같이 된다.

이와 같이 界磁의 勵磁電流에 대한 發電機의 誘起電壓의 관계를 **無負荷飽和曲線**(no load saturation curve)이라 한다

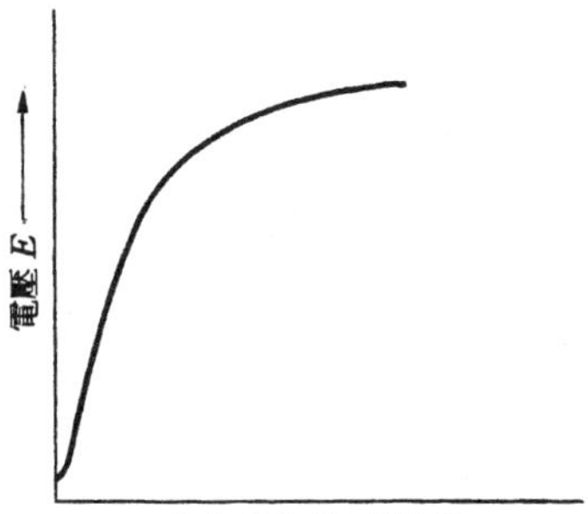

그림 1·24 無負荷飽和曲線

【예제 1】 4極이고 코일邊數 24의 直流機 電機子捲線을 1重重卷으로 하였을 때의 捲線피치를 구하라.

(풀이) 1극당 코일변수는

$$\frac{Z_c}{P} = \frac{24}{4} = 6$$

$\frac{Z_c}{P}$가 偶數이므로

$$y_b = \frac{Z_c}{P} \pm 1 = \begin{cases} 7 \\ 5 \end{cases}$$

$$y_f = \frac{Z_c}{P} \mp 1 = \begin{cases} 5 \\ 7 \end{cases}$$

또 $y_c = \pm 1$

따라서 (y_b, y_f)의 쌍은 (7,5), (7,7), (5,5), (5,7)이 되나, 이 중에서 $y_b = 7$, $y_f = 5$, $y_c = 1$ 이 가장 좋다.

【예제 2】 슬롯數 25, 磁極數 4, 슬롯 내부 코일邊數 $2(u=1)$가 되는 1重波捲의 y_b, y_f, y, y_c를 구하라.

(풀이) $k = uN = 25$

$$y_c = 2\cdot\frac{k-1}{P} = 2\cdot\frac{25-1}{4} = 12\ (\text{戻捲})$$

코일변수 $Z_c = 25 \times 2 = 50$이므로

$Y = \frac{Z_c - 2}{P} = \frac{50-2}{4} = 12$가 되어 偶數이므로

$$y_b = Y + 1 = 12 + 1 = 13, \qquad y_f = Y - 1 = 12 - 1 = 11$$

$$y = y_b + y_f = 13 + 11 = 24$$

[註] 重捲은 進捲, 波捲은 戻捲으로 하는 것이 좋다.

【예제 3】 4極, 電機子지름 0.3[m], 軸方向의 길이 0.4[m], 電機子코일邊數 32, 1개 코일의 捲數 18, 捲線法은 1重重捲, 空隙의 平均磁束密度 0.3[Wb/m²]이고 回轉數 1500[rpm]일 때 誘起起電力은 몇 [V]인가?

(풀이) 식 (1·10)의 $B_a = 0.3$, $l = 0.4$, $D = 0.3$, $N = 1500$이므로

$$e_a = 2.826\ [\text{V}]$$

따라서 식 (1·12)에 의하여

$$E = \frac{Z}{a} e_a = \frac{32 \times 18}{4} \times 2.826 \fallingdotseq 407\ [\text{V}]$$

연 습 문 제

1. 1000[kW], 500[V]의 1重重捲發電機가 있다. 回轉數 246[rpm]이며, 슬롯數 192, 슬롯 내부 導體數 6, 磁極數 12일 때 全負荷時의 磁束數는 얼마인가? 단 電機子抵抗은 0.006[Ω]이다.

   답 0.1085[Wb]

2. 6極이며 每極의 슬롯수 4, 슬롯 내부의 코일변수 2, 코일의 捲回數 3인 1重重捲發電機를 設計하자면 다음 값을 얼마로 정하여야 하는가?

   (a) 전체 슬롯수 (b) 코일邊 總數 (c) 코일수
   (d) 電機子導體 총수 (e) 整流子片數 (f) 極間隔
   (g) 後節 (h) 前節 (i) 整流子節
   (j) 內部回路數 (k) 필요한 브러시數

   답 (a) 24, (b) 48, (c) 24, (d) 144, (e) 24, (f) 8, (g) 9 또는 7

(h) 7 또는 9, (i) +1 또는 −1, (j) 6, (k) 6

3. 6極이며 200 [V], 6 [kW]의 直流發電機가 있다. 電機子捲線이 1重重捲일 때 600 [V]용에 改造하려면 어떻게 하면 되는가? 또, 이 때의 出力은 얼마인가?

답 波捲으로 하면 電壓 3배, 電流 $\frac{1}{3}$이 되어 出力은 변하지 않는 상태로 改造할 수 있다.

4. 直流直捲發電機가 있다. 定格出力 10 [kW], 定格電壓 100 [V], 定格回轉速度 1500 [rpm]이다. 여기서 定格狀態로 운전하고 있을 때 속도를 1200 [rpm]으로 떨어뜨리고 前과 같은 負荷電流를 흘렸을 때의 端子電壓은 얼마인가? 단, 電機子抵抗은 0.05 [Ω]이다.

답 79 [V]

1·1·6 電機子反作用

無負荷의 경우 磁束은 界磁電流의 起磁力만으로 만들어지며, N, S 극의 중간이 中性點으로 되고 磁束은 그림 1·25와 같이 ab軸에 대하여 對稱으로 분포한다. 그런데 電機子에 電流가 흐르면 이 電流의 起磁力이 界磁起磁力에 영향을 미치고 磁束의 분포가 찌그러진다. 이와 같이 電機子電流에 의한 磁束이 界磁磁束에 영향을 미치는 것을 **電機子反作用**(armature reaction)이라 한다.

그림 1·26은, 界磁는 勵磁되지 않고 電機子에만 電流가 흐를 때의 磁束

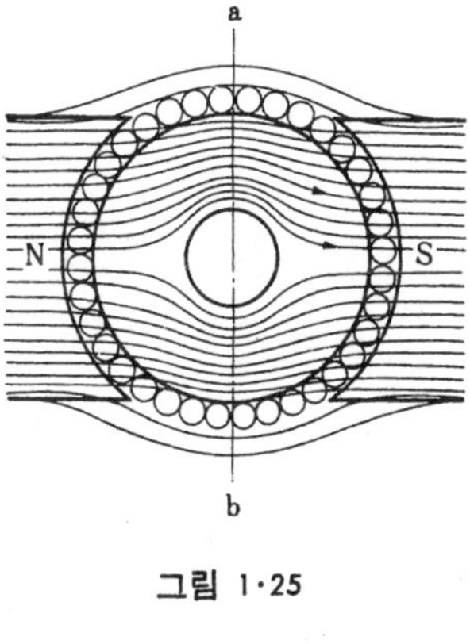

그림 1·25

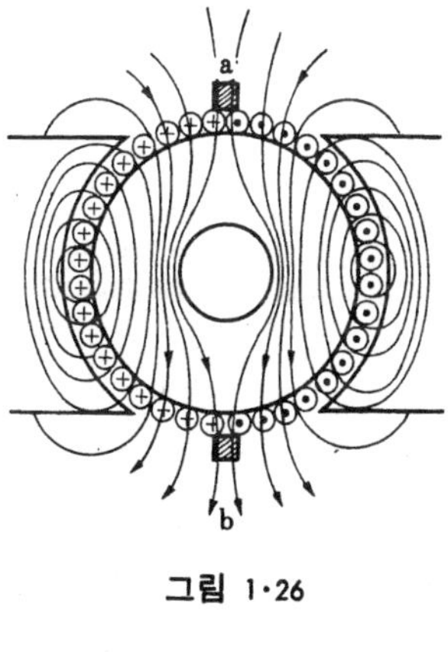

그림 1·26

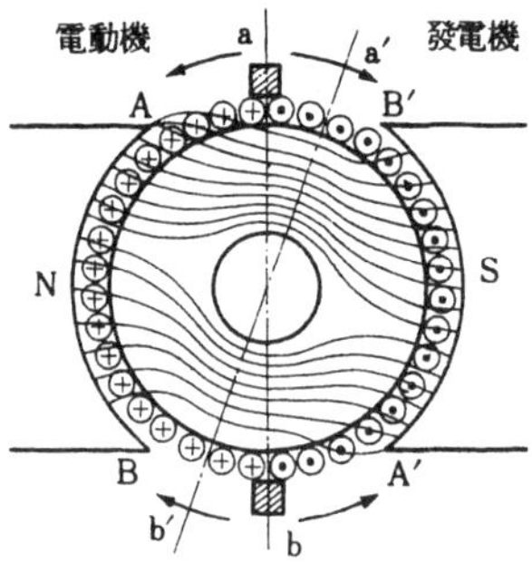

그림 1·27

分布를 표시한다. 그러면 界磁도 勵磁되고 電機子에도 電流가 흐르는 경우의 合成磁束은 그림 1·27과 같이 되어 發電機의 경우에는 磁束이 零이 되는 점, 즉 中性點이 回轉方向으로 얼마만큼(ab에서 a′b′로) 이동한다. 그림 1·28은 界磁磁束 F, 電機子磁束 A, 合成磁束 R의 분포를 전개도로 표시한 것이다. 그림 1·27에서의 ab를 **幾何學的 中性點**(geometrical neutral point)이라 하고, a′b′를 電氣的 中性點이라 한다.

(1) 브러시의 移動

中性點이 幾何學的 中性點에서 電氣的 中性點으로 이동하므로 브러시를 幾何學的 中性點에 그대로 놓아 두면 브러시로 短絡되는 코일에 短絡電流가 흘러서 불꽃이 발생하고 合成起電力도 일부가 + −로 상쇄되어 감소

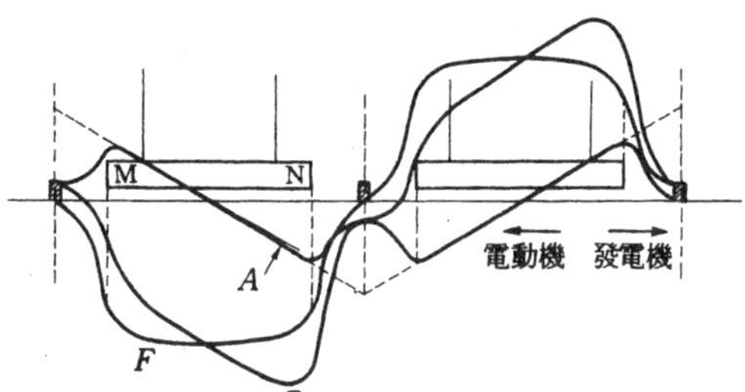

그림 1·28

하므로 브러시를 새로운 中性點까지 이동시켜야 한다.

發電機의 경우에는 回轉과 같은 방향으로 이동시키고 電動機의 경우에는 回轉과 반대 방향으로 이동시킨다. 그러나 後述할 補極이 있는 直流機에서는 이것이 電機子反作用磁束을 상쇄해 주는 磁束을 발생하므로 브러시는 幾何學的 中性點에 그대로 두어도 된다.

(2) 電機子起磁力의 2 分力

그림 1·29 에서 알 수 있는 바와 같이 브러시를 이동시키면 電機子起磁力은 그림 1·30 과 같이 AB 방향의 AT_a가 되고, 이것을 界磁起磁力 AT_p와 반대 방향의 分力 AT_d와 界磁起磁力에 대하여 直角方向의 分力 AT_c로 나누어 생각할 수 있다.

그림 1·29 에서 幾何學的 中性軸의 왼편에 角 α 되는 직선 CD를 그으면 AT_d는 AC, BD 사이의 導體群의 電流에 의한 起磁力이고 AT_c는 BC AD 사이의 導體群의 電流에 의한 起磁力이라고 할 수 있다. 그런데 AT_d는 이에 의한 磁束이 界磁磁束을 감소시키므로 **電機子減磁起磁力**(armature demagnetizing ampere turn)이라 한다. 또 AT_c는 界磁起磁力과 直角인 分力인데 이것을 **電機子交叉起磁力**(armature cross magnetzing ampere turn)이라 한다. 이 交叉起磁力은 磁極의 한쪽 끝은 磁化시키고 다른쪽 끝은 減磁시키는데 이들 작용은 서로 같으므로 界磁磁束의 總數에는 변화가 없다. 그러나 磁氣飽和를 고려해 넣으면 磁束이 감소하는 편은 그대로

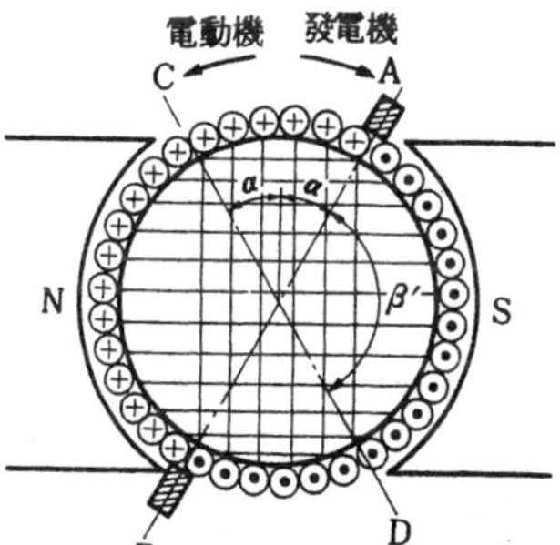

그림 1·29

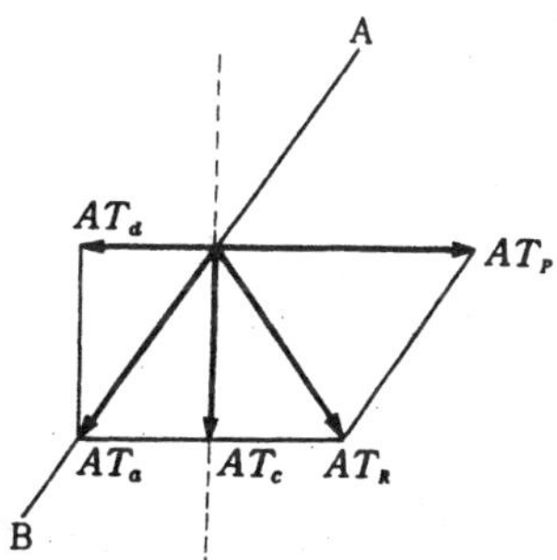

그림 1·30

감소하지만 磁束이 증가하는 편은 飽和 때문에 감소하는 정도로는 증가하지 못하여 결국 全體磁束은 감소하는 것이 된다. 다음에 極當 AT_d, AT_c의 계산식을 구해 보겠다. 앞에서 설명한 바와 같이 減磁起磁力 AT_d는 AC, BD 사이의 導體群의 起磁力이므로 極數를 P, 並列回路料를 a, 電機子電流를 I_a, 全導體數를 Z라 할 때 $\frac{Z}{2P}$가 每極의 捲回數이고 導體의 電流는 $\frac{I_a}{a}$이므로,

$$AT_d = \frac{I_a Z}{2aP} \cdot \frac{2\alpha}{180} \text{[AT/極]} \tag{1·18}$$

가 되고 交叉起磁力 AT_c는 BC, AD 사이의 導體群의 起磁力이므로,

$$AT_c = \frac{I_a Z}{2aP} \cdot \frac{\beta'}{180} \text{[AT/極]} \tag{1·19}$$

로 된다.

연 습 문 제

1. 直流機에서 브러시를 幾何學的 中性點에서 이동시키는 이유를 설명하여라.
2. 4極의 直流發電機가 있다. 全導體數 100개, 並路回路數 2, 定格速度로 운전하여 負荷電流 100[A]가 흐른다. 브러시가 幾何學的 中性軸에서 $\alpha = 20°$ 만큼 이동한 경우 交叉起磁力 및 減磁起磁力은 얼마인가?

(약해) $AT_d = \frac{I_a Z}{2aP} \cdot \frac{2\alpha}{180} = \frac{100 \times 100}{2 \times 2 \times 4} \cdot \frac{2 \times 20}{180} \fallingdotseq 138.8$ [AT/極]

$AT_c = \frac{I_a Z}{2aP} \cdot \frac{\beta'}{180} \fallingdotseq 486.1$[AT/極]

1·1·7 整流作用

電機子 코일 내부에 흐르는 電流의 방향은 이 코일이 브러시를 지날 때마다 반대가 된다. 이것을 **整流作用**(commutation)이라 한다.

그림 1·31에서 코일 2를 생각하건대 그림 (a)의 위치에서는 브러시가

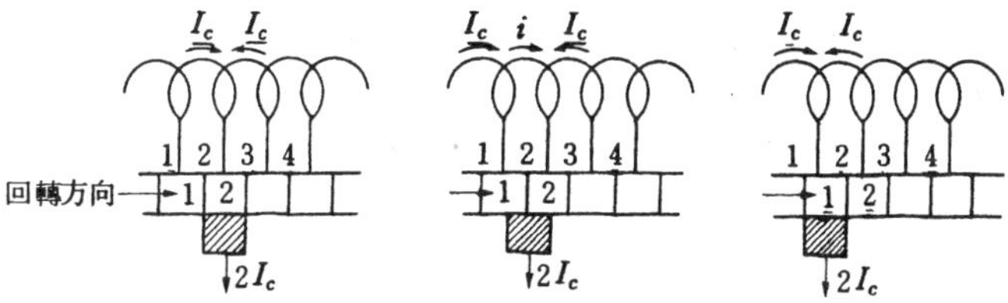

(a) 코일 2短絡前　(b) 코일 2短絡中　(c) 코일 2短絡終了

그림 1·31

整流子片 2에만 접촉되고 있으므로 코일 2에는 오른쪽 방향으로 흐르는 電流 I_c가 흐른다. 電機子가 회전해서 그림 (b)의 위치에 오면, 즉 브러시가 整流子片 1, 2와 동시에 접촉하게 되면 코일 2는 브러시로 短絡되고 短絡電流 i가 흐른다. 더욱 電機子가 회전해서 그림 (c)의 위치에 오면 브러시는 整流子片 1에만 접촉하게 되어 코일 2에는 화살표로 표시된 것과 같이 왼쪽으로 흐르는 電流, 즉 그림 (a)와는 반대 방향의 電流가 흐른다. 그러므로 그림 (a)에서 코일 2의 電流를 I_c라 하면 그림 (c)의 電流는 $-I_c$라고 할 수 있다.

이와 같이 코일 2는 브러시로 短絡되는 순간부터 整流가 시작되어 短絡이 풀린 순간에 整流가 끝나는데 이 기간은 매우 짧은 시간이다. 이 시간 T_c를 **整流周期**(commutation period)라 한다(그림 1·32).

그림 1·32와 같이 整流되고 있는 코일의 電流가 I_c에서 $-I_c$로 바뀌는 동안의 電流變化에는 여러 가지 모양이 있다. 曲線 1은 **直線整流**

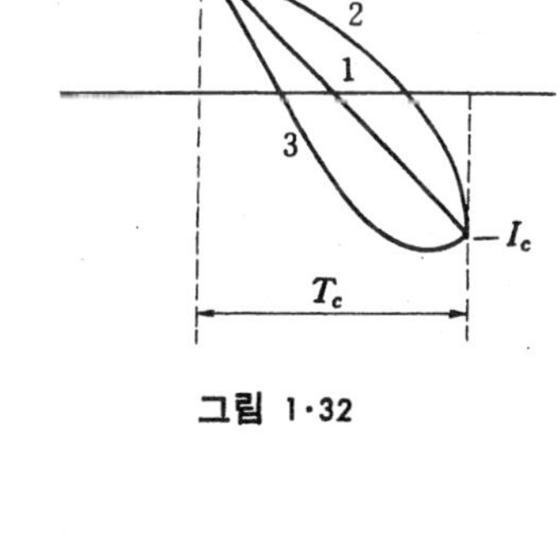

그림 1·32

(linear commutation)이며 불꽃이 나지 않는 가장 理想的인 整流가 된다. 코일의 抵抗, 인덕턴스를 무시하고 브러시와 整流子片 사이의 接觸抵抗만 생각하였을 때에는 이러한 整流狀態가 된다.

曲線 2는 電流變化가 너무 늦어져 整流가 끝나는 순간에 强制로 $-I_c$가 되기 때문에 이 순간의 電流變化가 과격하게 되어 불꽃이 난다. 이것을 **不足整流**(under commutation)라 한다. 曲線 3은 電流變化가 지나치게 빨라서 整流가 끝나는 순간에 무리하게 $-I_c$가 되므로 브러시 前端接觸場所에서 불꽃이 난다. 이와 같은 整流를 **過整流**(over commutation)라 한다.

(1) 리액턴스電壓

코일에는 반드시 인덕턴스 L이 있으므로 電流의 값이 변화하면 Lenz의 법칙에 의하여 電流의 변화를 방해하는 自己誘導起電力이 誘起된다. 이것을 **리액턴스電壓**(reactance voltage)이라 한다. 따라서 그림 1·32의 곡선 2와 같이 電流變化가 늦어져 整流가 끝나는 순간에 가서 電流變化가 과격하게 되어 높은 電壓이 短絡코일에 誘起되고 브러시 端部에서 불꽃이 발생한다.

整流되고 있는 코일의 電流는 整流期間 T_c 사이에 I_c에서 $-I_c$로 변화하므로 短絡코일의 平均自己誘導起電力 $(e_r)_{\text{mean}}$은,

$$(e_r)_{\text{mean}} = \left(-L\frac{di}{dt}\right)_{\text{mean}} = L\frac{I_c-(-I_c)}{T_c} = L\frac{2I_c}{T_c} \quad (1\cdot20)$$

가 된다.

(2) 整流電壓

인덕턴스 때문에 電流의 방향 변화가 妨害당하는 것을 막고 불꽃이 나지 않는 整流를 시키자면 自己誘導起電力을 상쇄해 줄 만한 반대 방향의 起電力을 短絡코일에 誘起시켜야 한다. 이러한 起電力을 整流를 잘 되게 하기 위한 電壓이라는 意味에서 **整流電壓**(commutating e.m.f)이라 한다.

整流電壓을 誘起시키자면 브러시를 電氣的 中性點보다 더 回轉方向으로 옮기고 整流코일이 主磁束의 一部를 끊어서 e_r과 반대되는 起電力을 誘起

시키도록 하면 되지만 식 (1·20)에서 $(e_r)_{mean}$은 負荷電流에 비례하므로 負荷電流가 변화하면 리액턴스電壓도 변화하여 이것을 상쇄할만한 整流電壓도 변화시켜야 한다. 그러자면 整流電壓을 誘起시키는 磁束도 변화해야 되므로 브러시를 그때그때 이동시켜야 한다. 그래서 이 방법은 대단히 불편해서 별로 쓰지 않는다.

일반적으로 브러시를 幾何學的 中性點에 고정시키고 이 장소에 **補極**(inter pole)을 두어 整流電壓을 誘起시키는 방법을 많이 쓴다.

(3) 補極, 補償捲線

① 補 極

앞에서 설명한 바와 같이 整流를 잘 되게 하려면 主磁極의 中間點, 즉 幾何學的 中性點에 補極을 두어 整流電壓을 短絡코일에 誘起시키는 것이 가장 간단한 방법이다.

그림 1·33은 補極이 있는 機械의 略圖인데 N, S는 主磁極, n, s는 補極이다.

補極의 發生磁束 Φ_i는 電機子反作用磁束 Φ_a를 中和하는 磁束과 整流電壓을 誘起케 하는 磁束의 합이 되어야 하므로 Φ_a와 Φ_i는 그림과 같이 반대 방향이 되어야 한다. 따라서 補極의 極性은 發電機의 경우 회전과 반대

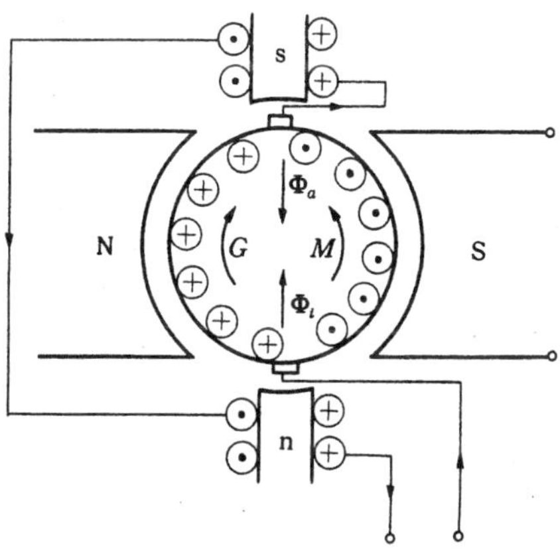

그림 1·33

방향에 主極 N, S를 이동시켜 놓은 것과 같은 極性으로 하고 電動機의 경우는 회전과 같은 방향에 主極 N, S를 이동시켜 놓은 것과 같은 極性이 되도록 해야 한다. 그리고 補極의 세기는 電機子反作用과 리액턴스電壓이 변화하면 이에 따라 自動的으로 변화하도록 해야 하는데 電機子反作用과 리액턴스電壓이 電機子電流에 비례하므로 補極의 세기도 電機子電流에 비례하여야 한다. 따라서 補極의 勵磁捲線은 電機子와 直列로 연결하고 補極磁束의 通路는 飽和되지 않도록 설계한다.

② 補償捲線

補極에 의하여 中性點 부근의 電機子反作用은 상쇄되지만 이 외의 장소의 電機子反作用은 남는다. 이 작용이 너무 심하면 그림 1·34와 같이 磁極의 한쪽 端部의 磁束이 지나치게 증가하여 整流子片間電壓이 높아져서 閃絡(flash over)을 일으킨다. 이와 같은 경우에는 그림 1·35와 같이 磁極片에 슬롯을 파고 이것에 捲線을 감고 이 捲線과 電機子捲線을 直列로 연결하여 電機子電流를 반대 방향으로 흘리면 電機子反作用을 상쇄하게 된다. 이와 같은 捲線을 **補償捲線**(compensating winding)이라 한다.

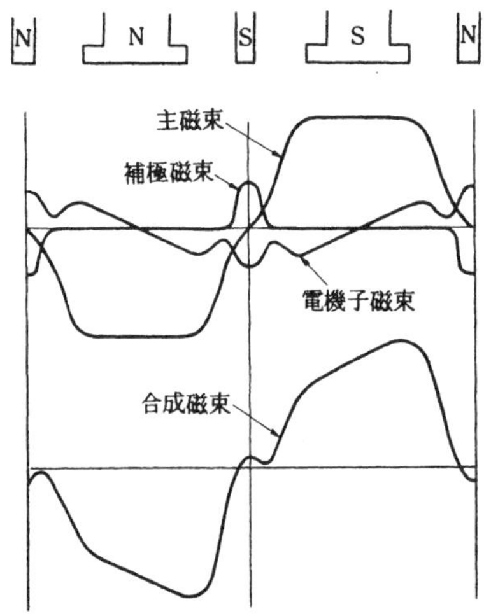

그림 1·34

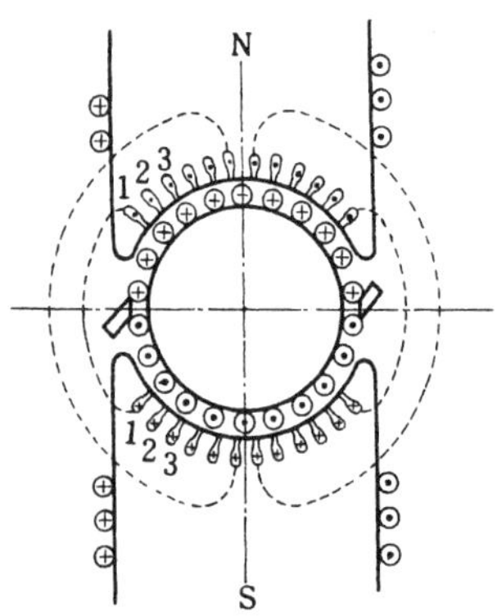

그림 1·35

補償捲線이 있는 機械라 할지라도 整流中의 코일에는 리액턴스電壓이 있기 때문에 補極을 廢止할 수 없다.

(4) 브러시의 接觸抵抗

브러시와 整流子片 사이의 接觸抵抗이 클수록 整流되고 있는 코일에 흐르는 短絡電流를 많이 제한할 것이다. 이러한 의미에서 브러시의 선택은 매우 중요하다. 直流機에 주로 사용되는 브러시는 다음의 3종류가 있으며, 그 性能은 브러시의 재질에 따라 다소 다르다.

① 炭素브러시(natural carbon brush)

② 黑鉛브러시(graphite brush)

③ 金屬黑鉛브러시(metallic graphite brush)

이들은 上位의 것일수록 그 질이 굳으며 摩擦抵抗이 크다. 일반적으로 사용되는 것은 黑鉛브러시 중에서도 電氣黑鉛質 브러시가 많다. 金屬黑鉛質의 것은 接觸抵抗이 작으므로 低電壓大電流用으로 쓰이며, 炭素브러시는 그리 사용되지 않지만 高電壓機械에 사용되는 경우가 있다.

【예제 4】 整流코일의 抵抗, 自己인덕턴스를 무시하고 브러시와 整流子片 사이의 接觸抵抗만을 생각하였을 때 直線整流가 됨을 식으로 표시하라.

(풀이)

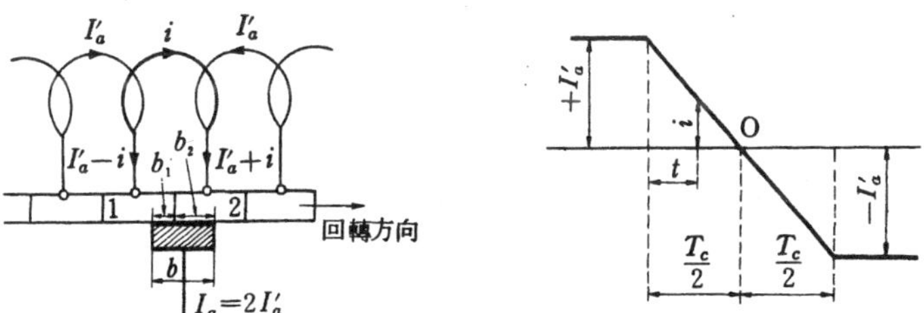

(a) (b)

整流子片의 폭과 브러시의 폭은 같다고 하자. 브러시 全接觸面積의 接觸抵抗을 r이라 하고 整流가 시작되는 순간부터 t초 후에 있어서 整流子片 1 및 2와 브러시와의 接觸幅을 각각 b_1 및 b_2라 하고 b_1, b_2에 대한 接觸抵抗을 r_1, r_2라 하면 接觸抵抗은 接觸面積에 반비례하므로

$$\frac{r_1}{r}=\frac{b}{b_1}, \qquad \frac{r_2}{r}=\frac{b}{b_2}=\frac{b}{b-b_1}$$

그런데 整流周期를 T_c, 整流子의 周邊速度를 v라 하면

$$T_c = \frac{b}{v} \qquad t = \frac{b_1}{v}$$

$$\left.\begin{aligned} \therefore\ \frac{r_1}{r} &= \frac{T_c}{t} & \therefore\ r_1 &= \frac{T_c}{t}r \\ \frac{r_2}{r} &= \frac{T_c}{T_c - t} & \therefore\ r_2 &= \frac{T_c}{T_c - t}r \end{aligned}\right\} \tag{1}$$

그러면 그림 (a)의 整流코일의 短絡回路에는,

$$r_1(I_b' - i) - r_2(I_a' + i) = 0 \tag{2}$$

이라는 관계식이 성립한다.

(1)과 (2)로부터

$$i = \frac{T_c - 2t}{T_c} I_a'$$

따라서 i와 t와의 관계는 직선이 되고,

$$t = 0 \text{일 때} \qquad i = I_a'$$

$$t = \frac{1}{2}T_c \text{일 때} \qquad i = 0$$

$$t = T_c \text{일 때} \qquad i = -I_a'$$

가 된다. 이것은 그림 (b)에 표시되어 있다.

연 습 문 제

1. 다음 [　] 속에 적당한 것을 써 넣어라.

補償捲線은 磁極片에 [(1)]와 平行하게 [(2)]을 만들고, 이것에 [(3)]을 시행하고 電機子電流와 [(4)] 방향의 전류를 흘려 電機子의 [(5)]을 없애도록 한 것이다. 이 捲線은 [(6)]와 直列로 접속하여 [(7)]의 변화에 따라서 [(8)]에 의한 起磁力, 즉 [(9)]을 항상 없애므로 [(10)]이나 [(11)]를 일으키지 않고 좋은 結果가 얻어진다. 일반적으로 補償捲線은 整流作用이 [(12)]할 때 쓰인다.

답 (1) 電機子導體, (2) 슬롯, (3) 捲線, (4) 反對, (5) 起磁力, (6) 電機子回路, (7) 負荷, (8) 電機子電流, (9) 電機子反作用, (10) 閃絡, (11) 中性軸의 이동, (12) 困難

2. 整流子의 閃絡에 대하여 설명하라.

3. 리액턴스電壓이 整流에 미치는 영향을 설명하라.

4. 整流作用을 良好하게 하려면 負荷의 증가와 더불어 증대하는 [(1)] e_r을 제한하여 적당한 性能의 [(2)]를 써서 [(3)]의 발생이나 整流子, 브러시 등의 [(4)]을 방지하여야 한다. 整流方法에는 [(5)]와 [(6)]가 있으나, 현재는 거의 [(7)]

者이며, 반드시 [(8)]을 갖추고 있다.

답 (1) 리액턴스電壓, (2) 브러시, (3) 불꽃, (4) 過熱, (5) 電壓整流, (6) 抵抗整流, (7) 前, (8) 補極

1·1·8 直流發電機의 特性

(1) 特性曲線

直流發電機에서는 誘起起電力 E, 端子電壓 V, 負荷電流 I, 界磁電流 I_f, 界磁抵抗 R_f, 回轉數 n 등이 중요한 變數이며, 이들 두 개의 量 사이의 관계를 그린 여러 가지 特性曲線이 있는 데 이 중에서 실제로 많이 사용되는 것은 다음과 같다.

① **無負荷飽和曲線**(no load saturation curve)

N은 일정, $I=0$, 즉 無負荷定速度運轉의 경우 I_f와 E와의 관계를 그린 것이며 모든 特性曲線의 기초가 되는 매우 중요한 特性曲線이다.

② **負荷飽和曲線**(load saturation curve)

N이 일정, I도 일정한 경우 I_f와 V 사이의 관계를 표시한 것이다.

③ **外部特性曲線**(external characteristic curve)

回轉數 N과 界磁抵抗 R_f를 일정하게 하고 負荷電流 I를 변화시킬 때 이에 대한 端子電壓 V의 변화를 표시하는 曲線이며, 실용상 가장 중요하다.

이 외에 負荷電流 I가 변화하여도 端子電壓 V를 일정하게 하려면 界磁電流 I_f를 변화시켜야 하는 데 이 때 I에 대한 I_f의 관계를 **界磁調整曲線**(field regulation curve)이라 하고, 界磁抵抗을 결정하는 경우에 사용한다.

(2) 他勵磁發電機

① **無負荷飽和曲線**

식 (1·12)에 의하여

$$E=\frac{P}{a}Z\Phi\frac{N}{60}$$

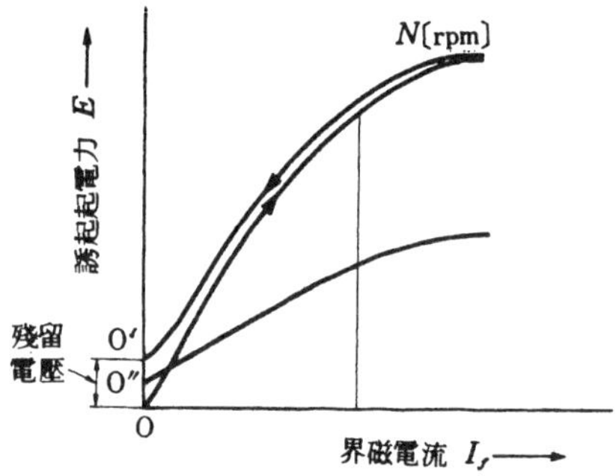

그림 1·36

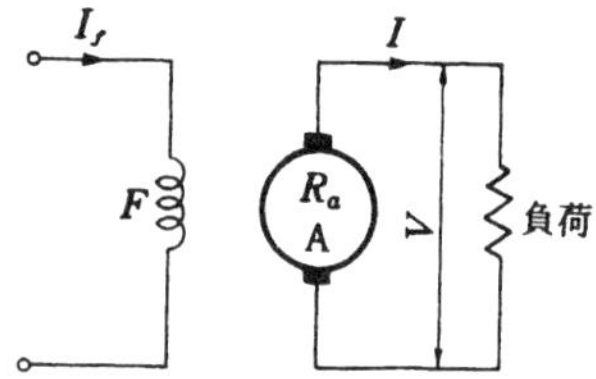

그림 1·37

이 된다. 이 식 右邊의 變數는 回轉數 N이 一定하다면 Φ만이고, 다른 것은 모두 定數이므로 誘起起電力은 磁束에 비례한다. 그런데 電機子電流는 零이므로 誘起電壓은 端子電壓과 같고 또 Φ는 界磁電流 I_f만으로 정해진다. 따라서 無負荷飽和曲線은 I_f와 Φ 사이의 관계를 그린 곡선과 같은 모양이 되어 그림 1·36과 같이 된다. I_f가 증가하면 Φ, 즉 E가 증가하지만 어느 정도 Φ가 증가하면 그 다음부터는 I_f를 증가시켜도 Φ는 그다지 증가하지 않는다. 이것은 磁氣回路의 鐵이 磁氣的으로 飽和하기 때문이다.

그림 1·36의 화살표로 표시한 바와 같이 I_f를 점차 증가시켜 가는 경우와 감소시켜 가는 경우와는 曲線의 徑路가 달라져, 같은 I_f에 대하여 E의 값이 달라진다. 이것은 鐵의 히스테리시스現象 때문이다. 그래서 이들 두 곡선의 평균을 취한 것을 **無負荷飽和曲線**이라고 하기로 한다.

回轉數 N이 변화하면 그림 1·36과 같이 곡선의 縱座標가 이것에 비례해서 올라 가거나 내려 오거나 한다.

② 外部特性曲線

그림 1·37과 같이 負荷를 걸었을 경우의 電壓降下는 電機子抵抗을 R_a라 하면 IR_a가 되므로,

$$V = E - IR_a \tag{1·21}$$

가 되어 I_f와 N이 일정하고 E가 일정하다고 하여도 負荷電流 I가 증가

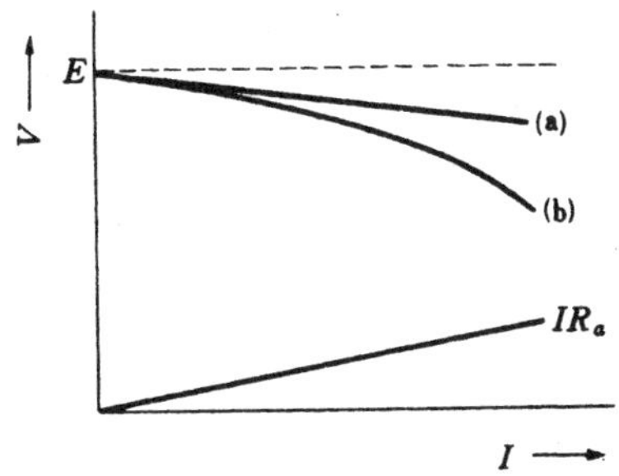

그림 1・38

하면 IR_a가 증가하므로 V는 감소한다. 그러므로 外部特性曲線은 그림 1・38의 曲線 (a)와 같이 된다. 그런데 이것은 I가 변화해도 E가 변화하지 않는다고 생각한 경우지만 電機子反作用으로 말미암아 磁束이 감소하는 것을 고료하면 그림 (b)와 같이 外部特性曲線은 밑으로 더 기울게 된다.

③ **負荷飽和曲線**

일정한 負荷電流 I를 흘렸을 때 界磁電流에 대한 端子電壓의 관계곡선은 無負荷飽和曲線을 IR_a 만큼 밑으로 옮기고, 또 반작용의 減磁分力을 補償해 주는 데 필요한 界磁電流만큼 오른쪽으로 이동시킨 것이 된다. 그림 1・39에서 OM을 無負荷飽和曲線이라 하면 DF는 電機子抵抗降下, FP는

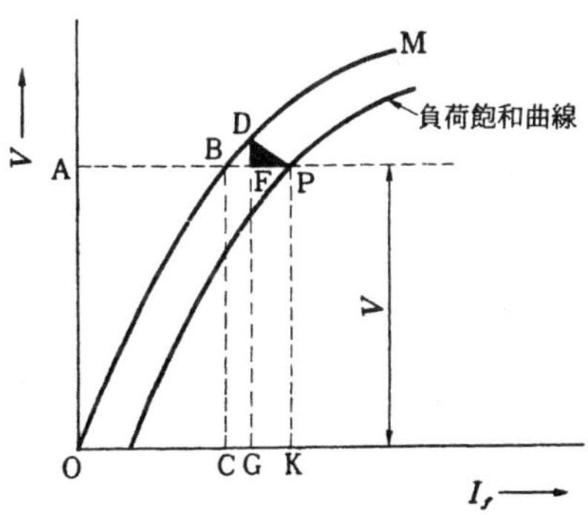

그림 1・39

減磁作用을 補償해 주는 界磁電流이다. 이 그림에서 無負荷의 경우는 OC 만큼한 界磁電流가 흐르면 CB 만큼의 端子電壓이 발생하지만 負荷가 걸리면 界磁電流를 OK 로 증가해야만 같은 電壓이 얻어짐을 알 수 있다.

④ 用 途

他勵磁發電機의 界磁電流는 다른 直流發電機, 蓄電池 등에서 취하므로, 電源電壓 또는 界磁捲線에 直列로 抵抗을 넣고 이것을 가감함으로써 넓은 범위에 걸쳐 可變電壓이 얻어진다. 그래서 여러 가지 값의 一定電壓이 필요한 경우 예컨대 試驗 또는 實驗設備用의 直流電源, 直流電動機 速度調整用 電源發電機, 大形 交流發電機의 主勵磁機 등으로 사용한다.

(3) 分捲發電機의 特性

① 自己勵磁

分捲發電機의 界磁捲線은 그림 1·40과 같이 電機子와 並列로 연결되어 있으므로 界磁電流는 發電機 자신의 誘起電壓으로 흐르게 되고 磁束을 만든다. 만일, 최초에 磁束이 전혀 없다면 회전한다 할지라도 電壓이 誘起되지 않고 界磁電流는 흐를 수 없기 때문에 發電할 수 없다. 그러나 조금이라도 殘留磁氣가 있으면 그림 1·41의 Oa 만큼의 낮은 電壓이 電機子에 유기되어 이것이 電機子抵抗과 界磁抵抗을 통해서 界磁에 電流를 흘린다. 일반적으로 分捲發電機의 電機子抵抗은 界磁抵抗에 비하여 매우 적으므로 이것을 무시하고 界磁抵抗 R_f 만 고려해도 된다. 그림의 曲線은 無負荷飽和曲線이고, 直線(이것을 **界磁抵抗線**이라 한다)은 界磁捲線의 全抵抗降下 R_fI_f 를 표시한다.

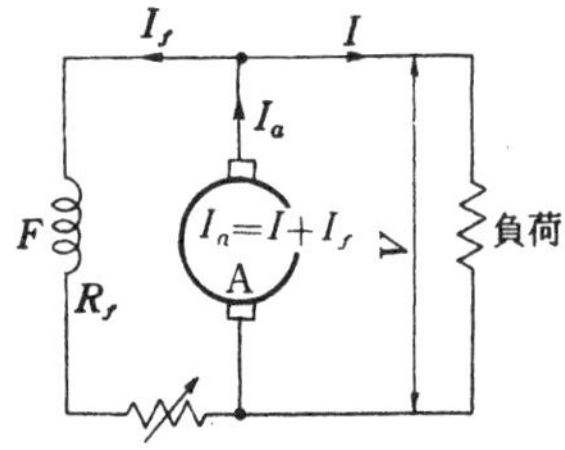

그림 1·40

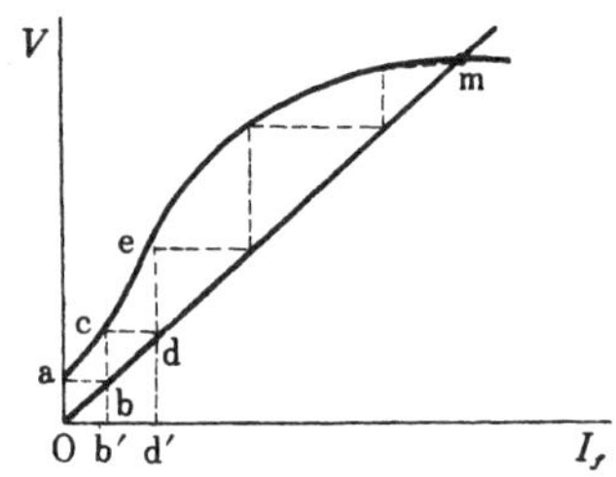

그림 1·41

分捲發電機에서 電壓이 유기되는 순서를 설명하면 다음과 같다. 우선 Oa를 R_f로 나눈 電流 Ob′가 界磁捲線에 흐른다. 이 界磁電流의 起磁力의 방향이 殘留磁束과 같은 방향의 磁束을 발생하게 하는 것이면, 誘起電壓은 bc만큼 높아지고 이에 따라 界磁電流는 cd만큼 증가한다. 그러면 電壓은 de만큼 더 높아진다. 이와 같이 해서 界磁電流와 誘起起電力은 다같이 증가하여 無負荷飽和曲線과 界磁抵抗線의 교점 m에 이르면 電壓은 그 이상 올라가지 않는다. 만일, 이 점을 넘어서서 界磁電流가 증가하려고 하면 發電機의 誘起電壓이 界磁回路의 電壓보다 적게 되기 때문에 界磁電流는 다시 감소하여 m점으로 되돌아가기 때문이다.

이상과 같이 殘留磁氣가 원인이 되어 磁束과 電壓이 점차 증가하여 가는 현상을 **自己勵磁**(self excitation)라 한다.

그런데 界磁捲線과 電機子와의 연결이 적당하지 않으면 처음에 界磁에 흐르는 電流가 만드는 磁束이 殘留磁束과 반대 방향이 되므로 起電力은 높아지지 않는다.

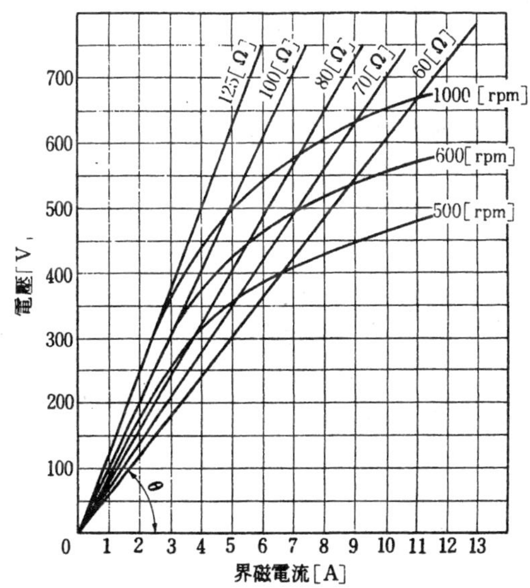

그림 1·42

② **界磁抵抗 및 速度에 의한 無負荷電壓의 變化**

界磁抵抗이 변하면 그림 1·42와 같이 R_fI_f 직선의 기울기

$$\tan\theta = \frac{R_fI_f}{I_f}$$

가 변하므로 無負荷飽和曲線과의 교점이 이동하고 無負荷端子電壓이 변화한다. 그림에서 알 수 있는 바와 같이 界磁抵抗을 적게 하면 직선의 傾斜角은 적게 되어 端子電壓은 올라간다. 반대로 界磁抵抗을 많게 하면 電壓은 내려가지만 界磁抵抗線이 飽和曲線과 겹치게 되는 界磁抵抗(그림에서는 125[Ω])이면 이 때의 端子電壓은 매우 불안정 상태가 되어 抵抗이 이 부근에서 매우 적게 변하여도 電壓의 변동이 심하여진다. 이와 같은 抵抗을 **臨界抵抗**(critical resistance)이라 한다.

또, 分卷發電機에서는 速度가 낮아지면 誘起電壓이 낮아져서 界磁電流도 감소하고 磁束도 줄어든다. 그러므로 電壓은 속도에 비례해서 낮아지는 이상으로 더욱 내려간다. 이것은 그림 1·42에 표시해 놓은 바와 같이 여러 가지 속도에 대한 無負荷飽和曲線을 그리고 界磁抵抗線과의 교점이 어떻게 변했는가를 보면 잘 알 수 있다.

③ **外部特性曲線**

이 發電機의 外部特性曲線은 그림 1·43과 같이 된다. 이 경우의 電壓降下에는 電機子抵抗에 의한 電壓降下, 반작용에 의한 電壓降下 이외에

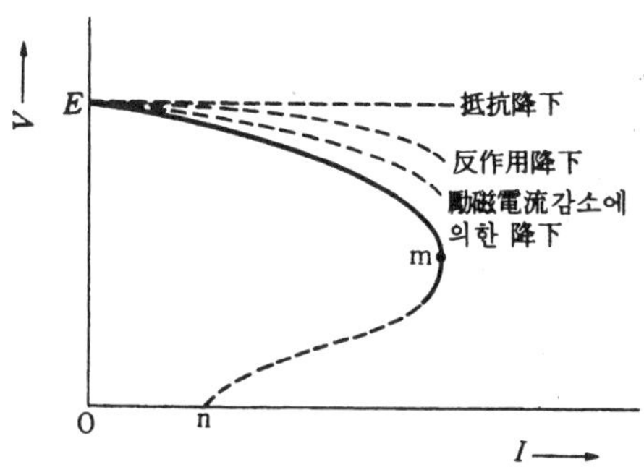

그림 1·43

端子電壓이 降下하면 界磁電流가 감소하여 電壓이 더욱 떨어지므로 他勵磁發電機에 비해서 全電壓降下는 많아진다.

보통 사용 상태에서는 그림 1·43의 m점에 상당히 매우 큰 負荷電流가 흐르지는 않지만 運轉中 短絡이 생겼다든가 하면 이만큼의 電流가 일시 흐른다. 그러나 이에 따라 端子電壓이 내려가므로 界磁電流가 감소하여 負荷電流는 도리어 감소하게 되고 mn 曲線에 따라 점차 줄어든다. 短絡電流 On은 殘留磁氣에 의한 起電力으로 흐르는 電流이다.

④ 用 途

分捲發電機는 他勵磁發電機와 같이 勵磁電源이 따로 없어도 되고 界磁調整器로 어느 정도의 電壓을 조정할 수 있으므로 일반 直流發電機로써 널리 사용된다.

그리고 負荷에 의한 電壓變動率이 특히 큰 것이면. 定電流充電用 發電機로 적당하다.

(4) 直捲發電機

① 自己勵磁

直捲發電機에서는 그림 1·44와 같이 界磁捲線과 電機子가 直列로 연결되어 있으므로,

$$I_f = I_a = I \tag{1·22}$$

이며 界磁電流, 電機子電流는 負荷電流와 같다.

따라서 無負荷에서는 界磁電流가 零이 되므로 殘留磁束만 있게 되어 電壓은 매우 적게 유기되고 그 이상 올라가지 않는다. 負荷를 걸고 負荷電

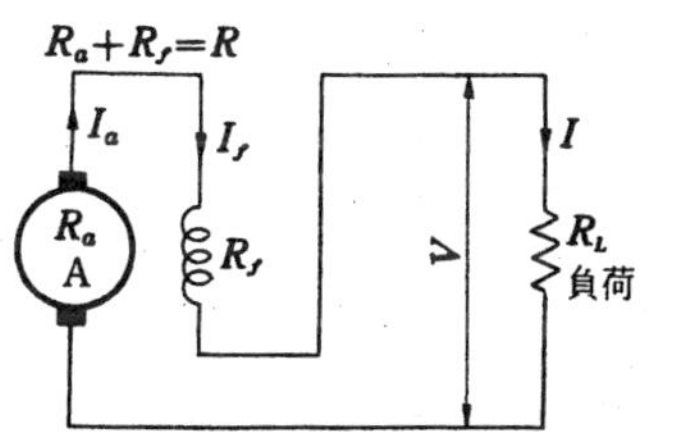

그림 1·44

流를 흘려 이 電流가 界磁에 흘러서, 만드는 磁束이 殘留磁束과 같은 방향일 때 비로소 自己勵磁되어 電壓이 점차 높아진다.

② **外部特性曲線**

界磁電流와 負荷電流가 같으므로 負荷電壓을 橫軸에, 誘起起電力을 縱軸에 취한 곡선은 이 直流發電機의 界磁를 他勵磁로 해서 구한 無負荷飽和曲線과 일치한다. 그림 1·45의 O′S 곡선이 이것이다. 直捲發電機에 있어서는 端子電壓과 誘起起電力의 관계는

$$V = E - (R_a + R_f)I \tag{1·23}$$

가 되며 電機子抵抗과 界磁抵抗의 합인 $R_a + R_f$는 일정하므로 $(R_a+R_f)I$는 그림의 직선 OP가 된다. 端子電壓 V를 표시하는 外部特性曲線은 E에서 $(R_a+R_f)I$를 뺀 것이 되는데, 그림의 Q점까지는 E의 증가가 $(R_a+R_f)I$의 증가보다 크므로 端子電壓은 負荷電流 증가에 따라 높아지지만 Q점을 넘어서면 飽和하기 때문에 E의 증가가 둔해지는데 $(R_a+R_f)I$는 여전히 같은 정도로 증가하므로 V는 차차 감소하여 결국에 가서 零이 된다.

負荷抵抗이 R_L일 때 R_LI를 표시하는 抵抗線 OG와 外部特性曲線 O′QT₂와의 교점을 T_1이라 하면, T_1I_1이 이 負荷抵抗에 대한 端子電壓이고 OI_1이 負荷電流가 된다. 따라서 負荷에 걸리는 電壓과 負荷電流는 負荷抵抗에 따라 심하게 변한다.

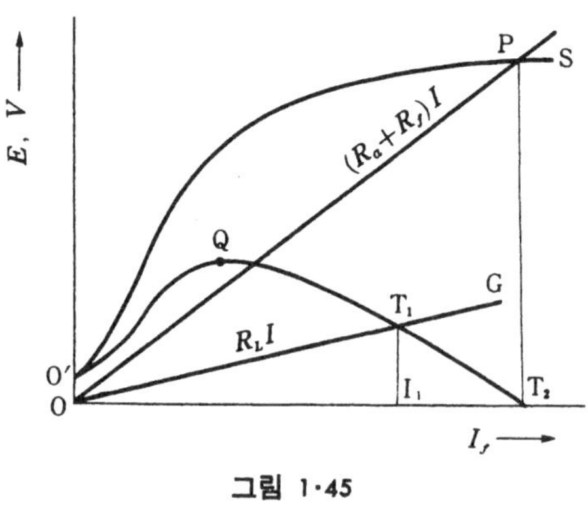

그림 1·45

直捲發電機는 이상과 같이 負荷電壓의 변동이 심하므로 별로 사용되지 않지만 外部特性曲線中 負荷電流에 비례해서 電壓이 높아지는 부분(그림 1·45의 O′Q)을 이용해서 長距離給電線에 넣어 昇壓機(booster)로 사용할 때가 있다.

(5) **複捲發電機**

① **無負荷飽和曲線**

그림 1·46에서, 複捲發電機는 無負荷의 경우 分捲發電機가 되므로 無負荷飽和曲線은 分捲發電機의 특성과 거의 같다.

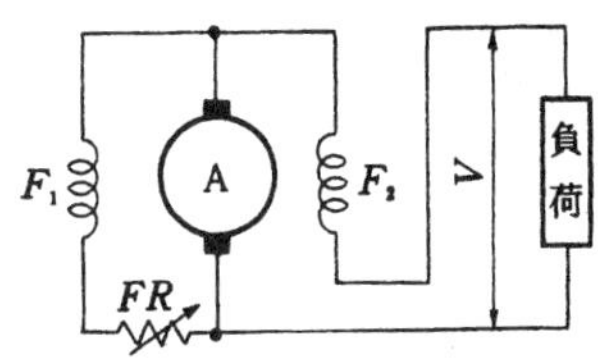

그림 1·46

② **加動複捲發電機의 外部特性曲線**

이 發電機의 外部特性曲線은 分捲捲線과 直捲捲線의 起磁力을 어느 정도로 하는가에 따라서 여러 모로 변화시킬 수 있다. 즉 分捲發電機의 경우에는 負荷電流가 증가하면 端子電壓이 降下했지만 加動複捲發電機에서는 直捲捲線의 起磁力이 分捲捲線의 起磁力에 합하여지므로 全起磁力은 負荷와 함께 증가한다. 따라서 直捲捲線의 起磁力을 적당하게 하면 全負荷電壓을 無負荷電壓과 같게 할 수 있다. 이것을 **平複捲**(flat compound)이라 한다. 또 直捲捲線의 起磁力을 더 많게 하면 負荷電流가 증가하는데 따라 負荷時 端子電壓을 無負荷電壓보다 높게 할 수 있다. 이것을 **過複捲**(over compound)이라 한다.

그리고 直捲捲線의 起磁力이 얼마 안 되면 分捲發電機의 특성에 가까와진다. 이것을 **不足複捲**(under compound)이라 한다.

그림 1·47은 加動複捲發電機의 外部特性曲線을 표시한다.

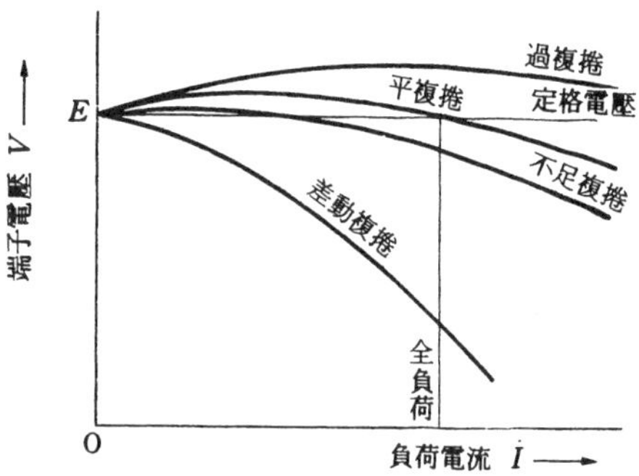

그림 1·47

③ **差動複捲發電機의 外部特性曲線**

이 發電機에서는 直捲捲線의 起磁力이 分捲捲線의 起磁力에 差動的으로 작용하므로 負荷가 증가하면 磁束이 감소하고, 內部等價抵抗降下도 증가하여 端子電壓은 그림 1·47과 같이 심하게 떨어진다. 이러한 특성을 **垂下特性**(drooping characteristic)이라 한다.

④ **用 途**

平複捲發電機는 負荷와는 관계 없이 거의 일정한 電壓이 되므로 일반 直流電源 및 勵磁機 등으로 사용하고 過複捲發電機는 鑛山, 電車 등의 電源으로 사용하는데 이것은 長距離給電線의 抵抗降下를 補償할 수 있기 때문이다.

差動複捲發電機는 垂下特性이 되므로 直流電弧熔接에 적당하다.

(6) 電壓變動率

發電機를 定格速度로 돌려 定格電流를 흘렸을 때 定格電壓을 내도록 界磁抵抗을 조정해 놓고 갑자기 無負荷로 하면 端子電壓은 변화한다. 이 無負荷時의 電壓 E와 定格電壓 V와의 差를 定格電壓의 百分率로 표시한 것을 **電壓變動率**(voltage regulation)이라 한다.

즉 電壓變動率을 ε이라 하면,

$$\varepsilon = \frac{E-V}{V} \times 100\,[\%] \tag{1·24}$$

이다. 電壓變動率은 直捲發電機와 過複捲發電機에서는 −, 平複捲에서는 零, 分捲發電機에서는 +가 된다.

(7) 直流發電機의 並行運轉

① 並行運轉의 필요

어떤 負荷에 電力을 공급하는 경우에 發電機 한 대만을 사용하는 경우와 두 대 이상으로 나누어 이것을 並列로 운전시키는 경우가 있다.

負荷가 상당히 변화하는 경우에 大容量의 發電機 한 대를 사용하면 輕負荷時 效率이 떨어지므로 이것을 몇 대로 나누어 並列로 연결해서 사용한다. 이것은 負荷가 감소하면 이 중 적당수의 發電機를 쉬게 하는 것이 效率이 좋기 때문이다. 또한 豫備機를 설치해 두어야 할 때도 경제적이다. 예컨대 100[kW] 發電機 한 대를 항시 運轉하는 경우 豫備機를 둔다면 100[kW] 發電機를 두어야 하므로 합계 200[kW]의 設備를 하여야 하지만, 50[kW] 두 대로 並行運轉시키면 豫備機는 50[kW] 한 대로 충분하기 때문에 합계 150[kW]의 설비면 된다.

이와 같은 이유 때문에 發電機를 **並行運轉**(parallel runing)시키는 경우가 많다.

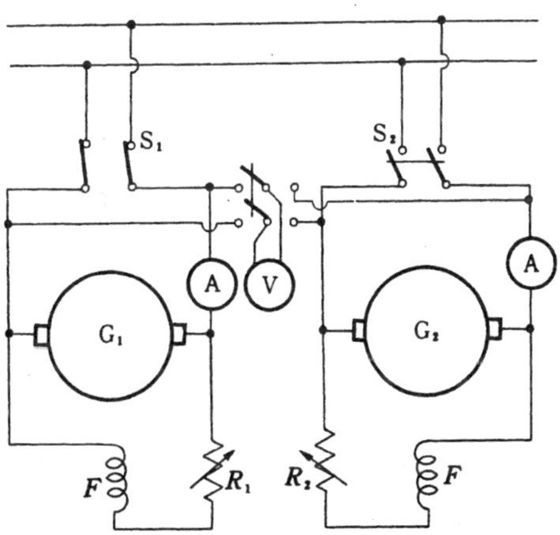

그림 1·48

② 分捲發電機의 並行運轉

그림 1·48에서 分捲發電機 G_1은 이미 運轉中에 있는데 이것에 똑같은 分捲發電機 G_2를 並行運轉시키자면 開閉器 S_2를 열어 둔채로 G_2를 돌려서 定格速度가 되도록 하고 界磁電流를 조정해서 端子電壓을 母線電壓과 같게 한다. 다음에 G_2의 極性을 電壓計로 확인한 다음 S_2를 닫도록 한다. 그러나 이러한 상태에서는 G_2는 負荷를 지지 않는다. 그래서 G_2의 界磁電流를 늘이고 G_1의 界磁電流를 줄이면 식 (1·26)의 E_2는 증가하고 E_1은 감소하므로 I_2는 증가하고 I_1은 감소하여 G_1의 負荷가 G_2에 옮겨진다.

그림 1·48의 發電機 G_1, G_2의 誘起起電力을 E_1, E_2; G_1, G_2의 電機子抵抗은 모두 R_a; G_1, G_2의 電機子電流를 I_1, I_2; 母線電壓을 V라 하면,

$$E_1 - R_aI_1 = E_2 - R_aI_2 = V \qquad (1 \cdot 25)$$

$$I_1 = \frac{E_1 - V}{R_a}, \qquad I_2 = \frac{E_2 - V}{R_a} \qquad (1 \cdot 26)$$

가 되어 誘起電壓이 같으면 電流는 모두 같게 되지만 예컨대 G_1의 속도를 올리든가 또는 勵磁電流를 많이 흐르게 하여 E_1을 크게 하면 I_1은 I_2보다 많아지고 G_1 쪽이 더 많은 負荷를 分擔하게 된다. 또 그림 1·49와 같이 G_1, G_2의 外部特性曲線이 일치하면 (그림의 곡선 (a)와 같이) G_1, G_2의 分擔電流는 $I_1 = I_2 = \overline{OB}$가 되어 모두 같지만 두 發電機의 電壓變動率이 달라져서 G_1의 外部特性曲線이 (a), G_2의 外部特性曲線이 (b)와 같을 때

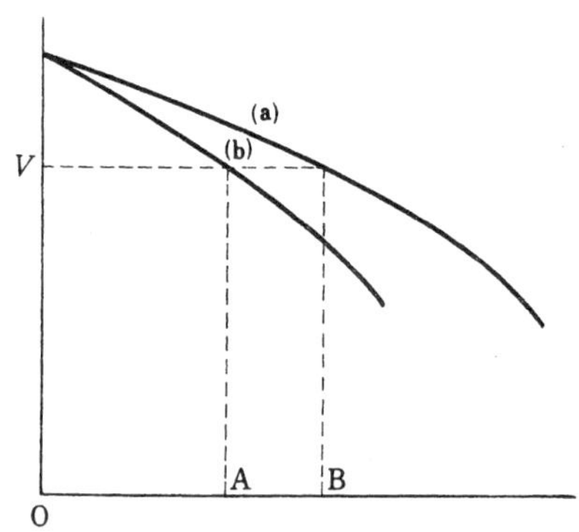

그림 1·49

에는 G_1, G_2의 分擔電流는 각각 $I_1=\overline{OB}$, $I_2=\overline{OA}$가 되므로 分擔電流가 같지 않게 된다. 즉 電壓變動率이 같지 않으면 誘起電壓이 같아도 負荷가 평등하게 각 發電機에 나누어지지 않는다.

③ **複捲發電機의 並行運轉**

分捲發電機는 垂下特性이 되므로 並行運轉이 安定하다. 複捲發電機도 不足複捲이나 差動複捲이면 垂下特性을 가지므로 分捲發電機와 똑같다. 그러나 過複捲이나 直捲發電機에서는 電壓이 上昇特性이 되므로 均壓母線 없이는 安定한 並行運轉이 될 수 없다.

그림 1·50과 같이 G_1, G_2가 負荷를 분담하고 並行運轉하고 있을 때 어떤 원인으로 G_1의 負荷電流 I_1이 증가하면 G_1의 直捲捲線의 起磁力이 많게 되어 G_1의 起電力이 증가한다. 그러면 더욱 I_1이 증가한다.

이와 같이 하여 G_1의 負荷는 차차 증가하게 되는데 이것과 반대로 G_2의 負荷電流 I_2는 차차 감소하여 결국 G_2의 負荷는 零이 되고 만다. 그러므로 G_1, G_2의 直捲界磁捲線의 一端을 굵은 導線으로 연결해 놓으면 兩直捲界磁捲線은 이 導線과 한줄의 母線 사이에 並列로 되므로 G_1, G_2의 直捲界磁捲線의 電流는 늘 2등분되어 안정하게 운전된다. 이 導線을 **均壓母線**(equalizing bus-bar)이라 한다. 그림 1·50에서 G_1은 이미 운전중에 있는 데 이것에 G_2를 並行運轉시키자면 G_2를 定格速度가 될 때까지 돌린 다음 G_2의 分捲界磁捲線 電流를 조정해서 G_2의 電壓을 母線電壓과 같게

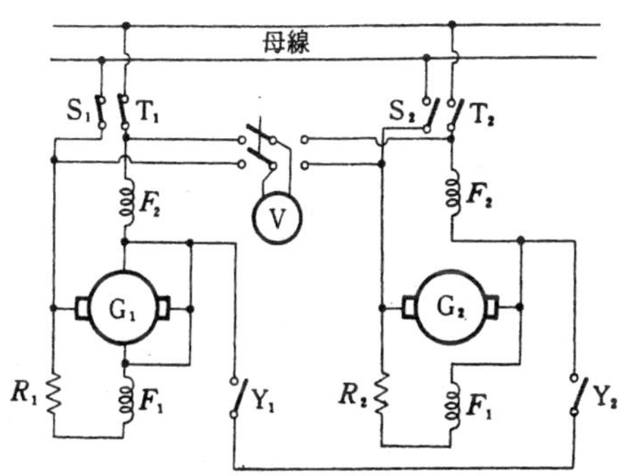

그림 1·50

한 후 Y_1, Y_2 및 T_2를 닫는다. 이 때 G_2의 直捲界磁捲線에 負荷電流가 흐르게 되어 이것으로 勵磁되므로 G_2의 電壓은 변화한다. 따라서 다시 分捲界磁捲線의 電流를 조정해서 두 發電機의 端子電壓을 완전히 같게 한 다음 S_2를 닫는다. 그리고 分捲發電機에서와 같은 방법으로 G_2에 負荷를 분담시킨다.

【예제 5】 端子電壓이 無負荷에서 110 [V], 全負荷에서 115 [V]로 설계된 直流發電機가 있다. 無負荷일 때의 界磁起磁力은 1極當 6000[AT], 全負荷에서 8200 [AT]이다. 速度는 일정하다고 가정하고 外分捲複捲으로 하려면 直捲界磁捲線 1極當 全負荷時 起磁力은 얼마로 하면 되는가?

(풀이) 分捲捲線의 抵抗을 R_{sh}, 捲數를 T_{sh}, 直捲捲線의 抵抗을 R_{se}, 捲數를 T_{se}라 하고 分捲勵磁電流에 의한 直捲捲線 起磁力은 무시할 수 있다 하면 無負荷時의 分捲捲線의 암페어 回數는

$$\frac{110}{R_{sh}}\cdot T_{sh} = 6000 \tag{1}$$

負荷時의 1極當 分捲捲線의 起磁力은

$$AT_{sh} = \frac{115}{R_{sh}}\cdot T_{sh} \tag{2}$$

(1)식에서 $\dfrac{T_{sh}}{R_{sh}}$를 구하여 (2)식에 대입하면

$$AT_{sh} = 6000 \times \frac{115}{110} = 6272 \text{ [AT]}$$

따라서 直捲捲線 1極當 起磁力은 無負荷時의 界磁起磁力에서 AT_{sh}를 뺀 것이다.

$$\therefore\ AT_{se} = 8200 - 6272 = 1928 \text{ [AT]}$$

【예제 6】 他勵磁直流發電機가 있다. 定格出力 10 [kW], 定格電壓 100[V] 定格速度 1500 [rpm]이다. 定格狀態에서 동작하고 있을 때 負荷의 抵抗을 10[%] 늘렸을 때 電機子電流는 91.5 [A]였다. 電機子回路의 全抵抗을 구하라. 단, 電機子反作用은 무시한다.

(풀이) 負荷抵抗 R[Ω], 負荷電流를 I라 하면 他勵磁發電機의 端子電壓은 식 (1·13)에 의하여

$$V = E - I_aR_a = RI$$

$I_a = I$이므로

$$E = (R+R_a)I \tag{1}$$

그런데 定格狀態에서는 $V=100$ [V]

$$\therefore I=\frac{P}{V}=\frac{10\times10^3}{100}=100\,[\mathrm{A}]$$

따라서 $V=RI$로부터 負荷抵抗 $R=1[\Omega]$

이것을 (1)식에 넣으면

$$E=100(1+R_a) \tag{2}$$

R을 10 [%] 늘렸을 때의 電流는 91.5 [A]가 되므로

$$E=91\cdot5(1+0.1+R_a) \tag{3}$$

식 (2)와 (3)을 같다고 놓아

$$100(1+R_a)=91\cdot5(1\cdot1+R_a)$$

$$\therefore R_a=0.0765\,[\Omega]$$

【예제 7】 2대의 直流分捲發電機가 있다. 각각의 定格은 A機 : 200 [V], 200 [kW], B機 : 200 [V], 300 [kW]이다. 여기서 이 發電機를 無負荷에서 210 [V]로 勵磁하여 並列로 연결하고 1500 [A]의 電流를 흘리는 負荷를 가하였을 때 각 發電機에 공급되는 電流와 端子電壓을 구하라. 단, 外部特性曲線은 直線이라 하고 계산하라.

(풀이) 두 發電機 모두 電壓變動率이 5 [%]이며, 外部特性曲線이 直線이므로 容量에 比例하는 負荷를 분담한다.

A機의 負荷電流를 I_1이라 하면

B機의 負荷電流 $I_2=1500-I_1$

$$\therefore 200:300=I_1:(1500-I_1)$$

$$\therefore I_1=600\,[\mathrm{A}],\qquad I_2=900\,[\mathrm{A}]$$

A機의 定格電流 $=\dfrac{200\times10^3}{200}=1000\,[\mathrm{A}]$

外部特性曲線은 直線이므로 電壓降下는 電流에 비례한다. A機의 電壓降下를 ΔV라 하면

$$\Delta V=200\times0.05\times\frac{600}{1000}=6[\mathrm{V}]$$

따라서 端子電壓은

$$V=210-6=204\,[\mathrm{V}]$$

연 습 문 제

1. 誘起起電力 110 [V]의 他勵磁發電機가 있다. 이것에 5[kW]의 負荷를 걸었더니

端子電壓이 100 [V]가 되었다. 負荷抵抗을 포함한 電機子回路의 抵抗은 얼마인가?

답 0.2[Ω]

2. 無負荷에서 119 [V]되는 分捲發電機의 電壓變動率이 6[%]이다. 定格全負荷電壓은 몇 [V]인가?

답 112.2 [V]

3. 일반적으로 直流分捲發電機의 無負荷電壓을 界磁抵抗器를 써서 떨어뜨리는 경우 대략 일정한도 이하로 내리면 電壓을 安定하게 유지할 수 없다. 그 이유를 설명하라.

힌트 無負荷飽和曲線과 界磁抵抗線의 관계를 생각하라.

4. 直流分捲發電機를 試運轉하여 規定速度에 도달하여도 電壓이 誘起되지 않았다. 그 원인을 설명하고 이에 대한 對策을 설명하라.

5. 定格出力 20 [kW]의 直捲發電機가 있다. 이 發電機에 定格負荷를 걸었더니 端子電壓이 200 [V]였다. 電機子抵抗 및 直捲界磁抵抗이 각각 0.05 [Ω]이라면 이 때의 誘起起電力, 電機子電流, 負荷電流, 負荷抵抗은 각각 얼마가 되는가?

답 誘起起電力 = 210[V], 電機子電流 = 負荷電流 = 100 [A], 負荷抵抗 = 2 [Ω]

6. 電機子捲線抵抗 0.06 [Ω], 直捲界磁抵抗 0.05 [Ω] 分捲界磁抵抗 41 [Ω]의 內分捲複捲發電機가 있다. 이것에 어떤 負荷를 걸었더니 電機子電流가 105 [A] 흘렀다. 이 때의 誘起起電力이 211 [V]였다면 端子電壓, 負荷電流, 出力은 각각 얼마나 되는가?

답 端子電壓 = 200 [V], 負荷電流 = 100 [A], 出力 = 20 [kW]

7. 出力 10 [kW], 電壓 100 [V]의 他勵磁發電機가 있다. 이것을 定格狀態로 운전하고 있을 때 電機子回路의 抵抗이 0.05 [Ω], 電機子 反作用에 의한 電壓降下가 2 [V]이다. 이 發電機의 電壓變動率은 얼마인가? 단, 無負荷端子電壓과 誘起起電力은 같다고 한다.

답 7 [%]

8. 並行運轉하고 있는 2대의 分捲發電機가 있다. 각 發電機의 電機子抵抗은 0.1 [Ω] 및 0.2 [Ω]이며, 誘起起電力이 110 [V] 및 108 [V], 勵磁電流가 4 [A] 및 2 [A]이다. 이 중 1대의 發電機의 電機子電流가 100 [A]라 하면 負荷電流는 얼마가 되는가?

답 134 [A]

9. 全負荷에 있어서 並行運轉하고 있는 2대의 分捲發電機가 있다. 그 중 1대는 定格電壓 200 [V], 定格容量 100 [kW], 電壓變動率 6 [%]이며, 다른 1대는 定格電壓 200 [V], 定格容量 200 [kW], 電壓變動率 3 [%]이다. 여기서 負荷가 감

소하여 全電流가 1000 [A]가 되었을 때 각 發電機의 負荷電流는 얼마가 되는가?

답 400 [A], 600 [A]

10. 다음 문장의 ☐ 안에 적당한 것을 써 넣어라.

複捲發電機를 並行運動시키는 경우에는 (1) 回路를 닫은 다음에 過電流遮斷器를 (2) 다. 다음에 主開閉器를 닫고 (3) 을 가감하여 負荷電流를 흘린다. 2대의 發電機로의 (4) 의 配分은 界磁抵抗의 가감으로 적당하게 조정한다.

답 (1) 均壓線, (2) 닫는, (3) 界磁抵抗, (4) 負荷

11. 같은 특성을 가진 直流複捲發電機 2대를 並行運轉시키는 경우의 接續圖를 그리고, 均壓線을 필요로 하는 이유를 설명하라.

1·2 直流電動機

1·2·1 直流電動機의 原理

그림 1·51 (a)와 같이 磁極 N, S 사이에 코일 abcd를 놓고 이것에 直流電源으로부터 브러시 B_1, B_2, 整流子片 C_1, C_2를 거쳐 電流를 흘리면 코일의 ab 및 cd 邊에는 각각 시계방향의 토오크가 생기므로 코일 전체가 시계방향으로 회전한다. 그리고 半回轉한 다음에 그림 (b)의 위치에 와도 ab 및 cd에는 시계방향의 토오크가 발생하므로 코일 전체는 그림 (a)의 경우와 같이 시계방향으로 회전한다.

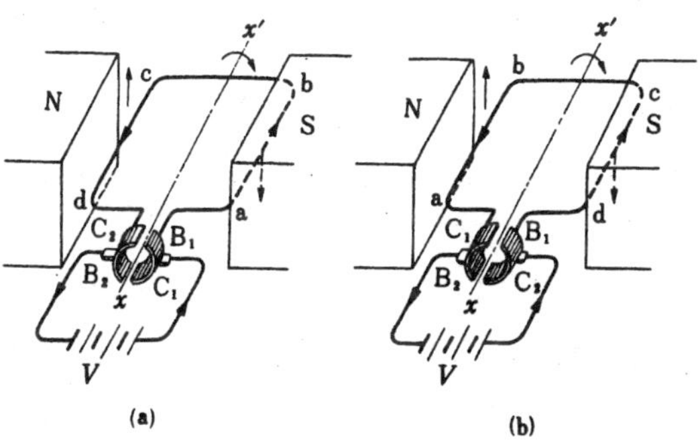

그림 1·51

이와 같이 하여 코일에 電流가 흐르는 동안에는 시계방향으로 계속해서 회전한다. 이것이 直流電動機인데 그 原理로 부터 알 수 있는 바와 같이 直流發電機를 그냥 直流電動機로 할 수 있다. 따라서 直流電動機의 구조의 主要部는 直流發電機와 거의 같으며 界磁捲線과 電機子捲線의 연결방식에 따라 分捲, 直捲, 複捲으로 분류되는 것도 發電機와 같다.

1·2·2 速度, 토오크, 出力

우선 각 勵磁方式에 공통인 기본식을 誘導한다.

直流電動機에서는 電源 端子電壓이 일정하다고 가정하면 機械的 負荷의 변동에 따라서 回轉速度, 토오크, 電機子電流 및 出力이 변화한다.

電動機의 誘起起電力, 즉 逆起電力(counter e.m.f)은 식 (1·12)와 같다.

$$E = \frac{P}{a} Z\Phi \frac{N}{60} \text{[V]} \tag{1·27}$$

端子電壓은 發電機의 식 (1·13)과는 달리

$$V = E + I_a R_a \text{[V]} \tag{1·28}$$

가 된다. 위 두 식에서 回轉速度 N은

$$N = \frac{V - I_a R_a}{\frac{PZ}{60a}\Phi} = k_1 \frac{V - I_a R_a}{\Phi} \text{[rpm]} \tag{1·29}$$

$$\text{단, } k_1 = \frac{60a}{PZ}$$

가 되어 回轉速度는 逆起電力 E[V]에 비례하고 1極 磁束數 Φ[Wb]에 반비례한다.

다음에 電動機의 發生토오크를 구한다.

電機子導體의 發生機械力은 磁束密度 B[Wb/m²], 導體의 길이 l[m], 電流를 i[A]라 하면

$$f = Bli \text{[N]}$$

이므로 電機子半徑을 r[m]이라 하면 導體 한 개의 發生토오크는

$$fr = Blir \text{[N·m]}$$

이 된다. 磁束密度 B로 1磁極피치의 平均磁束密度 B_a[Wb/m²]를 사용

하면 全導體數 Z일 때의 토오크 T는 다음과 같다.

$$T = ZB_a lir = Z\cdot\frac{\Phi}{2\pi rl/P}lir = \frac{1}{2\pi}Zi(P\Phi)\ [\mathrm{N\cdot m}]$$

導體電流 i와 電機子電流 I_a는 항상 $i=\frac{I_a}{a}$의 관계에 있으므로

$$T = \frac{Z}{2\pi}\ \frac{P}{a}\Phi I_a$$

$$= k_2\Phi I_a[\mathrm{N\cdot m}] \tag{1·30}$$

또는

$$T = \frac{1}{9.8}\ \frac{Z}{2\pi}\ \frac{P}{a}\Phi I_a$$

$$= \frac{1}{9.8}k_2\Phi I_a\ [\mathrm{kg\cdot m}] \tag{1·31}$$

단, $k_2 = \frac{PZ}{2\pi a}$

電動機 토오크는 1極의 磁束 ϕ와 電機子電流 I_a의 積에 비례하고 回轉速度와는 관계가 없다.

T는 發電機에 있어서는 負荷電流가 흐를 때의 發生反抗 토오크가 되므로 發電機를 驅動하려면 이것에 이길만한 原動機 토오크를 필요로 하며, 電動機의 경우에는 機械力이 되어 일을 한다. 그러나 베어링 摩擦損이나 風損, 鐵損이 있으므로 軸의 有效토오크 T_s는 T보다 이들 손실만큼 적다.

發電機의 경우 軸에 가하는 原動機 토오크 T_s는 發生토오크 T에 이기는 것만으로는 부족하며, 摩擦이나 鐵損에 의한 損失토오크에도 이기지 않으면 안 된다. 따라서

$$T_s = T \mp T_l\ (-:\text{電動機},\ +:\text{發電機}) \tag{1·32}$$

여기서 T_l은 損失토오크이다.

機械的 動力(mechanical power) P는 토오크에 回轉角速度 ω를 곱한 것이다.

$$\omega = 2\pi\frac{N}{60},\qquad P = \omega T\,[\mathrm{W}] \tag{1·33}$$

機械動力에 대하여는

$$\omega T_s = \omega T \mp \omega T_l(-:\text{電動機},\ +:\text{發電機}) \tag{1·34}$$

電力에 대하여는

$$VI_a = EI_a \mp I_a^2 R_a (+ : \text{電動機}, \ - : \text{發電機}) \quad (1\cdot35)$$

의 관계가 성립한다. EI_a는 誘起起電力에 의한 內部電力, ωT는 發生토오크에 의한 內部動力이며, 回轉機內에서 電力과 機械動力 사이의 에너지 變換이 이루어진 것을 표시한다.

즉

$$\omega T = 2\pi \frac{N}{60} \frac{Z}{2\pi} \frac{P}{a} \Phi I_a = \frac{P\Phi N}{60} \frac{Z}{a} I_a$$
$$= EI_a \quad (1\cdot36)$$

가 된다.

1·2·3 直流電動機의 特性

(1) 分捲電動機의 特性

分捲電動機는 그림 1·52와 같이 電機子와 界磁捲線이 並列로 접속되어 電源에 연결된다. 그러므로 端子電壓이 일정하면 界磁電流 I_f는 電機子電流 I_a와는 관계가 없으며,

$$I_f = \frac{V}{R_f} = \text{一定} \quad (1\cdot37)$$

이 된다. 따라서 Φ는 일정하고 電源에서 흘러 들어가는 全電流를 I라 하면,

$$I = I_f + I_a \quad (1\cdot38)$$

그런데 I_f는 매우 적으므로 $I \fallingdotseq I_a$라고 해도 좋다.

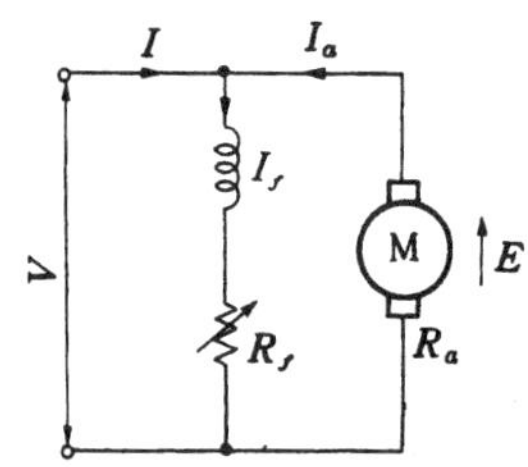

그림 1·52

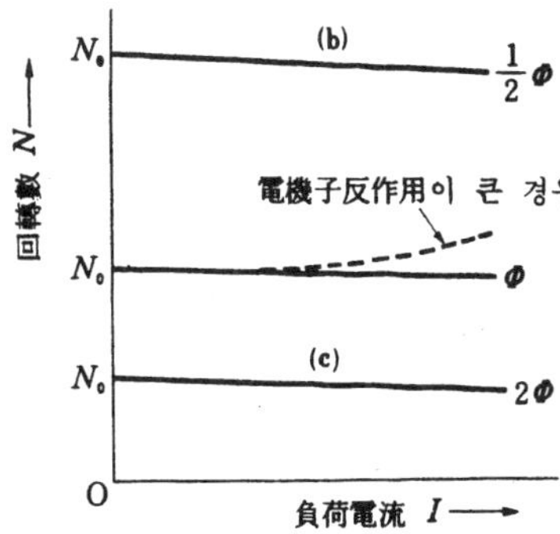

그림 1·53

① **速度特性**

이것은 界磁抵抗 R_f를 변화시킴이 없이 負荷電流만을 변화시켰을 때 速度 N이 어떻게 변하는가를 표시하는 曲線이다.

分捲電動機의 速度는 식 (1·29)에 의하여 $N=k_1\dfrac{V-I_aR_a}{\Phi}$ [rpm]이 되는데, R_f를 일정하게 하였으므로 Φ도 일정하게 되어 $\dfrac{k_1}{\Phi}=k_2$라고 놓으면,

$$N=k_2(V-R_aI_a) \qquad (1 \cdot 39)$$

이 된다.

그러므로 V, R_a가 일정한 경우에는 速度는 그림 1·53과 같이 電流가 증가하는데 따라 직선적으로 감소하고 $I_a=\dfrac{V}{R_a}$가 되면 速度는 零이 된다.

R_a의 크기는 직선의 경사와 관계가 있는데 電機子抵抗이 큰 것이면 速度의 강하하는 정도가 크다.

界磁抵抗 R_f를 변화시켜 Φ를, 예컨대 $\frac{1}{2}\Phi$, 2Φ로 하면 速度特性은 그림 1·53의 曲線 (b), (c)와 같게 된다.

그런데 電機子反作用의 減磁作用을 고려에 넣어서 생각할 때 I가 증가하면 Φ가 줄어들므로 $N=k_1\dfrac{V-I_aR_a}{\Phi}$의 分母, 分子가 다같이 감소해서 N이 낮아지는 정도가 적게 된다.

또 그림 1·54와 같이 I_f를 감소시켜 零에 가깝게 하면 식 (1·29)의 分

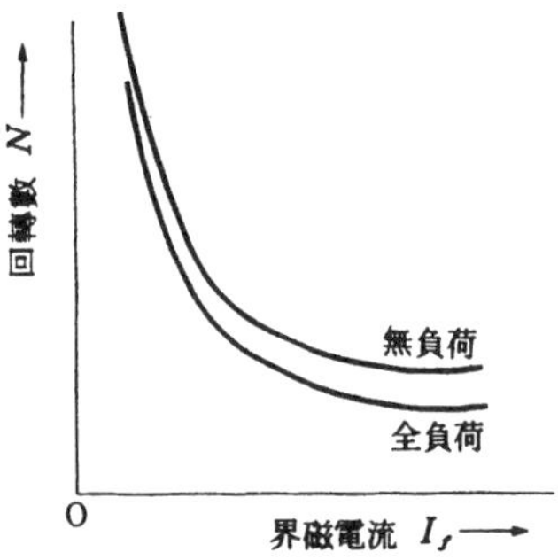

그림 1·54

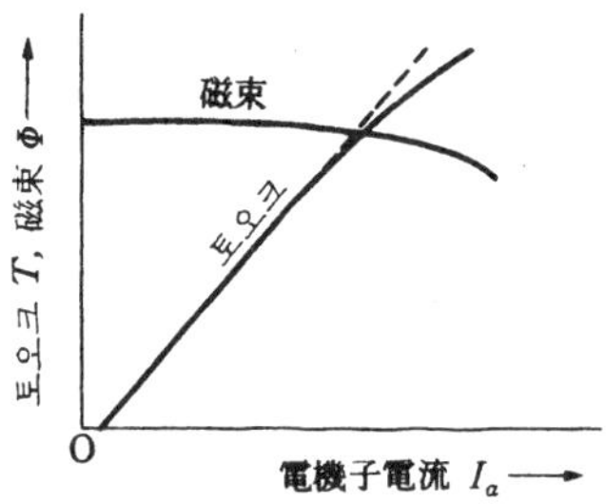

그림 1·55

母의 Φ가 零에 가까와지므로 速度가 대단히 높아져 輕負荷일 경우에는 遠心力에 의하여 機械가 파괴될 정도의 高速度에 달하는 수도 있다. 따라서 界磁回路의 접속에는 충분한 주의를 해서 斷線이 안 되게 해야 한다.

② **토오크特性**

負荷電流 증가에 따라 토오크가 어떻게 변하는가를 표시하는 曲線이다. Φ가 일정하므로,

$$T = k_2\Phi I_a = k_3 I_a \quad (\text{단 } k_3 = k_2\Phi) \tag{1·40}$$

이 되어 I_a와 T의 관계는 그림 1·55의 점선과 같은 직선이 된다.

그러나 電機子反作用으로 말미암아 負荷電流 증가에 따라 Φ가 감소하는 것을 고려하면 토오크特性은 그림 1·55의 實線으로 표시한 것과 같이 밑으로 구부러진다.

③ **分捲電動機의 用途**

分捲電動機의 回轉數는 그림 1·53에서 볼 수 있는 바와 같이 負荷가 증가하면 얼마만큼은 줄지만 대체로 일정하다고 볼 수 있으므로 定速度電動機라고 해도 좋다. 또한 界磁調整器를 써서 넓은 범위에 걸쳐 쉽게 速度를 제어할 수 있다.

分捲電動機는 이와 같은 특성이 있으므로 鐵壓延, 製紙, 捲線機 등에 사용된다.

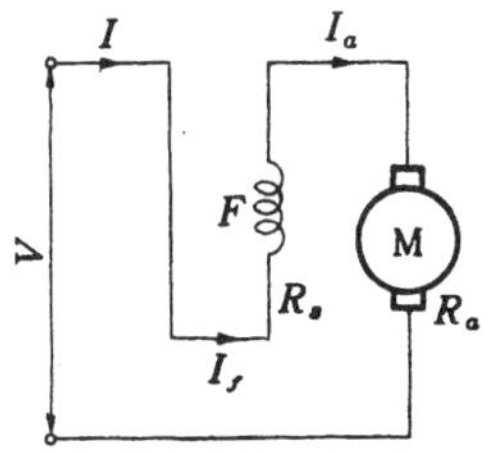

그림 1·56

(2) 直捲電動機의 特性

이것은 그림 1·56과 같이 界磁捲線과 電機子捲線이 直列로 연결되어 있으므로,

$$I_f = I_a = I \quad (1\cdot41)$$

가 된다.

① 速度特性

이 電動機의 回轉速度의 식은 直捲捲線의 抵抗을 R_s라 하면 식 (1·29)의 R_a 대신에 $R_a + R_s$를 넣어서 다음과 같이 된다.

$$N = k_1 \cdot \frac{V-(R_a+R_s)I_a}{\Phi} \ [\text{rpm}] \quad (1\cdot42)$$

磁氣回路가 飽和되지 않은 경우에는 Φ는 I_a에 비례하므로,

$$N = k_4 \cdot \frac{V-(R_a+R_s)I_a}{I_a} \quad (\text{단 } k_4\text{는 定數}) \quad (1\cdot43)$$

식 (1·43)의 $(R_a+R_s)I_a$는 V에 비해서 매우 적으므로 이를 무시하면,

$$N = k_4 \cdot \frac{V}{I_a} \quad (1\cdot44)$$

V가 일정하다면 식 (1·44)에 의하여 N과 I_a 사이의 관계는 그림 1·57과 같이 縱軸과 橫軸을 漸近線으로 하는 雙曲線이 된다. 그런데 負荷가 증가하면 勵磁起磁力도 증가하여 磁氣回路가 포화하게 된다. 포화하게 되면 Φ는 일정하다. 이러한 경우에는,

$$N = k_5(V-R_aI_a) \ [\text{rpm}] \quad (\text{단 } k_5\text{는 定數}) \quad (1\cdot45)$$

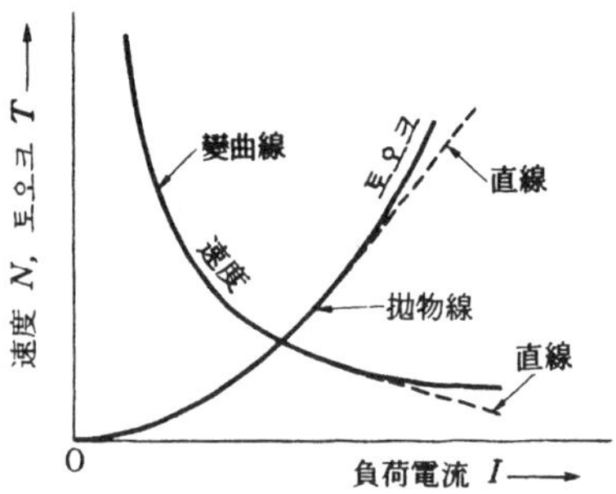

그림 1·57

따라서 速度特性은 그림 1·57의 破線과 같이 직선이 된다.

그림 1·57이나 식 (1·43)에서 알 수 있는 바와 같이 I_a가 零에 가까와지도록 줄어 들면 速度가 퍽 높아진다. 만일, 殘留磁氣가 없으면 速度는 무한대가 되어 遠心力 때문에 電機子를 破壞하는 경우가 생기게 된다. 이와 같은 危險速度를 **無拘束速度**(run away speed)라 한다. 그러므로 直捲電動機에는 안전한 速度로 운전될 수 있는 정도의 最小負荷가 늘 걸려 있어야만 된다.

② 토오크特性

電機子電流가 적게 흐르는 어느 한도 내에서는 磁束 Φ는 I_a에 비례하므로 토오크는 I_a^2에 비례하게 된다. 즉

$$T = k_6 I_a^2 \quad (\text{단 } k_6 \text{은 定數}) \tag{1·46}$$

따라서 토오크特性은 그림 1·57의 실선으로 표시한 것과 같은 抛物線이 된다. 그러나 I_a가 커짐에 따라 磁氣回路가 포화하므로 Φ는 증가하지 못하고 거의 일정하게 되어 토오크는,

$$T = k_7 I_a \quad (\text{단 } k_7 \text{은 定數}) \tag{1·47}$$

가 되어 그림 1·57의 破線部分과 같이 I_a에 비례하는 직선이 된다.

③ 直捲電動機의 特徵과 用途

그림 1·57에서 알 수 있는 바와 같이 直捲電動機에서는 토오크가 증가하면 速度가 낮아지므로 回轉數와 토오크와의 積에 비례하는 出力도 어떤

범위 내에서는 대체로 일정하다. 이것이 直捲電動機가 電車, 起重機 등에 주로 사용되는 이유이다. 예를 들면, 만일 電車에 分捲電動機를 사용하면 토오크의 대소에 관계 없이 速度가 거의 일정하게 되므로 비탈길을 전차가 올라갈 때 토오크가 증가하면 出力도 이에 대체로 비례해서 증가하여 電源에 지나치게 과한 負荷를 지게 하는 것이 된다. 그런데 直捲電動機를 사용하는 경우에는 토오크가 증가하면 速度가 떨어지므로 電源에 過負荷가 되지 않는다.

또, 直捲電動機의 토오크는 電流의 自乘에 비례하므로 起動시킬 때 電流를 안전한 값에 제한하면서 충분히 큰 토오크를 발생시킬 수 있다. 이것도 자주 起動시켜야 하는 전차, 起重機에는 적합한 성질이다.

(3) 複捲電動機의 特性

① 加動複捲電動機

그림 1·58, 1·59에 표시한 바와 같이 分捲電動機와 直捲電動機의 중간 특성이 되며, 直捲界磁起磁力과 分捲界磁起磁力의 비율에 따라 分捲電動機에 가까운 특성 또는 直捲電動機에 가까운 특성이 된다. 加動複捲電動機에는 分捲界磁捲線이 있기 때문에 負荷를 걸고 있지 않더라도 界磁磁束의 일부가 존재하게 되어 直捲電動機와 같은 無拘束速度에 이르지 않는다.

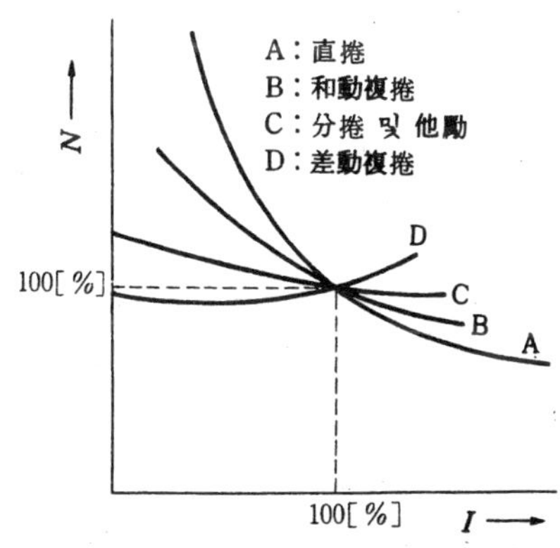

그림 1·58

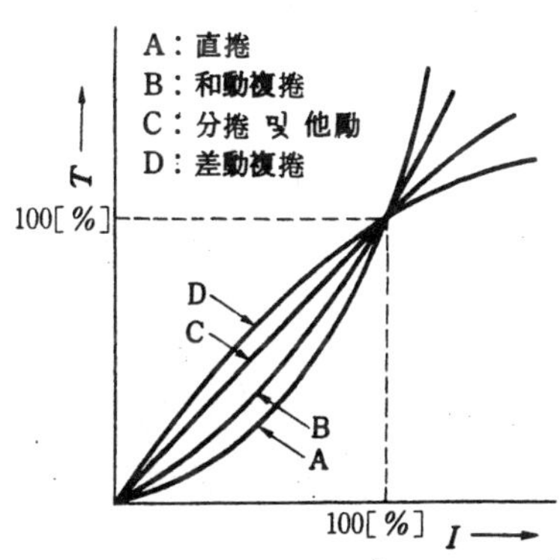

그림 1·59

또, 直捲界磁捲線에 있어서 起動토오크도 상당히 크며, 電源에 대한 위협도 적다. 이와 같은 특징이 있으므로 捲上機, 工作機械, 壓延補助用 등의 電動機로 사용된다.

② **差動複捲電動機**

直捲界磁起磁力이 分捲界磁起磁力을 상쇄하도록 연결되어 있으므로 負荷電流가 증가함에 따라 界磁磁束은 감소하여 速度降下를 補償해 준다. 그래서 그림 1·58과 같이 定速度特性이 된다.

그러나 電流가 증가하여 直捲起磁力과 分捲起磁力이 같게 되면 磁束은 零이 되고 이 이상으로 電機子電流가 증가하면 磁束의 방향이 반대가 되어 逆轉하는 경우가 있다. 그리고 起動토오크도 적기 때문에 많이 사용되지 않는다.

1·2·4 直流電動機의 運轉

(1) 直流電動機의 起動

① **起動器**

運轉中에 있는 直流電動機의 電機子電流 I_a는 식 (1·28)로부터

$$I_a = \frac{V-E}{R_a} \tag{1·48}$$

이다. R_a는 分捲電動機에서는 電機子의 抵抗만이고 直捲, 複捲電動機에서는 電機子와 直捲界磁捲線의 抵抗을 합한 것이다.

여하튼 이 R_a는 매우 적지만 운전중에 있어서는 E가 충분히 발생하고 있으므로 I_a는 적당한 값에 유지된다. 그러나 起動時에는 $E=0$이 되므로 電源電壓을 그냥 가해 주면,

$$I_a = \frac{V}{R_a} \tag{1·49}$$

로 표시되는 매우 큰 電流가 흘러 電機子捲線을 燒損할 염려가 있다.

그러므로 起動時의 電流를 제한하기 위해서(起動電流는 일반적으로 定格電流의 100～150[%]로 하는데, 큰 起動토오크를 요구하는 경우에는 300[%]까지 취할 때도 있다) 적당한 抵抗을 電機子에 直列로 넣고 回轉

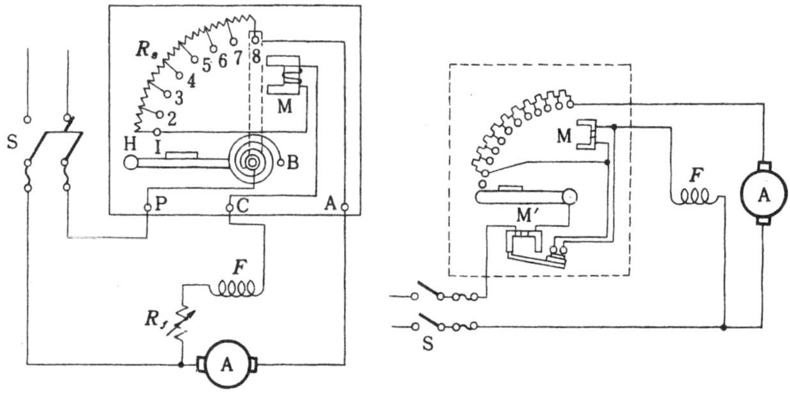

(a) (b)

그림 1·60

數가 점차 올라가서 逆起電力 E가 증가하면 그 抵抗을 조금씩 빼주는 방법을 쓴다. 이와 같은 抵抗을 **起動抵抗**(starting rheostat)이라 하고, 이 抵抗과 손잡이 등의 附屬品을 합하여 組立한 器具를 **起動器**(starter)라 한다.

그림 1·60(a)는 分捲電動機의 起動器이다.

開閉器 S를 닫고 핸들 H를 오른쪽으로 돌려서 起動抵抗 R_s의 최초의 노치(notch) 1에 오게 하면 電動機는 起動하기 시작한다. H를 서서히 오른쪽으로 이동시키면 R_s는 차차 감소하고 맨 마지막 노치 8에 이르면 R_s는 전부 빠지고 界磁電流로 勵磁된 電磁石 M의 吸引力으로 H는 이 위치에 고정된다. 만일 M의 吸引力이 없어지면 H는 스프링 B에 의하여 곧 본래 위치로 되돌아간다.

이와 같은 構造로 한 것은 운전중 일시 停電되거나 해서 電動機가 정지한 다음 다시 電源이 회복되어 電壓이 가해졌을 때 起動抵抗이 들어가지 않은 상태로 電機子에 全電壓이 가해지는 것을 막기 위해서이다. 이 電磁石을 **無電壓開放器**(no voltage release)라 한다.

또 그림 1·60(b)와 같이 過負荷開放器 M′를 가지고 있는 것도 있다.

그림 1·61은 直捲電動機의 起動器인데 無電壓開放器 M을 가지고 있으므로 無負荷 또는 輕負荷에서 無拘束速度가 되는 것을 막는다.

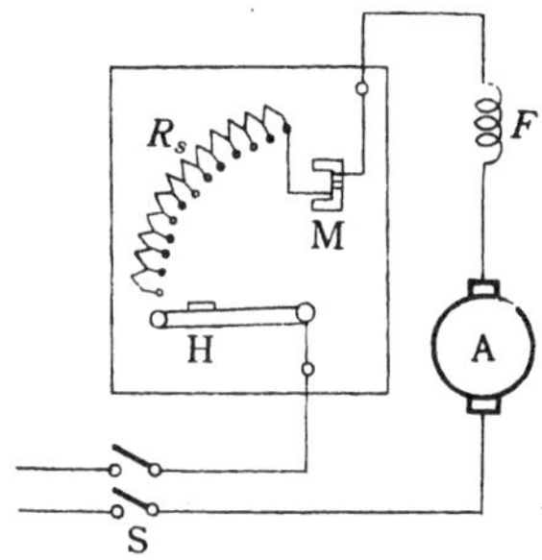

그림 1·61 다이얼形 起動抵抗器(直捲用)

複捲電動機는 分捲電動機의 起動器를 써서 기동시킬 수 있다. 數 10 [kW] 이하의 電動機에는 그림 1·60, 1·61과 같은 다이얼形 手動起動器를 쓴다.

大形機에서는 스위치 開閉를 壓縮空氣나 電磁力으로 하고 起動抵抗을 순차적으로 줄인다. 手動이 아니고 遠方操作으로 개폐되는 방식의 接觸器(contactor)는 繼電器에 의하여 자동적으로 抵抗을 줄이는 自動起動器이다. 起動電流가 일정 레벨 이하로 떨어진 것을 繼電器로 檢知하여 다음 노치(notch)에 옮기는 限流形(current limit type)과, 起動電流와는 무관계로 일정시간 후 다음 노치로 옮기는 限時形(time limit type)이 있다.

② **起動抵抗의 區分**

電動機가 起動되어 회전하기 시작하면, 起電力이 誘起되므로 起動電流는 점차로 감소하여 起動토오크가 감소한다. 따라서 起動電流가 어느 정도 감소하면 起動抵抗을 적게 하여 起動電流를 다시 증가시켜야 할 것이다. 이와 같은 조작을 電動機가 加速되는 데 따라 순차로 되풀이 해서 起動終了時에는 起動抵抗을 零으로 되도록 해야 한다.

그림 1·62와 같이 起動時의 最大電流를 I_{max}, 最小電流를 I_{min}이라 하면 I_{max}에서 시작하여 I_{min}으로 될 때 起動抵抗을 일부분 短絡하여 다시 I_{max}이 되도록 起動抵抗을 여러 개로 구분하여 각 구분점에서 탭(tap)을 내도록 한다. 이것을 **起動抵抗의 區分**(grading)이라 한다.

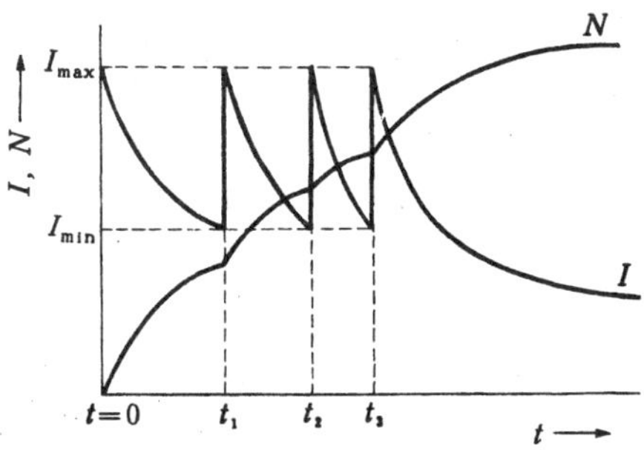

그림 1·62

그림 1·63 에서, $E=0$ 일 때 $I_a=I_{max}$, $R_1=R_{s\cdot 1}+R_a$ 가 되므로,

$$I_{max}=\frac{V}{R_1}$$

또, $I_a=I_{min}$ 으로 된 때의 誘起起電力을 e_1 이라 하면,

$$I_{min}=\frac{V-e_1}{R_1}$$

다음에 한 노치를 움직였을 때의 電機子回路의 抵抗은 $R_2=R_{s\cdot 2}+R_a$가 되므로,

$$I_{max}=\frac{V-e_1}{R_2}$$

$$\therefore \frac{I_{max}}{I_{min}}=\frac{R_1}{R_2}$$

따라서 $R_3=R_{s\cdot 3}+R_a$, $R_4=R_{s\cdot 4}+R_a$, …, $R_{n-1}=R_{s\cdot n-1}+R_a$ 라 하면,

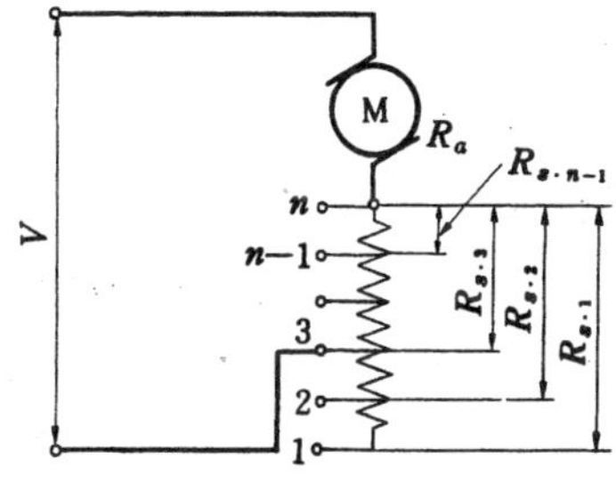

그림 1·63

$$\frac{I_{max}}{I_{min}}=\frac{R_2}{R_3},\quad \frac{I_{max}}{I_{min}}=\frac{R_3}{R_4},\quad \cdots,\quad \frac{I_{max}}{I_{min}}=\frac{R_{n-1}}{R_a}$$

가 되어 다음 관계식이 성립한다.

$$\frac{I_{max}}{I_{min}}=\frac{R_1}{R_2}=\frac{R_2}{R_3}=\frac{R_3}{R_4}=\cdots=\frac{R_{n-1}}{R_a}$$

그러므로

$$\left(\frac{I_{max}}{I_{min}}\right)^{n-1}=\frac{R_1}{R_a}=\frac{R_1 I_{max}}{R_a I_{max}}=\frac{V}{R_a I_{max}}$$

따라서 起動抵抗의 區分數 $n-1$ 은,

$$n-1=\frac{\log\left(\dfrac{V}{R_a I_{max}}\right)}{\log\left(\dfrac{I_{max}}{I_{min}}\right)} \tag{1·50}$$

I_{max} 은 前述한 바와 같이 定格電流의 100～150［%］정도로 한다. I_{min}은 너무 크게 하면 平均起動토오크는 크게 되지만 식 (1·50)에서 알 수 있는 바와 같이 區分數가 많아져서 起動器가 複雜해진다.

보통 I_{min} 은 全負荷電流 이하로 한다.

(2) 直流電動機의 速度制御

① 速度制御의 種類

電動機의 速度 N은 식 (1·29)로 표시되므로 界磁磁束 Φ, 電機子回路의 抵抗 R_a, 供給電壓 V를 바꾸면 速度는 변화한다. 따라서 速度制御法에는 다음의 종류가 있다.

1) 界磁制御法(field control)

2) 直列抵抗制御法(rheostatic control)

3) 電壓制御法(voltage control)

② 分捲電動機의 速度制御

1) 界磁制御法 그림 1·64 (a)와 같이 界磁抵抗器 FR을 조정해서 界磁電流를 변화시킨다. 그러면 磁束 Φ가 변화한다. 예컨대 Φ가 1/2, 1/3이 되면 그림 (b)와 같이 速度는 각각 2배, 3배로 증가한다. 分捲界磁電流는 매우 적으므로 界磁抵抗器에 흐르는 電流도 적기 때문에 電力損失도

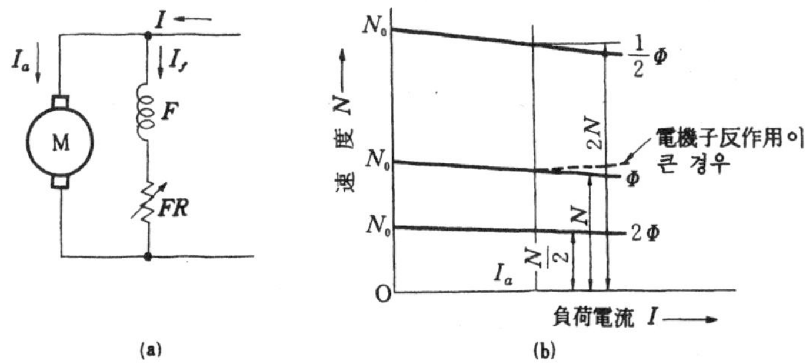

그림 1·64

적고 또 操作도 간편하다.

그러나 抵抗을 암만 감소시켜도 界磁捲線自身의 抵抗과 飽和로 말미암아 速度를 어느 정도 이하로는 떨어뜨릴 수 없다. 또 界磁抵抗器의 抵抗을 지나치게 증가시켜 界磁電流가 매우 적게 되면 電機子反作用起磁力이 界磁起磁力보다 優勢하게 되어 中性點의 이동이 심하게 된다. 따라서 補極이 없는 電動機는 整流作用이 잘 되지 않게 된다.

그러므로 매우 간편한 방법이지만 너무 넓은 범위의 速度制御는 이 방법으로는 곤란하다.

2) **直列抵抗制御法** 그림 1·65 (a)와 같이 電機子回路에 直列抵抗 R_s를 넣어서 負荷電流에 의한 電壓降下를 증가시켜 速度의 식 (1·29)의 分子를

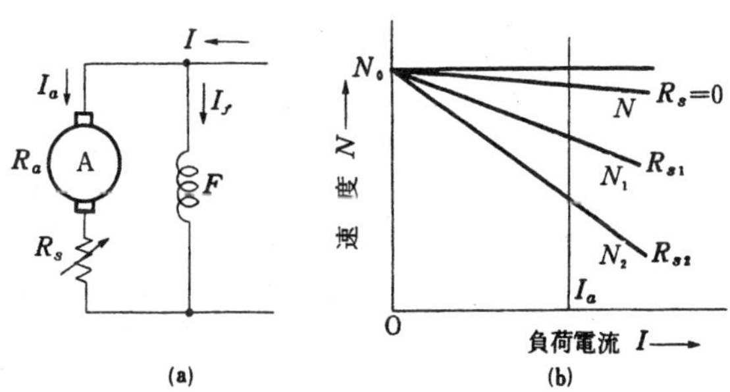

그림 1·65

감소시켜 速度를 변화시키는 방법이며 速度特性은 그림 (b)와 같게 된다.

이 방법은 $R_s=0$일 때가 最高速度이므로 速度를 퍽 낮은 데까지 변화시킬 수 있는 것이 특징이다. 그러나 抵抗器에 큰 電流가 흐르므로 많은 熱損失이 생기고 효율이 떨어지므로 경제적인 방법이라고는 할 수 없다.

단시간동안 速度를 매우 낮게 할 필요가 있는 경우라든가 小形電動機의 速度를 精密하게 제어하고자 하는 경우 등에는 적당하다.

3) **電壓制御法** 이것은 電動機의 供給電壓 V를 조정하는 방법인데 制御範圍가 넓고 電力損失도 거의 없으므로 제어법으로서는 이상적이지만 設備費가 많이 드는 것이 결점이다. 이 방법에는 다음과 같은 방식이 있다.

a) **와드 레오나드 방식**(Ward Leonard system)

이 방식은 그림 1·66과 같다. M은 主電動機이며, 이것의 界磁捲線 F_3은 直流母線에 접속되어 일정한 세기로 勵磁된다. 補助發電機 G는 補助電動機 M으로 돌려지는데 이 發電機 G의 端子電壓 V가 M의 電機子에 공급된다. G의 界磁捲線 F_2는 直流母線에 접속되어 있고 그 界磁電流는 R_{f2}로 조정되며, 또한 開閉器 S에 의하여 界磁電流의 방향을 바꿀 수도 있게 되어 있다. 따라서 M에 공급된 電壓은 正方向과 逆方向 양쪽방향으로 매우 廣範圍에 걸쳐 조정되므로 主電動機의 速度와 回轉方向을 자유로이 변화시킬 수 있다.

최근에 와서는 直流電動機의 端子電壓 및 界磁電流의 변화를 그림

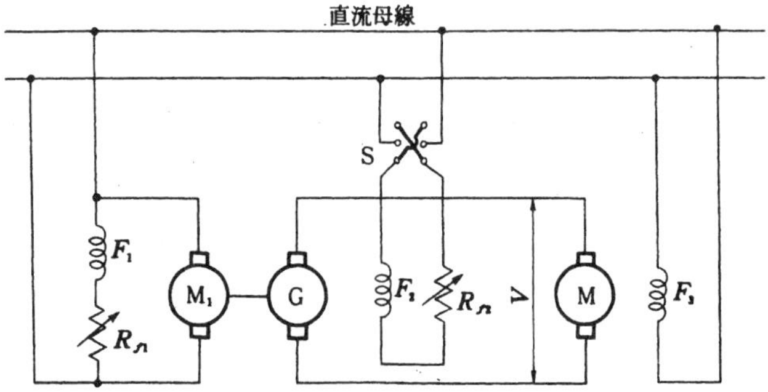

그림 1·66 와드 레오나드 方式

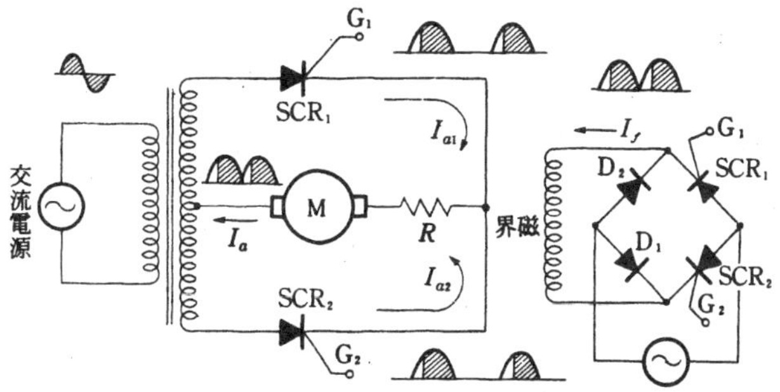

그림 1·67 SCR에 의한 速度制御

1·67 과 같이 交流電源에서 SCR 을 통하여 變換된 直流를 位相制御에 의하여 조정하고 端子電壓이나 界磁電流의 平均値를 변화시켜 速度를 制御하는 靜止 와드 레오나드 方式(static Ward Leonard system)도 개발되어 있다.

b) **일그너 방식**(Illgner system)

와드 레오나드 방식은 補助發電機가 直流電動機로 돌려지는데 이 電動機는 交流電動機라도 좋다.

그래서 直流電動機 대신 誘導電動機를 쓰고 그 軸에 큰 플라이 휘일(fly wheel)을 붙인 것이 일그너 방식이다.

이 방식의 장점은 다음과 같은 데 있다.

즉 主電動機의 토오크가 갑자기 증가하면 直流發電機의 負荷電流도 갑자기 증가하며 이에 따라 誘導電動機의 負荷가 증가하여 速度가 낮아진다. 그러면 플라이 휘일에 貯蓄된 運動에너지를 放出하여 誘導電動機를 돕게 되므로 入力은 얼마 증가하지 않아도 된다.

이 방식으로 하면 電動機 負荷가 급변하여도 電源에서 공급되는 電力의 변동이 적다는 것이 특징이다.

큰 壓延機나 捲上機에 적용한다.

③ 直捲電動機의 速度制御

1) **界磁制御法** 直捲電動機의 界磁制御法에는 그림 1·68(a)와 같이 界磁

捲線에 並列로 접속한 抵抗 R_f를 調整하여 界磁電流를 변화시키는 방법이 있고 그림 (b)와 같이 界磁捲線의 途中에서 내 놓은 탭 접속을 바꾸는 방법이 있다.

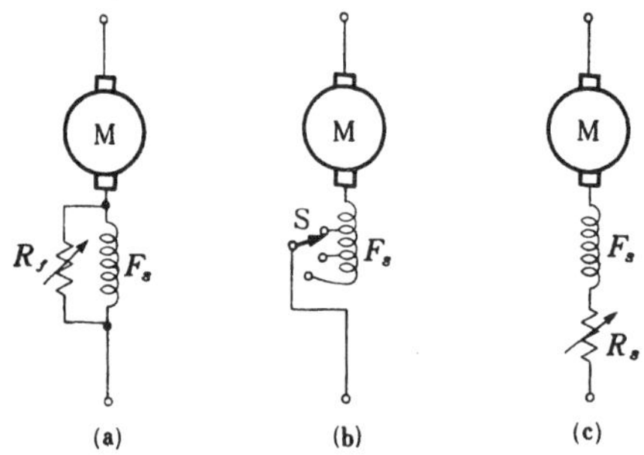

그림 1·68

2) **直列抵抗制御法** 그림 1·68 (c)와 같이 電機子回路에 抵抗을 넣으면 速度를 떨어뜨릴 수 있다. 이것은 分捲電動機의 速度制御에서 설명한 바와 같이 효율이 나쁜 것이 결점이지만 다음의 直並列制御法과 병용해서 많이 사용되는 방법이다.

3) **直並列制御法** 이 방법은 電壓制御法의 일종이다.

그림 1·69와 같이 같은 定格의 2대의 電動機를 사용하는 경우 이들을 直列로 하면 각 機에는 半의 電壓이 가해지고 並列로 하면 全電壓이 가해지므로 速度를 조정할 수 있다. 이것만으로는 速度의 변화가 원활하지 못하므로 抵抗制御法도 병용한다. 이 방법은 電車의 운전 등에 적용되는데 制御器(controller)의 핸들을 돌려서 간단히 速度制御를 할 수 있다.

(3) 電氣制動

電動機의 制動方式에는 機械的 制動 이외에 端子를 電源에서 떼어내어 이것에 抵抗器를 접속하고 發電機作用을 시키는 **發電制動**(dynamic braking)과 電源에 연결한 채로 그대로 두고 電源에 에너지를 돌려보내는 **回生制動**(regenerative braking)이 있다.

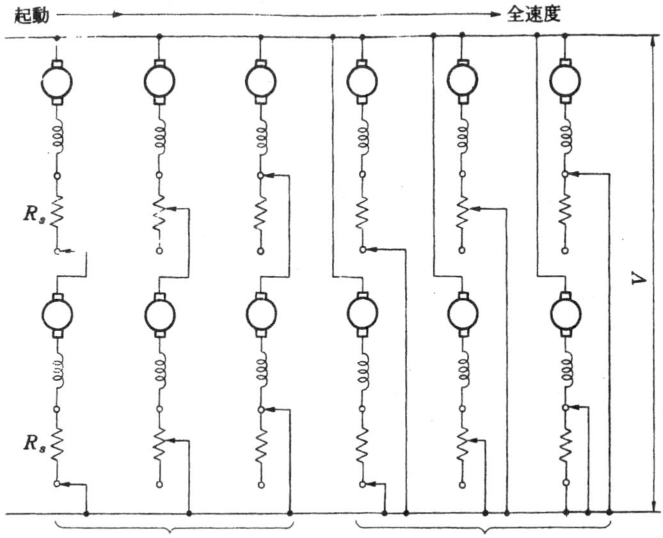

그림 1·69

電氣制動을 걸려면 分捲機의 경우는 勵磁를 약간 세게 하면 電動機狀態로부터 그대로 制動狀態로 옮기나 直捲 및 複捲機의 경우에는 그대로 두면, 電機子電流는 磁束을 없애는 방향으로 흘러 發電할 수 없으므로 直捲捲線의 접속을 반대로 하지 않으면 안 된다.

【예제 8】 界磁捲線 및 電機子捲線의 抵抗이 각각 0.1 [Ω] 및 0.12 [Ω]인 直流直捲電動機가 있다. 이 電動機를 230 [V]의 電源에 접속하였다. 負荷電流 80 [A]의 경우의 速度가 750 [rpm]이었다면 負荷電流 20 [A]일 때의 回轉速度는 얼마인가? 단, 負荷電流가 20 [A]일 때의 界磁磁束은 80 [A]의 경우의 45 [%]이다.

(풀이) 역기전력은

$$E = V - I_a R_a = 230 - (0.1 + 0.12) \times 80 = 212.4\ [\mathrm{V}]$$

$$\therefore\ 212.4 = k\Phi \times 750$$

$$\therefore\ k\Phi = \frac{212.4}{750} = 0.283$$

負荷電流 20 [A]일 때의 回轉速度를 N, 逆起電力을 E라 하면

$$E = 230 - (0.1+0.12) \times 20 = 225.6 \text{ [V]}$$

$$\therefore N = \frac{225.6}{0.45k\Phi} = \frac{225.6}{0.45 \times 0.283} = 1771.5 \text{ [rpm]}$$

【예제 9】 直流分捲電動機 및 直流直捲電動機가 全負荷에서 운전하고 있을 때 어느 것이나 電流가 50 [A], 回轉數가 1000 [rpm]이 였다면 負荷토오크가 半減했을 때 電流 및 回轉數는 각각 얼마가 되는가? 여기서 磁氣飽和와 電機子抵抗은 무시한다.

(풀이) 分捲電動機에서는 界磁磁束 Φ는 일정하므로 토오크는 電機子電流에 비례한다. 그래서 全負荷(電機子電流 $I_a = 50$ [A])時의 토오크를 T라 하고 $\frac{1}{2}T$의 경우의 電機子電流를 I_a', 比例定數를 k_3이라 하면,

$$T = k_3 I_a, \qquad \frac{T}{2} = k_3 I_a'$$

$$\therefore I_a' = \frac{1}{2} I_a = \frac{1}{2} \times 50 = 25 \text{[A]}$$

또 回轉數 N의 식에서 Φ는 일정, $R_a = 0$이므로 回轉數에는 변화가 없고 $N = 1000$ [rpm]이다.

直捲電動機에서는 界磁磁束 Φ는 電機子電流 I_a에 비례하므로 토오크는 電機子電流의 2乘에 비례한다. 그러므로 比例定數를 k_6이라 하면,

$$T = k_6 I^2{}_a, \qquad \frac{T}{2} = k_6 I_a'^2$$

$$\therefore \frac{I_a'^2}{I_a^2} = \frac{1}{2} \qquad \therefore I_a' = \frac{1}{\sqrt{2}} I_a = \frac{1}{\sqrt{2}} \times 50 = 35.4 \text{ [A]}$$

또 식 (1·44)에 의하여

$$N = k_4 \cdot \frac{V}{I_a} \text{가 되므로,}$$

가 되므로, $\frac{T}{2}$일 때의 回轉數를 N'라 하면,

$$N' = k_4 \cdot \frac{V}{I_a'}$$

$$\therefore \frac{N'}{N} = \frac{I_a}{I_a'} \quad \therefore N' = \sqrt{2} N = \sqrt{2} \times 1000 = 1414 \text{ [rpm]}$$

【예제 10】 端子電壓 200 [V], 出力 10 [kW], 電機子 및 界磁抵抗이 0.3 [Ω] 및 100 [Ω]인 直流分捲電動機가 있다. 負荷電流 52 [A]를 흘리고 速度 925 [rpm]으로 운전하고 있을 때 界磁制御法으로 速度를 조정하려

고 界磁에 直列抵抗 20[Ω]을 삽입하였더니 負荷電流가 60[A] 흘렀다. 速度는 얼마인가? 단, 界磁는 飽和하지 않는 것으로 한다.

(풀이) 界磁가 포화하지 않으므로 磁束 Φ는 界磁電流 I_f에 비례한다. 端子電壓 V[V], 電機子 電流를 I_a[A], 電機子 및 界磁捲線의 抵抗을 R_a, R_f[Ω], 負荷電流를 I[A]라 하면 $\Phi \propto I_f$이고, $I_f = \frac{V}{R_f}$이므로 速度 N은

$$N = k_1 \frac{V - I_a R_a}{\Phi} = k_1' \frac{V - I_a R_a}{V/R_f} \tag{1}$$

또 $I_a = I - I_f = 52 - \frac{200}{100} = 50$ [A]

따라서 식 (1)에서

$$925 = k_1' \frac{200 - 50 \times 0.3}{200/100} \tag{2}$$

界磁回路에 直列抵抗 20[Ω]을 삽입하면 이 때의 電機子電流 I_a'는

$$I_a' = 60 - \frac{200}{100 + 20} = 58.3 \text{ [A]}$$

여기서 또 다시 식 (1)을 써서 구한 速度를 N'라 하면

$$N' = k_1' \frac{200 - 58.3 \times 0.3}{200/120} \tag{3}$$

식 (2), (3)에서

$$N' = 925 \times \frac{2}{185} \times \frac{1825 \times 60}{100} = 1095 \text{ [rpm]}$$

연 습 문 제

1. 直流分捲電動機가 있다. 端子電壓 215[V], 電機子電流 50[A], 電機子全抵抗 0.1[Ω], 1분간의 회전수 1500일 때 發生토오크는 얼마인가?

   답 6.82 [kg·m]

2. 200[V]를 가하여 104[A]가 흐르는 直流分捲電動機가 있다. 이 때 發生토오크는 12[kg·m]이다. 負荷가 감소하여 84[A]가 되었다면 發生토오크는 얼마가 되는가? 단, 電機子 및 界磁抵抗은 각각 0.16[Ω], 50[Ω]이다.

   답 9.6 [kg·m]

3. 負荷電流 100[A], 發生토오크 20[kg·m], 1500[rpm]으로 운전하고 있는 直流直捲電動機가 있다. 端子電壓은 같고 發生토오크를 10[kg·m]로 하려면 電流 및 回轉速度는 얼마가 되는가?

   답 70.7 [A], 2121 [rpm]

4. 電機子抵抗 0.2 [Ω], 直捲界磁捲線抵抗 0.3 [Ω]의 直捲電動機가 있다. 端子電壓 100 [V]를 가하여 운전하였더니 負荷電流는 10 [A]였다. 이 때의 電動機速度는 얼마인가? 단, 機械定數는 2.61 이다. 답 1500 [rpm]

5. 定格出力 7.5 [kW], 定格電壓 200 [V]의 直流分捲電動機가 있다. 이것을 定格速度 1200 [rpm]으로 운전할 때 토오크는 얼마가 되는가? 답 6.1 [kg·m]

6. 直流直捲電動機가 있다. 電機子 및 界磁捲線抵抗이 모두 0.8 [Ω]이고 그 磁化曲線은 회전수 200 [rpm], 電流 30 [A]에 대하여 電壓 300 [V]였다. 이 電動機를 電壓 500 [V]에서 사용하여 電流는 위와 같은 30 [A]를 취할 때의 速度를 계산하라. 단, 電機子反作用은 무시한다. 답 302 [rpm]

7. 端子電壓 220[V], 無負荷電流 7 [A], 無負荷速度 1500 [rpm]의 外分捲複捲電動機가 있다. 電機子回路의 抵抗 0.44 [Ω], 直捲界磁抵抗 0.16 [Ω], 分捲界磁抵抗 110 [Ω], 全負荷電流 52 [A]이고 全負荷일 때 直捲界磁는 分捲界磁의 20 [%] 勵磁로 한다. 全負荷 速度를 구하라. 답 1090 [rpm]

8. 端子電壓 200 [V]의 直流分捲電動機가 있다. 電機子抵抗 0.3 [V], 全負荷에 있어서 電機子電流 50 [A]이다. 起動電流를 定格時의 1.7 배로, 하려면 起動抵抗은 얼마로 하면 되는가? 답 2.05 [Ω]

9. 문제 8에서 定格負荷 상태로 발생하고 있는 토오크가 10 [N·m]이면 起動抵抗 3.03[Ω] 및 2.05[Ω]를 넣었을 때 각각의 起動토오크는 얼마가 되는가? 단, 每極의 磁束에는 변화가 없는 것으로 한다. 답 12 [N·m], 17[N·m]

10. 端子電壓 500 [V], 定格負荷 100 [A]의 直捲電動機가 있다. 全負荷에 있어서의 速度 1200 [rpm]이다. 이것을 抵抗制御法으로 速度를 800 [rpm] 및 400 [rpm]으로 할 때 直列로 접속할 抵抗은 각각 얼마인가? 답 1.67 [Ω], 3.33 [Ω]

11. 直流分捲動機는 負荷에 의한 速度의 변화가 적지만 直流直捲電動機에서는 그 변화가 매우 크다. 이유를 설명하라.

12. 直流直捲電動機와 直流分捲電動機에서 負荷電流와 回轉速度 및 토오크 사이의 관계를 설명하라. 또, 이들이 어떤 負荷에 적당한가를 예를 들어 설명하라.

13. 直流分捲電動機의 速度를 조정하는 데 있어서 電機子에 抵抗을 삽입하는 방법과 勵磁電流를 변경하는 방법의 長短點을 비교 설명하라.

1·3 損失, 効率 및 定格

1·3·1 損 失

(1) 損失의 種類

發電機(電動機)에 주어진 機械的 에너지(電氣的 에너지)는 전부 電氣的 에너지(機械的 에너지)로 바뀌는 것이 아니고 그 중 일부의 에너지는 損失(loss)이 된다.

損失을 대별하면 다음과 같다.

① 銅損(copper loss)——抵抗 중에 電流가 흘러서 발생하는 줄熱(Joule heat)

② 鐵損(iron loss)——鐵中에서 磁束의 방향이 변화하는 것 때문에 발생하는 히스테리시스損失(hysteresis loss) 및 渦電流損(eddy current loss)

③ 機械損(mechanical loss)——機械的 摩擦에 의하여 발생하는 열

④ 漂遊負荷損(stray load loss)——①, ②, ③ 이외의 損失을 한데 합한 것인데 각 부분에 흐르는 渦電流, 短絡捲線內의 電流, 磁束分布의 변화 등으로 인한 損失이다.

(2) 銅 損

銅損이 발생하는 장소는 電機子捲線, 分捲界磁捲線, 直捲界磁捲線, 補極捲線, 브러시 接觸面이다.

이 중에서 分捲界磁捲線 이외의 銅線은 電機子電流 I_a[A]가 직접 흐르므로 각 부의 抵抗을 R[Ω]이라 하면 이들은,

$$I_a^2R \text{ [W]} \tag{1·51}$$

이다.

그런데 分捲界磁捲線에는 일정電壓 V[V]가 가해진다고 보아도 좋으므로 分捲界磁銅損은 界磁抵抗을 R_f[Ω], 界磁電流를 I_f[A]라 하면,

$$I_f{}^2R_f = \left(\frac{V}{R_f}\right)^2 R_f = \frac{V^2}{R_f}\ [\mathrm{W}] \tag{1·52}$$

가 된다.

그리고 브러시 접촉면의 損失은 接觸面에서의 電壓降下를 v[V](이것은 電氣黑鉛 브러시 1개에 대하여 대략 1[V]로 보면 된다)라 하면 브러시 1개마다

$$vI_a\ [\mathrm{W}] \tag{1·53}$$

이다.

(3) 鐵 損

鐵損은 鐵의 材質, 磁束密度, 每秒의 磁束方向 變化回數, 鐵板의 두께, 鐵의 容積에 관계되며, 珪素를 포함한 얇은 鐵板을 成層한 鐵心으로 함은 鐵損을 감소시키기 위해서이다.

히스테리시스損 W_h 는

$$W_h = \eta_h \cdot f \cdot B_{am}^{1.6} \cdot V\ [\mathrm{W}] \tag{1·54}$$

渦流損 W_e 는

$$W_e = \eta_e (f B_{am})^2 \cdot V\ [\mathrm{W}] \tag{1·55}$$

이다. 여기서 B_{am} : 鐵心中의 磁束密度의 最大値[Wb/m²], V : 鐵心의 容積[m³], f : 周波數$\left(=\dfrac{PN}{120}\right)$, η_h : 히스테리시스係數, η_e : 渦流損係數.

渦流損은 電機子鐵心에만 발생하는 것이 아니고 電機子齒의 磁束이 脈動하기 때문에 極片의 표면에도 발생한다.

(4) 機械損

摩擦損은 速度에 관계되고 機械的인 구조에 따라서도 달라진다. 摩擦損의 主가 되는 것은 베어링損失(bearing friction loss), 브러시摩擦損(brush friction loss), 風損(windage loss)이다.

(5) 漂遊負荷損

이것에 포함되는 損失은 슬롯을 지나는 主磁束에 의하여 電機子導體에서 발생하는 渦電流損, 整流되는 短絡코일에 발생되는 銅損, 整流子片의

渦電流損, 바인드선에서 발생하는 鐵損 등이며 量的 計算이 힘드는 손실이다.

(6) 無負荷損과 負荷損

앞에서 설명한 손실 중에서 分捲界磁銅損, 鐵損, 機械損은 負荷가 있든 말든 발생하는 손실이므로 **無負荷損**(no load loss) 또는 **不變損失**(constant loss)이라 하고, 그 이외의 손실은 모두 負荷電流에 따라 변화하므로 負荷電流의 2乘에 비례하는 이들 손실을 **負荷損失**(load loss) 또는 **可變損失**(variable loss)라 한다.

1·3·2 効 率

(1) 効率의 定義

機械의 入力(in put)와 出力(out put)과의 百分比를 効率이라 한다. 따라서 効率의 식은 効率을 η이라 하면,

$$\eta = \frac{\text{出力}}{\text{入力}} \times 100\,[\%] \tag{1·56}$$

이다.

직접 出力과 入力을 측정해서 식 (1·56)을 써서 効率을 산출할 수 있는데 이것을 **實測効率**(actual measured efficiency)이라 한다. 그런데 일반적으로 機械的 動力의 측정은 힘들고 發電機의 出力, 電動機의 入力, 損失과 같은 電力은 비교적 쉽게 측정할 수 있으므로 식 (1·56)을 변형하여,

$$\eta = \frac{\text{出 力}}{\text{出力}+\text{損失}} \times 100\,[\%] \tag{1·57}$$

$$= \frac{\text{入力}-\text{損失}}{\text{入 力}} \times 100\,[\%] \tag{1·58}$$

로 고치고 出力과 損失을 電氣的으로 측정할 수 있는 發電機에는 식 (1·57)을 적용하고 入力과 損失을 電氣的으로 측정할 수 있는 電動機에는 식 (1·58)을 적용하여 効率을 구한다. 이렇게 구한 効率을 **規約効率**(conventional efficiency)이라 한다.

(2) 出力과 効率과의 관계

電機子의 端子電壓을 V[V], 電流를 I[A], 不變損失을 W_k[W], 可變損失을 kI^2[W]이라 하면 發電機의 効率 η_G는

$$\eta_G = \frac{VI}{VI+(kI^2+W_k)} = \frac{I}{1+\left(\frac{kI}{V}+\frac{W_k}{VI}\right)} \quad (1\cdot59)$$

電動機의 効率 η_M은

$$\eta_M = \frac{VI-(kI^2+W_k)}{VI} = 1-\left(\frac{kI}{V}+\frac{W_k}{VI}\right) \quad (1\cdot60)$$

위 식에서 알 수 있는 바와 같이 發電機의 경우나 電動機의 경우거나 $\left(\frac{kI}{V}+\frac{W_k}{VI}\right)$의 값이 적을수록 効率이 좋다. 따라서 電流 I가 매우 적어지면 $\frac{W_k}{VI}$가 커지고 I가 매우 커져도 $\frac{kI}{V}$가 커져서 모두 効率이 나쁘다. 그러므로 이들 電流 사이에 効率이 최대가 되는 전류의 값이 있을 것이다.

여기서

$$y = \frac{kI}{V} + \frac{W_k}{VI}$$

라 놓고, $\frac{dy}{dI} = 0$이라고 하면,

$$\frac{dy}{dI} = \frac{1}{V}\left(k-\frac{W_k}{I^2}\right) = 0$$

$$\therefore\ kI^2 - W_k = 0 \qquad \therefore\ kI^2 = W_k \quad (1\cdot61)$$

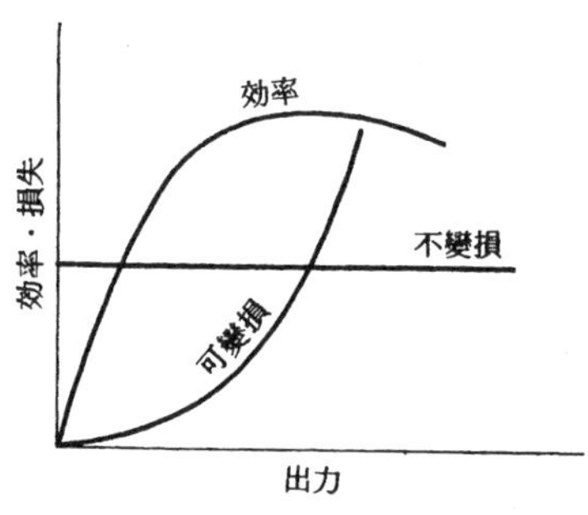

그림 1·70

즉 不變損과 可變損이 같게 되는 電流에서 効率은 최대가 된다.

百分率出力에 대한 効率曲線은 그림 1·70과 같이 된다.

일반적으로 全負荷의 경우 効率이 최대가 되도록 설계되므로 輕負荷 또는 過負荷로 사용하면 効率이 떨어지므로 불경제이다. 그림 1·71은 일반 直流機의 全負荷効率을 표시한다.

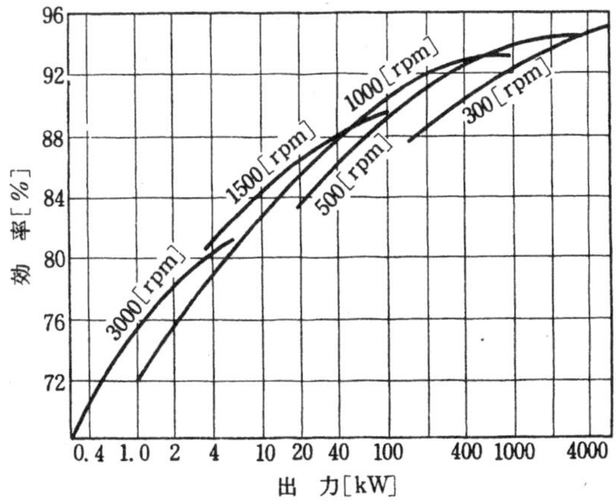

그림 1·71

1·3·3 定 格

發電機, 電動機의 電壓, 電流, 速度 등에는 일정한 한도가 있으며, 이러한 한도를 넘어서면 손실이 증가하거나 通風이 불완전하게 되기도 한다. 따라서 溫度가 과도하게 상승하고 整流도 잘 안 되며, 變動率이 증가하고 効率이 나빠지는 등의 좋지 않은 현상이 생긴다. 그래서 이들의 제한 범위 내에서 낼 수 있는 最大出力에 적당한 여유를 보고, 또한 効率도 고려에 넣어서 정한 出力, 電壓, 電流, 速度 등을 그 機械의 定格(rating)이라 한다. 보통 이것을 機械의 銘板(name plate)에 적는다.

定格에는 연속적으로 사용하는 데 적합한 **連續定格**(continuous rating)과 짧은 시간동안만 사용할 때 적용되는 **短時間定格**(short time rating)이

있다. 보통의 機械는 대개 連續定格으로 하지만 起重機用이나 電車用 電動機에는 短時間定格의 것이 많다.

【예제 11】 3相誘導電動機에 直結된 直流發電機의 負荷가 100[kW], 效率이 90[%]일 때의 電動機 流入電流를 구하라. 여기서 電動機의 端子電壓은 3300[V], 效率 90[%], 力率은 90[%]이다.

(풀이) 電動機의 流入電流를 I라 하면, 그 출력은 $\sqrt{3} \times 3300 \times 0.9 \times 0.9$[W], 또 發電機의 입력은 $100 \times 1000/0.9$ [W]이며, 이들은 서로 같아야 하므로

$$I = \frac{100000/0.9}{\sqrt{3} \times 3300 \times 0.9 \times 0.9} = 24\ [\mathrm{A}]$$

연 습 문 제

1. 100[V], 0.9[kW]의 直流分捲發電機가 있다. 電機子抵抗 0.5[Ω], 界磁回路의 抵抗 50[Ω], 브러시의 接觸抵抗 0.1[Ω]이면 定格負荷를 걸고 운전하고 있을 때의 銅損을 구하라. 단, 界磁電流는 1[A]이다. 또, 無負荷損이 銅損의 6[%], 機械損이 銅損의 2[%], 漂游負荷損이 銅損의 1[%]라 하면 각 損失 및 全損失은 얼마인가?
   답 全損失 119.9[W]
2. 200[V], 10[kW]의 直流分捲發電機가 있다. 이 機械를 全負荷로 운전할 때 全損失이 500[W]이다. 이 때의 規約效率은 얼마인가?
   답 95.2[%]
3. 20[kW], 200[V]의 直流分捲發電機가 있다. 이 機械를 全負荷運轉할 때 效率은 87[%]이다. 이것을 1/2 負荷로 하면 효율은 얼마가 되는가? 단, 電機子抵抗은 0.15[Ω], 分捲界磁抵抗은 50[Ω]이다.
   답 85[%]
4. 5[kW], 110[V], 1250[rpm]의 分捲發電機가 있다. 이 電機子抵抗 0.22[Ω], 界磁回路의 電流 1[A], 鐵損 및 機械損의 합 350[W]이다. 全負荷效率은 얼마인가?
   답 84.5[%]
5. 一定電壓으로 運轉하는 直流電動機가 있다. 그 損失의 일부분 a는 불변이고, 다른 부분은 電流의 2乘에 比例하여 bI^2으로 표시된다고 하면 얼마의 電流에서 效率이 최대가 되는가?
   답 $I = \sqrt{\frac{a}{b}}$

1·4 特殊直流機

1·4·1 앰플리다인(amplidyne)

앰플리다인은 그림 1·72와 같은 直流機이다. 그림과 같이 브러시는 2雙(4군데)이 있고 固定子 磁極도 네 개가 있지만 NN, SS가 서로 이웃되어 있으므로 2極이며 N, S極을 각각 두 개로 나누어 놓은 것과 같은 구조로 되어 있다. 이렇게 한 것은 整流를 시키는 장소를 얻기 위함과 동시에 補極을 설치하기 위해서이다.

브러시 $B_a B_c$의 軸을 橫軸(또는 短絡軸), $B_b B_d$의 軸을 縱軸(또는 出力軸)이라고 하며, $B_a B_c$는 短絡되어 있다.

磁極 NN, SS에는 制御捲線(또는 主勵磁捲線이라고도 한다)과 補償捲線이 감겨져 있고 각 브러시 위에는 補極을 놓고 整流를 잘되게 한다(1.5 [kW] 이하의 것에는 補極이 없는 것도 있다).

制御捲線을 勵磁해서 電機子를 다른 原動機로 돌리면 電機子는 NN, SS

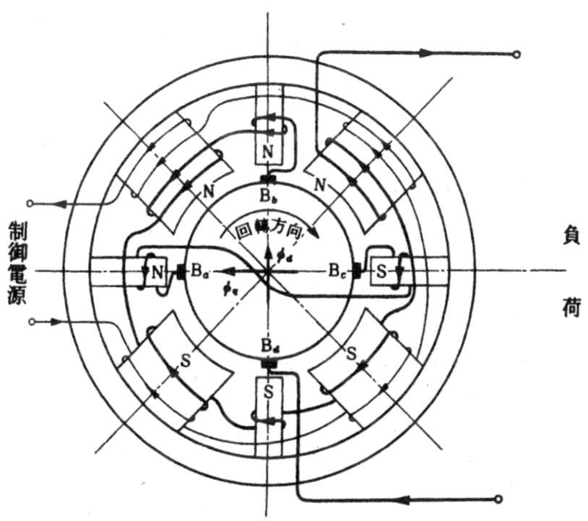

極에서 발생한 磁束을 끊고 短絡브러시 B_a, B_c 사이에 橫軸起電力을 誘起시킨다. 이 起電力은 적지만 B_a, B_c는 短絡되어 있으므로 매우 큰 短絡電流가 흘러서 橫軸磁束 Φ_q가 발생한다. 그러면 電機子가 회전하면서 이 Φ_q를 끊으므로 出力브러시 B_b, B_d 사이에 縱軸起電力이 誘起되고 이것을 밖으로 내와서 負荷(制御하려고 하는 回路, 예를 들면 發電機의 界磁回路)에 연결한다.

브러시 B_a, B_c 바로밑에서는 Φ_q 때문에, 또 B_b, B_d 밑에서는 Φ_d 때문에 整流가 잘 되지 않으므로 각각 브러시가 있는 장소에 補極을 설치한다.

磁氣飽和를 무시하고 또 회전수를 일정하다고 하면 橫軸起電力 E_q는 制御電流 i_c에 비례하므로,

$$E_q = K_1 i_c$$

라고 놓을 수 있다.

여기서 K_1은 電機子捲線, 磁路의 상태, 회전수 등으로 결정되는 定數이다.

橫軸의 短絡回路의 抵抗을 R_q라 하면,

$$I_q = E_q/R_q = K_1 i_c/R_q$$

가 된다. I_q에 의한 橫軸磁束 Φ_q는 I_q에 비례해서 발생하고 Φ_q를 끊으므로 B_b, B_d 사이에 誘起되는 縱軸起電力 E_d는,

$$E_d = K_2 I_q = K_1 K_2 i_c/R_q$$

가 된다.

여기서 K_2는 K_1과 같은 의미를 가진 定數지만 $K_2 = K_1$이 된다고 할 수는 없다.

外部負荷의 抵抗을 R_L, 縱軸電機子抵抗을 R_d라 하면,

$$I_d = \frac{E_d}{R_d+R_L} = \frac{K_1 K_2}{R_q(R_d+R_L)} \cdot i_c$$

따라서 出力 P는 E_d와 I_d를 곱한 것이며,

$$P = E_d I_d = \frac{E_d^2}{R_d+R_L} = \frac{K_1^2 K_2^2 i_c^2}{R_q^2(R_d+R_L)}$$

$$= \frac{K_1^2 K_2^2}{R_q^2(R_d+R_L)} \cdot \frac{E_c^2}{R_c^2}$$

여기서 E_c, R_c는 制御電源의 電壓 및 制御回路의 抵抗이다.

制御回路의 電力 P_c는 E_c^2/R_c이므로 앰플리다인의 電力增幅度를 A라 하면,

$$A=\frac{P_L}{P_c}=\frac{\left\{\dfrac{K_1^2K_2^2}{R_q^2(R_d+R_L)}\cdot\dfrac{E_c^2}{R_d^2}\right\}}{\dfrac{E_c^2}{R_c}}=\frac{K_1^2K_2^2}{R_q^2R_c(R_d+R_L)}$$

이 된다.

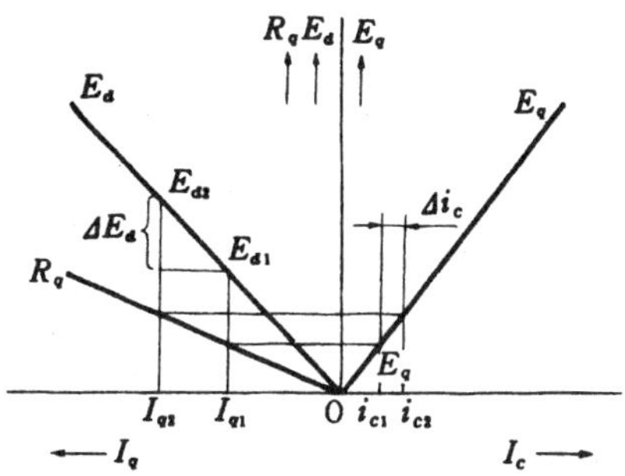

그림 1·73 앰플리다인 動作

그림 1·73은 앰플리다인의 동작을 표시한 것인데 오른쪽에는 制御電流 i_c와 橫軸起電力 E_q 사이의 관계를, 왼쪽에는 橫軸電流 I_q와 I_q 回路의 抵抗 R_q와의 관계 및 I_q 對 E_d의 관계를 표시한 것이다.

$i_c=i_{c1}$에서 $E_q=E_{q1}$이 誘起되고 이것에 의하여 R_q로 정해지는 電流 I_{q1}이 흐르며 縱軸起電力 E_{d1}이 誘起된다. i_c를 i_{c2}로 하면 E_d는 E_{d2}로 변한다. 즉 i_c가 매우 적게 변화해도 E_d는 크게 변화한다. 그림 1·74는 앰플리다인의 結線圖이며 그림 1·75는 增幅度를 표시하는 曲線이다. 그림 1·74, 그림 1·75의 機械는 AEG社製 3 [kW], 230 [V], 13 [A], 2900 [rpm]의 앰플리다인이며 이것을 6.5 [kW], 220 [V], 22.5 [A], 50[Hz], 2極의 3相誘導電動機로 돌리게 되어 있다. 그림 1·76은 앰플리다인을 이용해서 定電壓發電을 하게 하는 회로의 예이다. 主直流發電機 端子 a, b의 電壓變化가 앰플리다인의 入力捲線 f_2의 電流를 변화시켜 앰플리다인

의 出力端子 p, q의 電壓을 조정한다. 그러면 主發電機의 勵磁가 변화하고 a, b의 電壓을 본래의 값으로 다시 되게 한다.

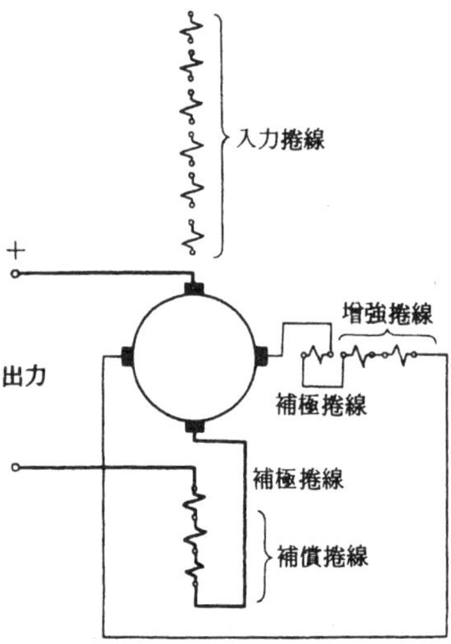

그림 1·74 앰플리다인 結線

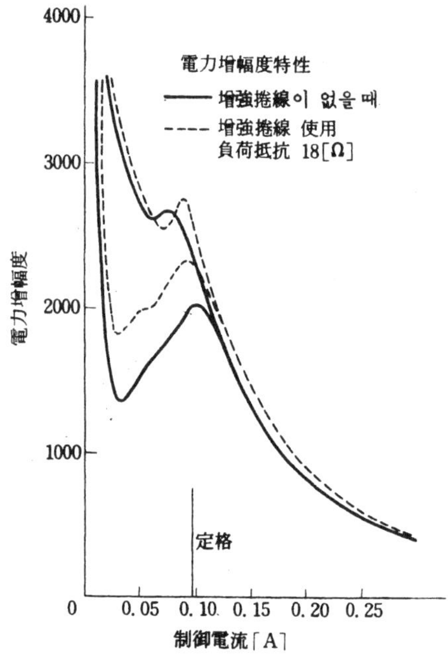

그림 1·75 앰플리다인의 電力增幅度

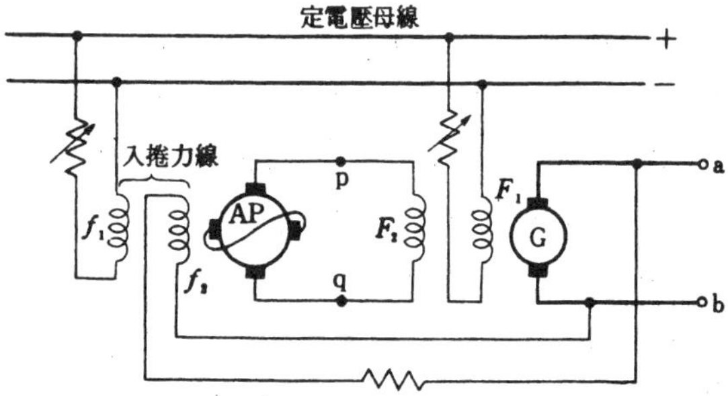

그림 1·76

1·4·2 로젠베르히 發電機(Rosenberg generator)

그림 1·77과 같은 형의 것이며 (a)는 分捲式, (b)는 直捲式이다.

分捲式은 定電壓型이며 列車點燈電源 등으로 사용하고 直捲式은 定電流型이며 電弧熔接用 電源으로 사용한다. 어느 형이나 10[kW] 정도 이하이다.

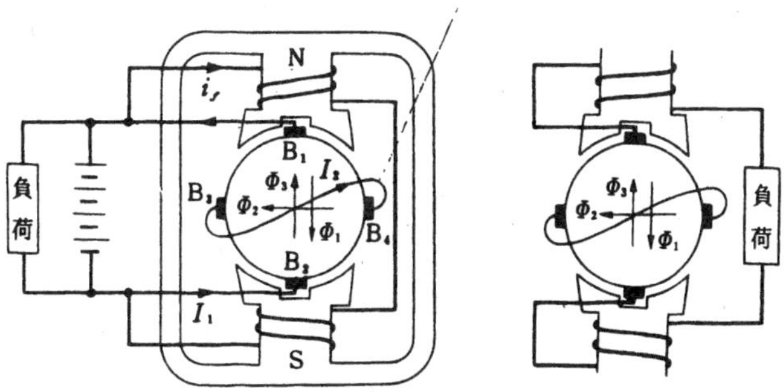

(a) 分捲式 (b) 直捲式

그림 1·77

(1) 分捲式

磁極 N, S의 界磁捲線은 定電壓電源(電池)에 연결되어 磁束 Φ_1을 발생한다. 그리고 直軸磁束 Φ_1은 飽和點 부근에 있도록 界磁捲數, 磁極의 크기가 설계되므로 勵磁電流가 증가해도 磁束은 거의 증가하지 못하나 勵磁電流가 감소하는 경우에는 민감하게 Φ_1이 감소한다. Φ_1을 끊으면서 電機子가 회전하면 브러시 B_3, B_4 사이에 起電力이 誘起되고, 이것은 短絡되어 있으므로 電流 I_2가 흘러 橫軸磁束 Φ_2가 발생한다. Φ_2에 의하여 B_1, B_2 사이에 起電力이 誘起되고, 負荷電流 I_1이 흐른다.

여기서 $\Phi_1 = 一定$, $\Phi_2 = k_2 I_2$, $\Phi_3 = k_1 I_1$

이라고 놓는다.

回轉速度를 n[rps]이라 할 때, B_3, B_4 사이의 起電力 E_2는

$$E_2 = \frac{P}{a} Zn(\Phi_1 - \Phi_3)$$

$$I_2 = \frac{E_2}{R_a} = \frac{1}{R_a} \cdot \frac{P}{a} Zn(\Phi_1 - k_1 I_1)$$

B_1, B_2 사이의 起電力 E_1은

$$E_1 = \frac{P}{a}Zn\Phi_2 = \frac{P}{a}Zn \cdot k_2 I_2$$

$$= \left(\frac{P}{a}Zn\right)^2 \cdot \frac{k_2}{R_a}(\Phi_1 - k_1 I_1)$$

發電機 端子電壓을 E_t라 하면,

$$I_1 = \frac{E_1 - E_t}{R_a}$$

$$\therefore\ E_1 = \left(\frac{P}{a}Zn\right)^2 \cdot \frac{k_2}{R_a}\left\{\Phi_1 - k_1\frac{E_1 - E_t}{R_a}\right\}$$

$$\therefore\ E_1 = \frac{E_t + \dfrac{R_a}{k_1}\Phi_1}{1 + \left(\dfrac{a}{PZn}\right)^2 \cdot \left(\dfrac{R_a{}^2}{k_1 k_2}\right)} = E_t + \frac{R_a}{k_1}\Phi_1 \fallingdotseq \text{一定}$$

따라서 回轉速度 n에 무관계로 E_1은 일정하게 된다.

그러나 停電中 또는 대단히 低速의 경우에는 電池가 點燈의 역할을 담당한다. 열차가 진행중에는 물론 發電機가 電燈에 電流를 보내는 동시에 並列로 들어 있는 電池의 充電도 하게 된다.

(2) 直捲式

直捲式의 것은 負荷電流로 自勵磁되어 磁束 Φ_1이 만들어지는 점만 다를 뿐 動作原理는 分捲式과 같다.

直捲式의 發電機를 일정한 회전수로 운전하면 負荷電流 변화에 대하여 電流의 변화가 적은 垂下特性의 發電機가 되므로 熔接用 發電機로 쓰여진다.

1·4·3 單極發電機

그림 1·78은 單極發電機의 구조를 표시한다.

勵磁捲線 F에 의하여 磁束 Φ가 만들어지고, 이것이 空隙 全周邊에 균일하게 분포한다. 이 磁界 안에서 圓筒形 導體 A가 회전하여 브러시 b_1, b_2 사이에 直流起電力을 誘起한다. 電機子導體는 1개지만 導體斷面積이

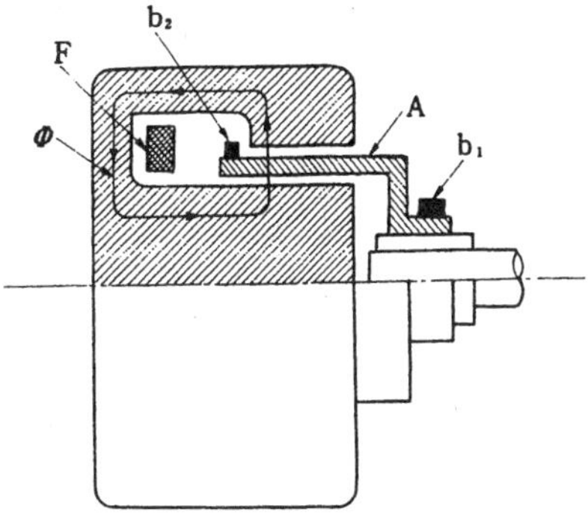

그림 1·78 單極發電機

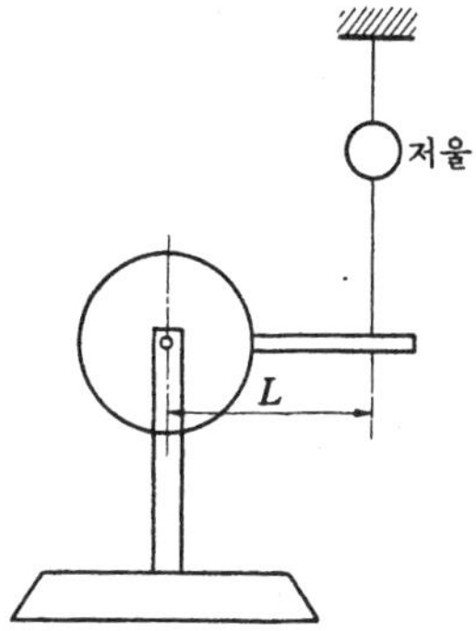

그림 1·79 電氣動力計

크므로 3～15 [V], 수천 [A] 이상의 大電流發生用으로 電氣化學이나 抵抗熔接 등에 사용되고 있다.

1·4·4 電氣動力計

각종 回轉機, 內燃機關, 펌프 등의 出力이나 動力 측정을 위한 特殊直流機이다. 구조는 일반적인 他勵磁直流機와 거의 같으나 界磁側 프레임도 電機子의 둘레에 자유로이 돌 수 있도록 베어링을 2중으로 하고, 프레임에 전달되는 토오크를 측정할 저울이 달려 있는 점이 다르다.

被測定機를 動力計에 연결하고 動力計를 直流發電機로 驅動하여 出力端子에 負荷抵抗을 접속하고, 機械動力을 電氣에너지로 변환 흡수시킨다. 이 때 動力計의 電機子에 가해지는 토오크는 그대로 프레임에 전달되므로 프레임의 회전을 멈추는 데 필요한 힘을 가하여 이것을 저울로 측정하면 토오크를 算出할 수 있다.

그림 1·79에서 저울로 測定한 힘을 W [kg], 힘이 작용하는 방향과 動力計中心과의 距離를 L [m]이라 하면 토오크는

$$T = WL\,[\mathrm{kg\cdot m}] = 9.8\,WL\,[\mathrm{N\cdot m}] \qquad (1\cdot62)$$

回轉速度를 N [rpm]이라 하면 出力은

$$P = \frac{2\pi N}{60} \times 9.8\,WL = 1.026\,NWL\,[\mathrm{W}] \qquad (1\cdot63)$$

第2章 變 壓 器

2·1 變壓器의 原理

變壓器(transformer)는 그림 2·1과 같이 環狀鐵心과 이에 鎖交하는 2개의 捲線으로 구성되며, 한쪽 捲線을 交流電源 e_1에 연결하면 다른쪽 捲線에는 같은 周波數이나 e_1과 크기가 다른 交流電壓 e_2가 誘起된다. 이 두 捲線中에서 電力을 받는 捲線을 **1次捲線**(primary winding), 電磁誘導에 의하여 電力을 負荷에 공급하는 捲線을 **2次捲線**(secondary winding)이라 한다.

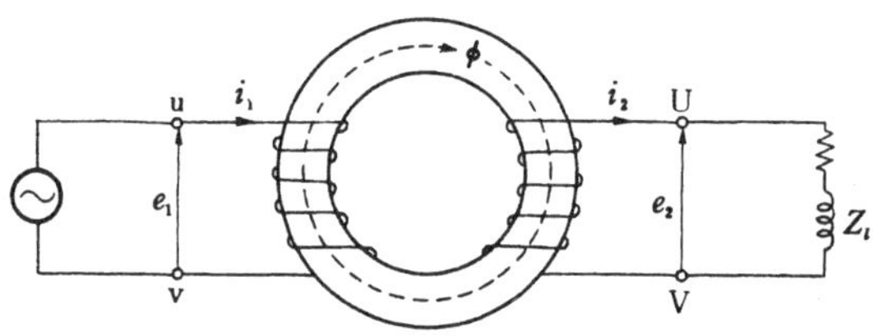

그림 2·1 變壓器의 原理

물론 같은 變壓器의 두 捲線中에서 어느 것이나 1次 또는 2次로 할 수 있으며, 2次電壓이 1次電壓보다 높은 것을 **遞昇變壓器**(step-up transformer), 낮은 것을 **遞降變壓器**(step-down transformer)라 한다.

우선 理想變壓器(ideal transformer)로서

① 鐵心의 透磁率은 대단히 크고 磁束 ϕ[Wb]는 鐵心 내부에만 통하며 외부에는 漏洩하지 않는다.

② 捲線抵抗은 零이며 銅損이 없다.

③ 鐵心 내부에 발생하는 鐵損은 없다.

이상 3조건을 만족하는 變壓器를 생각하자.

1次, 2次의 捲數를 w_1, w_2, 端子電壓을 e_1, e_2라 하면 1次와 2次코일에는 각각

$$e = -w_1\frac{d\phi}{dt}[\mathrm{V}], \qquad e' = -w_2\frac{d\phi}{dt}[\mathrm{V}] \tag{2·1}$$

되는 逆起電力(counter e.m.f.)가 誘起된다. 1次 印加電壓 e_1은 식 (2·1)의 e와 크기는 같고 방향이 반대이면 되므로 $e_1 = -e$, 또 2次發生電壓은 e'와 같으며 $e_2 = e'$이다. 따라서

$$\frac{e_1}{e_2} = \frac{-e}{e'} = -\frac{w_1}{w_2} \tag{2·2}$$

즉 捲回數에 의하여 1次電壓 e_1은 자유로이 e_2에 變壓할 수 있으며 變壓比(transformation ratio)는 捲數比(turns ratio)와 같다.

다음 電流는 어떻게 변하는가를 생각해 보자. 鐵心은 1次 및 2次의 두 捲線에 흐르는 電流에 의하여 磁化되고 있다. 그러므로 負荷電流 i_2에 의한 起磁力을 전부 소멸시킬만큼의 1次電流 i_1이 流入하여 磁束 ϕ를 본래의 값으로 유지해야 한다(그렇게 되지 않으면 식 (2·1) 등이 성립하지 않는다.).

$$w_1 i_1 + w_2 i_2 = 0$$

$$\frac{i_1}{i_2} = -\frac{w_2}{w_1} \tag{2·3}$$

즉 電流 i_1은 i_2에 變化하며 變流比는 捲線比의 逆數와 같다.

電力에 대하여는 식 (2·2), (2·3)으로부터

$$e_1 i_1 = e_2 i_2$$

가 성립하여 1次電力은 그대로 2次電力에 變換된다. 물론 周波數는 변하지 않는다.

실제 變壓器는 결코 이상과 같은 理想的인 것이 아니고 그림 2·2와 같이 1次捲線에만 얽키고 2次捲線에는 얽키지 않는 磁束, 즉 漏洩磁束

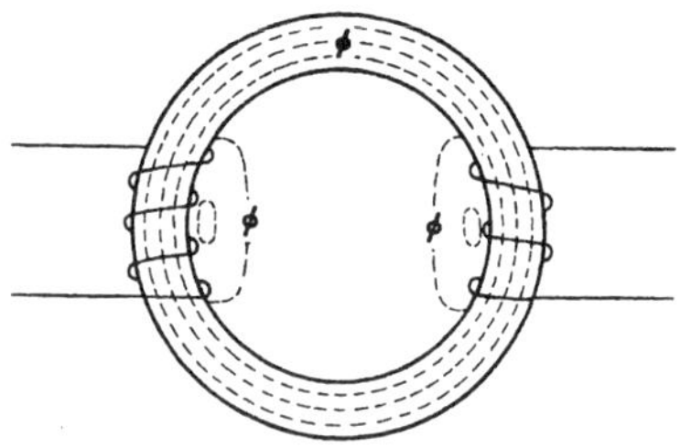

그림 2·2 主磁束과 漏洩磁束

(leakage flux) ϕ'가 생긴다. 이것을 **1次漏洩磁束**이라 한다. 동시에 **2次漏洩磁束**(secondary leakage flux)도 존재한다.

그리고 그림 2·2에서 1次와 2次捲線에 다같이 얼키는 磁束 ϕ를 **主磁束**(main flux)이라 부르기도 한다.

漏洩磁束은 1次, 2次 모두 漏洩리액턴스(leakage reactance)가 되어 電壓降下를 생기게 한다. 또, 1次電流에는 理想變壓器의 i_1 이외에 主磁束 ϕ를 만들기 위한 약간의 勵磁電流(exciting current)가 필요하다.

그리고, 捲線抵抗에 의한 銅損과 磁氣히스테리시스, 鐵心中에 흐르는 渦電流에 의한 鐵損이 생긴다. 따라서 電力은 100[%]의 效率로 전달되지 않는다. 그러나, 일반적으로 變壓器는 電氣機器中에서 效率이 최고이며, 大形器에서는 99[%] 이상되는 것도 드물지 않다.

2·2 構 造

2·2·1 型

變壓器의 主體는 鐵心(core)과 捲線(winding)이다. 이 두 要素를 배치하는 방법에 따라 **內鐵型**(core type)과 **外鐵型**(shell type)으로 된다.

최근에는 短冊形의 鐵板을 積層하여 鐵心을 조립하는 종래의 방식과는 달리 强冷却壓延(forced cold-rolled)으로 만든 테이프 모양의 珪素鋼帶를 渦狀으로 감아서 만든 **捲鐵心變壓器**(wound core type transformer)도 만든다.

內鐵型은 外鐵型에 비하여 **鐵心斷面積**이 적고 捲線의 평균길이가 길어 같은 出力 및 定格電壓에서는 일반적으로 鐵損이 적고 銅損이 많은 銅機械(copper machine)가 되고, 外鐵型은 이와는 반대로 鐵機械(iron machine)가 된다.

일반적으로 大電流用이나 高電壓大容量의 變壓器에는 外鐵型이 좋고, 電壓이 中位이거나 容量이 그다지 크지 않은 變壓器는 內鐵型으로 하는 것이 좋다고는 하지만 실제에 있어서는 각 제작자의 경험, 工場設備, 設置場所, 使用目的 등을 고려하여 어느 형으로 하는가를 결정한다.

捲鐵心 變壓器는 소형의 配電用 變壓器로 쓰이며, 壓延方向으로 磁束을 통하면 透磁率이 매우 크므로 鐵心의 斷面積이 줄어 들고, 이에 따라 重量이 경감될 뿐만 아니라, 鐵損이 적고 또한 勵磁電流가 매우 적게 흐른다.

그림 2·3은 單相 內鐵型 鐵心의 組立圖, 그림 2·4는 3相 外鐵型의 구

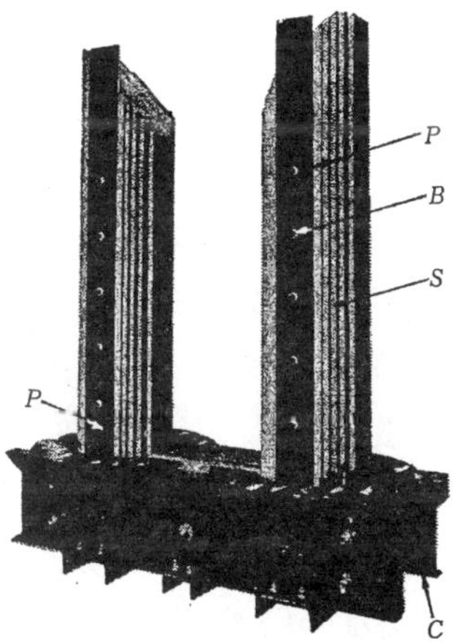

그림 2·3 單相 內鐵型 鐵心

그림 2·4 3相 外鐵型

그림 2·5 單相 捲鐵心變壓器

조이고 그림 2·5는 捲鐵心變壓器의 본체를 표시한다.

2·2·2 鐵 心

鐵心用 鐵板에는 珪素鋼板을 사용한다. 이 鋼板은 한 장의 두께가 거의 예외 없이 0.35[mm]이고 珪素含有量이 4~4.5[%]인 T級 鋼板이다. 한 장마다 바니쉬(varnish) 처리를 하여 絶緣을 한다. 때로는 壓延할 때 생기는 酸化皮膜으로 絶緣을 하는 경우도 있다. 이러한 層間絶緣物을 뺀 鐵心만의 두께는 전체 두께의 91~92[%]가 된다. 이것을 **占積率**(space factor)이라 한다.

鐵板을 短册型으로 자르고 보울트(bolt)를 넣을 구멍을 뚫은 것을 적당한 두께로 成層하여 鐵心을 조립한다. 內鐵型의 경우를 예로 들어서 설명하면 主脚部는 成層한 鐵板의 양쪽에 端板을 대고 絶緣된 보울트로 絶緣와셔를 넣어서 조인다. 그리고 양쪽 脚部를 연결하는 下部繼鐵部의 鐵板을 쌓은 다음 클램프(clamp)를 대고 보울트로 조인다. 이러한 鐵心의 양쪽 脚部에 捲線을 넣고 최후에 上部繼鐵을 끼워 클램프를 대고 조인다. 鐵心의 斷面은 圓形捲線의 내측 공간을 유효하게 이용할 수 있도록 그림 2·6(b)와 같이 段을 붙인다. 鐵心이 크면 熱의 放散을 잘 되게 하기 위하

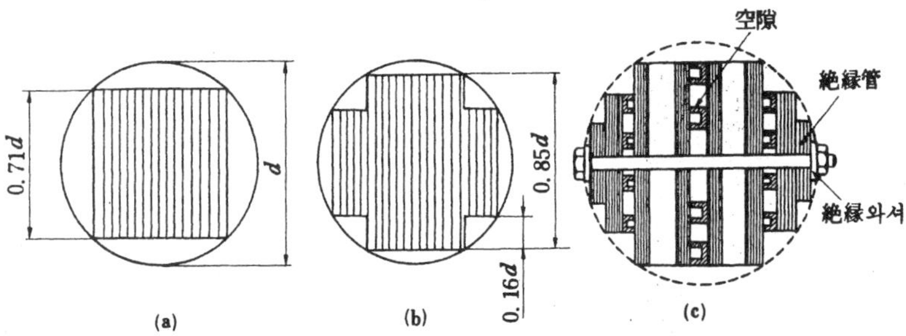

그림 2·6 內鐵型 圓形捲線變壓器의 鐵心斷面

여 鐵心 내부에 폭 5～10［mm］의 油道를 만든다.

2·2·3 捲 線

直捲과 型捲의 두 종류가 있다.

直捲은 成層한 鐵心을 捲線機에 끼워 놓고 철심을 絶緣하여 그 위에 低壓捲線을 감고 다시 絶緣한 다음 高壓捲線을 감는다. 그림 2·7은 直捲으로 감은 捲線을 표시한다. 이 방식은 捲線間, 捲線鐵心間의 空隙이 적으므로 占積率은 좋지만 中容量 이상의 變壓器에 적용하려면 工作이 곤란하고 고장의 경우 분해하기가 곤란하다. 小容量의 內鐵型 柱上變壓器에 사용하는 데 불과하다.

型捲은 木製捲型 또는 絶緣筒 위에 감은 코일을 絶緣處理를 한 다음 조립한 것이며, 가장 널리 사용된다. 코일에는 그림 2·8과 같은 圓筒形 코일과 그림 2·9 (a)(b)와 같은 平形 코일이 있으며, 圓筒形 코일은 소형의

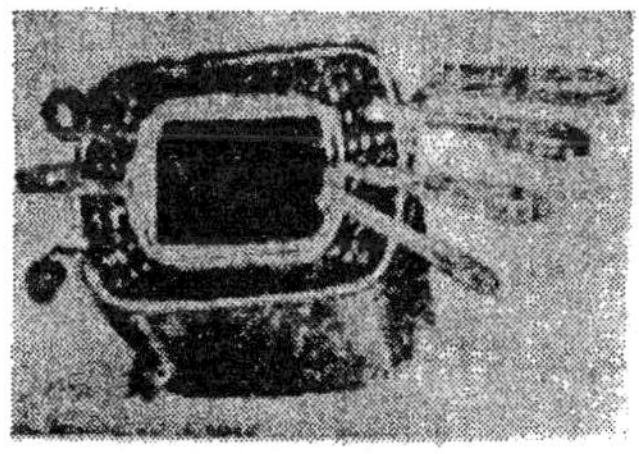

그림 2·7 直捲의 單相變壓器捲線

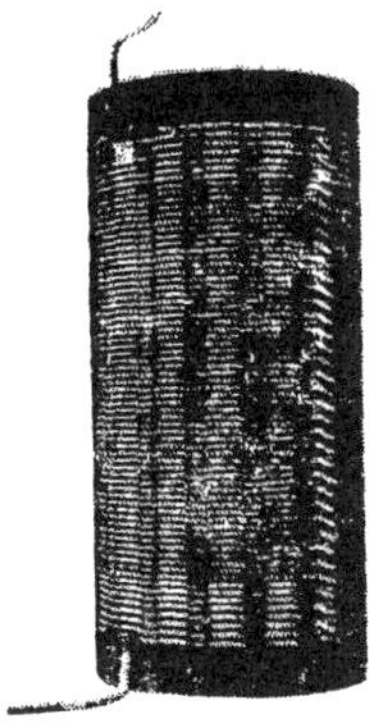

그림 2·8 圓筒形 코일

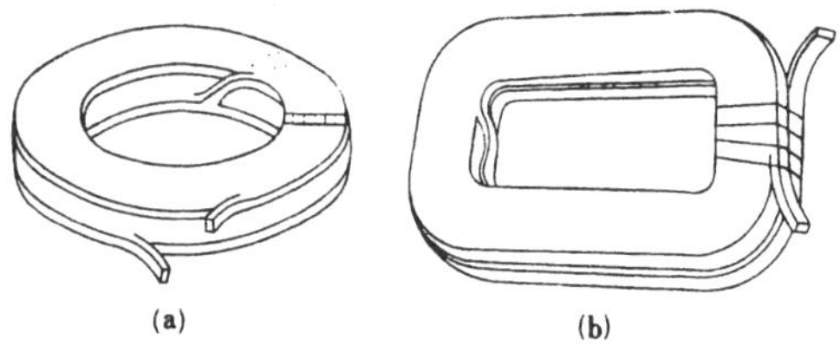

그림 2·9 平形 코일

것에, 그림 2·9(a)는 대형의 內鐵型에, (b)는 대형의 外鐵型에 각각 사용한다. 코일에는 成形된 다음 絶緣바니쉬를 含侵시킨다. 小電流의 變壓器에는 綿捲, 絹捲 또는 에나멜(enamel)로 絶緣한 丸線을 導體로 사용하며 大電流의 變壓器에는 平角線을 쓴다.

코일의 配列에는 그림 2·10(a)와 같이 高低壓捲線을 同心配置한 것과 (b)와 같이 高, 低壓 2捲線을 교대로 배치한 것이 있다. (a)는 內鐵型에 쓰이고 高, 低壓捲線 사이의 絶緣이 용이하므로 高電壓의 變壓器에 적당하며 鐵心과 捲線 사이의 절연을 쉽게 하기 위하여 低壓捲線을 내측에 감

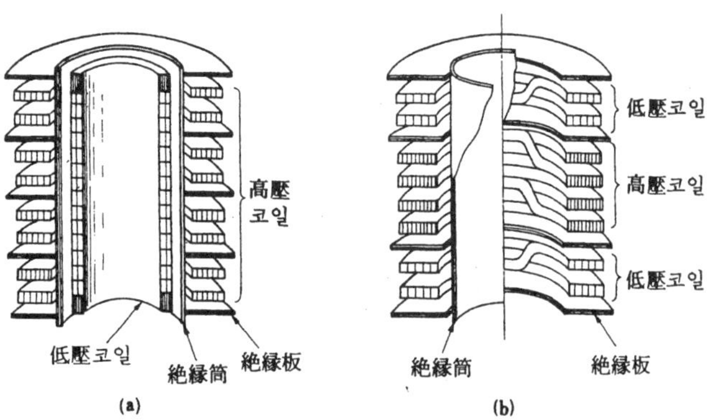

그림 2·10 同心配置와 交代配置

는다. (b)는 外鐵型에 쓰이며 漏洩磁束이 적으므로 大電流의 變壓器에 적당하다.

그리고 (a), (b) 어느 쪽의 배치로 하거나 捲線 상호간, 捲線과 鐵心 사이는 프레스 보오드(press board) 또는 다른 成層絶緣物로 충분하게 絶緣해야 한다.

2·2·4 套管, 外函

捲線의 端子는 **套管**(bushing)을 통해서 外函 밖으로 나온다. 低壓의 變壓器의 套管은 磁器로 만든 圓筒碍子이고 이것은 30 [kV] 이하의 變壓器에 쓴다. 30 [KV] 이상 70 [KV]까지의 變壓器에는 **混和物套管**(compound filled type bushing)을 쓴다. 이것은 磁器外殼 사이에 絶緣混和物을 주입하여 공기를 몰아내고 코로나 발생을 방지한 것이다. 高電壓의 變壓器에는 그림 2·11(a)와 같은 **油入套管**(oil filled bushing)을 쓴다. 이것은 磁器

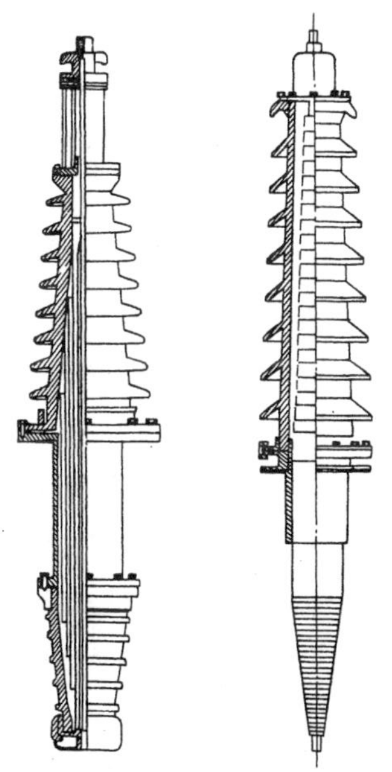

(a) (b)

그림 2·11 油入套管과 콘덴사 套管

外殼의 중심에 導線이 지나가게 하고 外殼과 導體 사이에 기름을 채운 구조의 것이다. 그러나 이와 같은 구조로 하면 心線표면의 電位傾度에 비해서 外殼의 電位傾度가 낮으므로 絕緣物이 유효하게 사용되지 않고 쓸모 없이 형체가 커진다. 이러한 결점을 없애려면 心線導體周圍에 종이와 金屬箔을 번갈아 감고 外殼으로 나감에 따라 길이를 짧게 하면 각 층의 靜電容量을 같게 할 수 있으므로 각 층에 가해지는 電壓이 균등하게 된다. 이것을 **콘덴서套管**(condenser bushing)이라 하며, 그림 2·11(b)가 이것을 표시한다.

外函은 小容量의 것은 鑄鐵製로 하고 中, 大容量의 것은 鋼板을 용접해서 만든다.

2·2·5 變壓器의 기름

變壓器의 기름은 絕緣 및 冷却媒質의 역할을 하는 것이며, 鑛物質의 기름이 널리 쓰인다. 變壓器의 기름이 가져야 할 性能은 (i) 絕緣耐力이 클 것, (ii) 粘度가 낮을 것, (iii) 引火點이 높고 凝固點이 낮을것, (iv) 다른 材質에 化學作用을 일으키지 않을 것. (v) 變質하지 말 것 등이다.

그러나 良質의 變壓器油라 할 지라도 水分, 纖維質의 불순물이 혼입하면 絕緣耐力이 저하한다. 또 長期間 사용하면 化學的 변화가 일어나 沈澱物(sludge)이 생기는 경우가 있다. 이와 같이 劣化된 기름은 油濾過機(oil filter)로 濾過하면 재생시킬 수 있다. 油濾過機는 많은 濾過紙에 劣化油를 강제로 통과시키게 되어 있는 구조의 것이다. 이외에 淨油하는 장치로는 遠心分離機, 電氣淨油機 등이 있지만 이들은 그다지 널리 사용되지는 않는다.

기름은 有機物이므로 溫度가 높아진다든가 空氣와 접촉한다든가 하면 점차 劣化한다. 기름이 劣化하면 기름 속에 不溶解性 沈澱物이 생긴다. 이것을 막기 위하여 變壓器 상부에 **콘서베이터**(conservator)를 붙인다.

油入式 變壓器에 있어서는 負荷가 변화하면 기름의 體積이 팽창하거나 수축한다. 수축하였을 경우에는 外氣를 呼吸해서 기름을 酸化시키고 수분을 빨아들여 絕緣耐力을 저하시키므로 되도록이면 공기와의 접촉면적을

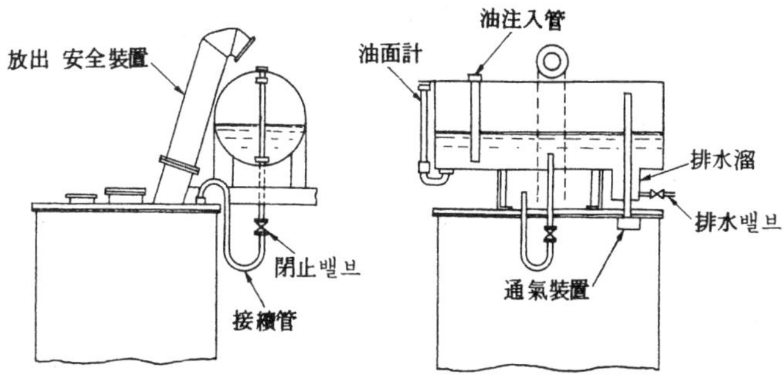

그림 2·12 콘서베이터

적게 하기 위하여 대형의 變壓器에 있어서는 그림 2·12와 같이 작은 통을 外函 꼭대기에 설치하고 이것과 外函을 파이프로 연결한다. 외함에는 기름을 빈틈 없이 채워 놓고 油面이 작은 통 속까지 올라오게 하면 外氣와의 접촉면적이 적기 때문에 기름의 劣化를 어느 정도 방지할 수 있다. 이상과 같이 작은 통을 콘서베이터라 한다.

또한 變壓器에 고장이 생겨 기름이 갑자기 팽창하거나 가스가 발생한다든가 하는 경우에 외함이 폭발할 때가 있으므로 그림과 같이 放出安全裝置(bursting tube)라고 하는 유리로 만든 安全밸브를 붙인다.

인너테어 變壓器란 外函에 기름을 100[%] 채우지 않고 나머지 공간에 窒素를 封入하여 外氣와 絕緣하면 기름과 공기와의 접촉은 차단되고 기름이 酸化하지도 않고 수분이 침입하지도 않는다. 그리고 呼吸作用으로 가스 壓力이 감소했을 때 자동적으로 氣體를 보급하도록 한다. 이와 같은 變壓器를 인너테어 變壓器(Inertair transformer)라 한다.

2·2·6 冷却方式

變壓器는 回轉部分이 없으므로 고장이 잘 생기지 않고 効率도 대단히 좋으나 한편 冷却作用이 충분하지 못하므로 容量이 크게 되면 熱損失의 처리가 대단히 중요한 문제가 된다.

變壓器 제작의 초기에는 熱損失 處理를 위하여 冷却方式을 油入自冷式

으로 하였다. 그 후 冷却効果가 보다 높은 油入水冷式이 발명되고, 이 때문에 용량이 급격히 증가되었다. 熔接技術의 발달에 따라 분리시킬 수 있는 放熱器가 고안되고 실용화됨에 따라 油入自冷式의 大容量 變壓器가 많이 제작되었다.

變壓器의 冷却을 그 방식에 따라 분류하면 다음과 같다.

(1) 氣冷式

기름을 쓰지 않고 鐵心 및 捲線이 공기에 의하여 자연적으로 냉각되는 방식이며 매우 소형의 것이거나 20[kV] 이하의 計器用 變壓器에 사용되는 정도이다.

濕氣를 빨아들여 絕緣을 저하시키기 쉽다.

(2) 風冷式

鐵心 및 捲線을 送風機에 의한 强制通風에 의하여 냉각하는 방식이며, 이것도 역시 乾式이므로 氣冷式과 같은 결점이 있고, 그다지 사용되지 않으나 H絕緣(실리콘 바니쉬로 처리된 글래스 파이버(glass fiber) 등으로 絕緣한 것)으로 하여 火災를 각별히 조심해야 하는 地下鐵道 등에 간혹 사용하는 경우가 있다.

그림 2·13 放熱器가 붙은 單相變壓器

(3) 油入自冷式

鐵心과 捲線을 絕緣油로 充滿된 外函에 넣고 外函 밖의 공기로 자연적으로 냉각시키는 방식이다. 소형의 것은 平滑한 면을 가진 外函을 사용하고, 형체가 커지면 그림 2·13과 같이 波形鐵板 外函을 사용하고 放熱器(radiator)를 붙여서 外氣와 접촉하는 면적을 증가시켜 冷却이 잘 되도록 한다.

이 방식은 送風機나 펌프 등의 補助設備를 필요로 하지 않기 때문에 保守가 용이하므로 柱上變壓器에는 물론이고 대용량의 電力用 變壓器에도 적용하는 가장 많이 사용되는 방식이다.

(4) 油入水冷式

放熱器를 붙여서 放熱面積을 증가시키는 대신에 外函 속에 冷却蛇管을(helical pipe) 설치하고 이것에 冷却水를 循環시켜 냉각시키는 방식이며 良質의 물을 풍부하게 얻을 수 있는 장소에서 쓰는 경우가 있으나, 물을 순환시키는 펌프가 있어야 하고 管이 腐蝕하거나 結氷되는 등 保守가 힘들다.

그림 2·14는 油入水冷式 變壓器이다.

그림 2·14 油入水冷式 變壓器

(5) 油入風冷式

油入自冷式의 放熱器에 强制通風해서 냉각시키는 방식이며, 送風機가 필요하나 水冷式에 비하여 保守가 간단하므로 점차 많이 사용하게 되었다.

그림 2·15는 이 방식의 變壓器이다.

그림 2·15 油入風冷式 變壓器

(6) 油入送油式

水冷式의 冷却蛇管을 外函 밖으로 내어놓고 이것에 冷却水를 순환시키는 대신 油槽內의 기름을 펌프로 强制循環시켜 蛇管을 외부에서 水冷 또는 空冷하는 방식이다.

연 습 문 제

1. 變壓器의 冷却方式을 記述하고 그 長短點을 설명하라.
2. 變壓器에 기름을 쓰는 이유와 콘서베이터를 설명하라.

2·3 勵磁電流와 鐵損

2·3·1 勵磁電流

理想變壓器에서는 鐵心의 磁氣飽和나 손실을 무시하였으나, 실제로는 勵磁電流(exciting current)의 영향을 고려하여 수정하지 않으면 안 된다.

식 (2·1)에서 1次捲線에 가하는 電壓 e_1이 正弦波이면 이것과 平衡을 이루는 逆起電力 e도 正弦波이고, e를 誘起하는 交番磁束 ϕ도 正弦波가 되지 않으면 안 된다.

磁束의 最大値를 Φ [Wb], e의 最大値를 E_m [V]이라 하면

$$E_m = \omega w_1 \Phi = 2\pi f w_1 \Phi \text{ [V]} \tag{2·4}$$

e의 實效値 E는

$$E = \frac{E_m}{\sqrt{2}} = 4k_f f w_1 \Phi \text{ [V]} \tag{2·5}$$

$$\text{단, } k_f = \frac{\pi}{2\sqrt{2}} = 1.11 \tag{2·6}$$

k_f는 **波形率**(form factor)이며, 任意 波形의 實效値와 平均値와의 비를 표시한다. 正弦波일 때에는 $(1/\sqrt{2})/(2/\pi) = 1.111$이고 끝이 뾰족한 波形일수록 k_f는 크며, 矩形波에서 1.000, 3角波에서 1.155이다.

磁束 ϕ가 발생하자면 1次側에 약간의 勵磁電流 i_0이 흘러들어가야 한다. 理想變壓器에서는 透磁率을 일정하다고 가정하였으나, 실제 變壓器에는 磁氣飽和와 히스테리시스 現象이 있으므로 ϕ와 i_0은 비례하지 않으며, 그림 2·16의 히스테리시스 環線(hysteresis loop)을 그린다. 즉 正弦波 磁束 ϕ를 발생하는 電流 i_0은 正弦波이면 안 되고 그림과 같은 歪形波이어야 한다. 1次電壓 e_1은 ϕ보다 90° 位相이 앞서지만 e_1과 i_0을 곱한 것의 一周期間 平均値, 즉 1次에서 공급되는 勵磁電力은 零이 아니고 히스테리시스損(hysteresis loss)에 상당하는 電力을 공급하여야 한다.

정확하게 말하면 印加電壓 e_1은 正弦波라 할지라도 ϕ는 完全한 正弦波

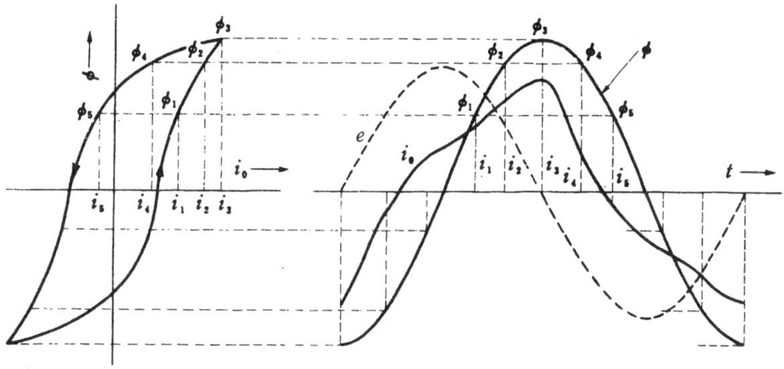

그림 2·16 히스테리시스環線과 勵磁電流

가 되지는 않는다. 그러나 i_0은 1次定格電流의 2~5[%]에 지나지 않고, i_0와 1次捲線의 抵抗 및 漏洩리액턴스의 積, 즉 無負荷時의 1次漏洩 임피던스 降下는 e_1에 比하여 매우 적으므로 1次逆起電力 e나 磁束 ϕ는 거의 正弦波가 된다고 생각해도 좋다. 그러므로 無負荷에서는 理想變壓器의 條件 $e_1 = -e$가 거의 정확하게 실현된다.

歪形波 i_0 중에는 奇數波高調波만 포함되어 있으며, 특히 第3高調波의 포함이 주목할만 하다. 磁束密度 1.3[Wb/m²] 부근에서 第3高調波는 基本波의 約 40[%], 第5高調波는 約 10[%]이며, 磁束密度가 클수록 高調波의 振幅은 증가한다.

勵磁電流 i_0은 편의상, 이것과 같은 實效値 I_0을 가지고 電壓 e_1의 實效値 E_1 사이에 필요한 鐵損電力 W_i를 공급할 수 있는 實效値 I_0의 等價正弦波로 고쳐서 취급한다.

$$I_0 = \sqrt{\frac{2}{T}\int_0^{T/2} i_0^2\, dt}\ [\mathrm{A}] \tag{2·7}$$

e_1과의 位相差 θ_0은 그림 2·17과 같이

$$W_i = E_1 I_0 \cos\theta_0\ [\mathrm{W}]$$

를 만족하고, I_0은 ϕ보다 $\alpha = 90° - \theta_0$만큼 앞선다.

α를 **鐵損角**(iron loss angle) 또는 **히스테리시스 前進角**(hysteresis ad-

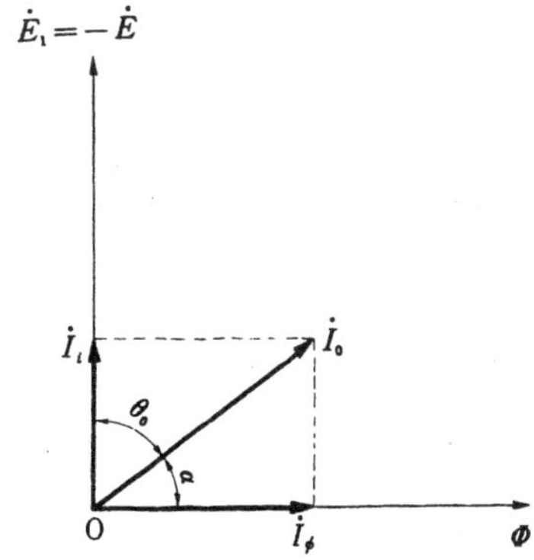

그림 2·17 勵磁電流의 벡터도

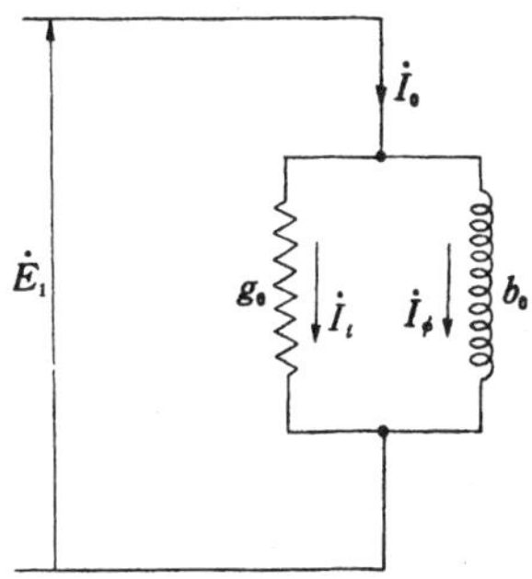

그림 2·18 勵磁電流回路

vanced angle)이라 한다. I_0의 E_1에 대한 有效分 $I_i = I_0 \sin\alpha$ 는 鐵損電力을 공급하는 鐵損電流이며, 無效分 $I_\phi = I_0 \cos\alpha$ 는 ϕ를 유지하기 위하여 無效電力을 공급하는 **磁化電流**(magnetizing current)이다.

여기서 $\dot{I}_i = \dot{E}_1 g_0$, $\dot{I}_\phi = -j \dot{E}_1 b_0$

라고 표시하면

$$\left.\begin{aligned} \dot{I}_0 &= \dot{I}_i + \dot{I}_\phi = \dot{E}_1(g_0 - jb_0) = \dot{E}_1 \dot{Y}_0 \\ \dot{Y}_0 &= g_0 - jb_0 \end{aligned}\right\} \tag{2·8}$$

g_0은 勵磁콘덕턴스(exciting conductance), b_0은 勵磁서셉턴스(exciting susceptance), Y_0은 勵磁애드미턴스(exciting admittance)이다.

이들 3定數는 無負荷試驗(no load test)을 하여 다음 식으로 구한다.

$$\left.\begin{aligned} g_0 &= \frac{I_i}{E_1} = \frac{E_1 I_i}{E_1^2} = \frac{W_i}{E_1^2} [\mho] \\ Y_0 &= \frac{I_0}{E_1} [\mho] \\ b_0 &= \sqrt{Y_0^2 - g_0^2} = \sqrt{\left(\frac{I_0}{E_1}\right)^2 - \left(\frac{W_i}{E_1^2}\right)^2} [\mho] \end{aligned}\right\} \tag{2·9}$$

2·3·2 鐵 損

鐵損은 鐵心 중의 磁束變化에 의하여 생기는 것이며, 周波數, 磁束密度,

鐵心材料 및 積層의 두께와 관계가 있다. 鐵損은 히스테리시스損과 渦電流損의 합이다.

편의상 本章에서 鐵損을 詳述하기로 하였으나 直流機나 交流機器의 鐵心 등, 周期的인 磁束變化가 따르는 모든 磁氣回路에서 鐵損이 발생한다.

(1) 히스테리시스損

鐵에 磁化力을 가하여 磁界의 세기를 주기적으로 변화시키면 磁束密度의 변화는 히스테리시스 環線에 따르게 되며, 單位體積 1[〜]에 대한 손실 w_h는 히스테리시스 環線의 면적에 저축된 磁氣에너지와 같다.

$$w_h = \oint H dB \ [\mathrm{J/m^3}]$$

單位質量當 히스테리시스損 電力 P_h는

$$W_h = \frac{f w_h}{S} \simeq f(\alpha B_m + \beta B_m{}^2) \simeq f \gamma B_m^{1.6} \simeq f \gamma B_m{}^2 \ [\mathrm{W/kg}] \quad (2\cdot10)$$

여기서 S는 鐵의 比重, f는 磁界의 交番周波數, B_m은 最大磁束密度이다. 위 식은 經驗式이며 α, β, γ는 材料定數이다.

珪素鋼板에서는 $\alpha = (3 \sim 9) \times 10^{-3}$, $\beta = (21 \sim 38) \times 10^{-3}$, $\gamma = (24 \sim 47) \times 10^{-3}$이며, 珪素含量에 따라서 값이 다르다. $B_m^{1.6}$의 식은 유명한 Steinmetz의 實驗式이지만 그 후 개발된 각종 磁性材料에 대하여는 정확하다고만은 볼 수 없다.

(2) 渦電流損

그림 2·19에 있어서 두께 Δ[m]의 鐵板이 Y軸 방향으로 最大磁束密度 B_m[Wb/m²]으로 균일하게 磁化되어 있다. 길이 및 높이가 다같이 1[m]이고 幅이 dx[m]인 斜線部分 微少體積內의 回路抵抗은 鐵의 固有抵抗을 ρ[Ω·m]라 하면 $2\rho/dx$[Ω]이고 渦電流損은 $(E^2/2\rho)dx$[W]이다. E는 微少要素에 誘起되는 起電力이며, 식 (2·5)로부터

$$E = 4 k_f f \cdot w_1 \Phi = 4 k_f \cdot f (2 B_m x) \ [\mathrm{V}]$$

따라서 鐵板 1장에서 발생하는 손실은

$$\int_0^{\Delta/2} \frac{E^2}{2\rho} dx = \frac{4}{3\rho} (k_f \cdot f B_m)^2 \Delta^2 \ [\mathrm{W}]$$

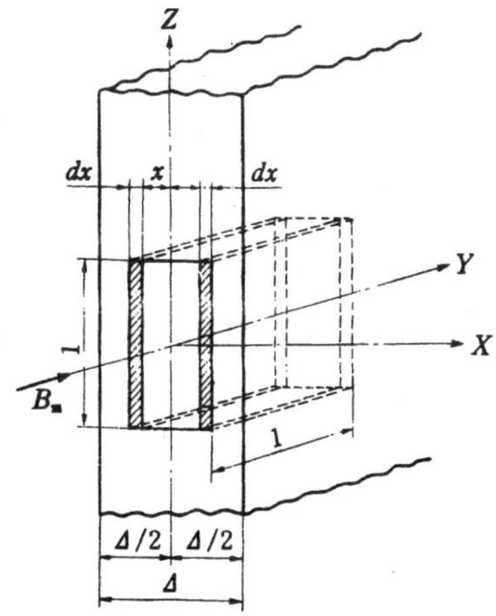

그림 2·19 鐵板 1장의 渦電流損

單位體積當 渦電流損 W_e는 위 식을 두께 Δ로 나누면 되고, 單位質量當 손실은 이것을 또 다시 鐵의 比重 S[kg/m³]로 나누어

$$W_e = \frac{4}{3\rho S}(k_f \cdot f \cdot B_m \Delta)^2 \ [\mathrm{W/kg}] \qquad (2\cdot 11)$$

W_e는 積層한 鐵板 1장의 두께의 2乘에 比例한다. 위 식을 보다 더 간략하게 표시하면

$$W_e = \varepsilon f^2 B_m^2 \qquad (2\cdot 12)$$

0.35~0.5[mm] 두께의 珪素鋼板에서는

$$\varepsilon = (0.06 \sim 0.56) \times 10^{-3}$$

일반적으로 히스테리시스損은 鐵損의 약 80%를 차지한다.

2·4 벡터圖와 等價回路

2·4·1 捲線 1回당 誘起電壓

磁束은 主磁束과 1次 및 2次 漏洩磁束의 3부분으로 나뉘어지므로 1

次 및 2次의 漏洩임피던스 $\dot{Z}_1 = r_1 + jx_1$, $\dot{Z}_2 = r_2 + jx_2$를 捲線 밖으로 내오기로 한다. 無負荷일 때와는 달리 負荷時에는 1次電流 I_1이 크므로 $\dot{Z}_1 \dot{I}_1$ 電壓降下는 5[%] 정도가 된다. 따라서 誘起起電力 E, 또는 이것에 대응하는 印加電壓成分 E_1과 端子電壓과를 구별한다.

端子電壓을 v_1, v_2(實效値를 V_1, V_2)라고 표시하면 無負荷의 경우에는 $V_1 \fallingdotseq E_1$이 된다.

勵磁電流 I_0은 1次逆起電力 $\dot{E}$에 대응하는 印加電壓成分 $\dot{E}_1$로 말미암아 負荷의 유무에 관계 없이 흐른다.

$$\dot{I}_0 = \dot{E}_1 \dot{Y}_0 = \dot{E}_1(g_0 - jb_0) \text{ [A]}$$

$$\dot{E} = 4.44 f w_1 \Phi = -\dot{E}_1 \text{ [V]}$$

1次端子電壓 $\dot{V}_1$은 $\dot{E}_1$ 이외에 $\dot{Z}_1 \dot{I}_1$ 降下를 補償할 만큼의 크기가 되어야 하고 2次端子電壓 $\dot{V}_2$는 2次誘起電壓 $\dot{E}'$에서 $\dot{Z}_2 \dot{I}_2$만큼 降下한다.

$$\left.\begin{aligned} \dot{V}_1 &= \dot{E}_1 + (r_1 + jx_1)\dot{I}_1 \\ \dot{V}_2 &= \dot{E}' - (r_2 + jx_2)\dot{I}_2 \end{aligned}\right\} \tag{2·13}$$

$\dfrac{\dot{E}}{w_1}$ 및 $\dfrac{\dot{E}'}{w_2}$은 捲線 1회당의 誘起電壓이며, 1次, 2次 모두 같은 主磁束과 鎖交하므로 크기, 位相이 각각 서로 같다.

$$\frac{\dot{E}}{w_1} = \frac{\dot{E}'}{w_2} = 4.44 f \Phi \tag{2·14}$$

예컨대, 捲數를 2배로 하면 1회당의 誘起電壓은 半減하고, 主磁束도 半減한다. 이 값의 선정은 變壓器設計에 있어서 기본이 된다. 식 (2·14)에서

$$a = \frac{\dot{E}}{\dot{E}'} = \frac{E}{E'} = \frac{w_1}{w_2} \tag{2·15}$$

捲數比 a는 變壓比와 같다. 실제의 電壓比(voltage ratio) V_1/V_2는 負荷의 크기와 力率에 따라 일정하지 않고 捲數比의 數% 정도 변화한다.

2·4·2 定磁束保存의 原理

負荷電流 $\dot{I}_2$가 흐르면 鐵心에 $w_2 \dot{I}_2$되는 起磁力이 새로이 발생하여 主

磁束 ϕ의 본래의 값을 변화시키려 하나, $\dot{\Phi}$와 $\dot{E}'$, $\dot{E}$와 $\dot{V}_1$과는 앞에서 기술한 관계를 어떠한 순간에도 만족하여야 하므로 1차측에 $\dot{I}_1'$라는 補償電流가 흘러 들어가서 $w_2\dot{I}_2$의 起磁力을 완전히 지워버려야 한다.

$$w_1\dot{I}_1' + w_2\dot{I}_2 = 0$$

$$\dot{I}_1' = -\frac{w_2}{w_1}\dot{I}_2 = -\frac{\dot{I}_2}{a} \tag{2·16}$$

따라서 1次 全電流는 다음과 같이 된다.

$$\dot{I}_1 = \dot{I}_0 + \dot{I}_1' \tag{2·17}$$

$\dot{I}_1'$를 1次電流의 負荷成分, 또는 1次에 換算한 2次電流라 한다. 식 (2·16), (2·17)에서

$$w_1\dot{I}_1 + w_2\dot{I}_2 = w_1\dot{I}_0 \tag{2·18}$$

이 되어 1次, 2次 두 捲線이 만드는 起磁力은 勵磁起磁力과 같다는 起磁力保存의 原理가 성립한다.

2·4·3 變壓器의 벡터圖

變壓器의 2次捲線에 負荷를 걸면 負荷電流 $\dot{I}_2$가 흐른다. 負荷의 抵抗을 R, 리액턴스를 X라 하면 鐵損, 捲線抵抗, 漏洩磁束을 가진 실제 變壓器는 그림 2·20의 等價回路로 표시할 수 있다.

점선으로 둘러싸인 부분 M은 變壓作用만 하는 理想變壓器이다. 이것

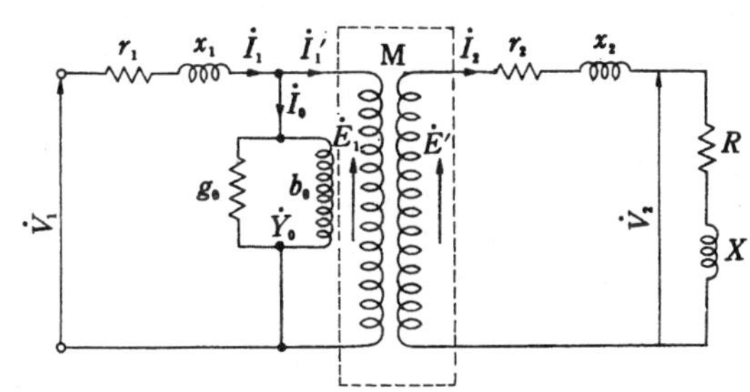

그림 2·20 理想變壓器를 포함한 等價回路

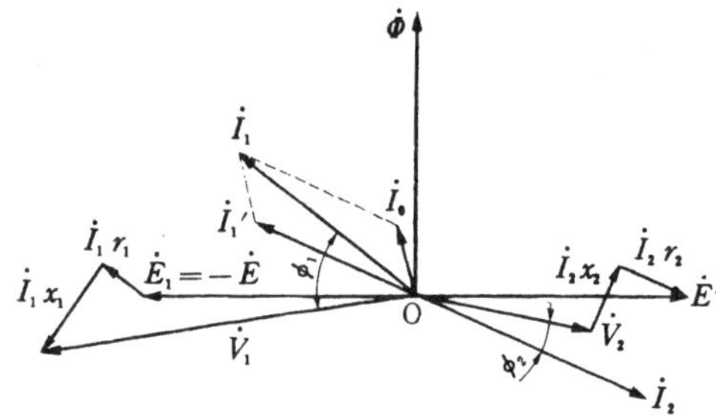

그림 2·21 벡터圖

으로부터 變壓器의 벡터圖는 그림 2·21 과 같이 된다. 단, 負荷는 誘導負荷의 경우이며

$$入力\ P_1 = V_1 I_1 \cos\phi_1,$$

$$出力\ P_2 = V_2 I_2 \cos\phi_2,$$

$$效率\ \eta = \frac{P_2}{P_1}$$

로 주어진다.

2·4·4 變壓器의 等價回路

그림 2·20 에서 理想變壓器를 빼고, 다루기 간편한 等價回路를 만들어 보자. 그림의 M 은 捲數比가 $a=\dfrac{w_1}{w_2}$의 理想變壓器이므로 2次起電力 $\dot{E}'$의 a 배를 취하여 $a\dot{E}'=\dot{E}=-\dot{E}_1$, 2次負荷電流 $\dot{I}_2$의 $\dfrac{1}{a}$배를 취하여, $\dfrac{\dot{I}_2}{a}=-\dot{I}_1'$라 하면, M은 捲線比 1의 理想變壓器가 된다. 따라서 M을 빼고 1次와 2次를 電氣的으로 접속하여도 된다. 그러나 이 때 2次回路의 r_2, x_2 및 負荷의 R, X는 다음과 같이 각각 r_2', x_2', R', X'로 변환된다. 2次側의 消費電力은 變換前과 後에 있어서 같으므로 2次有效電力에 대하여는

$$I_1'^2(r_2'+R') = I_2^2(r_2+R) = (aI_1')^2(r_2+R)$$

따라서,

$$r_2' = a^2 r_2, \qquad R' = a^2 R \tag{2·19}$$

2次側 無効電力에 대하여는

$$I_1'^2(x_2'+X') = I_2^2(x_2+X) = (aI_1')^2(x_2+X)$$

따라서,

$$x_2' = a^2 x_2, \qquad X' = a^2 X \tag{2·20}$$

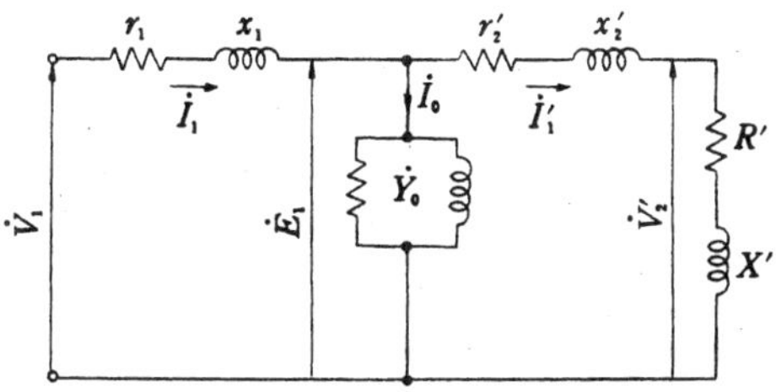

그림 2·22 變壓器의 等價回路

이와 같이 하여 2次側을 1次側으로 變換한 等價回路가 그림 2·22이다. 이 回路에서

2次銅損 $\quad I_1'^2 r_2' = \left(\frac{I_2}{a}\right)^2 (a^2 r_2) = I_2^2 r_2$

負荷電力 $\quad I_1'^2 R' = \left(\frac{I_2}{a}\right)^2 (a^2 R) = I_2^2 R$

負荷力率 $\quad \cos\phi_2 = \frac{R'}{\sqrt{R'^2+X'^2}} = \frac{R}{\sqrt{R^2+X^2}}$

이며, 電力벡터의 位相關係는 변하지 않는다. 2次端子電壓에 대하여도

$$\dot{V}_2' = (R'+jX')\dot{I}_1' = (a^2 r_2 + j a^2 X)\left(-\frac{\dot{I}_2}{a}\right)$$
$$= a(r_2 + j X_2)(-\dot{I}_2) = -a\dot{V}_2$$

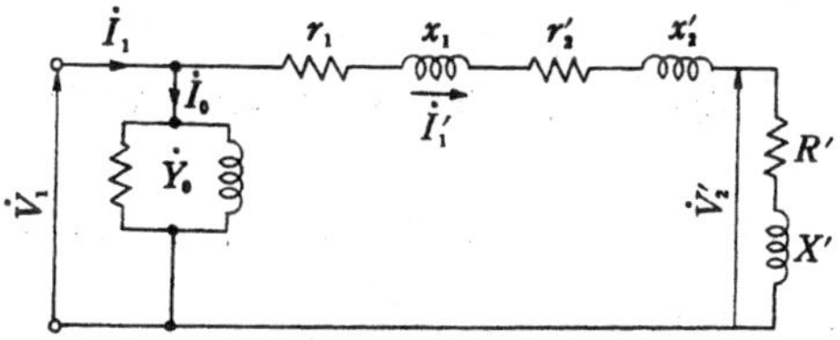

그림 2·23 變壓器의 簡易等價回路

가 되어 極性을 반대로 한 접속에서는 $\dot{V}_2' = a\dot{V}_2$로 변환된다.

그림 2·22의 等價回路에서 1次 漏洩임피던스 $\dot{Z}_1$의 $\dot{I}_0$에 의한 電壓降下 $\dot{Z}_1\dot{I}_0$은 매우 작으며, 대개 0.5[%] 이내이므로 그림 2·23과 같이 $\dot{Y}_0$을 1次端子에 옮겨도 誤差는 적다.

이 簡易等價回路에 의하면 電氣的 特性의 계산이 매우 쉽게 된다. 여기서 等價回路에서 계산한 2次電壓 및 2次電流를 실제의 값으로 고치려면 電壓은 $1/a$배, 電流는 a배하는 것을 잊어서는 안 된다.

마찬가지로 1次側을 2次側에 換算할 수도 있다. 이 때에도 1次電壓, 電流의 位相關係 및 電力이 변하지 않도록 하면 되므로 1次側의 電壓을 $1/a$배, 電流를 a배, 임피던스를 $1/a^2$배, 애드미턴스를 a^2배로 함으로써 換算할 수 있고, 等價回路는 그림 2·24, 2·25와 같이 된다.

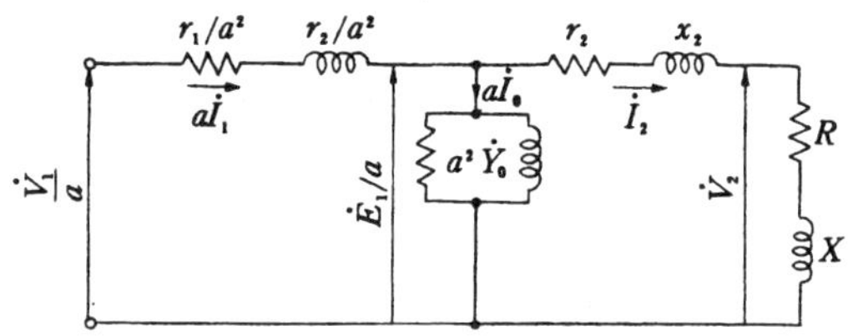

그림 2·24 2次側에 환산한 等價回路

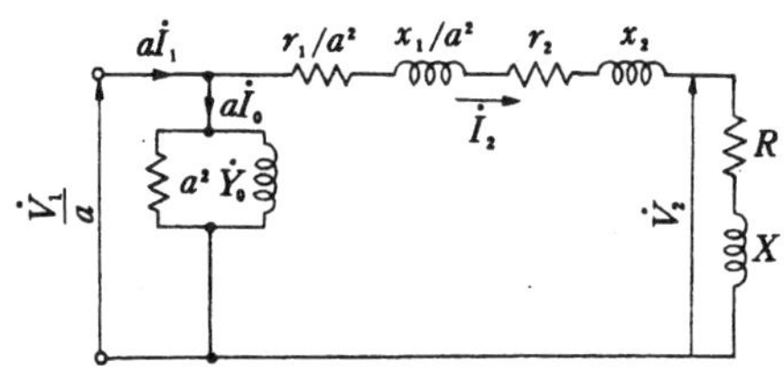

그림 2·25 2次側에 환산한 簡易等價回路

【예제 1】 定格出力 1[kVA], 定格電壓 210/105[V]의 單相變壓器 2개의 高壓側을 그림 2·26과 같이 直列로 하여 200[V]의 電源에 접속하고 低壓側에 각각 電流計 Ⓐ 및 $R = 8[\Omega]$, $X = 6[\Omega]$의 임피던스를 접속

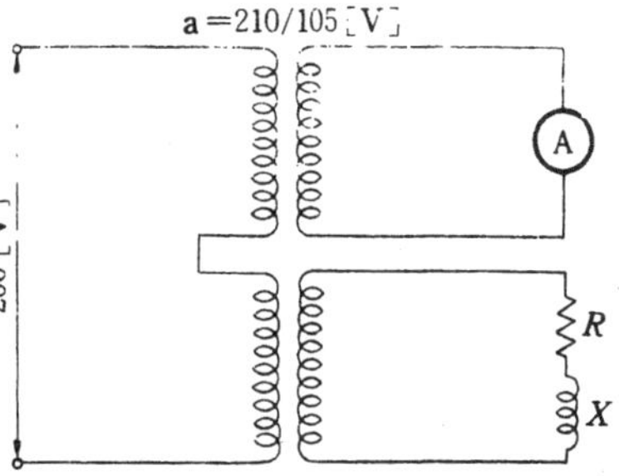

그림 2·26

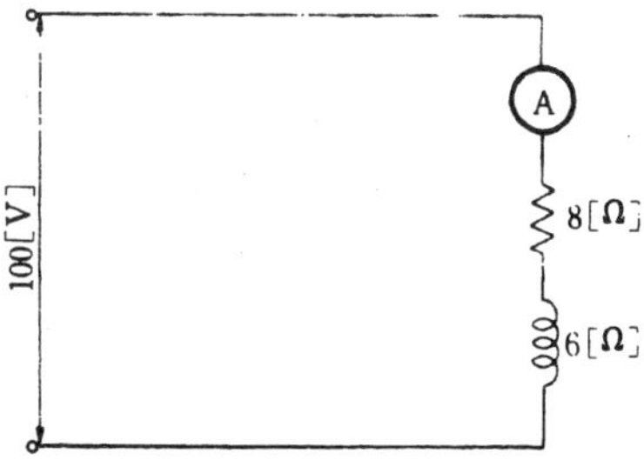

그림 2·27

하였다면 電流計에는 몇 [A]의 電流가 흐르는가? 단, 變壓器의 勵磁電流 및 漏洩임피던스는 무시한다.

(풀이) 그림 2·26을 2次側에 환산한 等價回路로 표시하면 그림 2·27과 같이 된다. 따라서 電流計 Ⓐ에 흐르는 電流 I_2는

$$I_2 = \frac{100}{\sqrt{8^2+6^2}} = 10\ [\mathrm{A}]$$

【예제 2】 容量 2[kVA], 變壓比 30의 變壓器가 있다. 1次 및 2次의 抵抗, 漏洩리액턴스가 각각

$$r_1 = 60\ [\Omega],\ \ x_1 = 150\ [\Omega],\ \ r_2 = 0.06\ [\Omega],\ \ x_2 = 0.18\ [\Omega]$$

이며, 鐵損은 180[W], 勵磁電流는 0.085[A]이다. 1次電壓이 3150[V]이며, 2次負荷抵抗이 5[Ω]일 때의 簡易等價回路를 그려라.

(풀이) 勵磁電流에 의한 1次銅損은 극히 적으므로 無負荷入力은 전부 鐵損에 소비된다고 하면 勵磁電流 I_0의 有效分은

$$I_i = \frac{180}{3150} = 0.057\ [\mathrm{A}]$$

또, 無效分은

$$I_\phi = \sqrt{I_0^2 - I_i^2} = \sqrt{0.085^2 - 0.057^2} = 0.063\ [\mathrm{A}]$$

이다. 식 (2·9)에서 勵磁콘덕턴스 g_0 및 勵磁서셉턴스 b_0은

$$g_0 = \frac{0.057}{3150} = \frac{1}{55300}\ [\mho]$$

$$b_0 = \frac{0.063}{3150} = \frac{1}{50000}\ [\mho]$$

따라서 1次에 환산한 等價回路의 內部抵抗 r_i, 內部리액턴스 x_i 및 負荷抵抗 R'는

$$r_1 = 60 + 0.06 \times 30^2 = 114\,[\Omega]$$
$$x_i = 150 + 0.18 \times 30^2 = 312\,[\Omega]$$
$$R' = 5 \times 30^2 = 4500\,[\Omega]$$

또, 2次에 환산한 경우는

$$r_i = 60 \times \left(\frac{1}{30}\right)^2 + 0.06 = 0.127\,[\Omega]$$
$$x_i = 150 \times \left(\frac{1}{30}\right)^2 + 0.18 = 0.347\,[\Omega]$$
$$g_0 = \frac{1}{55300} \times 30^2 = \frac{1}{61.4}\,[\mho]$$
$$b_0 = \frac{1}{50000} \times 30^2 = \frac{1}{55.6}\,[\mho]$$

가 된다. 等價回路는 그림 2·28 과 같다.

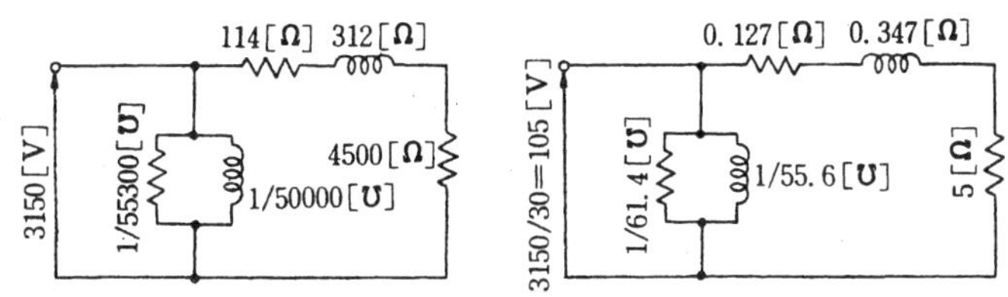

그림 2·28 예제의 等價回路

2·4·5 電壓變動率

2次端子에 定格力率이며, 定格電流가 흐르는 負荷를 접속하고 2次端子電壓이 定格値가 되도록 1次端子電壓을 V_1로 조정한다. 다음에 V_1을 일정하게 한 상태에서 無負荷로 하였을 때 2次端子電壓의 變動値 $\varDelta V_2$의 定格電壓 V_2에 대한 비를 **電壓變動率**(voltage regulation)이라 한다. 百分率 電壓變動率 ε은

$$\varepsilon = \frac{\varDelta V_2}{V_2} \times 100\,[\%]$$

이다.

2次를 1次에 換算한 等價回路를 쓰면 變動値는 $|\dot{V}_1| - |\dot{V}_2'|$이므로 2次定格電壓 V_2'에 대한 ε은

$$\varepsilon = \frac{V_1 - V_2'}{V_2'} \times 100\,[\%]$$

小容量의 變壓器에서는 ε의 實測은 쉽지만 大容量이면 實負荷가 얻어지지 않아 實測이 곤란하므로 다음과 같이 하여 측정한다.

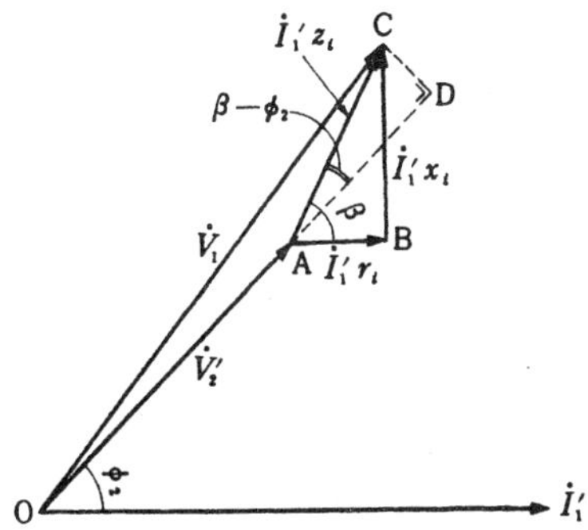

그림 2·29 簡易等價回路의 벡터圖

簡易等價回路에 있어서 1次에 換算한 定格 2次電流 $\dot{I}_1'$를 標準벡터로 한 벡터圖를 그림 2·29에 표시한다. 단, $\dot{Z}_l$는 內部임피던스, 즉 1次 및 2次漏洩 임피던스(1次換算)의 合이다. 벡터 $\dot{V}_2'$를 연장하여 C에서 수선을 긋고, 그 交點을 D라 하면

$$V_1 = \sqrt{(V_2'+\overline{\mathrm{AD}})^2 + \overline{\mathrm{CD}}^2}$$

따라서

$$\frac{V_1}{V_2'} = \sqrt{\left(1+\frac{\overline{\mathrm{AD}}}{V_2'}\right)^2 + \left(\frac{\overline{\mathrm{CD}}}{V_2'}\right)^2} = \sqrt{(1+\mu)^2+\nu^2}$$

단,

$$\mu = \frac{\overline{\mathrm{AD}}}{V_2'}, \qquad \nu = \frac{\overline{\mathrm{CD}}}{V_2'} \tag{2·21}$$

이것으로부터

$$\frac{\varepsilon}{100} = \frac{V_1}{V_2'} - 1 = \sqrt{(1+\mu)^2+\nu^2} - 1$$

μ, ν는 1에 비하여 적으므로 위 식을 冪級數에 展開하여 3次 이상의 項을 생략하면

$$\frac{\varepsilon}{100} = \frac{1}{2}(2\mu+\mu^2+\nu^2) - \frac{1}{8}(2\mu+\mu^2+\nu^2)^2 = \mu + \frac{1}{2}\nu^2 \tag{2·22}$$

$r_i = Z_i \cos\beta$, $x_i = Z_i \sin\beta$ 의 관계를 쓰면

$$\overline{\mathrm{AD}} = I_1' Z_i \cos(\beta-\phi_2) = I_1' r_i \cos\phi_2 + I_1' x_i \sin\phi_2$$

$$\overline{\mathrm{CD}} = I_1' Z_i \sin(\beta-\phi_2) = I_1' x_i \cos\phi_2 - I_1' r_i \sin\phi_2$$

이것을 식 (2·21)에 대입하면 다음 식이 얻어진다.

$$\left.\begin{aligned}\mu &= \frac{I_1' r_i}{V_2'}\cos\phi_2 + \frac{I_1' x_i}{V_2'}\sin\phi_2 = p'\cos\phi_2 + q'\sin\phi_2 \\ v &= \frac{I_1' x_i}{V_2'}\cos\phi_2 - \frac{I_1' r_i}{V_2'}\sin\phi_2 = q'\cos\phi_2 - p'\sin\phi_2\end{aligned}\right\}$$

단, $p = p' \times 100 = \frac{I_1' r_i}{V_2'} \times 100$, $q = q' \times 100 = \frac{I_1' x_i}{V_2'} \times 100$ (2·23)

그러면

$$\varepsilon = (p\cos\phi_2 + q\sin\phi_2) + \frac{1}{200}(q\cos\phi_2 - p\sin\phi_2)^2 \qquad (2·24)$$

가 된다.

p, q 를 각각 **百分率 抵抗降下**(% resistance drop), **百分率 리액턴스降下**(% reactance drop)라 하고 다음 節에서 설명하는 測定方法을 써서 구한다.

力率 $\cos\phi_2 = 1$ 일 때에는 $\sin\phi_2 = 0$ 이 되므로

$$\varepsilon = p + \frac{q^2}{200} \qquad (2·25)$$

이상과 같이 電壓變動率은 負荷의 力率에 따라서 달라지므로 電壓變動率 算定에는 力率을 지정해야 한다.

식 (2·24)의 제 2 항은 매우 적으므로 略算에서는

$$\varepsilon = p\cos\phi_2 + q\sin\phi_2 \qquad (2·26)$$

力率 $\cos\phi_2 = 1$ 에서는

$$\varepsilon = p \qquad (2·27)$$

라 하여도 좋지만 低力率, 大容量에서는 誤差가 크다. ε 의 대체적인 값은 大容量의 것은 1~2[%], 配電用에서는 2~5[%]이다.

2·4·6 임피던스 電壓, 임피던스 와트

2次測을 短絡하고 1次 또는 2次電流가 定格電流가 되도록 낮은 1次電壓을 가한다. 이 때의 1次電壓을 **임피던스 電壓**(impedance voltage),

1次入力을 **임피던스 와트**(impedance watt)라 하고 이들은 短絡試驗에서 간단하게 구할 수 있다.

임피던스電壓은 定格值의 3～10[%] 이며, 이것은 內部임피던스의 電壓降下에 소비된다. 鐵損은 主磁束의 2승에 비례하며, 主磁束은 誘起電壓에 비례하므로 短絡試驗에서의 勵磁電流 및 鐵損은 매우 적다. 따라서 임피던스 와트는 短絡電流에 의한 1次, 2次銅損 및 이에 따라 생기는 손실의 합계, 즉 負荷損에 소비된다.

임피던스 電壓을 V_z, 임피던스 와트를 W_s, 1次定格電壓을 V_1, 定格電流를 I_1이라 하면

$$\left.\begin{aligned} Z_i &= \sqrt{r_i^2+x_i^2} = \frac{V_z}{I_1} \\ r_i &= \frac{W_s}{I_1^2}, \quad x_i = \sqrt{Z_i^2-r_i^2} \end{aligned}\right\} \tag{2·28}$$

따라서 %抵抗降下 p, %리액턴스降下 q는

$$\left.\begin{aligned} p &= \frac{I_1'r_i}{V_2'}\times 100 = \frac{I_1'W_s}{V_2'I_1^2}\times 100 \fallingdotseq \frac{W_s}{V_1I_1}\times 100 \\ q &= \frac{I_1'x_i}{V_2'}\times 100 \fallingdotseq \frac{1}{V_1}\sqrt{V_z^2-\left(\frac{W_s}{I_1}\right)^2}\times 100 \end{aligned}\right\} \tag{2·29}$$

그리고, 短絡試驗에서 측정한 內部抵抗 r_i는 捲線의 實效抵抗이며, 直流抵抗보다는 약간 크다. 이것은 交流에 의한 表皮作用과 漏洩磁束에 의한 渦電流 때문이다.

【예제 3】 1500 [kVA], 63500/13800 [V]의 變壓器가 있다.

(1) 高壓側을 열고 低壓側(2차측)에서 無負荷試驗을 한 결과가

2次供給電壓	13800 [V]
2次電流	38.05 [A]
2次入力	56.0 [kW]

이며,

(2) 高壓側을 短絡하여 短絡試驗을 한 결과가

2次電流	1087 [A]
2次電壓	952 [V]

2次入力 62.5[kW]

이었다.

等價回路를 그리고 %抵抗降下, %리액턴스降下 및 %임피던스降下를 구하라.

(풀이) 捲數比 $a = 63500/13800 = 4.6,\ a^2 = 21.16$

(1)의 경우의 等價回路(2차에서 본 것).

(2)의 경우의 等價回路(2차에서 본 것).

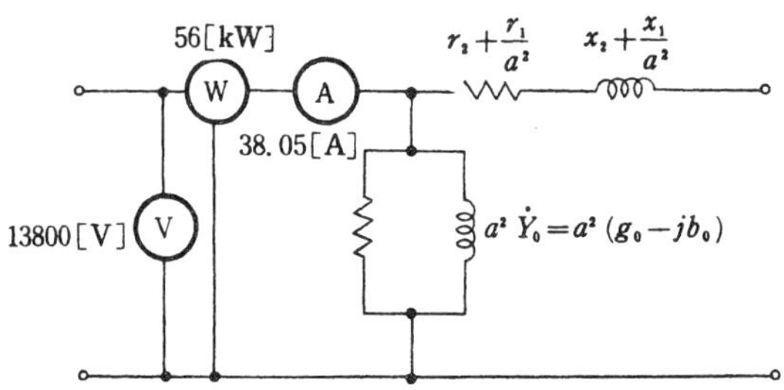

그림 2·30

그림 2·30에서 식 (2·9)를 써서.

$$a^2g_0 = 46 \times 10^3/13800^2 = 0.294 \times 10^{-3}\ [\mho]$$

$$g_0 = 0.294 \times 10^{-3}/21.16 = 1.39 \times 10^{-5}\ [\mho]$$

$$a^2Y_0 = 38.05/13800$$

$$a^2b_0 = \sqrt{(38.05/13800)^2-(0.294\times10^{-3})^2} = 2.755 \times 10^{-3}\ [\mho]$$

$$(\because a^2b_0=\sqrt{(a^2Y_0)^2-(a^2g)^2})$$

$$b_0 = 2.755 \times 10^{-3}/21.16 = 13.02 \times 10^{-5}\ [\mho]$$

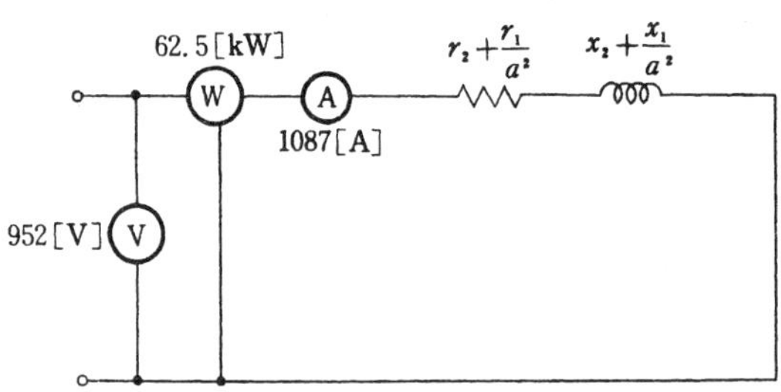

그림 2·31

그림 2·31 에서,

$$r_1 + a^2 r_2 = a^2\left(\frac{r_1}{a^2} \div r_2\right) = \frac{62.5\times10^3}{1087^2}\times 21.16 = 1.12\,[\Omega]$$

$$x_1 + a^2 x_2 = a^2\left(\frac{x_1}{a^2} + x_2\right) = \sqrt{\left(\frac{952}{1087}\right)^2 - \left(\frac{62.5\times10^3}{1087^2}\right)^3}\times 21.16$$

$$= 18.49\,[\Omega]$$

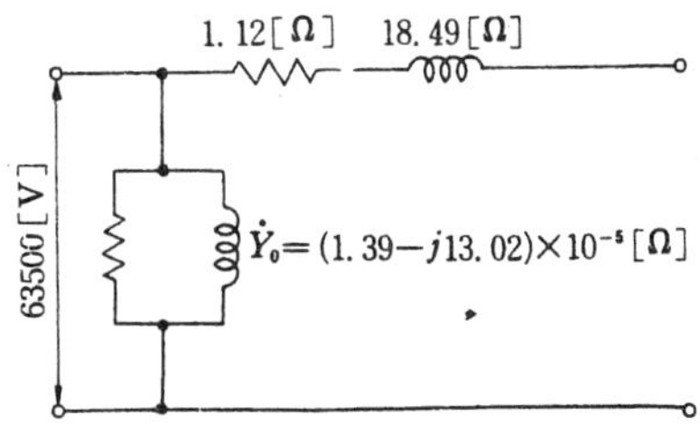

그림 2·32

그러므로 1次에 환산한 等價回路는 그림 2·32와 같다.

다음 定格 1次電流 I_1은

$$I_1 = \frac{1500\times10^3}{63500} = 236\,[\text{A}]$$

이므로,

%抵抗降下 $p = \frac{235\times1.12}{63500}\times100 = 0.417\,[\%]$

%리액턴스降下 $q = \frac{236\times18.49}{63500}\times100 = 6.88\,[\%]$

%임피던스降下 $Z = \sqrt{0.417^2+6.88^2} \doteqdot 6.9\,[\%]$

【예제 4】 定格周波數가 50 [Hz]이고, 力率 0.8의 定格負荷에서의 電壓變動率이 10 [%]되는 變壓器가 있다. 이것을 60 [Hz] 電源에 접속하여 電流와 電壓은 定格値로 유지하고 力率 0.8(lag)의 負荷에 사용하는 경우의 電壓變動率을 구하라. 단, 定格狀態에서 리액턴스降下는 抵抗降下의 10 배이다.

(풀이) 周波數가 변동하면 抵抗降下는 변하지 않으나 리액턴스降下는 변한다.

抵抗電壓降下를 p [%], 리액턴스降下를 50 [Hz]에서 q [%]라 하면

$$10 \doteqdot p\times0.8 + 10p\times0.6 \qquad \therefore\ p = \frac{10}{6.8}\,[\%]$$

60 [Hz]에서는 q가 $\left(\frac{60}{50}\right)$배가 되므로 구하고자 하는 電壓變動率은

$$\varepsilon \doteqdot \frac{10}{6.8} \times 0.8 + 10 \times \frac{10}{6.8} \times \frac{60}{50} \times 0.6 = 1.7\,[\%]$$

2·5 損失, 效率 및 定格

2·5·1 損 失

變壓器의 損失은 負荷電流에 관계하는 負荷損(load loss)과 이것과는 무관계한 無負荷損(no load loss)으로 분류되며, 이들을 세분하면 다음과 같다.

(1) 無負荷損

① 鐵損 {히스테리시스損, 渦電流損}

② 勵磁電流에 의한 1次抵抗損

③ 勵磁電流에 의한 絶緣物中의 誘電體損

(2) 負 荷 損

④ 負荷電流에 의한 각 捲線의 抵抗損

⑤ 漂遊負荷損(stray load loss)

②와 ③은 극히 적으므로 無負荷損은 鐵損이라고 생각해도 좋다. ④의 捲線抵抗損의 계산에는 導體의 表皮效果(skin effect)나 漏洩磁束이 導體를 끊음으로써 생기는 渦電流損을 포함한 實效抵抗을 써야 하며, 이 抵抗은 直流抵抗의 약 1.1∼1.25배 정도이다. ⑤는 負荷電流에 의한 漏洩磁束이 外函側壁을 관통하면 渦電流損이 생긴다. 이 損失은 捲線과 외함 사이의 거리에 따라 다르지만 抵抗損의 5∼25 [%] 정도이며, 高溫이 될수록 감소하는 경향이 있다.

負荷損은 短絡試驗에서 임피던스 와트를 측정하면 구할 수 있다. 측정된 負荷損 W_c는 다음 식을 써서 75 [°C]의 基準溫度에 補正한다.

$$W_{75} = I_2^2 r_i \left(\frac{309.5}{234.5+t}\right) + (W_t - I_2^2 r_i)\left(\frac{234.5+t}{309.5}\right) \qquad (2\cdot30)$$

단, W_{75}는 75[°C]에 補正한 負荷損, I_2는 負荷電流, r_i는 測定溫度에 있어서 2次側에 換算한 內部抵抗이다. 식 (2·30)이 성립하는 것은 20[°C]에 있어서의 軟銅의 抵抗溫度係數가 0.00393이 되기 때문이다.

溫度試驗을 하려면 返還負荷法(loading-back method)이 편리하다. 同一定格의 單相變壓器 2대의 경우에는 低壓側을 並列로 電源에 접속하여 鐵損을 공급한다. 高壓側은 極性을 逆方向으로 直列로 접속하고, 이것과 直列로 銅損供給用의 變壓器 2次側을 삽입하여, 高壓側捲線에 定格電流를 흘려 銅損을 공급한다. 單相變壓器 3개 또는 3相變壓器의 경우는 低壓側捲線을 Δ結線으로 하여 3相電源에 접속하고, 高壓側은 △로 접속하여 그 한쪽을 열고 銅損供給用 變壓器를 접속하면 된다.

2·5·2 効 率

그림 2·25의 2次側 換算 等價回路에서 內部抵抗을 $r_i = \frac{r_1}{a^2} + r_2$, 負荷의 力率角을 ϕ_2라 하면 임의의 負荷電流 I_2에 있어서의 効率 η는

$$\eta = \frac{V_2 I_2 \cos\phi_2}{V_2 I_2 \cos\phi_2 + W_i + I_2^2 r_i} \times 100\,[\%] \qquad (2\cdot31)$$

로 된다. W_i는 無負荷損 즉 鐵損이고, 負荷損 즉 銅損 $I_2^2 r_i$는 漂遊負荷

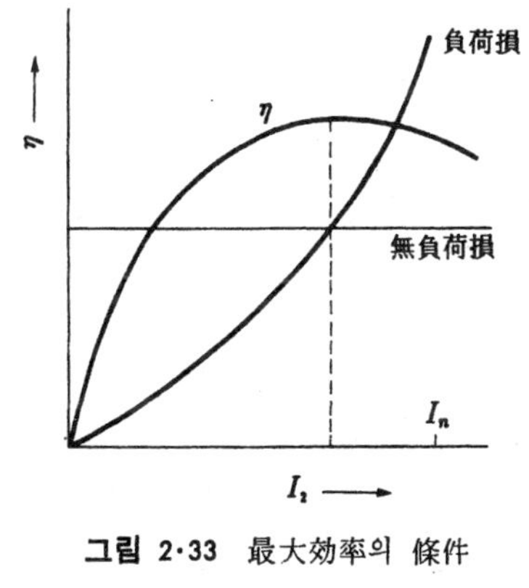

그림 2·33 最大効率의 條件

損도 포함하는 것으로 한다. 위 식을 定數 a, b, c 를 쓰면

$$\eta = \frac{aI_2}{aI_2+b+cI_2^2}$$

의 모양이 되므로 η 가 최대가 되는 조건은 $d\eta/dI_2=0$ 을 풀어서 $b=cI_2^2$ 이 된다.

즉 銅損과 鐵損이 같을 때 效率이 최대가 된다. 이와 같은 最大效率의 조건은 단지 變壓器 뿐만 아니라 鐵損과 銅損이 생기는 直流機, 交流回轉機에도 성립한다.

실제 變壓器는 항상 全負荷로 운전되는 것이 아니므로 全負荷에서 半負荷 정도에 이르는 데까지 效率이 대체로 균일하도록 설계한다.

2·5·3 全日效率

變壓器의 1次側은 항상 電源에 접속되어 負荷에 관계 없이 鐵損 W_i [kWh]를 소비한다. 이에 비하여 銅損은 負荷가 걸리는 時間 t [h]만 발생하므로 1일간의 綜合效率인 全日效率(all day efficiency)은

$$\eta_d = \frac{\Sigma t V_2 I_2 \cos\phi_2}{\Sigma t V_2 I_2 \cos\phi_2 + 24W_i + \Sigma t r_i I_2^2} \tag{2·32}$$

가 된다.

η_d 가 최대가 되는 조건은 $d\eta_d/dI_2=0$ 으로부터 구해지며, 1일간의 全銅損과 全鐵損이 같은 경우이다. 즉

$$\Sigma t W_c = 24W_i$$

$$W_c = \frac{24}{\Sigma t} W_i \tag{2·33}$$

따라서, 1日中 全負荷로 사용되는 경우에는 前節과 같이 $W_c=W_i$ 가 되는 것이 좋지만 變壓器의 사용시간이 짧으면 짧을수록 銅損에 비하여 鐵損이 적은쪽의 全日效率을 높이므로 적당하다.

일반적으로 捲線의 捲回數를 줄여서 捲線 1회당 誘起電壓을 늘리면 銅損은 감소하나 식 (2·14)에서 磁束이 증가하여 鐵損이 증가하므로 全日效率의 견지에서는 斷面積이 큰 鐵心을 사용하여 磁束密度를 낮출 필요가 있다.

【예제 5】 負荷效率이 일정한 경우 全負荷의 75 [%]에서 最大效率을 갖는 變壓器가 있다. 한 예로 力率 0.8일 때 最大效率이 97.5 [%]이면 이 變壓器의 無誘導全負荷에서의 效率은 얼마인가?

(풀이) 變壓器容量을 100 [%]라 하고 이에 대한 全負荷銅損을 W_c, 鐵損을 W_i 라 하자.

W_i 는 負荷와는 무관계로 일정하지만 最大效率을 갖는 負荷에 있어서는

$$W_i = W_c$$

가 된다. 따라서

$$\eta = 0.975 = \frac{100\times0.75\times0.8}{100\times0.75\times0.8+2W_i}$$

위 식에서

$$W_i = 0.77\ [\%]$$

이 값은 75 [%] 負荷에서의 銅損과 같으므로 全負荷時의 銅損 W_c' 는

$$W_c' = \frac{0.77}{0.75^2} = 1.37\ [\%]$$

따라서 力率 1의 全負荷效率은

$$\eta' = \frac{100}{100+0.77+1.37} = 0.979 = 97.9\ [\%]$$

【예제 6】 5 [kVA]의 電燈用 柱上變壓器가 있다. 이 變壓器의 2차측에 있어서 1日 負荷曲線은 그림 2·34와 같을 때 鐵損을 구하라. 단, 이 變壓器의 全負荷에 있어서의 全日效率은 94 [%], 銅損은 125 [W]이다.

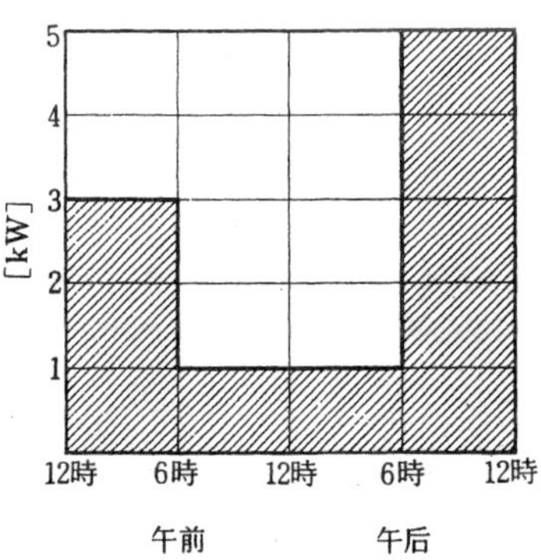

그림 2·34 1-負荷曲線

(풀이) 그림에서 1日中의 全出力電力量

$$\Sigma t V_2 I_2 \cos\phi_2 = 3 \times 6 + 1 \times 12 \times 5 \times 6 = 60 \text{ [kWh]}$$

1日中의 全銅損

$$\Sigma t r_i I_2^2 = 0.125 \times 6 \left\{1 + 2 \times \left(\frac{1}{5}\right)^2 + \left(\frac{3}{5}\right)^2\right\} = 1.08 \text{ [kWh]}$$

全日效率이 94 [%]이므로

$$0.94 = \frac{60}{60 + 24W_i + 1.08}$$

$$\therefore\ 24W_i = 2.75 \text{ [kWh]}$$

$$\therefore\ W_i = \frac{2.75}{24} = 115 \text{ [W]}$$

2·5·4 定 格

變壓器의 定格 1次電壓은 銘板에 적혀 있는 電壓이며, 定格 2次電壓에 捲數比를 곱한 것이다. 定格 2次電壓은 명판에 적혀 있는 2次捲線의 端子電壓이며, 이 電壓에 있어서 定格出力이 얻어지는 電壓이다. 여기서 定格出力이라는 것은 定格 2次電壓, 定格 2次電流, 定格周波數 및 定格力率에서 2次端子 사이에서 얻어지는 皮相電力을 말하고, 이것을 [VA] 또는 [kVA]로 표시한다. 이 경우 定格力率은 특별히 지정하지 않는 한 100 [%]로 본다. 또 定格 1次電流는, 이것에 定格 1次電壓을 곱하면 定格出力이 되는 電流이고, 定格 2次電流는 이것에 定格 2次電壓을 곱하면 定格出力이 되는 電流이다.

연 습 문 제

1. 單相變壓器가 있다. 1次電壓은 2200 [V]이고 1次側 無負荷電流는 0.088[A], 鐵損은 110 [W]이다. 磁化電流를 구하라. **답** 0.072 [A]

2. 3300/105 [V], 1次漏洩 임피던스 $12 + j13$ [Ω], 2次漏洩 임피던스 $0.015 + j0.013$ [Ω]의 變壓器가 있다. 1次 및 2次에 換算한 等價임피던스를 구하라.
답 1次 $26.9 + j25.9$, 2次 $0.027 + j0.026$

3. 單相柱上變壓器의 2次側(105 [V]단자)에 1 [Ω]의 抵抗을 접속하여 1차측에 電壓을 가하니 1次電流 1 [A]일 때 1次端子電壓 900 [V]가 필요하였다. 1次側은

몇 [V]의 탭에 접속한 것인가? 단, 變壓器의 임피던스 및 損失은 무시한다.

답 3150 [V]

4. 50 [Hz]의 變壓器에 60 [Hz]의 같은 電壓을 가하는 경우 磁束密度는 50 [Hz]일 때의 몇 배가 되는가?

답 $\frac{5}{6}$배

5. 2 [kVA], 3000/100 [V]의 單相柱上變壓器가 있다. 高壓側 임피던스는 40 + j150 [Ω], 低壓側 임피던스는 0.05 + j0.2 [Ω]이다. 高壓側을 1次로 할 때의 勵磁電流는 0.09 [A], 鐵損은 200 [W] 이다. 負荷抵抗 5 [Ω]을 접속하였을 때의 1次에 환산한 等價回路 및 1次電流를 구하라.

답 等價回路는 아래와 같다. 1次電流 $I_1 = 0.734$ [A]

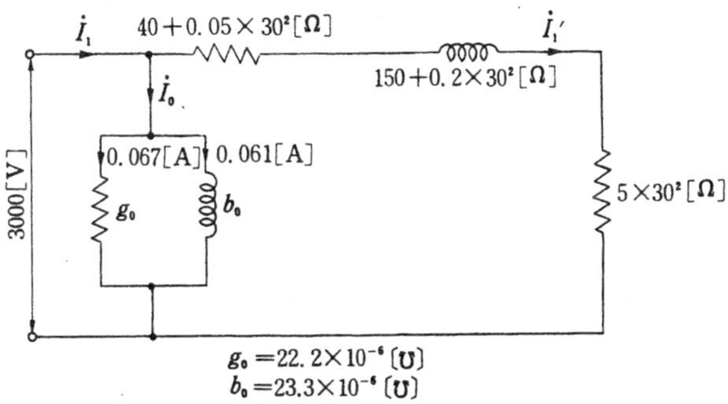

6. 單相變壓器가 있다. 全負荷에서의 2次電壓은 115 [V], 電壓變動率은 2 [%]이다. 1次端子電壓을 구하라. 여기서 捲數比는 20이다.

답 2346 [V]

7. 어떤 變壓器의 變壓比는 無負荷에서 14.5 : 1, 어떤 力率의 定格負荷에서 15 : 1이다. 이 力率에서의 電壓變動率을 구하라.

답 3.5 [%]

8. 單相變壓器 150 [kVA], 11000/3000 [V]에서 短絡試驗을 실시하여 3000 [V]측에서 定格電流를 흘렸을 때

임피던스 電壓 $V_{2s} = 138$ [V]

임피던스 와트 $W_{2s} = 1650$ [W]

이다. 이 變壓器의 %抵抗降下, %리액턴스降下 및 力率 100 [%] 및 80 [%](lag)의 定格負荷에서의 電壓變動率을 구하라.

(약해) %임피던스 電壓 $Z = \dfrac{V_{2s}}{V_2} \times 100$

%抵抗降下 $p = \dfrac{W_{2s}}{kVA \times 10^3} \times 100$

%리액턴시降下 $q = \sqrt{Z^2 - p^2}$

답 $p = 1.1$ [%], $q = 4.6$ [%], $\varepsilon_{\cos\phi_2=1} = 1.1$ [%], $\varepsilon_{\cos\phi_2=0.8} = 3.6$[%]

9. %抵抗降下 1.75 [%], %리액턴스降下 2.00 [%]의 變壓器가 있다. 電壓變動率이 최대 또는 최소가 되는 負荷力率角과, 이 때의 電壓變動率의 값을 구하라.

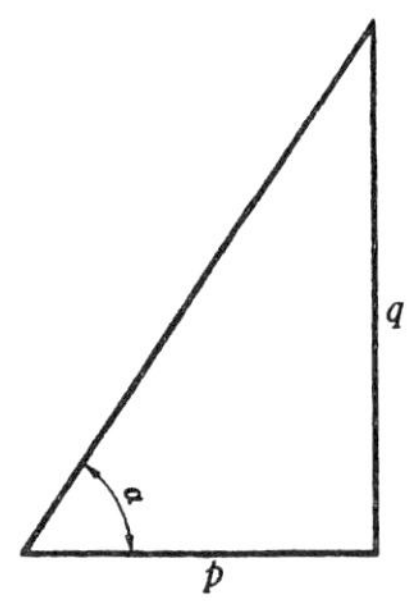

(약해) 그림에서

$$\varepsilon \fallingdotseq p\cos\phi_2 + q\sin\phi_2$$
$$= \sqrt{p^2+q^2}(\cos\phi_2\cos\alpha + \sin\phi_2\sin\alpha)$$
$$= \sqrt{p^2+q^2}\cos(\phi_2-\alpha)$$

$\phi_2 = \alpha = \tan^{-1}\dfrac{q}{p}$ 일 때 ε 은 최대

$\phi_2 = -90° + \alpha = -\tan^{-1}\dfrac{p}{q}$ 일 때 ε 은 0

답 ϕ_2 가 48°48′(lag)일 때 最大, 40°10′(lead)일 때 0

10. 5 [kVA], 2000/200 [V]의 定電壓變壓器가 있다. 2차에 환산한 等價抵抗, 等價리액턴스는 각각 0.14 [Ω], 0.16 [Ω]이다. 이 變壓器에 力率 0.8(lag)의 定格負荷를 걸었을 때의 電壓變動率을 구하라. 답 2.6 [%]

11. 200 [kVA] 單相變壓器가 있다. 鐵損은 1.6 [kW]이고, 全負荷銅損은 2.4[kW]이다. 力率 0.8에서의 效率 및 最大效率을 구하라.

답 效率 97.6 [%], 最大效率 97.9 [%]

12. 定格出力 10 [kVA], 定格電壓에서의 鐵損 120 [W], 定格電流에서의 銅損 180 [W]의 單相變壓器를 定格電壓에서 力率 0.8(lag), 定格電流의 $\frac{3}{4}$의 負荷를 걸었을 때의 效率을 구하라. 답 96.4 [%]

13. 定格出力 50 [kVA]의 變壓器가 있다. 그 鐵損 400 [W], 全負荷銅損 800[W]이다. 이 變壓器가 1日中 8시간씩 無負荷, 1/2 負荷, 全負荷로 운전한다면 全日效率은 얼마인가? 단, 負荷力率은 100 [%]이다. 답 97.1 [%]

14. 單相變壓器의 效率이 80 [%] 負荷에서 最大가 된다면 全負荷의 경우 鐵損과 銅損의 比는 얼마인가? 답 0.64

15. 供給電壓은 일정하고 周波數가 변하면 鐵損은 어떻게 변하는가?

(약해) 1次捲線의 誘起電壓 $E = 4k_f f w_1 B_m A$ [V]

無負荷時에는 거의 端子電壓 E_1과 같다.

$$\therefore\ B_m = \frac{E_1}{4K_f f \cdot w_1 \cdot A} = \frac{K}{K_f \cdot f}\ [\mathrm{Wb/m^2}]$$

따라서
$$W_h = f \cdot \gamma B_m{}^2 = \frac{\gamma K^2}{K_f{}^2 \cdot f}\ [\mathrm{W/kg}]$$

$$W_e = \frac{4}{3\rho S} \Delta^2 K^2\ [\mathrm{W/kg}]$$

周波數變化에 대하여 渦電流損은 周波數에 무관계, 히스테리시스損은 周波數에 反比例한다.

2·6 變壓器의 結線法

2·6·1 極 性

變壓器捲線의 引出線 端子는, 極性을 명시할 수 있도록 高壓捲線에는 U, V, 低壓捲線에는 u, v의 記號를 붙인다. 그림 2·35(a)와 같이 外函上部의 서로 相對하는 端子가 U−u, V−v의 경우를 **減極性**(subtractive polarity), (b)와 같이 U−v, V−u가 되어 同一極性 端子가 外函上에서 對角線의 위치에 있는 것을 **加極性**(additive polarity)이라 한다.

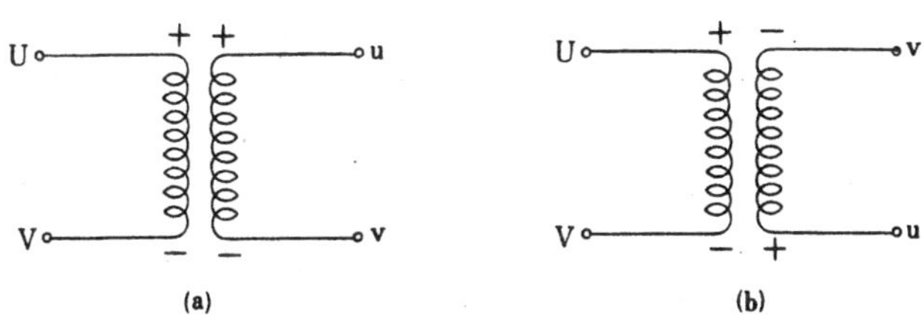

그림 2·35 減極性과 加極性

極性을 잘 모르는 變壓器의 極性을 알려면 그림 2·36과 같이 U, u를 短絡하고 다른쪽 端子 V, v 사이에 電壓計를 넣으면 減極性의 경우에는

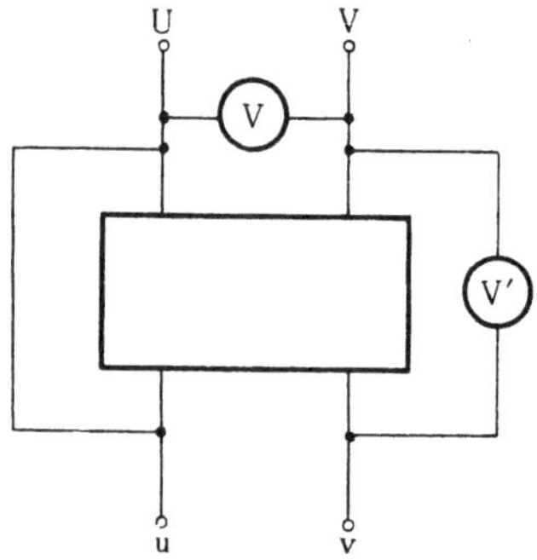

그림 2·36 極性試驗法

V' < V로 되고 加極性일 때에는 V' > V가 되므로 쉽게 알 수 있다.

2·6·2 3相結線

單相變壓器 2대 또는 3대를 접속하여 1뱅크(bank)를 형성, 3相에서 3相으로 變壓하는 경우의 結線法을 알아보자.

(1) Δ-Δ 結線(delta-delta connection)

같은 定格의 變壓器 3대를 그림 2·37과 같이 1次, 2次 모두 Δ로 접속하는 방식이며, 2次側 각 捲線의 誘起電壓의 벡터合이 0이고, 循環電流가 흐르지 않도록 極性을 주의하여야 한다.

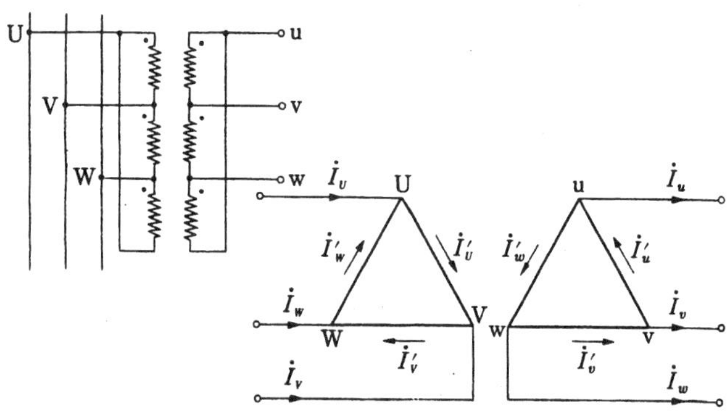

그림 2·37 Δ-Δ 結線

이 結線에서는 1次, 2次의 相電流는 線路電流 크기의 $1/\sqrt{3}$이며, 相電流는 線路電流보다 30° 앞선다.

즉

$$\left.\begin{aligned} I_U &= \sqrt{3}\, I_U' \angle -30^\circ \\ I_u &= \sqrt{3}\, I_u' \angle -30^\circ \end{aligned}\right\} \qquad (2\cdot 34)$$

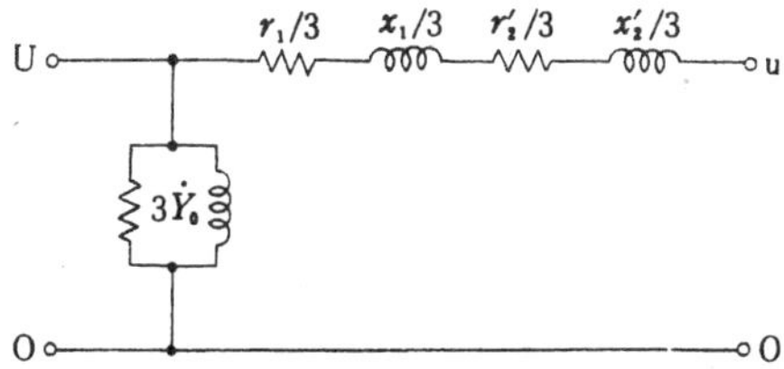

그림 2·38 *Δ*-*Δ* 결선의 1相中性點間 等價回路

그림 2·38은 *Δ*-*Y* 變換公式을 써서 一相中性點間 等價回路를 그린 것이다.

이 結線法은 電壓이 비교적 낮고 電流가 많이 흐르는 線路, 즉 配電用으로 적당하다.

또, 이 結線은 3개 중에서 1개의 變壓器에 고장이 생겨도 後述하는 V結線으로 하여 운전이 가능하다. 단, 容量은 58[%]로 저하한다.

(2) *Y*-*Y* 結線(star-star connection)

1次, 2次 모두 그림 2·39와 같이 *Y*로 접속한 結線이다. 이 結線에서는 相電壓과 線間電壓 사이에는 다음의 관계가 있다.

$$\left.\begin{aligned} E_{UV} &= \sqrt{3}\, E_U \angle 30^\circ \\ E_{uv} &= \sqrt{3}\, E_u \angle 30^\circ \end{aligned}\right\} \qquad (2\cdot 35)$$

일반적으로 變壓器의 誘起起電力이 正弦波가 되려면 勵磁電流에는 그림 2·16의 i_0와 같이 第3調波分이 들어 있어야 한다. 그러나, *Y*-*Y* 結線의 1차측에 있어서는 각 相의 勵磁電流에 第3調波가 들어 갈 수 없다. 왜냐하면 *Y*結線이므로 각 相 勵磁電流의 합은 零이 되어야 하는데, 第3調波電流는 각 相 同相이 되어 이들의 합은 零이 되지 않기 때문이다. 따라서 誘起起電力은 第3調波를 포함한 歪形波가 된다. 그리고 2次側 중성

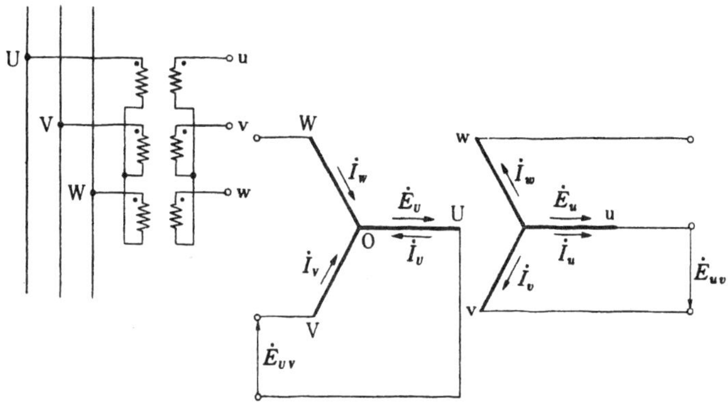

그림 2·39　Y－Y 結線

점을 接地하면 相電壓에는 위에서 설명한 바와 같이 第3調波가 포함되어 있으므로 그림 2·40과 같이 對地充電 電流가 흘러서 通信線에 誘導障害를 준다.

또, 發電機와 變壓器 1차측 중성점을 접지하면 第3調波의 勵磁電流가 大地를 통해서 흐르므로 起電力은 正弦波가 되지만 發電機捲線에 第3調波電流가 흘러서 捲線을 過熱한다.

이상과 같은 이유 때문에 이 結線法은 거의 사용되지 않는다.

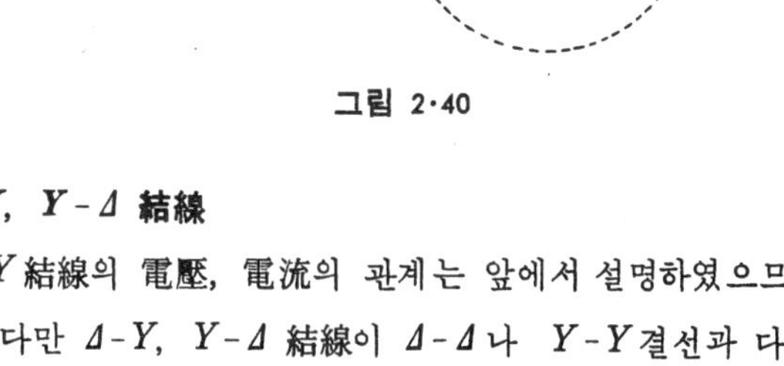

그림 2·40

(3) Δ-Y, Y-Δ 結線

Δ 또는 Y結線의 電壓, 電流의 관계는 앞에서 설명하였으므로 여기서는 생략한다. 다만 Δ-Y, Y-Δ 結線이 Δ-Δ나 Y-Y결선과 다른 점은 1次

電壓과 2次電壓 ; 1次電流와 2次電流 사이에 각각 30°의 相差가 생긴다는 점이다.

Δ-Y 結線方式은 2차측의 線間電壓을 높일 수 있고, 또 중성점을 접지할 수 있는 등의 잇점이 있으므로 送電線의 送電側(發電所)에 채용된다. Y-Δ 結線방식은 Y-Y 결선과 같은 이유 때문에 1차측에는 第3調波의 勵磁電流가 흐르지 못해 起電力中에 第3調波가 포함된다. 그러나 2차측이 Δ결선이므로 각 相의 第3調波起電力은 서로 합하여져서 Δ回路안에 第3調波의 電流를 흘린다. 그런데 이 電流에 의한 起磁力을 상쇄해주는 1次電流가 흐를 수 없으므로 2차측의 第3調波電流가 勵磁電流의 역할을 하여 起電力은 거의 正弦波에 가까와진다. 이 結線은 送電線의 受電側(1次變電所)에 채용되는 방식이다.

(4) V-V 結線(또는 V結線)

Δ-Δ 結線의 變壓器 1대를 빼고 나머지 2대를 그대로 사용하는 結線이다.

電壓은 Δ-Δ 結線과 같으나 捲線에는 Δ-Δ의 相電流가 아니고, 線電流 $I_u = I_v = I_w = I_2$가 흘러 이 값이 定格電流가 될 때까지 負荷를 걸 수 있다. 2次 相電壓을 $V_{uv} = V_{vw} = V_{wu} = V_2$라 하면 負荷의 3相皮相電

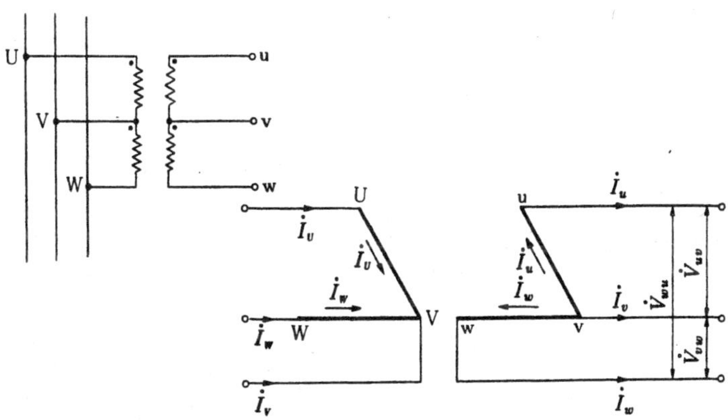

그림 2·41 V結線

力은 $\sqrt{3}\,V_2I_2$가 되므로 $\Delta-\Delta$ 結線일 때의 出力 $3V_2I_2$에 비하여 出力은 $1/\sqrt{3}=0.577$倍로 떨어진다.

또 出力에 대한 容量, 즉 利用率은

$$\frac{\sqrt{3}\,V_2I_2}{2V_2I_2}=0.866$$

이 된다.

2·6·3　並列接續

(1) 單相變壓器의 並列接續

單相變壓器의 並列結線이라 하면 變壓器 2대 또는 그 이상의 것을 그림 2·42와 같이 高壓側, 低壓側을 각각 같은 母線에 연결하여 사용하는 경우를 말한다.

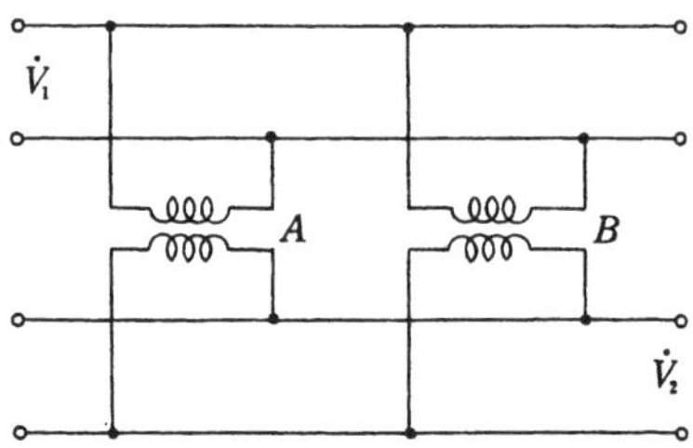

그림 2·42

이 때 필요한 조건은 다음과 같다.

① 1次, 2次의 定格電壓 및 極性이 같을 것.

② 捲數比가 같을 것.

③ %抵抗降下 및 리액턴스降下가 같을 것(또는 %임피던스降下가 같고, 抵抗과 리액턴스의 비가 같을 것).

이상과 같은 조건을 만족한 N대의 變壓器를 並列連結하면 N배의 容量을 가진 1대의 變壓器와 같은 역할을 한다.

만일, 2次捲線의 極性이 반대되는 2대의 變壓器를 연결하면 2次捲線

의 循環回路에 2次起電力의 합이 가해지므로 2次捲線을 燒損할 염려가 있다. 또 捲數比가 다르면 2次起電力의 크기가 서로 다르게 되므로 그 差의 起電力이 2次捲線의 循環回路에 작용하여 循環電流가 흐르고 2次捲線을 過熱한다.

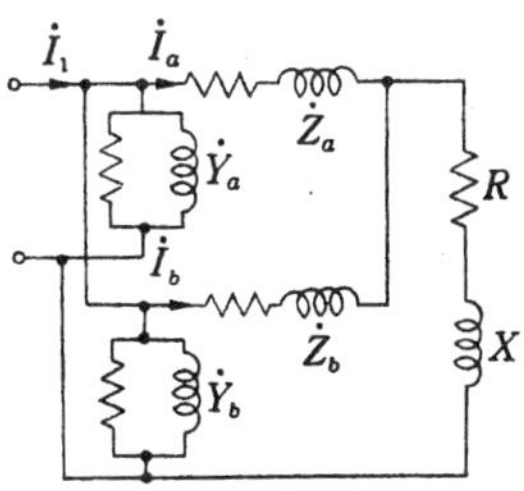

그림 2·43

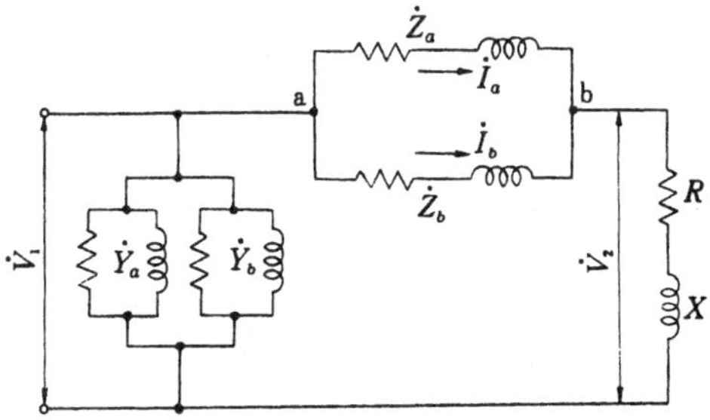

그림 2·44

그림 2·42에 표시한 並列運轉 變壓器의 簡易等價回路를 그리면 그림 2·43과 같고 이것을 고쳐 그리면 그림 2·44가 된다.

각 變壓器의 1차측과 2차측은 각각 같은 母線에 연결되어 있으므로 1次, 2次 端子電壓을 $\dot{V}_1$, $\dot{V}_2$라 하면,

$$\dot{V}_1 = \dot{I}_a\dot{Z}_a + \dot{V}_2, \qquad \dot{V}_1 = \dot{I}_b\dot{Z}_b + \dot{V}_2 \tag{2·36}$$

가 된다. 1次電流 $\dot{I}_1$은 勵磁電流를 무시하면,

$$\dot{I}_1 = \dot{I}_a + \dot{I}_b \tag{2·37}$$

가 되고 그림 2·44에서,

$$\dot{I}_a\dot{Z}_a = \dot{I}_b\dot{Z}_b \tag{2·38}$$

즉

$$\frac{\dot{I}_a}{\dot{I}_1} = \frac{\dot{Z}_1}{\dot{Z}_a}, \quad \frac{\dot{I}_b}{\dot{I}_1} = \frac{\dot{Z}_1}{\dot{Z}_b} \tag{2·39}$$

이 된다. 여기서 $\dot{Z}_1$은 $\dot{Z}_a$와 $\dot{Z}_b$의 並列合成漏洩임피던스이다.

또는 다음과 같이 표시하는 것이 편리할 때도 있다.

A, B 2대의 變壓器의 全負荷電流를 각각 $\dot{I}_A$, $\dot{I}_B$, 電壓을 V라 하자. %임피던스를 각각 $(\%I_AZ_a)$, $(\%I_BZ_b)$로 표시하면,

$$(\%I_AZ_a) = \frac{Z_aI_A}{V} \times 100, \quad (\%I_BZ_b) = \frac{Z_bI_B}{V} \times 100 \qquad (2\cdot40)$$

이 된다.

그러면 식 (2·39), (2·40)으로 부터,

$$\frac{I_a}{I_b} = \frac{Z_b}{Z_a} = \frac{(\%I_BZ_b)\,V}{I_B} \times \frac{I_A}{(\%I_AZ_a)\,V}$$

$$= \frac{(\mathrm{kVA})_A(\%I_BZ_b)}{(\mathrm{kVA})_B(\%I_AZ_a)} \qquad (2\cdot41)$$

가 된다. 여기서 $(\mathrm{kVA})_A = (\mathrm{kVA})_B \times m$ 이라 하면,

$$\frac{I_a}{I_b} = \frac{m(\%I_BZ_b)}{(\%I_AZ_a)} \qquad (2\cdot42)$$

또는

$$\frac{(\mathrm{kVA})_a}{(\mathrm{kVA})_b} = \frac{VI_a}{VI_b} = m \times \frac{(\%I_BZ_b)}{(\%I_AZ_a)} \qquad (2\cdot43)$$

위 식의 $(\mathrm{kVA})_A$, $(\mathrm{kVA})_B$는 變壓器 A, B의 定格容量이고 $(\mathrm{kVA})_a$, $(\mathrm{kVA})_b$는 각 變壓器의 負荷容量이다.

식 (2·43)에서 負荷가 容量에 비례해서 分配되자면 두 變壓器의 %임피던스降下가 같아야 됨을 알 수 있다.

두 變壓器의 抵抗과 리액턴스의 비가 같으면,

$$I_a + I_b = I_1$$

이 되고,

$$\left.\begin{aligned} I_a &= I_1\frac{m(\%I_BZ_b)}{(\%I_AZ_a) + m(\%I_BZ_b)} \\ I_b &= I_1\frac{(\%I_AZ_a)}{(\%I_AZ_a) + m(\%I_BZ_b)} \end{aligned}\right\} \qquad (2\cdot44)$$

가 된다. 만일 抵抗과 리액턴스의 비가 다르면 I_a와 I_b는 그림 2·45와 같이 位相이 틀리므로 全電流는 I_a, I_b의 벡터합이 된다.

그러나 抵抗과 리액턴스의 비의 차는 매우 적으므로 이러한 경우에도 식 (2·44)를 써서 I_a, I_b를 구하여도 誤差는 없다고 보아도 좋다.

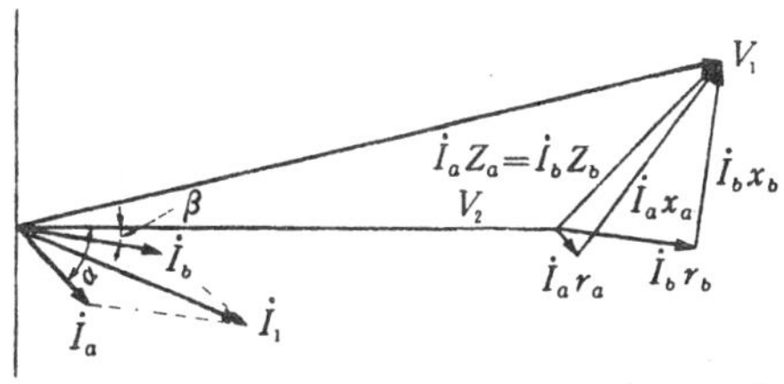

그림 2·45

(2) 3相變壓器群의 並列結線

3相變壓器群 A, B를 그림 2·46과 같이 並列로 결합하여 送電하는 경우 A 또는 B의 3相結線方式에 따라서 같은 1次電壓에 대한 2次電壓의 位相이 일치하지 않는 경우가 있으므로 이 점에 주의해야 한다.

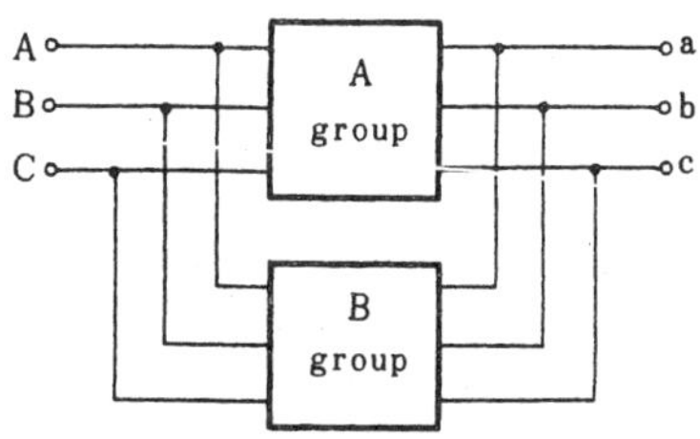

그림 2·46

표 2·1의 **角變位**(angular displacement)가 같은 것은 並列로 결합할 수 있다.

(註) 角變位는 1次, 2次 誘起電壓 벡터圖의 각각의 중성점과 同一符號, 예컨대 A와 a의 점을 연결한 두 直線 사이의 각도이며 1次誘起電壓을 기준으로 하고 이에 대한 2次誘起電壓의 뒤진 각을 말한다. 일예를 들면 그림 2·47과 같다.

표 2·2는 並列 가능, 불가능의 組合을 표시한 것이며, 표 중의 $\Delta-Y$의 角變位 $-30°$에 대하여 $Y-\Delta$의 角變位 210°의 2者는 並列이 불가능할 것 같이 생각되지만 표 2·1의 (h)에 있는 $Y-\Delta$ 結線의 벡터圖를 120° 돌리면, 즉 (c)의 $\Delta-Y$의 u, v, w를 각각 (h)의 v, w, u와 연결하면 角變位는 다같이 $-30°$가 되므로 並列이 가능하여짐을 알 수 있다.

표 2·1

負變位	벡 터 圖		接 續 圖	
	1 次	2 次	1 次	2 次
0°	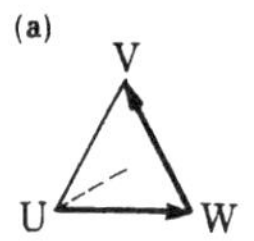	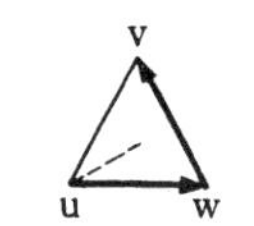	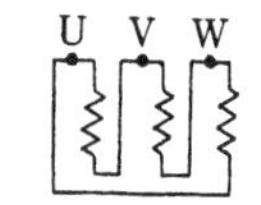	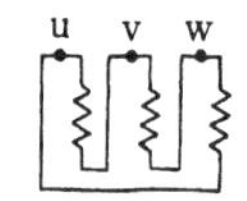
	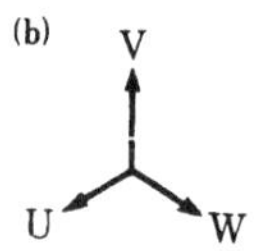	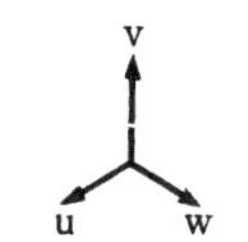	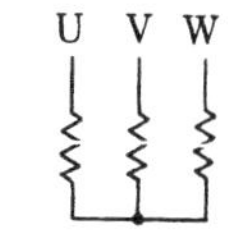	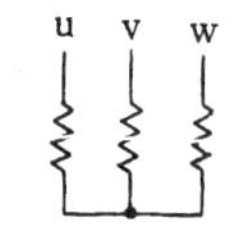
330° (−30°)	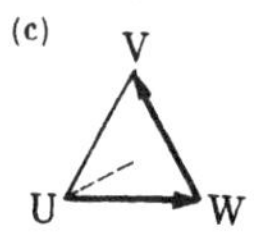	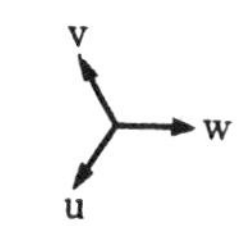	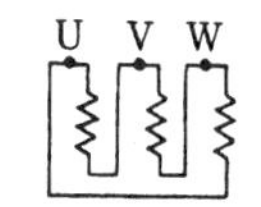	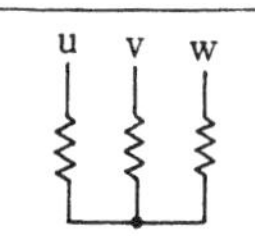
30°	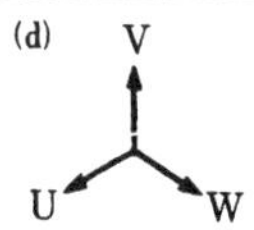	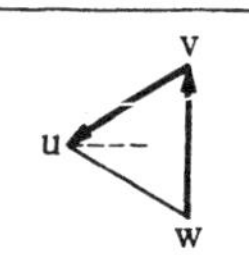	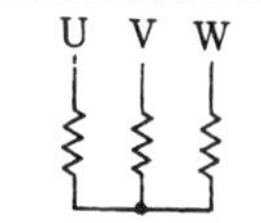	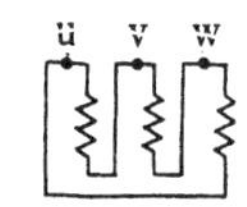
180°	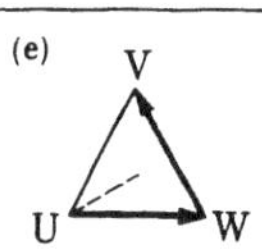	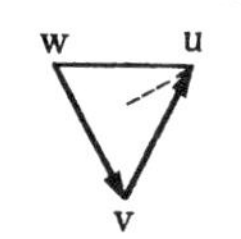	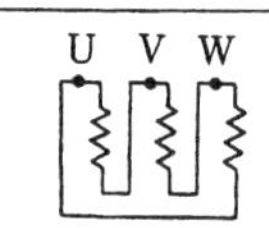	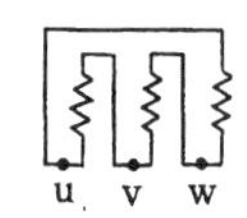
	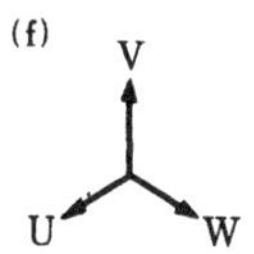	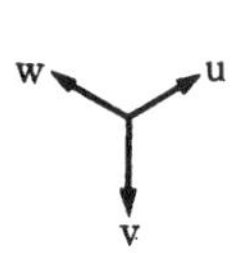	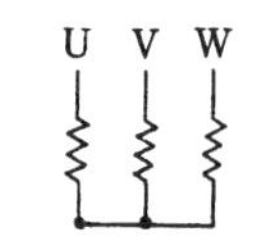	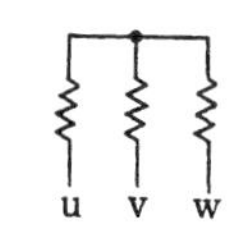
150°	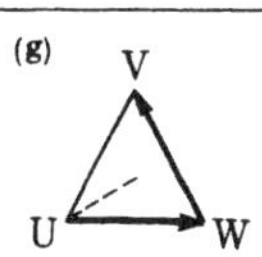	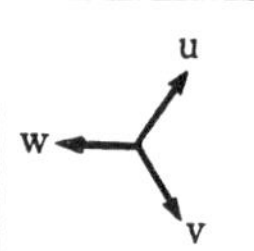	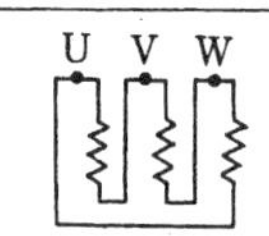	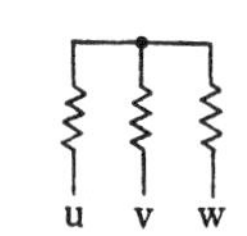
210°	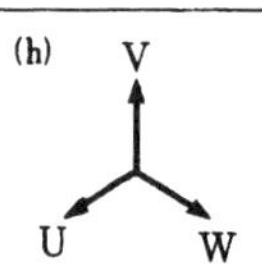	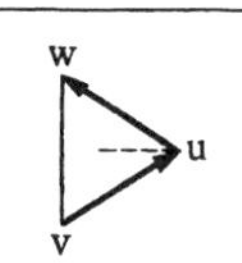	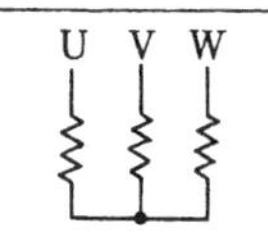	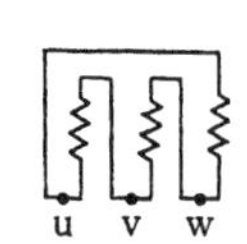

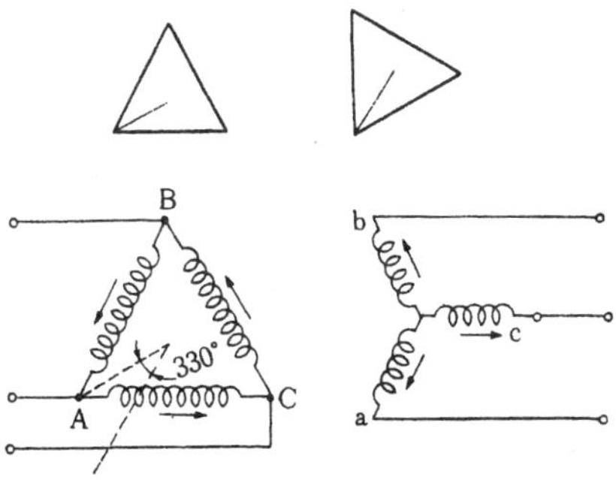

그림 2·47

3相群의 並列結合에 있어서는 이상과 같이 角變位가 같을 것과 前述한 單相變壓器 並列結合條件 ①, ②, ③ 을 역시 만족시켜야 하고 또 相回轉이 일치하도록 해야 한다.

表 2·2

並列結線可能	並列結線不可能
Δ-Δ와 Δ-Δ	Δ-Δ와 Δ-Y
Y-Δ와 Y-Δ	Δ-Y와 Y-Y
Y-Y와 Y-Y	
Δ-Y와 Δ-Y	
Δ-Δ와 Y-Y	
Δ-Y와 Y-Δ	

【예제 7】 電壓比 3150/210 [V]의 變壓器 A, B의 容量은 200 [kVA]와 150 [kVA]이고, %임피던스降下는 각각 2.7 [%], 3 [%]일 때 並列合成容量은 몇 [kVA]가 되는가?

(풀이) $m=\frac{(\text{kVA})_A}{(\text{kVA})_B}=\frac{200}{150}=\frac{4}{3}$

식 (2·43)에 의하여

$$\frac{(\text{kVA})_a}{(\text{kVA})_b}=\frac{4}{3}\times\frac{3}{2.7}=\frac{4}{2.7}$$

그러므로 變壓器 A의 分擔이 容量에 비례되는 분담보다 커진다(∵ 용량에 비례되는 분담은 $\frac{4}{3}$). 따라서 變壓器 A가 定格容量이 될 때까지 負荷를 걸 수 있다.

이 때 變壓器 B의 負荷分擔 $(kVA)_b$는

$$4 : 2.7 = 200 : (kVA)_b$$

로부터

$$(kVA)_b = \frac{200 \times 2.7}{4} = 135\,[kVA]$$

즉

$$200 + 135 = 335\,[kVA]$$

【예제 8】 2개의 變壓器 A, B가 있으며, 그 특성은 아래와 같다.

A. 3000/100 [V] 7.5 [kVA] $25 + j26\,[\Omega]$ (等價 1次値)

B. 3000/100 [V] 15 [kVA] $10 + j19\,[\Omega]$ (等價 1次値)

이들을 並列로 하여 22 [kVA], 力率 1.0의 負荷를 걸었을 때 각 變壓器의 負擔 [kVA]를 구하라.

(풀이) 負荷電流

$$I_a = \frac{22 \times 10^3}{100} = 220\,[A]$$

식 (2·39)에 의하여

$$\dot{I}_a = \frac{\dot{Z}_b}{\dot{Z}_a + \dot{Z}_b} I = 220 \times \frac{(10 + j19)/a^2}{(35 + j45)/a^2}$$

$$I_a = 220\sqrt{\frac{10^2 + 19^2}{35^2 + 45^2}} = 82.7$$

$$\therefore\ [kVA]_a = 8.27$$

$$\dot{I}_b = \frac{\dot{Z}_a}{\dot{Z}_a + \dot{Z}_b} I$$

$$I_b = 220\sqrt{\frac{25^2 + 26^2}{35^2 + 45^2}} = 139.2$$

$$\therefore\ [kVA]_b = 13.92$$

2·6·4 3相變壓器(three phase transformer)

1개로 3相變壓을 할 수 있는 變壓器를 3相變壓器라 한다. 3개의 同型內鐵型 單相變壓器의 鐵心의 1脚을 그림 2·48(a)와 같이 한데 모아 놓고 1次捲線(여기서는 2次捲線은 생략했다)에 3相電壓을 공급하면 각

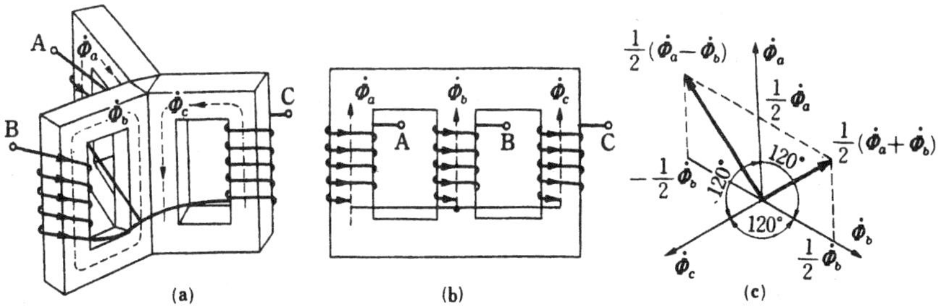

그림 2·48

鐵心의 主磁束의 합은 그림 (c)의 벡터圖에서 $\dot{\Phi}_a + \dot{\Phi}_b + \dot{\Phi}_c = 0$이 되므로 한데 모아 놓은 부분의 鐵心은 불필요하게 된다. 그래서 실제로는 그림 (b)와 같이 만든다. 이것을 內鐵型 3相變壓器라 한다. 또 3개의 同型外鐵型 單相變壓器를 그림 2·49 (a)와 같이 포개었다고 하면 n부분을 통하는 磁束은 $\frac{1}{2}(\dot{\Phi}_a - \dot{\Phi}_b)$이고, 그 크기는 $\frac{\sqrt{3}}{2}\Phi_a$가 되므로 각부의 磁束密度가 같을 때에는 幅 n은 幅 l의 $\frac{\sqrt{3}}{2}$배면 되고 鐵心이 절약된다. 또한 그림 (b)와 같이 B相의 코일을 A 및 C相의 그것과 반대 방향으로 감으면 n부분을 통하는 磁束은 $\frac{1}{2}(\dot{\Phi}_a + \dot{\Phi}_b)$이고, 그 크기는 $\frac{1}{2}\Phi_a$가 되므로 幅 n은 m과 같게 하고 l의 $\frac{1}{2}$배로 해도 되므로 더욱 鐵心이 절약된다.

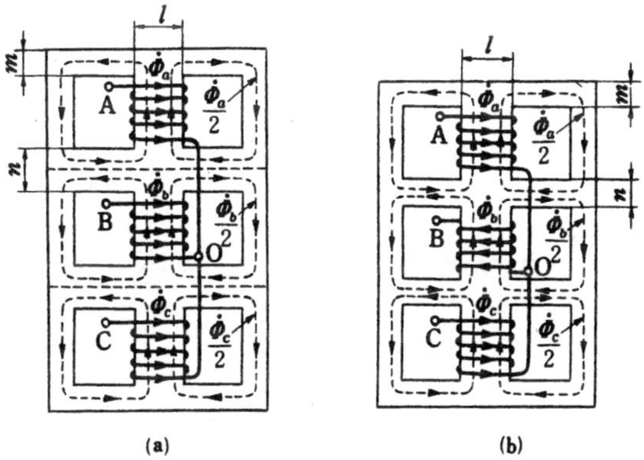

그림 2·49

이것을 外鐵型 3 相變壓器라 한다.

3 相變壓器는 3개의 單相變壓器를 사용한 경우에 비해서 鐵心, 기름, 套管 등의 資材가 절약될 뿐만 아니라 損失과 設置面積도 적다. 그러나 大容量의 것은 수송이 힘들다. 또, 豫備器를 두어야 할 필요가 있을 때에는 4개의 單相變壓器를 설치하는 데 비해서 불리하다.

2·6·5 相變成(phase transformation)

(1) 2 相, 3 相間의 變成

3 相回路에서 상당히 大容量의 單相負荷를 얻고자 할 때가 있다. 예컨대, 單相의 電氣爐와 같은 것이다. 이러한 경우 가장 널리 사용하는 것은 2 次側을 2 相으로 하여 이것에 單相負荷를 2개 負荷하는 방법이다. 즉 3 相을 2 相으로 變成한다는 것인데 이러한 경우의 變壓器結線으로 가장 대표적인 것이 **스코트結線**(scott connection)이며, **T 結線**이라고도 부른다. 그림 2·50 과 같이 2개의 單相變壓器中에서 T_1(이것을 T 座變壓器라 한다)의 1 次捲線의 $\frac{\sqrt{3}}{2}$되는 점에서 탭 C를 내고, 다른쪽 端子는 T_2(이것을 主座變壓器라 한다)의 1 次捲線의 중점에 접속하여 1 次側 A, B, C 端子 사이에 平衡 3 相電壓을 공급하면 2 次側 aO, bO 端子 사이에 平衡 2 相電壓이 나온다.

그림 2·51 은 그림 2·50 을 알기 쉽게 고쳐 그린 것이며 1 次, 2 次起電力, 電流의 정방향을 그림 2·51 과 같이 정하고 主座變壓器의 捲數比를

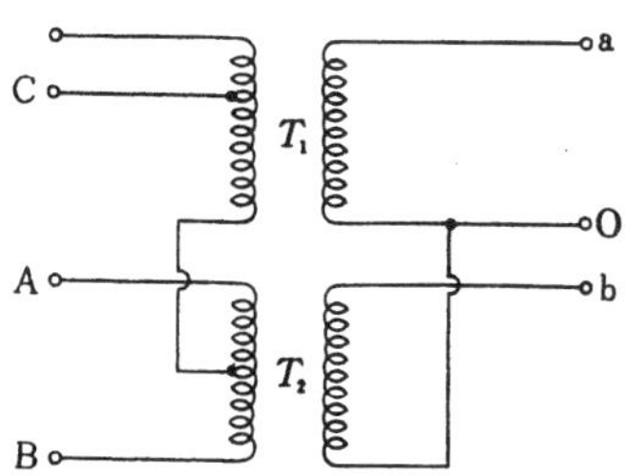

그림 2·50

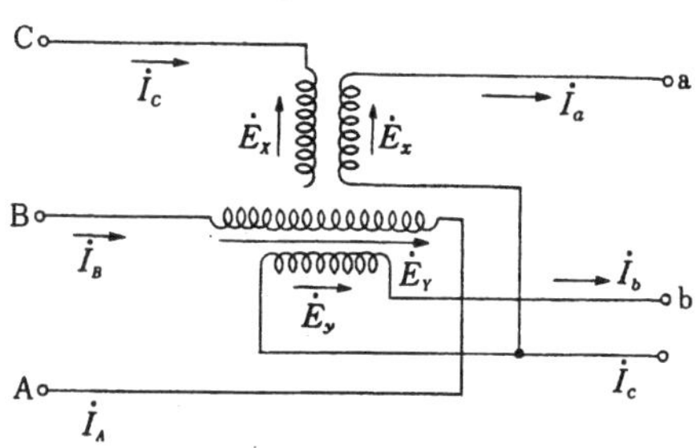

그림 2·51

$w_1 : w_2$, T 座變壓器의 捲數比를 $\frac{\sqrt{3}}{2}w_1 : w_2$ 라 하면,

$$\dot{V}_{AB}=\dot{E}_Y,\ \ \dot{V}_{BC}=-\frac{\dot{E}_Y}{2}-\dot{E}_X,\ \ \dot{V}_{CA}=\dot{E}_X-\frac{\dot{E}_Y}{2} \qquad (2\cdot45)$$

의 관계가 있으므로 그림 2·52(a)와 같이 1次 3相平衡電壓 $\dot{V}_{AB}$, $\dot{V}_{BC}$, $\dot{V}_{CA}$가 알려져 있으면 이것으로부터 變壓器 1次 2相起電力 $\dot{E}_X$, $\dot{E}_Y$의 벡터가 정해지고 이것과 同相으로 2次 2相起電力 $\dot{E}_x$, $\dot{E}_y$의 벡터가 정해진다.

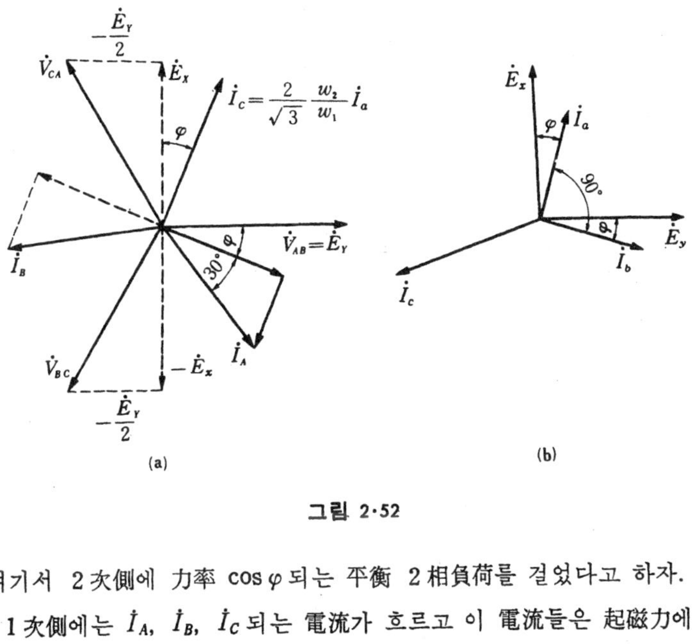

그림 2·52

여기서 2次側에 力率 $\cos\varphi$ 되는 平衡 2相負荷를 걸었다고 하자. 그러면 1次側에는 $\dot{I}_A$, $\dot{I}_B$, $\dot{I}_C$ 되는 電流가 흐르고 이 電流들은 起磁力에 관하여 다음 식을 만족하여야 한다.

$$\left.\begin{aligned} &T_1\ \text{變壓器에서는} && \frac{\sqrt{3}}{2}w_1\dot{I}_C=w_2\dot{I}_a \\ &T_2\ \text{變壓器에서는} && \frac{w_1}{2}\dot{I}_A-\frac{w_1}{2}\dot{I}_B=w_2\dot{I}_b \\ &\text{또} && \dot{I}_A+\dot{I}_B+\dot{I}_C=0 \end{aligned}\right\} \qquad (2\cdot46)$$

그러므로,

$$\left.\begin{aligned}\dot{I}_C &= \frac{2}{\sqrt{3}} \cdot \frac{w_2}{w_1}\dot{I}_a \\ \dot{I}_A &= \frac{1}{\sqrt{3}} \cdot \frac{w_2}{w_1}\dot{I}_a + \frac{w_2}{w_1}\dot{I}_b \\ \dot{I}_B &= -\frac{1}{\sqrt{3}} \frac{w_2}{w_1}\dot{I}_a - \frac{w_2}{w_1}\dot{I}_b\end{aligned}\right\} \qquad (2\cdot 47)$$

이 관계를 벡터圖로 표시하면 그림 2·52(a)와 같이 $\dot{I}_A$, $\dot{I}_B$, $\dot{I}_C$는 平衡 3相電流가 된다.

이상과 같이 T座變壓器와 主座變壓器를 同一容量의 것으로 하고 다만 T座變壓器의 1차측 탭을 0.866배인 곳에서 내왔다고 하면 식 (2·47)로부터,

$$I_A = I_B = I_C = \frac{2}{\sqrt{3}} \cdot \frac{w_2}{w_1}I_2 \qquad (2\cdot 48)$$

(단 $I_a = I_b = I_2$)

가 된다. I_2를 두 變壓器의 定格 2次電流라 하면 1次電流는 定格 1次電流 $\frac{w_2}{w_1}I_2$의 $\frac{2}{\sqrt{3}} = 1.15$배가 되므로 15[%]의 過負荷가 된다. 따라서 1차측을 過負荷가 되지 않도록 하려면 2次負荷電流를 定格電流의 $\frac{\sqrt{3}}{2}$배로 감해야 한다.

그러므로 이 結線의 最大出力은

$$2\left(V_2 \times \frac{\sqrt{3}}{2} I_2\right) = \sqrt{3}\,V_2 I_2$$

가 되어 그 이용률은

$$\frac{\sqrt{3}\,V_2 I_2}{2 V_2 I_2} = 0.867 \qquad (2\cdot 49)$$

이 된다. 단, V_2는 定格2次電壓이다.

(2) 3相 6相間의 變成

6相電源은 水銀整流器, 回轉變流機 등에 사용된다. 3相을 6相으로 變成하려고 하는 경우에는 變壓器 1次3相側의 結線은 Δ結線이나 Y結線 중의 어느 것으로 하여도 좋지만 2次側의 結線에는 여러 가지 방법이 있다.

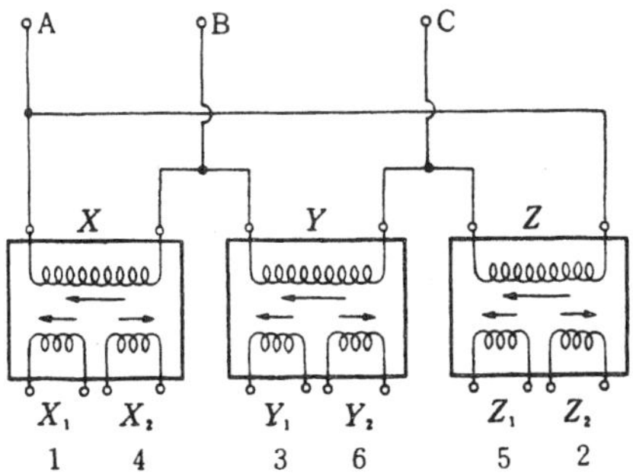

그림 2·53

① 環狀結線(ring connection)

그림 2·53과 같이 單相變壓器의 2次側을 동일한 捲數의 두 捲線으로 나누고, 1차에 平衡 3相電壓을 공급한다. 이 경우 2次側起電力의 정방향을 그림과 같이 中央端子에서 外側端子로 향하는 방향으로 하면 그 位相

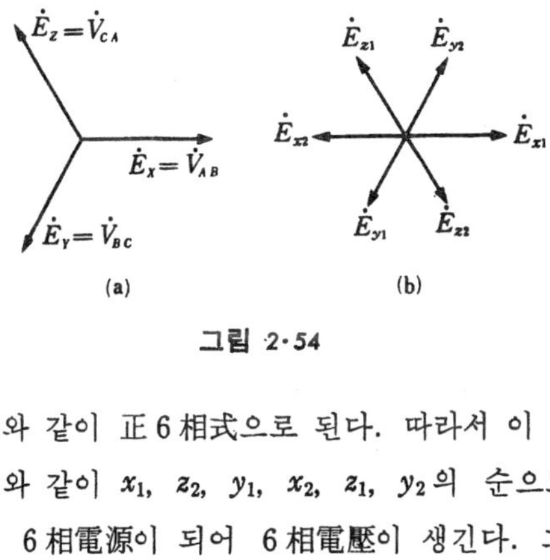

그림 2·54

은 그림 2·54(b)와 같이 正6相式으로 된다. 따라서 이 6개의 2차 코일을 그림 2·55(a)와 같이 x_1, z_2, y_1, x_2, z_1, y_2의 순으로 연결하면 2次側은 環狀結線의 6相電源이 되어 6相電壓이 생긴다. 그림 2·55(b)는 起電力 및 서로 이웃되는 두 端子間의 電壓圖이다.

② 2重 3角結線(double delta connection)

回轉變流機와 같이 負荷가 언제나 6相平衡負荷인 경우에는 반드시 2차코일 전부를 한 系統의 環狀接續으로 할 필요가 없다. x_1, y_1, z_1과 x_2, y_2, z_2의 2組로 나누어 이것의 각각을 서로 獨立한 3角結線으로 하고 이

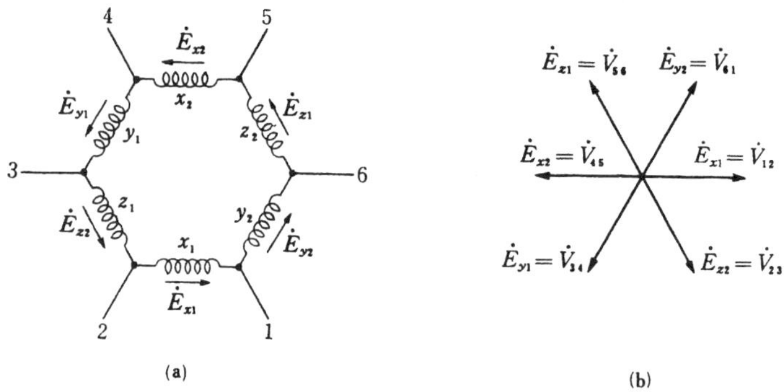

그림 2·55

2개의 3角結線으로부터 6相式을 얻는다. 그러나 이 때 2개의 3角結線은 그림 2·56(a)와 같이 접속하여야 한다. 그림 (b)는 起電力 및 서로 이웃되는 2端子 사이의 電壓벡터圖이다.

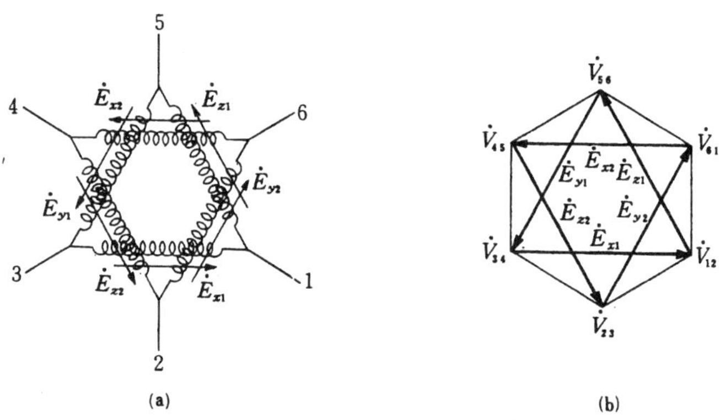

그림 2·56

③ **2重星形結線**(double star connection)

그림 2·53(a)의 2次코일의 중앙 端子를 전부 한데 연결하고 起電力의 位相의 순으로 端子 순서를 정하면 2차측은 星形結線의 6相電源이 된다. 그러나 負荷가 回轉變流機와 같은 6相平衡負荷일 때에는 코일을 x_1, y_1, z_1과 x_2, y_2, z_2의 2組로 나누어 이것을 따로따로 星形結線으로 하는 것

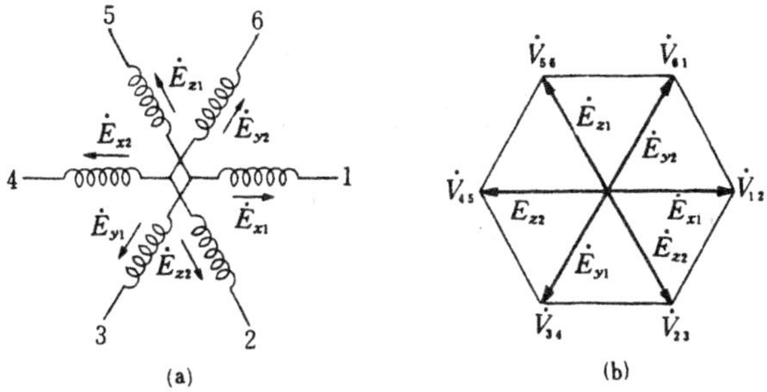

그림 2·57

이 일반적이다. 그림 2·57(a) 및 (b)는 2차측의 結線圖와 平衡負荷를 접속한 경우 인접 2端子間의 電壓벡터圖이다. 單一星形結線으로 한 경우에도 같은 벡터圖가 된다.

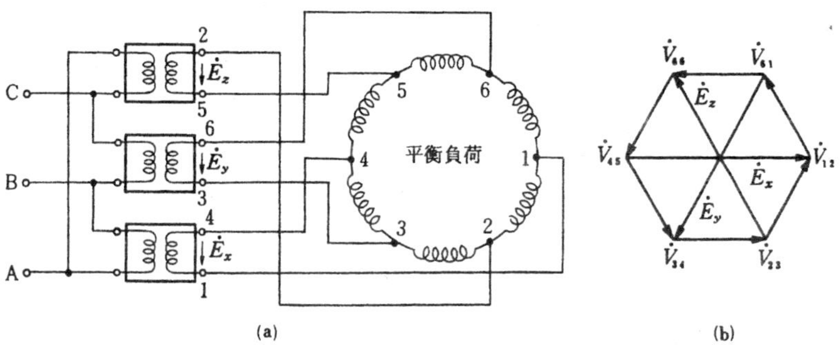

그림 2·58

④ **對角結線**(diagonal connection)

각 變壓器의 2차를 둘로 나누지 않고 그림 2·58(a)와 같이 각 2차코일을 平衡 6相負荷의 서로 대응하는 端子 사이에 對角線狀으로 결선하면 6相式電壓을 얻는다. 이 결선은 回轉變流機에 많이 쓰인다.

⑤ **포오크結線**(fork connection)

이 結線에서는 각 變壓器의 2차는 같은 捲數의 코일 3개를 가져야 한

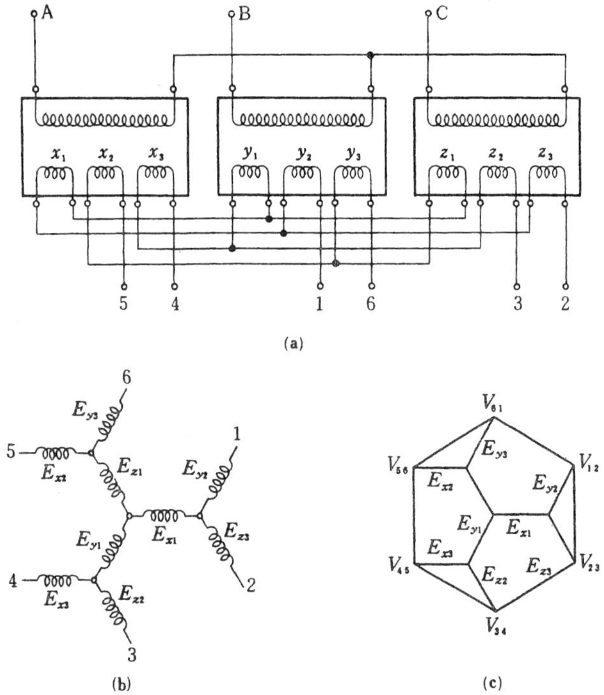

그림 2·59

다. 이들 9개의 코일을 그림 2·59(a)와 같이 접속한다. (b)는 2차측의 結線圖를 표시하며 (c)는 2차측의 電壓벡터圖이다.

이 結線은 6相側의 負荷가 水銀整流器일 때 주로 사용된다.

【예제 9】 동일 容量의 變壓器를 써서 T結線을 하여 3300[V]의 3相式 幹線에서 220[V], 40[kVA]의 2相式 電力을 얻으려면, (1) 主座 및 T座 變壓器의 捲數比는 각각 얼마인가? (2) 1次 및 2次線電流는 몇 [A]인가? (3) 變壓器의 [kVA] 容量, (4) 2相出力 40[kVA]는 이들 두 變壓器容量을 합한 것의 몇 [%]인가? (5) 만일 變壓器의 1次捲數가 3600, 2次捲數가 240이면 T座變壓器의 1차탭은 捲回數 얼마되는 점에서 내면 되나?

(풀이) (1) 主座變壓器捲數比 $3300 \div 220 \fallingdotseq 15$

(2) 2次電流 $I_2 = 40000 \div (2 \times 220) = 91$ [A]

1次電流 $I_1 = 40000 \div (\sqrt{3} \times 3300) = 7$ [A]

(3) 所要容量 $= 7 \times 3300 = 23.1$ [kVA]

(4) 2相出力과 變壓器容量과의 비는

$40 \div (23.1 \times 2) = 0.866 : 86.6$ [%]

(5) T座變壓器의 탭은 $3600 \times \dfrac{\sqrt{3}}{2} = 3117.6$

3118회 되는 점에서 탭을 내면 된다.

【예제 10】 單相變壓器를 1차를 星形, 2차를 2重3角結線으로 하여 3相 3000 [V]를 6相 200 [V](인접 2線間의 電壓)로 變成하고, 1500 [kVA]의 6相負荷에 電力을 공급하려고 한다. 變壓器의 所要容量, 1次, 2次 電壓, 1次 및 2次의 全負荷電流를 구하라.

(풀이) 變壓器 所要容量 500 [kVA]

1次電壓 $3000 \div \sqrt{3} = 1730$ [V]

2次電壓 $200 \times \sqrt{3} = 346$ [V]

1次全負荷電流 $500 \div 1.73 = 288.5$ [A]

2次全負荷電流 $500 \div (0.346 \times 2) = 722$ [A]

연 습 문 제

1. 變壓器를 $\Delta - Y$로 給線할 때 1次, 2次의 電壓位相差는 몇 도 인가?

답 30°

2. 單相變壓器를 V結線으로 할 때의 容量은 Δ結線으로 하였을 때의 容量이 몇 [%]가 되는가?

답 58 [%]

3. 單相 15 [kVA]의 變壓器 3개를 1次 Y, 2次 Δ로 사용한다. 夜間電燈用으

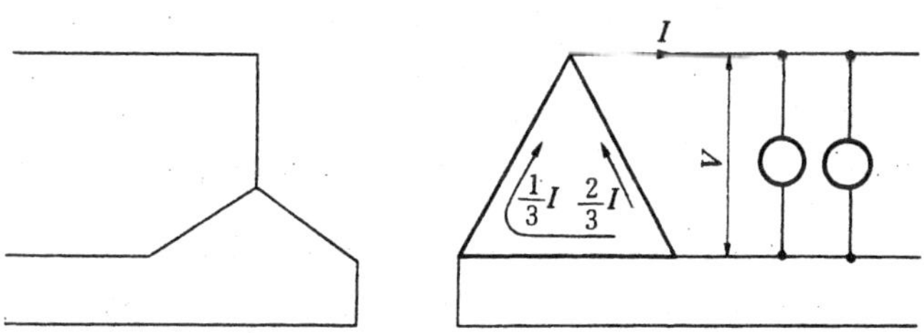

로 1相에만 負荷를 걸려고 할 때 몇 [kW]까지 걸 수 있는가?

(약해) $\frac{2}{3}IV = 15$ 에서 구한다. 답 22.5 [kW]

4. 2대의 同型單相變壓器를 V結線으로 하여 15 [HP]의 3相誘導電動機를 運轉하는 경우 變壓器 1대의 容量을 얼마로 하면 되나? 여기서 誘導電動機의 効率은 85 [%], 力率 86 [%]이다. 답 10 [kVA]

5. 특성이 같은 變壓器 3대로 $\Delta - Y$結線을 하여 線間電壓을 2300 [V]에서 3相 6600 [V]로 높여 400 [kW], $pf = 0.7$(뒤짐)의 負荷에 電力을 공급한다. 각 變壓器의 電壓, 電流, 容量을 구하라.

답 1次捲線의 電壓 2300 [V], 2次捲線의 電壓 3800 [V]
2次捲線의 電流 5 [A], 1次捲線의 電流 82.5 [A]
容 量 190 [kVA]

6. 定格 1次, 2次電壓이 서로 같은 A, B 2개의 單相變壓器가 있다. A는 容量 10 [kVA], 임피던스電壓 5 [%], B는 容量 30 [kVA], 임피던스電壓 3 [%]이며, 그 抵抗과 리액턴스의 비는 A, B 모두 같다. 지금 A, B를 並列로 접속할 때

(a) 無負荷의 경우 2變壓器 사이에 循環電流가 흐르는가?

(b) 2次側에 36 [kVA]의 負荷를 걸었을 때 각 變壓器의 負荷分擔은 얼마가 되는가?

(약해) 식 (2·43)을 써서 구하라.

답 (a) 흐르지 않는다. (b) A는 6 [kVA], B는 30 [kVA]

7. 1次換算 等價임피던스가 $3 + j2$ [Ω]인 定格이 같은 2대의 變壓器가 並列運轉하고 있다. 지금 이 중의 1대를 1次換算 等價임피던스가 $2 + j3$ [Ω] 되는 同一定格의 變壓器와 바꾸고 負荷電流는 바꾸기 전과 같게 하면 變壓器의 電流는 어떻게 변하는가?

(약해) 바꾼 다음의 각 變壓器의 負擔電流, $\dot{I}_A$, $\dot{I}_B$는 負荷電流 $\dot{I}$라 하면,

$$\dot{I}_A = \dot{I}_B = \dot{I} \times \frac{2+j3}{5+j5}$$

이고 바꾸기 전의 負荷電流는 다 같이 $\frac{1}{2}\dot{I}$ 답 1.02倍로 增加

8. 73.5/22 [kV], 500 [kVA]의 2개의 單相變壓器가 있다. A는 임피던스 볼트가 8.414 [%], B는 6.91 [%]이다. 이들 變壓器를 並列로 연결할 때 許容出力은 얼마인가? 단, 抵抗과 리액턴스의 비는 모두 같다.

(약해) B쪽으로 負荷가 偏重하므로 許容出力은 B變壓器에서 제한을 받는다.

$$p \cdot \frac{8.414}{8.414+6.91} \leq 500 \qquad \therefore p \leq 9110 \text{ [kVA]}$$

답 9110 [kVA]

9. $Y-\Delta$ 結線의 3相變壓器群 A와 $\Delta-Y$ 結線의 變壓器群 B가 있다. 이들은 並列로 연결되었다. A群의 變壓器의 捲數比를 31.8이라 하면 B群의 變壓器 捲數比는 얼마가 되는가? 답 95.4

10. 容量 5000 [kVA]의 같은 특성을 가진 2개의 變壓器 A, B가 있다. 變壓器 A에는 晝間 12시간 동안 5000 [kVA], 夜間 12시간 동안은 1000 [kVA]의 負荷가 變壓器 B에는 3000 [kVA]의 一定負荷가 걸려 있다. 定格負荷時의 負荷損失이 1개에 대하여 40 [kW]일 때 2개의 變壓器 1日當 負荷損失은 얼마인가? 또, 2개의 變壓器의 負荷를 공통으로 하여 並行運轉시킨 경우에는 어떻게 되는가?

(약해) 單獨運轉의 경우 變壓器 A의 負荷損失은 晝間 $40 \times 12 = 480$ [kWh], 夜間 $40 \times \left(\frac{1}{5}\right)^2 \times 12 = 19.2$ [kWh], 變壓器 B는 $40 \times \left(\frac{3}{5}\right)^2 \times 24 = 345.6$ [kWh], 합계 844.8 [kWh]가 된다. 並行運轉의 경우에는 變壓器 A, B 다같이 주간 4000 [kVA], 야간 2000 [kVA]의 負荷가 되므로 負荷損失은 주간 $40 \times \left(\frac{4}{5}\right)^2 \times 12 = 307.2$ [kWh], 야간 $40 \times \left(\frac{2}{5}\right)^2 \times 12 = 76.8$ [kWh], 2개 합계 768 [kWh]가 되어 並行運轉시킬 때의 損失이 감소한다.

2·7 特殊變壓器

2·7·1 單捲變壓器

(1) 單捲變壓器의 理論

그림 2·60과 같이 1次, 2次回路가 絕緣되어 있지 않고 捲線의 일부

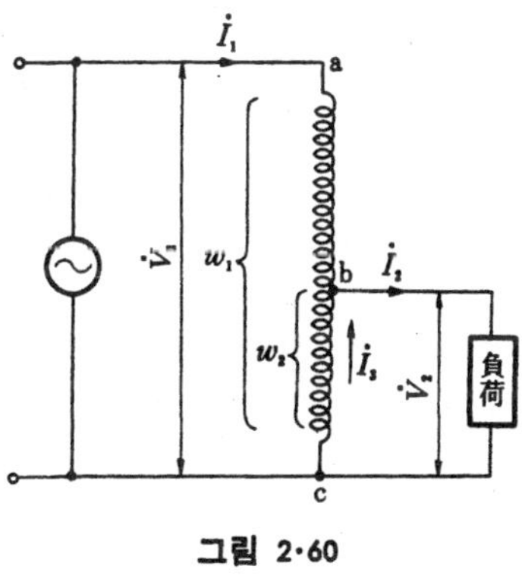

그림 2·60

를 共通電路로 하고 있는 變壓器를 **單捲變壓器**(autotransformer)라 하고 ab 부분의 捲線을 **直列捲線**(series winding), bc 부분의 捲線을 **分路捲線**(shunt winding)이라고 한다. 그림에 있어서 $ac = ab + bc$ 사이의 捲回數를 w_1, bc 사이의 捲回數를 w_2라 하면 보통 變壓器와 같이 1차에 電壓 $\dot{V}_1$을 공급하였을 때 ab, bc에 유기되는 起電力을 각각 $\dot{E}_1$, $\dot{E}_2$, 2次端子電壓을 $\dot{V}_2$라 하고 捲線의 抵抗, 漏洩리액턴스 및 勵磁電流를 무시하면

$$\frac{V_1}{V_2} = \frac{E_1+E_2}{E_2} = \frac{w_1}{w_2} = a \tag{2·50}$$

이 된다.

또 負荷電流를 $\dot{I}_2$라 하면 ab 부분의 電流 $\dot{I}_1$에 의한 起磁力과 bc 부분의 電流 $\dot{I}_3 = \dot{I}_2 - \dot{I}_1$에 의한 起磁力의 합은 零이 되어야 하므로

$$w_2(\dot{I}_2-\dot{I}_1) + (w_1-w_2)\dot{I}_1 = 0 \tag{2·51}$$

$$\therefore\ \dot{I}_1 w_1 = -\dot{I}_2 w_2$$

$$\therefore\ \dot{I}_1 = -\frac{w_2}{w_1}\dot{I}_2 = -\frac{1}{a}\dot{I}_2 \tag{2·52}$$

가 된다.

식 (2·51)로부터

$$(V_1-V_2)I_1 = V_2(I_2-I_1) = P \tag{2·53}$$

의 관계가 성립한다. 이 식은 ab를 1次捲線, bc를 2次捲線으로 한 2捲線變壓器의 경우와 같다. 이 P를 單捲變壓器의 等價容量 또는 그냥 容量이라고 부르며 負荷容量인 $V_2 I_2$와 일반적으로 다르다. 따라서,

$$\frac{\text{等價容量}}{\text{負荷容量}} = \frac{I_1(V_1-V_2)}{I_2 V_2} = \frac{I_1(V_1-V_2)}{I_1 V_1}$$

$$= 1 - \frac{V_2}{V_1} \tag{2·54}$$

가 된다.

그림 2·60은 遞降(step down) 單捲變壓器를 표시한 것이다. 이 變壓器에서는 $a > 1$인데 그림 2·61과 같이 $a < 1$되는 變壓器를 遞昇(step up) 單捲變壓器라 하고 이 때에는

$$V_2(I_2-I_1) = I_2(V_2-V_1)$$

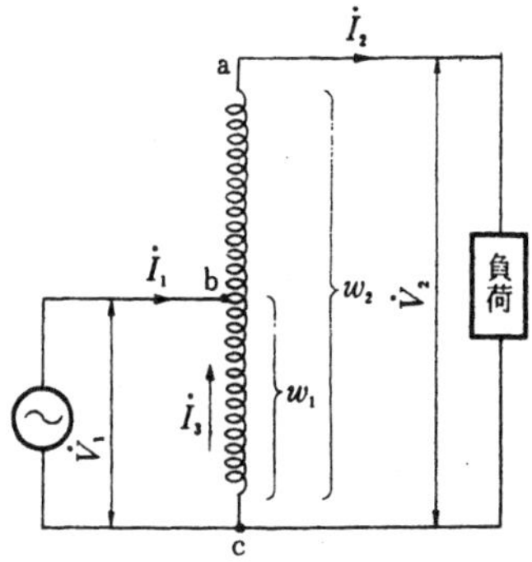

그림 2·61

이 되고

$$\frac{\text{等價容量}}{\text{負荷容量}} = \frac{I_2(V_2 - V_1)}{I_2 V_2} = 1 - \frac{V_1}{V_2} \tag{2·55}$$

이 된다. 그러므로 遞降, 遞昇을 막론하고 다음과 같이 된다.

$$\frac{\text{等價容量}}{\text{負荷容量}} = \frac{\text{捲線單獨部分의 電流} \times \text{昇壓(降壓)電壓}}{\text{出 力}}$$
$$= 1 - \frac{V_l}{V_h} \tag{2·56}$$

여기서 V_h는 高電壓, V_l은 低電壓

그림 2·62는 $\frac{V_h}{V_l}$에 대한 $\frac{\text{等價容量}}{\text{負荷容量}}$의 變化曲線을 표시한다.

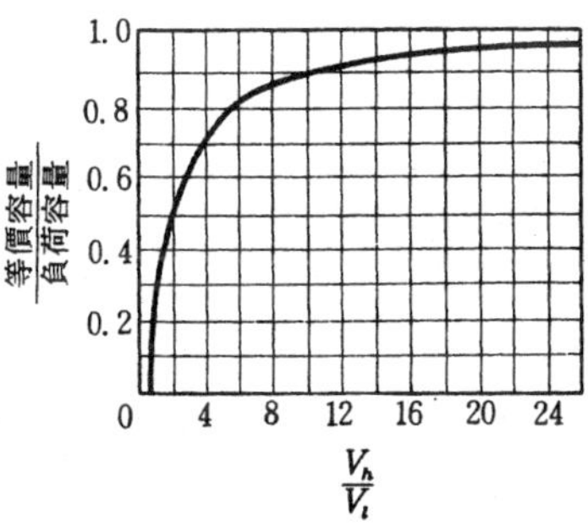

그림 2·62

그림에서 알 수 있는 바와 같이 $\frac{V_h}{V_l}$가 10이상일 때에는 單捲變壓器의 容量은 거의 負荷容量과 같게 되지만 5 이하에서는 等價容量이 負荷容量보다 매우 적게 된다. 즉 1차와 2차와의 電壓比가 1에 가까울수록 單捲變壓器를 쓰는 것이 경제적이라고 할 수 있다. 더 구체적으로 말하면 동일한 負荷容量에 대하여 보통 變壓器보다 사용 재료가 적게 들고 損失이 적으며 效率도 좋고 %임피던스 降下도 적다. 그러나 低電壓側도 高電壓側과 같은 정도의 絶緣을 해야 할 뿐만 아니라 高電壓側이 상당히 높은 電壓이면 低電壓側이 이 高電壓을 받게 되어 接觸하면 危險하다.

(2) 單捲變壓器의 相結線

① Y 結線

그림 2·63에 표시된 結線에서

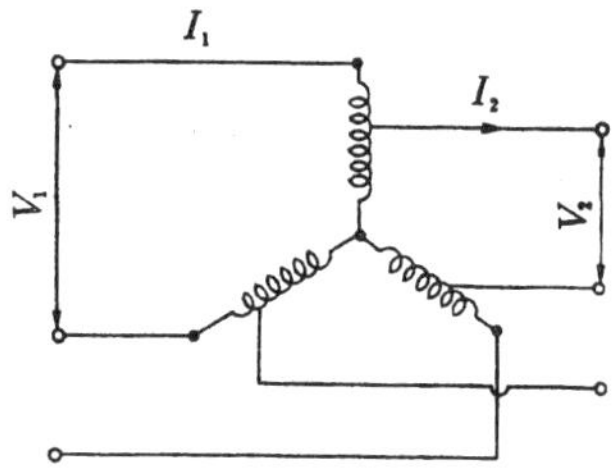

그림 2·63

$$負荷容量 = \sqrt{3}\,V_1I_1 = \sqrt{3}\,V_2I_2$$

$$等價容量 = \frac{3(V_1-V_2)I_1}{\sqrt{3}}$$

$$\therefore \ \frac{等價容量}{負荷容量} \quad \frac{V_1-V_2}{V_1} \tag{2·57}$$

② Δ 結線

그림 2·64는 單捲變壓器 3개를 Δ로 結線한 것을 표시하며 그림 2·65는 이 경우의 位相關係를 표시하는 벡터圖이다.

그림에서,

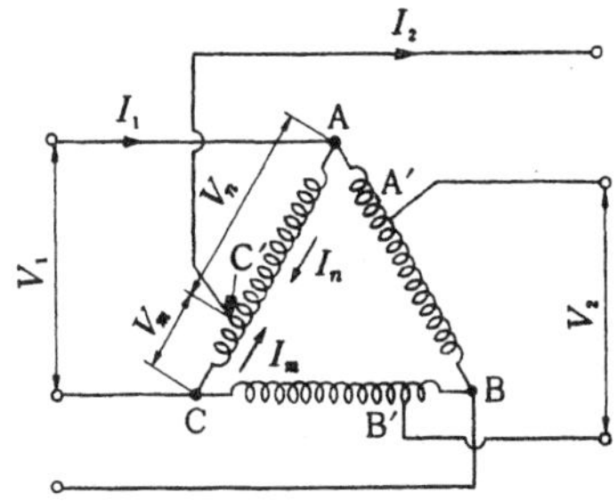

그림 2·64

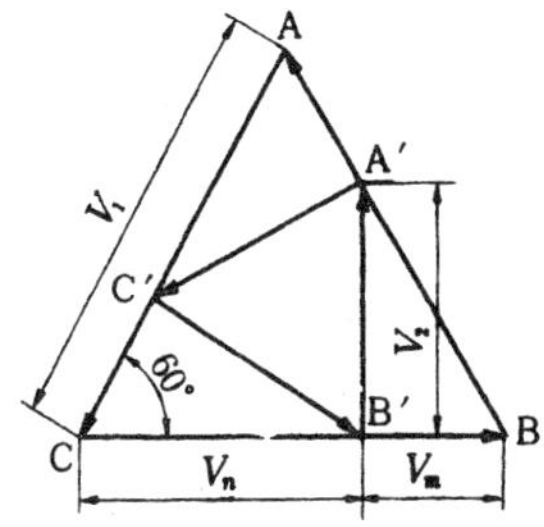

그림 2·65

$$
\begin{aligned}
V_2^2 &= V_n^2 + V_m^2 - 2V_nV_m\cos 60^\circ \\
&= V_n^2 + V_m^2 - V_nV_m = (V_n+V_m)^2 - 3V_nV_m \\
&= V_1^2 - 3V_nV_m
\end{aligned}
$$

$$\therefore\ V_n = \frac{V_1^2 - V_2^2}{3V_m} \tag{2·58}$$

여기서 電流의 정방향을 그림 2·64의 화살표의 방향으로 하면,

$$I_2 = I_m + I_n \qquad I_mV_m = I_nV_n$$

$$\therefore\ \frac{V_m+V_n}{V_m} = \frac{I_m+I_n}{I_n} \qquad \therefore\ \frac{V_1}{V_m} = \frac{I_2}{I_m}$$

$$\therefore\ I_n = I_2 \times \frac{V_m}{V_n} \tag{2·59}$$

식 (2·58), (2·59)에서,

$$\text{等價容量} = 3V_nI_n = 3 \times \frac{V_1^2 - V_2^2}{3V_m} \times I_2\frac{V_m}{V_1} = \frac{V_1^2 - V_2^2}{V_1}I_2$$

그런데 負荷容量 $= \sqrt{3}\,V_2I_2$이므로 $\varDelta$結線으로 한 경우 等價容量과 負荷容量과의 관계는 다음과 같이 된다.

$$\frac{\text{等價容量}}{\text{負荷容量}} = \frac{V_1^2 - V_2^2}{\sqrt{3}\,V_1V_2} \tag{2·60}$$

③ ***V* 結線**

單捲變壓器의 V結線을 그림 2·66에 표시하였다. V結線으로 하면 變壓器容量과 2차측 出力과의 비는 1/0.866이고 또 單捲變壓器이므로 그 비

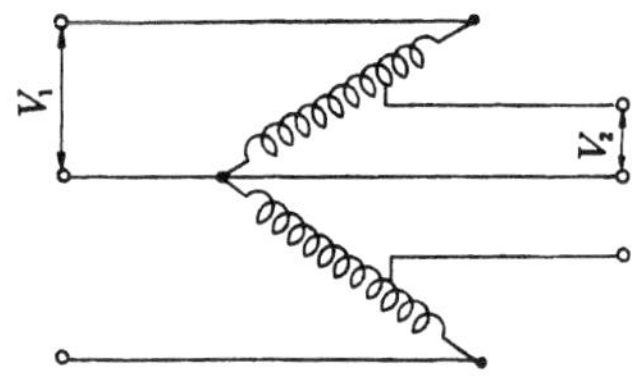

그림 2·66

는 $\left(1-\frac{V_2}{V_1}\right)$가 되어 이 경우의 變壓器容量과 2차측 出力과의 비는 다음과 같이 된다.

$$\frac{\text{單捲變壓器의 容量}}{\text{2차측 出力}}=\frac{1}{0.866}\left(1-\frac{V_2}{V_1}\right) \tag{2·61}$$

④ 邊延長 Δ 結線

그림 2·67(a)에 표시한 바와 같이 3개의 單捲變壓器의 高低壓에 공통된 부분이 3각형이 되도록 결선한 것이다. 그림 (b)는 電壓의 位相關係를 나타내는 벡터圖이다.

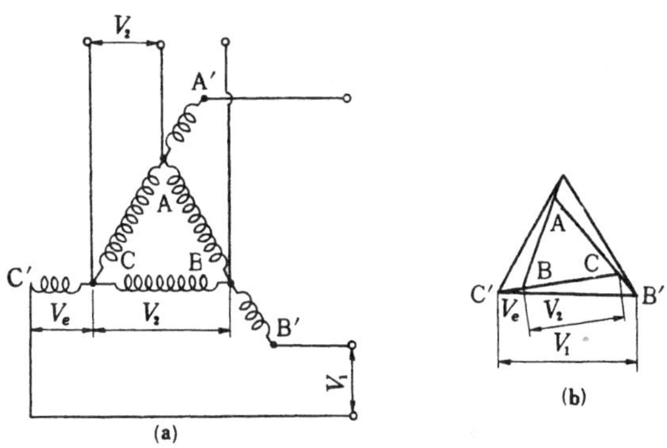

그림 2·67

이 그림에서,

$$V_1^2=V_e^2+(V_2+V_e)^2+2V_e(V_2+V_e)V\cos 60°$$
$$=3V_e^2+3V_eV_2+V_2^2$$
$$\therefore\ 3V_e^2+3V_eV_2+(V_2^2-V_1^2)=0$$

$$\therefore\ V_e = -\frac{V_2}{2} \pm \sqrt{\frac{V_1^2}{3} - \frac{V_2^2}{12}} \tag{2·62}$$

이 된다(V_e는 正符號만 취한다).

그러면 單捲變壓器 1相의 容量은

$$V_e I_1 = \left\{-\frac{V_2}{2} + \sqrt{\frac{V_1^2}{3} - \frac{V_2^2}{12}}\right\} I_1 \tag{2·63}$$

이 되므로 等價容量과 負荷容量과의 관계는 다음과 같이 된다.

$$\begin{aligned}\frac{\text{等價容量}}{\text{負荷容量}} &= \frac{3\left\{-\frac{V_2}{2} + \sqrt{\frac{V_1^2}{3} - \frac{V_2^2}{12}}\right\} I_1}{\sqrt{3} I_1 V_1} \\ &= \frac{\sqrt{3}}{V_1}\left\{-\frac{V_2}{2} + \sqrt{\frac{V_1^2}{3} - \frac{V_2^2}{12}}\right\} \\ &= -\frac{\sqrt{3}}{2}\left(\frac{V_2}{V_1}\right) + \sqrt{1 - \frac{1}{4}\left(\frac{V_2}{V_1}\right)^2}\end{aligned} \tag{2·64}$$

【예제 11】 容量 5[kVA], 變壓比 3300/210[V]의 單相變壓器를 그림 2·68과 같이 單捲接續으로 하여 사용할 때 負荷電壓 V_2는 몇 [V]가 되며, 負荷할 수 있는 [kVA]는 어느 정도인가?

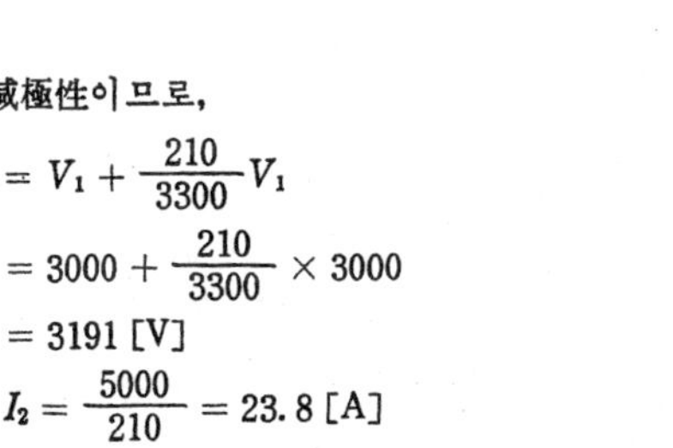

그림 2·68

(풀이) 變壓器는 減極性이므로,

$$\begin{aligned}V_2 &= V_1 + \frac{210}{3300}V_1 \\ &= 3000 + \frac{210}{3300} \times 3000 \\ &= 3191\ [\text{V}]\end{aligned}$$

2次定格電流 $I_2 = \frac{5000}{210} = 23.8$ [A]

따라서 2次에 負荷할 수 있는 kVA=3191 × 23.8 × 10^{-3} = 76 [kVA]

1 次線電流는 $\frac{76}{3000} \times 1000 = 25.3$ [A]

1 次捲線의 電流는 $(25.3-23.8) = 1.5$ [A]

【예제 12】 그림 2·69와 같이 變壓器를 結線하면 1次側電壓 E_1과 2次側電壓 E_2와의 비는 어떻게 되는가?

여기서 A는 捲線 CC′, B는 捲線 AA′, C는 捲線 BB′의 중점이다.

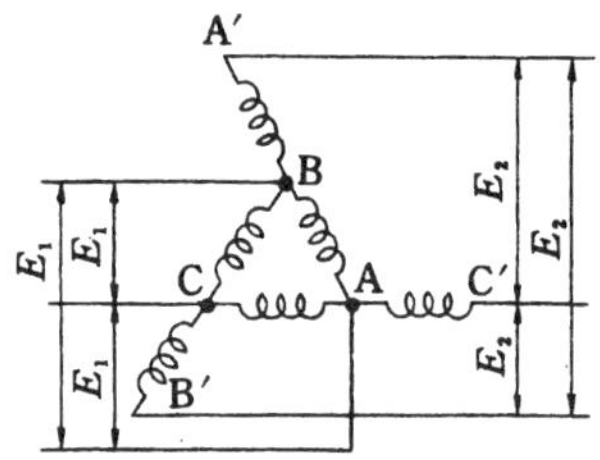

그림 2·69

(풀이) 그림 2·67(b)의 벡터圖에서 V_1을 E_2로, V_2를 E_1로 V_e를 E_1로 바꾸어 놓고, E_2/E_1을 식 (2·62)에 의하여 구하면 된다.

즉 $$E_1 = -\frac{E_1}{2} + \sqrt{\frac{E_2^2}{3} - \frac{E_1^2}{12}}$$

위의 식에서 $\frac{E_2}{E_1} = 2.64$

2·7·2 3捲線變壓器

이것은 變壓器 1개에 捲線이 3개 감겨 있는 구조로 되어 있다. 이러한 變壓器를 만들게 된 최초의 목적이 變壓器結線의 종류에 따라서 생기는 第3高調波電壓을 제거하는 데 있었기 때문에 第3捲線(tertiary winding)의 容量은 적었으나 지금에 와서는 1차에서 受電해서 2차 및 3차로부터 서로 다른 系統에 電力을 공급하는 데도 쓰이고 있다. 경우에 따라서는 3개의 捲線中에서 2개의 捲線을 1차로 하고 나머지 捲線을 2차로 해서 電力을 공급한다. 또 送電線路의 終端에 3차捲線이 있는 遞降變壓器를 설치하여 力率改善, 電壓調整 및 系統의 安定度向上을 도모하기 위하여 調相機를 접속할 때도 있다.

그림 2·70은 3捲線變壓器의 원리를 표시한 그림이다.

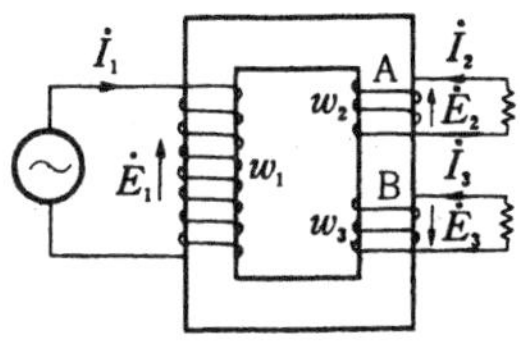

그림 2·70

1차, 2차 및 3차 起電力을 각각 $\dot{E}_1$, $\dot{E}_2$, $\dot{E}_3$, 1차, 2차 및 3차捲數를 w_1, w_2, w_3이라 하면,

$$E_2 = \frac{w_2}{w_1}E_1, \qquad E_3 = \frac{w_3}{w_1}E_1$$

이 된다.

2차, 3차에 負荷電流 $\dot{I}_2$, $\dot{I}_3$이 흐를 때 이것에 대응해서 1차에는,

$$\dot{I}_1' = \frac{w_2}{w_1}\dot{I}_2 + \frac{w_3}{w_1}\dot{I}_3$$

되는 電流가 흐르고 이것과 勵磁電流와의 벡터합이 全 1次電流가 된다. 따라서 A의 負荷가 뒤진 力率일 때 B의 負荷로는 앞선 力率이 되는 것을 택하면 1차측의 力率이 많이 개선된다. 變壓器의 損失을 무시하면 A, B 두 捲線의 2차出力 [kW]의 합이 1차入力 [kW]이 되는 것은 당연한 일이지만 1차皮相電力 [kVA]이 A, B 두 捲線의 皮相電力의 합이 된다고는 할 수 없다.

【예제 13】 單相 3捲線變壓器가 있다. 電壓은 1차가 100[kV], 2차 20[kV], 3차 10[kV]이다. 이 變壓器의 2차에는 力率 80[%], 10000[kVA]의 誘導負荷를 접속하고, 3차에는 6000[kVA]의 進相無效電力을 취하도록 하면 1次電流는 몇 [A]가 되는가? 여기서 損失 및 勵磁電流는 무시한다.

(풀이) 2次負荷電流 10000÷20 = 500 [A]

3次負荷電流 $6000 \div 10 = 600$ [A]

2次負荷電流에 대한 1次負荷電流

500 [illegible] 20 [illegible] 유효분 $100 \times 0.8 = 80$ [A]
무효분 $100 \times 0.6 = 60$ [A]

3次負荷電流에 대한 1次負荷[illegible]

$$600 \times \frac{10}{100} = 60[\text{A}]$$: 進相無效分

따라서 1次負荷電流는 有效分 80 [A] 뿐이다.

2·7·3 負荷時 電壓調整變壓器

負荷變化에 따르는 線路의 電壓降下의 變動을 補償하고자 하는 경우 또는 1次電壓이 달라져도 2次電壓을 항상 일정하게 하고자 하는 경우에는 高壓側捲線에 탭을 설치하고 이것을 조정하는 방법을 쓴다.

配電用 變壓器에서와 같이 無電流, 無電壓狀態에서 탭을 바꾸는 것이 가장 안전하지만 停電을 피하기 위하여 負荷電流를 끊지않고 사용 상태에서 탭을 바꾸게 되어 있는 變壓器가 있다. 이것을 **負荷時 電壓調整變壓器**(load ratio control transformer)라 한다. 이러한 變壓器에서 탭을 바꾸는 방

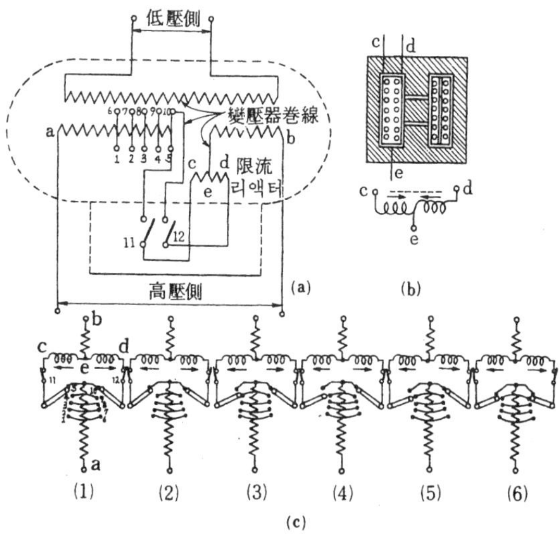

그림 2·71

법에는 並列區分式과 單一回路方式이 있다.

여기서는 그림 2·71과 같은 並列區分式에 대해서만 설명한다. 並列區分式에 있어서는 그림 2·71(a)와 같이 高壓側의 한쪽 권선의 각 탭에서 引出線을 2개씩(1과 6, 2와 7 등) 내고 이것을 탭 切換器를 통해서 開閉器 11, 12에 접속하고 **限流리액터**(current limitting reactor) cd에 연결한다. 開閉器 11, 12가 닫혀져 탭 5, 10에서 운전되고 있을 때 탭을 4, 9로 바꾸려면 그림 (c)와 같이 우선 開閉器 11을 열고 負荷를 다른편에 옮겨 탭 5를 無負荷로 한다. 다음에 탭 切換器를 4에 옮기고 開閉器 11을 닫는다. 이 때 切換器가 서로 다른 탭에 있는 채로 두 開閉器가 닫혀져 있으므로 局部電流가 흐르지만 이 電流는 限流리액터 cd에 의하여 적당한 값으로 제한된다. 다음에 開閉器 12를 열고 탭 10을 탭 9로 옮긴다.

限流리액터 cd는 單捲變壓器型 限流리액터이며 그림 2·71(b)는 그 구조의 일례이다. ce, ed의 각 捲線은 같은 鐵心에 서로 반대 방향으로 감겨 있으며 平常狀態에서는 이들 두 捲線의 起磁力은 서로 상쇄되어 거의 磁束이 생기지 않는다. 그러므로 리액턴스 降下는 매우 적다. 탭을 바꾸는 도중에서 c, d를 각각 다른 탭에 접속하면 탭 電壓의 차로 말미암아 그림의 점선과 같은 局部電流가 흘러〔그림 (c)의 (4)〕, 이것에 의한 起磁力은 서

그림 2·72 負荷電壓調整變壓器(12 000 KVA)

로 합해져서 磁束이 생기고 리액터로 작용하게 되므로 局部電流가 제한된다.

開閉器는 대개 그림 2·72와 같이 變壓器本體와는 별개의 函에 넣고 이것을 變壓器 外函의 外側 또는 套管 위에 설치한다.

2·7·4 漏洩變壓器

보통 電力用 變壓器는 漏洩磁束, 즉 漏洩리액턴스를 되도록 적게 하여, 電壓變動率을 좋게 하지만 네온管燈用 變壓器, 電弧熔接用 變壓器 등에서와 같이 電流가 일정하게 유지되어야 할 때가 있다. 이러한 특성을 갖도록 漏洩磁束을 특히 크게 설계한 變壓器를 **漏洩變壓器**(leakage transformer)라 한다.

지금 $r+jx$를 變壓器의 임피던스, $R+jX$를 1차에 환산한 負荷임피던스라 하면 電流는 다음과 같이 된다.

$$\dot{I}_1' = \dot{I}_2 = \frac{\dot{V}_1}{(r+jx)+(R+jX)} \tag{2·65}$$

r은 變壓器의 抵抗이고 일정하므로 $R+jX$의 변화에 대하여 $\dot{I}_1'$를 일정하게 하려면 x를 크게 변화시켜야 한다.

그림 2·73은 그 일례를 표시한 것으로 그림과 같이 漏洩磁束通路가 있으므로 2次電流가 增加하려고 하면 1次 및 2次의 漏洩磁束이 증가하여 2次誘起起電力이 감소하는 동시에 2次電壓降下가 增加한다. 따라서 2次電流는 減少한다.

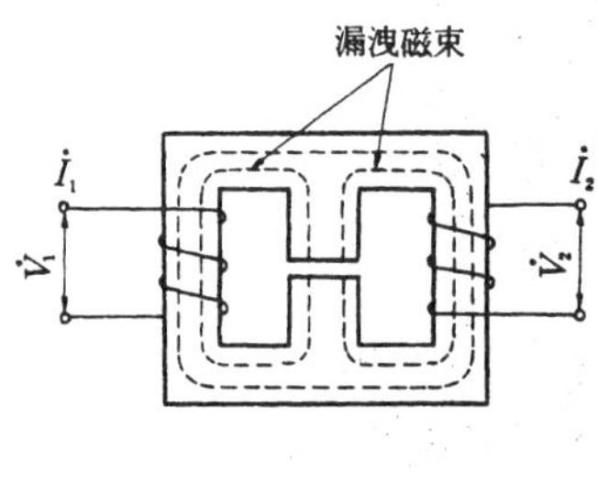

그림 2·73

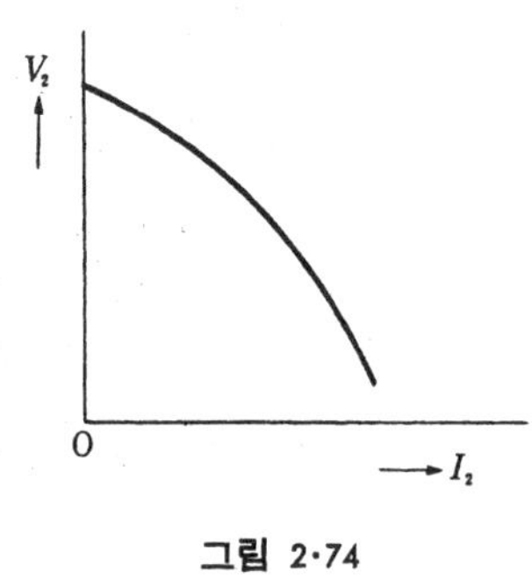

그림 2·74

그림 2·74는 이 變壓器의 2次電流 I_2와 2次端子電壓 V_2의 관계를 표시한 것인데, 이 그림에서 알 수 있는 바와 같이 I_2가 증가하면 V_2는 대단히 저하하는 특성이 되므로 I_2가 감소하려고 할 때에는 V_2는 올라가고 또 I_2가 증가하려고 하면 V_2는 감소하여 I_2를 일정하게 할 수 있다.

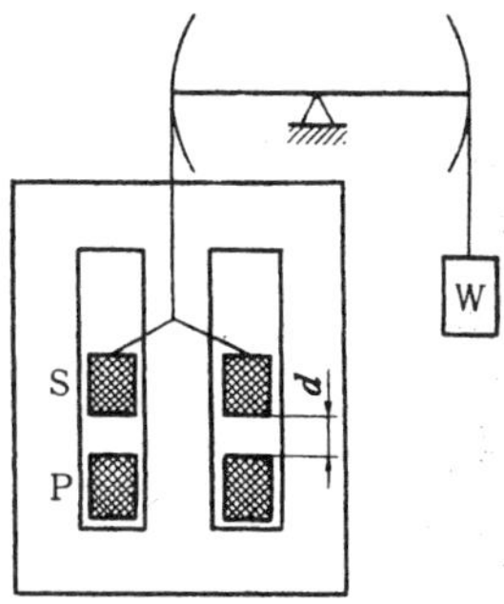

그림 2·75

그림 2·75도 漏洩變壓器의 일종이다. 1차코일 P는 鐵心에 고정되어 있으나, 2차코일 S는 可動코일이며 그 重量은 錘 W와 거의 평형이 되도록 설계한다. S에 電流가 흐르면 P와 S 사이에는 이들 電流에 의한 反撥力이 생겨 두 코일 사이의 거리 d가 변화한다. 電流가 많이 흐르게 되면 d가 증가하여 漏洩리액턴스가 증가하므로 2次電流는 다시 감소하여 電流를 일정하게 한다. 이러한 모양을 한 變壓器를 **定電流變壓器**(constant current transformer)라고도 한다.

2·7·5 計器用 變成器

交流高電壓回路의 電壓과 電流 등을 측정하려고 하는 경우 電壓計나 電流計를 직접 회로에 접속하지 않고 計器用變壓器를 통해서 연결한다. 이렇게 하면 測定關係의 비용이 절약될 뿐만 아니라 計器回路를 線路電壓으로부터 絕緣하므로 위험이 적다. 이러한 變壓器를 計器用變成器(instrument transformer)라 하며, 電壓測定用으로 **電壓變成器**(potential transformer),

電流測定用으로 **變流器**(current transformer)가 있다.

(1) 電壓變成器(P. T.)

보통 電力用 變壓器와 비교해서 구조상 큰 차는 없으나 測定誤差를 될 수록 적게 하기 위하여 좋은 鋼板을 쓴 것과 1次 및 2次捲線의 임피던스 降下를 적게 한 점이 특징이다.

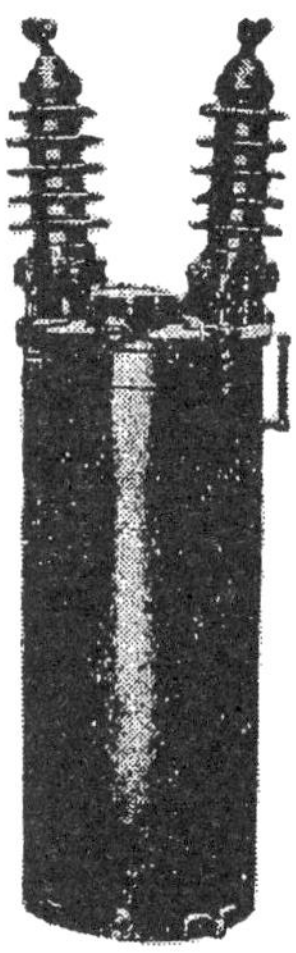

그림 2·76 電壓變成器(33000 V用)

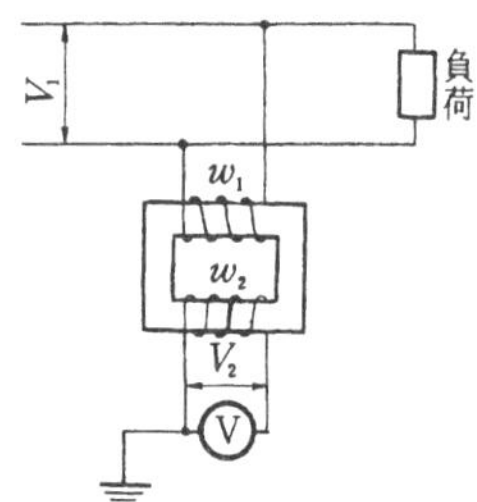

그림 2·77

그림 2·76은 33000/110 [V]의 電壓變成器의 일례이다. 그림 2·77은 電壓變成器를 회로에 연결한 그림인데 1차 및 2차電壓을 V_1, V_2, 捲數를 w_1, w_2라 하면,

$$V_1 = \frac{w_1}{w_2} V_2 \tag{2·66}$$

의 관계가 있으므로 2次電壓을 보통 電壓計 V로 측정하면 1次電壓이 알려진다. 配電盤用의 電壓計에는 1次電壓을 직접 읽을 수 있도록 눈금을 붙인다. 2次電壓 V_2의 값은 100~115 [V]가 표준이고 容量은 12.5[VA]에서 500 [VA] 정도까지이다.

3相電壓을 측정하려면 2개의 P. T. 와 3개의 電壓計를 그림 2·78과

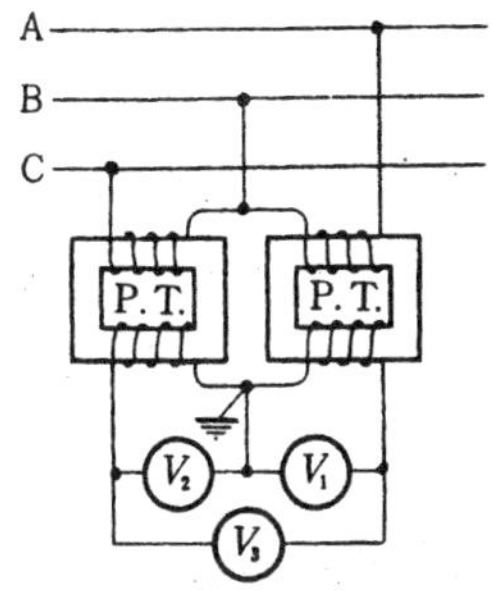

그림 2·78

같이 접속하면 電壓計 V_1, V_2, V_3이 각각 AB, BC, CA 사이의 電壓을 지시하게 된다.

(2) **變流器**(C. T.)

變流器는 그림 2·79(a)와 같이 접속한다. 이것은 그림 (b)와 같이 그리는 것이 보통이다.

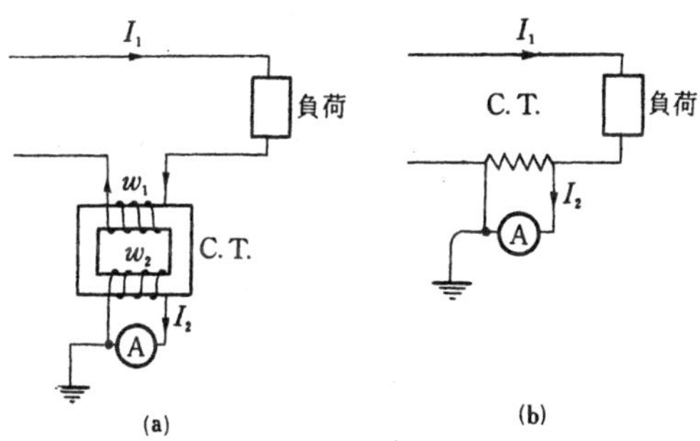

그림 2·79

變流器의 1次 및 2次 電流를 I_1, I_2라 하고 捲數를 w_1, w_2라 하면,

$$I_1 = \frac{w_2}{w_1} I_2 \tag{2·67}$$

의 관계가 있으므로 2次電流를 보통 電流計로 측정하면 1次電流가 알려진다.

變流器의 2次電流는 5[A]가 표준이고 容量은 12.5[VA]에서 200[VA] 정도까지이다.

變流器도 電壓變成器와 마찬가지로 測定誤差를 적게 할 목적으로 좋은 鋼板을 쓰고 磁束密度를 적게 하여 鐵損 및 勵磁電流를 적게 하여야 한다.

그림 2·80은 200/5[A], 15000[V] 回路用變流器이다.

그림 2·80 200/5[A], 15000[V] 回路用 變流器

그림 2·81은 3相3線式(非接地式)線路의 電流를 측정하려고 2개의 變流器를 그림 (a)와 같이 접속하고 電流計 A_1, A_2, A_3을 각각 연결한 것을 표시한다.

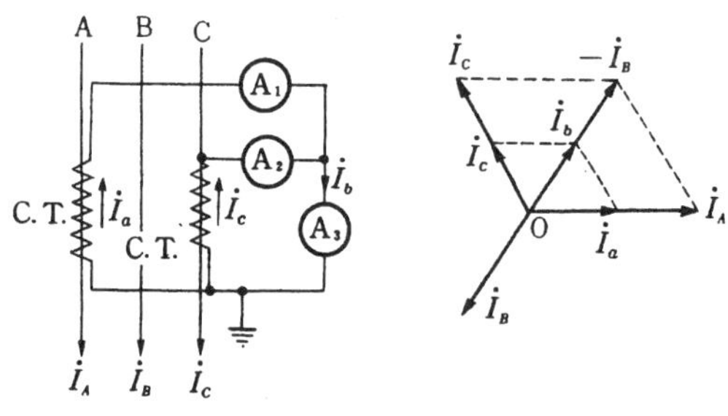

(a) (b)

그림 2·81

A 및 C線의 각 變流器의 2次電流를 $\dot{I}_a$ 및 $\dot{I}_c$라 하면,

$$\dot{I}_a = \frac{1}{a}\dot{I}_A$$
$$\dot{I}_c = \frac{1}{a}\dot{I}_C \qquad (2\cdot68)$$

가 되고 電流計 A_2의 電流를 $\dot{I}_b$라 하면,

$$\dot{I}_b = \dot{I}_a + \dot{I}_c = \frac{1}{a}(\dot{I}_A + \dot{I}_C)$$

그런데 1次線路는 3相3線式이므로,

$$\dot{I}_A + \dot{I}_B + \dot{I}_C = 0 \qquad \therefore\ \dot{I}_A + \dot{I}_C = -\dot{I}_B$$
$$\therefore\ \dot{I}_b = \frac{1}{a}(-\dot{I}_B) \qquad (2\cdot69)$$

가 되고 벡터 관계圖는 그림 (b)와 같다.

따라서 식 (2·68), (2·69)에 의하여 電流計의 눈금이 직접 線路電流를 지시하도록 정하면 電流計 A_1, A_2, A_3은 $\dot{I}_A, \dot{I}_B, \dot{I}_C$의 크기를 표시한다.

사용중의 變流器 2次側은 開路해서는 안 된다. 電流計가 고장이 나서 2次回路를 열 필요가 있을 때에는 우선 2次回路를 短絡해 놓은 다음에 電流計를 빼내도록 해야 한다. 만일, 2次回路를 열면 1次電流가 전부 勵磁電流가 되므로 2次捲線에 매우 높은 電壓이 誘起되어 絕緣을 파괴하고 燒損될 염려가 있기 때문이다.

【예제 14】•不平衡 3相3線式의 각 線에 흐르는 電流를 측정하기 위하여 2개의 變流器와 3개의 電流計를 그림 2·82(a)와 같이 잘못 접속했을

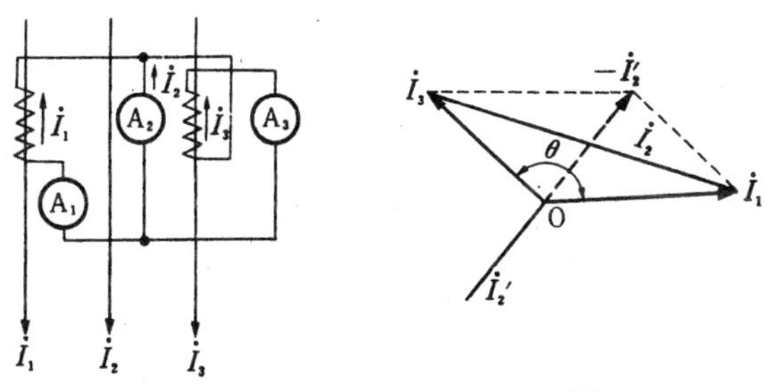

그림 2·82

때 각 電流計의 지시가 각각 I_1, I_2, I_3 이었다. 올바르게 접속했을 때의 각 電流計의 지시를 구하라.

(풀이) 電流計 A_1 및 A_3 의 지시를 I_1 및 I_3 이라 하면 올바르게 접속한 경우(A_3 와 直列로 된 變流器의 接續을 반대로 한다)에도 A_1 및 A_3 의 지시는 I_1 및 I_3 이다. 여기서 變流器의 捲數比를 $a=1$ 이라고 하면 I_1 및 I_3 은 線路電流가 되므로 나머지 1線의 線路電流를 I_2' 라 하면,

$$\dot{I}_1+\dot{I}_2'+\dot{I}_3=0 \qquad \therefore \dot{I}_2'=-(\dot{I}_1+\dot{I}_3)$$

또, 그림 2·82(a)에서 A_2 의 電流는 $\dot{I}_2=\dot{I}_3-\dot{I}_1$ 이 되므로 이들 $\dot{I}_1, \dot{I}_2, \dot{I}_2', \dot{I}_3$ 의 관계를 벡터圖로 하면 그림 (b)와 같이 된다.

따라서 變流器를 올바르게 접속한 경우 A_2 에 흐르는 電流는 $-(\dot{I}_1+\dot{I}_3)$ 이며, 이것은 곧 I_2' 와 같다. 벡터圖에서

$$I_2^2=I_1^2+I_3^2-2I_1I_3\cos\theta$$

$$I_2'^2=I_1^2+I_3^2+2I_1I_3\cos\theta$$

위 두 식에서 $\cos\theta$ 를 소거하면,

$$I_2'^2+I_2^2=2I_1^2+2I_3^2$$

$$\therefore I_2'=\sqrt{2I_1^2+2I_3^2-I_2^2}$$

그러므로 올바르게 접속되었을 때의 A_1, A_2, A_3 의 지시는 각각

I_1, $\sqrt{2I_1^2+2I_3^2-I_2^2}$, I_3 이다.

2·7·6 單相誘導電壓調整器

單相誘導電壓調整器(single phase induction voltage regulator)는 變壓器의 原理를 이용하여 電壓을 원활하게 조정하는 기계이다. 1次捲線 P 와 短絡捲線 T 는 回轉子에 감겨 있는 分布捲線이며, 서로 90°의 空間的 位相差를 가지고 있다. 2次捲線 S 는 固定子에 감겨 있는 分布捲線이며, 보통 2極으로 한다.

P 와 S 는 그림 2·83과 같이 연결하고 P 의 S 에 대한 角度 θ 는 수동 또는 자동으로 0～180°의 범위 안에서 가감한다.

여기서 1次捲線에 공급되는 電壓, 즉 1次側의 線間電壓을 V_1(이것은 1次捲線의 임피이던스降下를 무시하면 1次誘起起電力 E_1 과 같다), 1次, 2次捲線軸이 서로 일치하였을 때〔그림 2·83(a)의 $\theta=0$ 일 때〕의 2次誘起起電力을 E_{20} 이라 하고 이것이 1次電壓 V_1 에 가해지도록 접속되

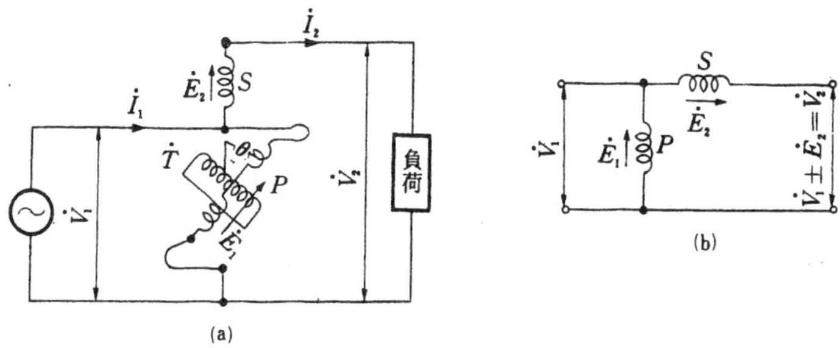

그림 2·83

어 있다고 하면 2次線間電壓은 $V_2 = V_1 + E_{20}$이 된다. 다음에 그림2·83 (a)와 같이 P와 S의 捲線軸이 θ만큼 벌어졌을 때에는 P에 발생한 交番磁束中에서 S와 鎖交하는 것은 $\cos\theta$에 비례하므로 이와 같은 위치에서는 $E_2 = E_{20}\cos\theta$가 되어 2次線間電壓은 $V_2 = V_1 + E_{20}\cos\theta$가 된다. 이러한 위치로부터 더욱 θ를 벌리어 90°를 넘어서게 하면 E_2의 방향은 반대가 되고 $\theta = 180°$에서 E_2는 $-E_{20}$이 된다. 따라서 $\theta = 180°$에서는 $V_2 = V_1 - E_{20}$이 됨을 알 수 있다. 그림 2·84는 이러한 관계를 표시하는 벡터圖이다.

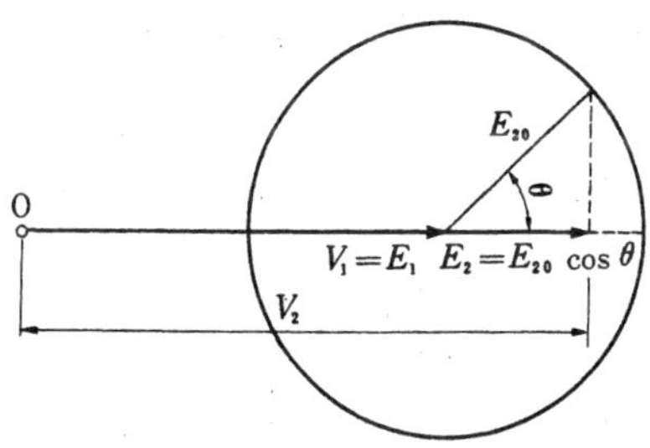

그림 2·84

이와 같이 1次捲線을 0°에서 180°까지 돌림으로써 2차측의 線間電壓은

$$V_2 = V_1 \pm E_{20} \tag{2·70}$$

만큼 圓滑하게 調整할 수 있다.

여기서 1次, 2次捲回數를 w_1, w_2라 하면

$$E_{20} = E_1 \times \frac{w_2}{w_1} \fallingdotseq V_1 \times \frac{w_2}{w_1}$$

의 관계가 있음은 당연하다.

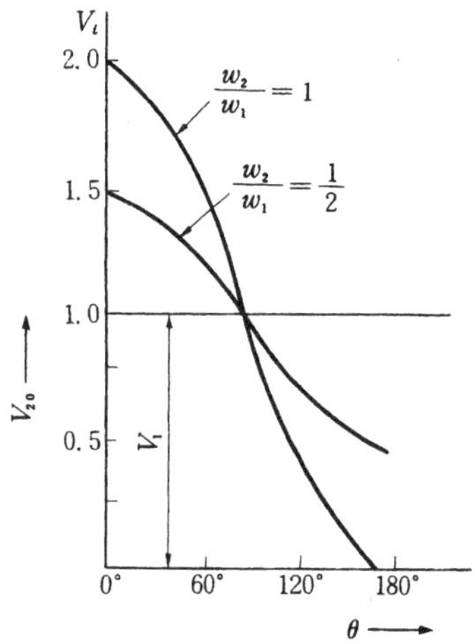

그림 2·85

그림 2·85는 θ에 대한 V_{20}(V_{20}은 無負荷 2次線間電壓)의 變化曲線을 표시한다.

2次捲線 S에 負荷電流가 흐르면 磁束 Φ_2가 생긴다. 이것을 그림 2·86

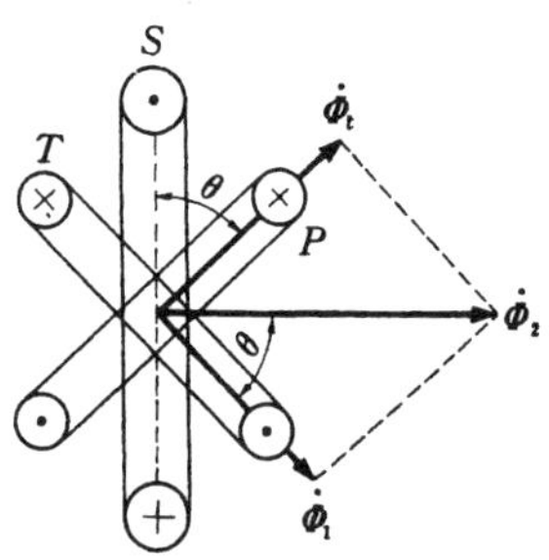

그림 2·86

과 같이 $\Phi_1 = \Phi_2 \cos\theta$ 와 $\Phi_t = \Phi_2 \sin\theta$ 에 분해하면 Φ_1 은 1次電流에 의하여 상쇄되지만 Φ_t 는 1次捲線과는 鎖交하지 않으므로 이것이 2次捲線의 리액턴스 降下가 된다. 특히 $\theta = 90°$ 에서는 이로 인하여 큰 電壓降下가 생겨 電壓變動率이 매우 커지므로 1次捲線과 직각으로 短絡捲線 T를 감고 이것에 흐르는 電流로 Φ_t를 없애도록 하는 것이다.

그리고 單相誘導電壓調整器의 定格容量 P는 2次捲線의 定格電流를 I_2라 하면

$$P = E_{20} I_2 \times 10^{-3} \, [\mathrm{kVA}] \tag{2·71}$$

이다.

2·7·7 試驗用 變壓器

試驗用 變壓器(testing transformer)는 商用周波數로 絶緣耐力試驗을 할 때의 電源으로 사용하는 變壓器이며, 2次電壓이 상당히 높다. 한 대가 500[kV]에 이르는 것도 있으며 더욱 높은 電壓이 필요한 경우에는 여러 대의 變壓器를 縱續接續으로 한다.

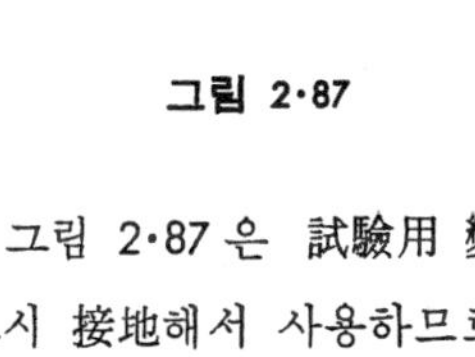

그림 2·87

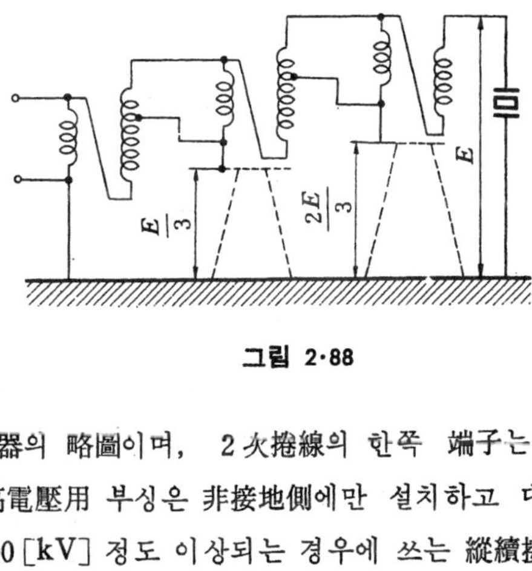

그림 2·88

그림 2·87 은 試驗用 變壓器의 略圖이며, 2次捲線의 한쪽 端子는 반드시 接地해서 사용하므로 高電壓用 부싱은 非接地側에만 설치하고 대개 油入式이다. 그림 2·88 은 500[kV] 정도 이상되는 경우에 쓰는 縱續接續의 그림인데 單器로 하면 捲線을 絶緣하기가 힘들므로 그림과 같이 3개로 나누어 각 2次電壓은 全電壓 E의 $\frac{1}{3}$로 한다. 그러면 第2段, 第3段

의 變壓器의 대지에 대한 單位는 각각 $\frac{E}{3}$, $\frac{2E}{3}$가 되어 이와 같은 電壓에 견디는 絕緣臺 위에 變壓器를 놓아야 한다. 그리고 捲線과 變壓器外函 사이의 絕緣은 모두 $\frac{E}{3}$면 충분하므로 제작이 容易하다.

연 습 문 제

1. 單捲變壓器 2대를 V結線으로 하여 3000 [V]에서 3300 [V]에 遞昇하고 300 [kVA]의 負荷에 電力을 공급하려고 한다. 單捲變壓器의 [kVA] 容量을 구하라.

   답 15.72 [kVA]

2. 그림 2·89와 같이 3150/210 [V]의 單相變壓器를 써서 電壓 V_1을 V_2에 昇壓하려고 한다.

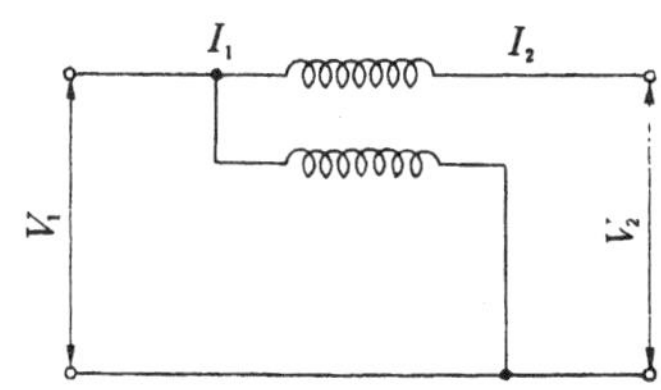

그림 2·89

   (a) V_1이 3000 [V]일 때 V_2는 몇 [V]인가?
   (b) I_1이 25 [A]이면 I_2는 몇 [A]인가?
   (c) 이상의 경우 變壓器容量은 몇 [kVA]인가?

   답 (a) 3200 [V], (b) 23.4 [A], (c) 5 [kVA]

3. 變壓器容量 10 [kVA]의 單捲變壓器 3개를 Y로 결선하고 3相 3000 [V]를 3300 [V]로 체승한다. 이 경우의 3相負荷容量은 얼마인가? 답 330 [kVA]

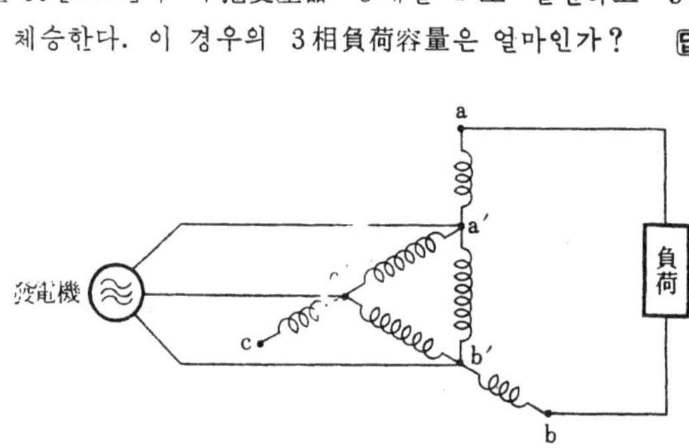

그림 2·90

4. 그림 2·90과 같이 結線한 3개의 單相單捲變壓器가 있다. ab 사이에 負荷를 접속하고 電流 $\dot{I}$를 흘렸을 때 變壓器捲線 및 發電機에 있어서의 電流의 세기와 분포를 그림 위에 기입하라. 여기서 變壓器의 捲數比는 ab' : a'b' = n : 1이고 勵磁電流는 무시한다.

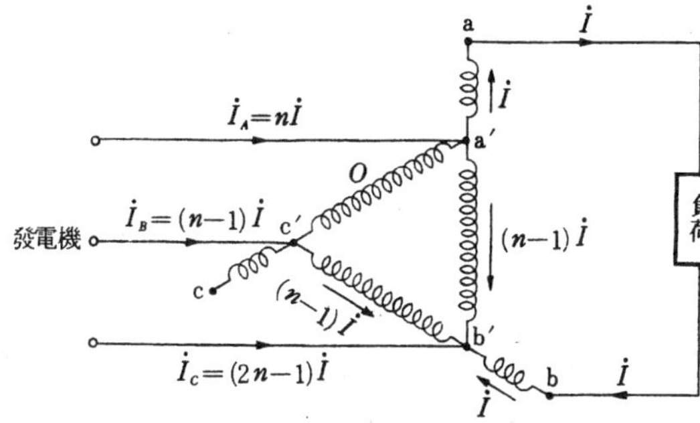

그림 2·91

(약해) a'b'가 1, ab'가 n이므로 aa' $= n-1$이며, aa'에 $\dot{I}$가 흐르므로, a'b' 捲線에는 $\dot{I}(n-1) = \dot{I}_x \times 1$을 만족하는 $\dot{I}(n-1)$되는 전류가 흐른다. 이와 같이 해서 b'c' 권선에 흐르는 전류도 구한다. cc'에는 電流가 흐르지 않으므로, c'a'에도 電流는 흐르지 않는다.

5. 單相誘導電壓調整器의 1次電壓 100 [V], 2次電壓 100±30 [V], 2次電流는 50 [A]이다. 이 調整器의 定格은 몇 [kVA]인가? 답 1.5 [kVA]

(약해) 식 (2·71)을 이용한다.

6. 平衡 3相3線式線路에 2개의 P.T.와 3개의 電壓計 V_1, V_2, V_3을 그림 2·92와 같이 접속하고 線間電壓을 재고 있을 때 퓨우즈 F_B가 절단되었다면 각 電壓

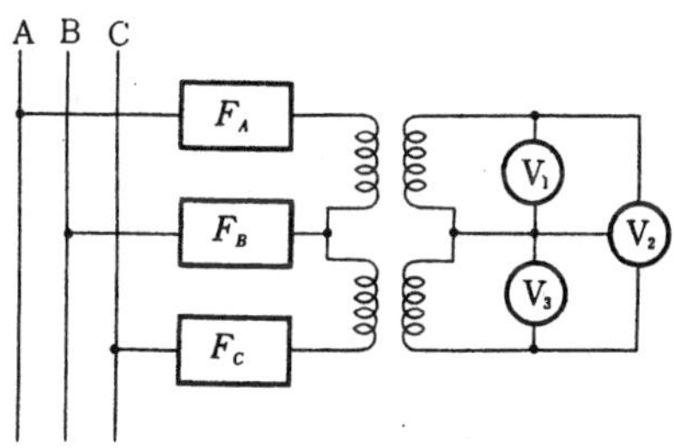

그림 2·92

計의 지시는 몇 [V]가 되는가? 여기서 線間電壓은 3000 [V]이다.

답 V_1과 V_2는 1500 [V], V_3은 3000 [V]

7. 平衡 3相電流를 측정하려고 變流比 60/5의 變壓器 2개를 그림 2·93과 같이 접속했더니 電流計에 2.5 [A]가 흘렀다. 1次電流는 몇 [A]인가?

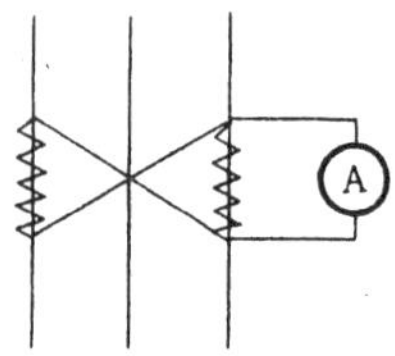

그림 2·93

답 17.3 [A]

8. 單相誘導電壓調整器에 短絡捲線을 설치하는 이유를 설명하라.

9. 變流器의 2次回路는 사용중 열어서는 안 되는 이유를 설명하라.

10. 受電電壓 3000 [V], 受電電力 500 [kW]의 機械工場에서 主配電盤에 裝置하는 變流器의 적당한 變流比는 얼마인가? 답 30

第3章 同期機

3·1 同期發電機의 原理 및 構造

3·1·1 交流發生의 原理

그림 3·1에 표시한 바와 같이 磁極 N, S 사이에 코일 abcd를 놓고 이것을 xx'를 軸으로 하여 時計方向으로 돌리면 코일邊 ab, cd는 磁束을 끊으므로 Fleming의 오른손 法則에 의하여 ab, cd에는 화살표로 나타낸 방향에 起電力이 誘起되고 電流는 슬립 링(slip ring) r_1, r_2; 브러시(brush) b_1, b_2를 거쳐 A에서 B로 향해 흐르게 된다. 半回轉 후에는 起電力의 방향이 반대로 되고 電流는 B에서 A로 향해 흐른다.

이와 같이 코일이 일정한 速度로 도는 동안에는 半回轉마다 起電力의 방향이 규칙적으로 변하므로 交番起電力을 얻을 수 있다.

이와 같은 구조의 交流發電機는 磁極 N, S가 直流로 勵磁되며, 電機子鐵心表面에 슬롯을 펴서 그 안에 코일邊을 넣게 되어 있다.

그림 3·1의 交流發電機는 磁極이 固定되어 있고 電機子가 回轉하므로

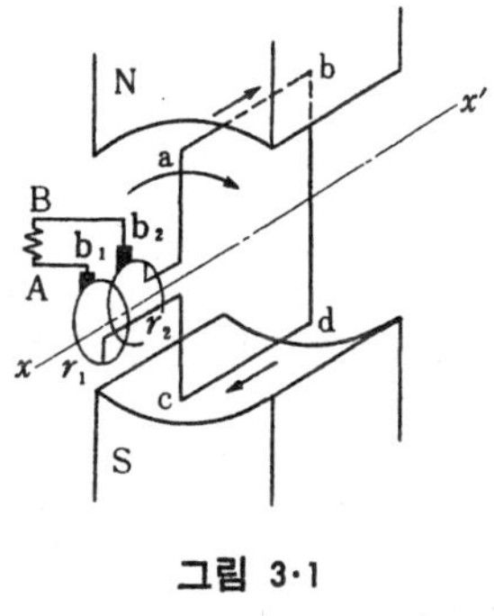

그림 3·1

이것을 **回轉電機子型**(revolving armature type)이라 한다. 그러나 코일에 起電力을 誘起시키려면 코일이 磁束을 끊기만 하면 되므로 그림 3·2와 같이 코일, 즉 電機子를 고정시키고 磁極을 돌려도 된다. 이러한 發電機를 **回轉界磁型**(revolving field type)이라 한다. 실제의 交流發電機는 대부분이 回轉界磁型으로 되어 있다.

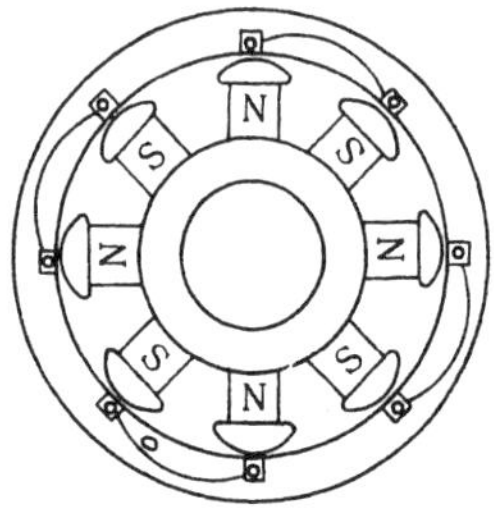

그림 3·2

3·1·2 周波數

그림 3·1과 같은 2極의 交流發電機에서는 1회전에 대하여 起電力은 1[～]이지만 P極의 發電機에 있어서는 磁極이 $1/P$회전하면 起電力이 逆方向으로 되므로 1회전하는 동안에 起電力은 $2/P$[～]만큼 경과하는 것이 된다. 그러므로 1분간의 回轉數를 N, 周波數를 f라 하면,

$$f = \frac{P}{2} \times \frac{N}{60} [\text{Hz}] \tag{3·1}$$

이 된다.

위 식의 N을 周波數 f, 磁極數 P에 대한 **同期速度**(synchronous speed)라 하며, 同期速度로 회전하는 交流發電機를 **同期發電機**(synchronous generator)라 한다.

商用周波數(commercial frequency)로는 주로 60[Hz] 또는 50[Hz]가 채용되고 있으며, 交流電氣鐵道用으로는 25[Hz] 혹은 그 이하의 周波數가 적당한 경우도 있다.

식 (3·1)에서 이러한 周波數를 내는 發電機의 極數는 發電機를 돌리는 原動機의 速度만으로 정해짐을 알 수 있다. 그리고 原動機에는 각각 가장 經濟的인 速度가 정하여져 있다. 예컨대 디이젤機關은 100～300 [rpm], 水車는 落差와 水車의 종류에 따라 다르지만 대체로 125～900 [rpm], 蒸氣터어빈은 1500～3600 [rpm]이 가장 적당하다. 그러므로 엔진發電機의 極數는 20이상, 터어빈發電機의 極數는 2 또는 4이며, 水車發電機는 容量 및 落差에 따라 6, 8정도의 少數極으로부터 40, 60 정도의 多數極에 이르기까지 넓은 범위에 걸쳐 있다.

3·1·3 構 造

同期機는 앞서 설명한 바와 같이 回轉界磁型이며, 回轉子(rotor)와 固定子(stator)로 되어 있다. 回轉子는 磁極鐵心(pole core), 界磁捲線(field winding), 回轉子繼鐵(rotor yoke), 軸(shaft)으로 구성되고 固定子는 電機子鐵心(armature core), 電機子捲線(armature winding), 固定子테(stator frame)로 구성되며, 이 밖에 勵磁機(excitor), 베어링(bearing), 通風裝置, 給油裝置 등이 부속되어 있다.

(1) 回轉子

磁極에는 그림 3·3과 같은 **凸極**(salient pole)과 그림 3·4와 같은 非凸

그림 3·3

極(non-salient pole) 또는 **圓筒極**(cylindrical pole)이 있으며, 前者는 주로 水車發電機나 엔진發電機와 같은 中·低速機에 적용되고 後者는 터어빈發電機와 같은 高速機에 專用되고 있다.

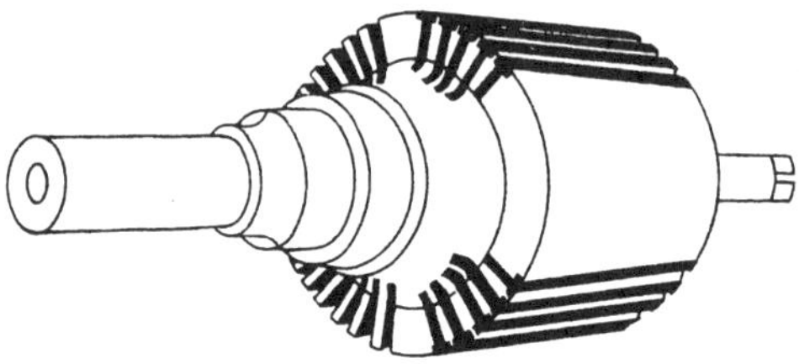

그림 3·4

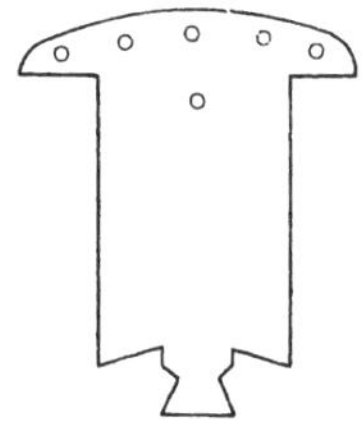

그림 3·5

① 凸 極

磁極鐵心은 1.6~3.2 mm 두께의 鋼板을 그림 3·5의 모양으로 잘라 이것을 成層한 **成層鐵心**(laminated core)으로 하고 兩端에 端板을 붙여서 리벳(rivet) 혹은 보울트(bolt)를 끼워서 組立한다.

磁極片(pole piece)의 極弧(pole arc)는 磁極片과 電機子 사이의 空隙에

그림 3·6

서 磁束分布가 正弦波에 가깝게 되도록 그 形狀을 설계한다.

界磁捲線은 數百 [kVA] 이하의 小容量機에서는 2重綿捲 혹은 石綿被覆의 丸線 내지 角線을 사용하나 大形機에서는 裸銅帶를 平捲(edgwise wound)으로 감고 捲線 사이를 파이버(fiber) 또는 石綿紙로 絶緣한다.

水車發電機에는 橫軸型(horizontal type)과 竪軸型(vertical type)이 있으나 固定子 자체의 구조에는 별로 다른 점이 없다.

그림 3·6은 완성된 凸極回轉子(竪軸型)의 그림이다.

② **圓筒極**

磁極과 軸과를 그림 3·4와 같이 한덩어리로 만든 것이, 구조가 간단하기 때문에 가장 많이 채용되며, 大形機에서 單一體로 하기 힘든 경우에는 적당하게 분할해서 조립식으로 한다. 이것에 슬롯을 파서 界磁捲線을 삽입한다. 界磁코일은 銅帶를 平捲으로 감은 것으로 層間絶緣에는 石綿, 雲母 등의 耐熱性絶緣物을 쓴다. 그리고 코일端部에는 特殊合金鋼 또는 非磁性體의 保護環을 끼워서 遠心力에 의하여 코일端部가 變形되지 않도록 한다. 그림 3·7은 완성된 圓筒形 回轉子를 표시한다.

蒸氣터어빈 發電機는 高速度이므로 遠心力에 견딜 수 있도록 回轉子의 直徑을 작게 하는 결과 出力을 증가하려면 軸方向의 길이를 길게 하는 동시에 磁束을 많이 내게 하고 電機子코일의 길이를 길게 해야 한다. 그러므로 터어빈發電機는 그림 3·7과 같이 軸方向으로 긴 橫軸型이 된다.

그림 3·7

(2) **固定子**

電機子鐵心은 그림 3·8 (a), (b)와 같이 扇形으로 찍어낸 두께 0.35~0.5 [mm]의 珪素鋼板(珪素含有量 2~4[%])을 포개서 만든다. 이 鋼板에

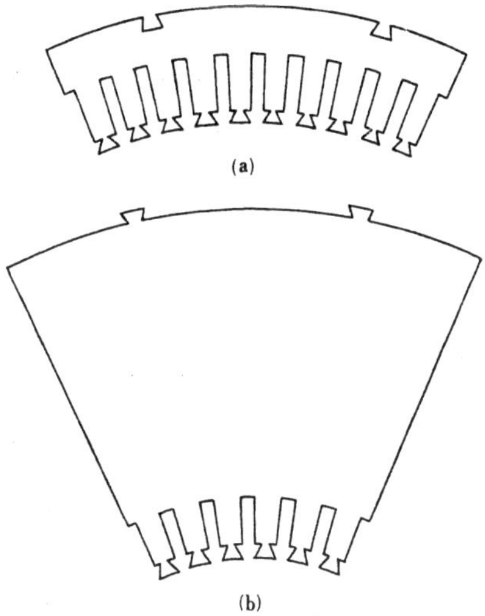

그림 3·8

는 내측에 電機子코일이 들어갈 슬롯을 파고 燒鈍한 다음 絶緣바니쉬를 兩面 혹은 一面에만 바르든지 또는 絶緣紙를 一面에 붙이든지 해서 渦電流(eddy current)를 막는다. 또한 電機子鐵心에는 成層方向에 50～60[mm]마다 10～13[mm]의 間隔片을 삽입해서 그림 3·9와 같은 通風渠

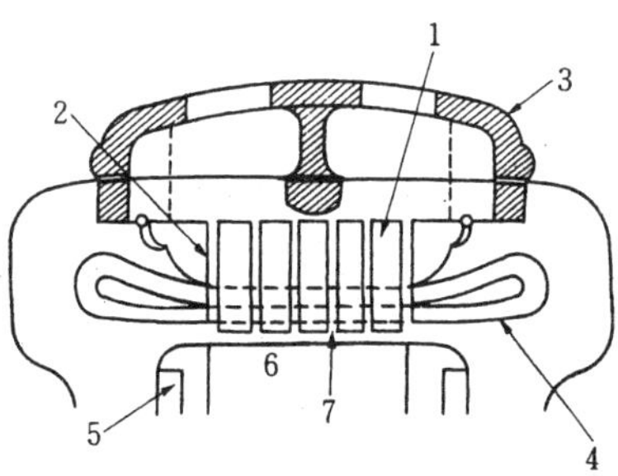

1. 電機子鐵心　　2. 端板
3. 固定子틀　　4. 電機子코일
5. 界磁코일　　6. 磁極
7. 通風渠

그림 3·9

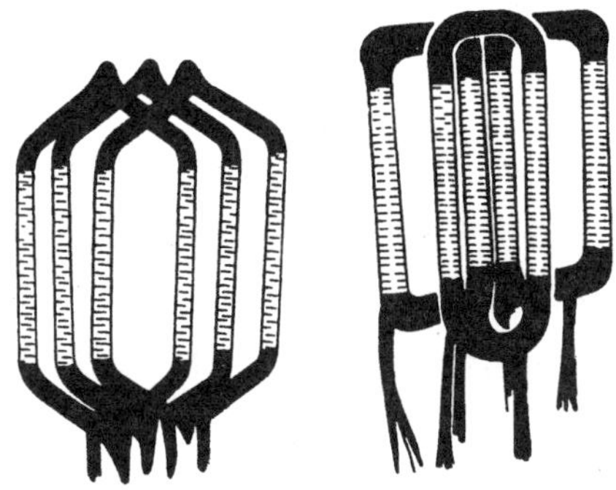

(a) (b)

그림 3·10

(air duct)를 설치한다.

電機子코일은 綿糸 또는 石綿으로 絶緣한 軟銅帶를 그림 3·10 (a) 또는 (b)의 형으로 몇 번 감고 이것을 雲母紙 또는 絶緣綿布로 다시 절연한 다음 건조시키고 混合絶緣物을 채워서 耐濕性을 갖도록 한 것이며, 다음 3·2節에서 설명하는 방법으로 서로 접속한다.

터어빈發電機의 固定子는 水車發電機의 그것과 대체로 같지만 터어빈發電機는 磁極數가 적으므로 鐵心은 그림 3·8 (b)와 같이 半徑方向의 두께가 크며 軸方向의 길이도 길게 된다. 그림 3·11은 엔진發電機의 回轉子

그림 3·11

의 한 종류를 나타낸다.

(3) 베어링

대형의 橫軸型 同期機의 베어링은 給油 및 冷却方法에 각별한 노력이 필요하다. 竪軸型 發電機에서는 勵磁機가 軸의 맨 위에 있고 그 밑에 **드러스트 베어링**(thrust bearing)을 설치한다. 그러나 이것만으로는 軸이 좌우로 동요하므로 이 외에 **가이드 베어링**(guide bearing)도 설치한다.

드러스트 베어링에는 킹스베리식(Kingsbury type)과 스프링식(spring type)이 있다. 이들 드러스트 베어링은 油槽 안에 설치되며, 冷却方式은 水冷式으로 되어 있다.

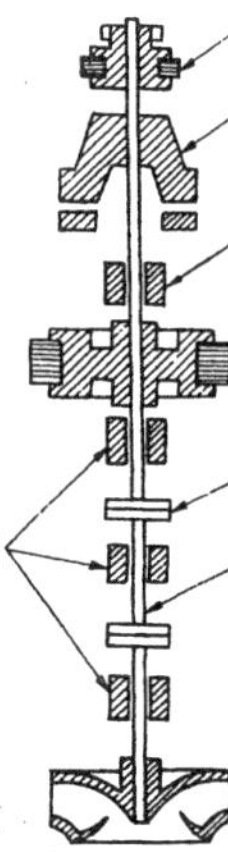

그림 3·12

보통 竪軸型 發電機에 있어서는 그림 3·12와 같이 드러스트 베어링을 勵磁機의 하부에 설치하고 發電機의 상하에 가이드 베어링을 설치하지만 **우산型**(umbrella type)이라고 부르는 發電機에 있어서는 드러스트 베어링과 하부 가이드 베어링을 回轉子의 하부에 설치하고 상부 가이드 베어링은 두지 않는다. 우산형은 低速度發電機에만 적용되는 것으로 低速度이면 軸의 길이가 짧고 가이드 베어링의 數를 적게 하여도 되기 때문이다.

우산형으로 하면 發電機의 높이가 낮아지므로 發電機 자체의 무게도 가

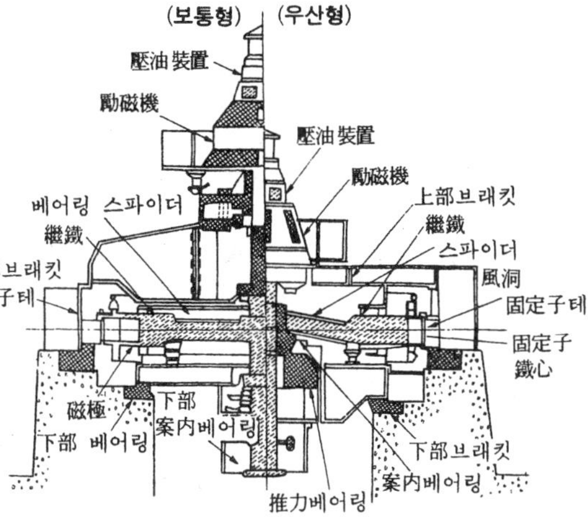

그림 3·13

벼워지고 發電所建物의 높이도 낮출 수 있다. 그림 3·13은 普通發電機와 이것과 同一定格의 우산형 發電機와를 비교한 그림이다.

(4) 勵磁機

同期機의 界磁捲線을 勵磁해 주는 直流發電機를 勵磁機라고 하며 直流分捲發電機 또는 複捲發電機가 사용된다. 운전 방법으로는 主機에 직결하는 방법이 가장 많이 채용된다. 勵磁機의 필요 容量은 同期機의 容量과 回轉數에 따라서 틀리며, 일례를 들면 대체로 표 3·1과 같고 또 勵磁機의 電壓은 100～125 [V]와 200～250 [V]가 가장 많다.

표 3·1

發電機 容 量	每 分 回 轉 數	勵磁器容量 [kW]
100	1000, 600, 300, 150	2, 2.5, 3, 4
500	1000, 600, 300, 150	6, 7.5, 9, 12
1000	600, 300, 150	12, 15, 18
5000	600, 300, 150	35, 45, 65
10000	600, 300, 150	55, 70, 85
20000	600, 300, 150	90, 110, 140

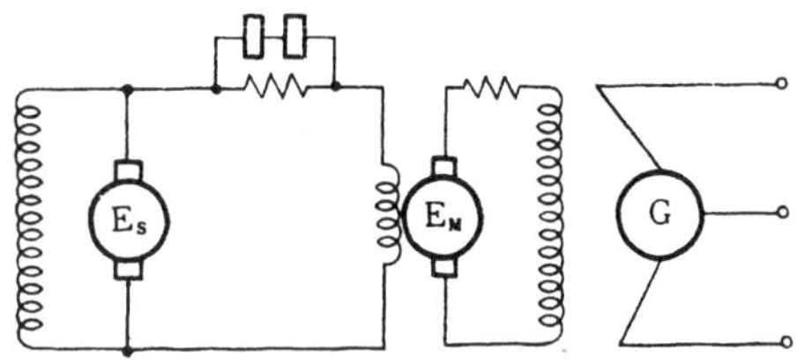

G : 同期發電機 E_M : 主勵磁機 E_S : 副勵磁機

그림 3·14

低速度大容量의 勵磁機에서는 界磁電流가 많이 흐르므로 이 電流의 調整이 곤란하기 때문에 그림 3·14와 같은 勵磁方式으로 한다. 이것은 **主勵磁機**(main excitor)를 他勵磁하기 위하여 **副勵磁機**(sub-excitor 혹은 pilot excitor)를 설치하고 主機電壓 변동에 따라서 界磁電流가 速應할 수 있도록 설계한 **速應勵磁方式**(quick response excitation)이다. 副勵磁機의 容量은 主勵磁機의 容量의 3∼10[%] 정도이다.

이상은 他勵磁 交流發電機인데 최근 自勵磁 交流發電機가 실용화되었다. 交流發電機도 直流發電機와 마찬가지로 殘留磁氣를 가지고 있다. 대개 定格電壓의 2∼3[%] 정도의 電壓에 상당하는 殘留磁氣이다. 交流는 勵磁電流로 사용할 수 없으므로 이것을 整流器로 整流해서 사용한다. 그림 3·15는 自勵磁 交流發電機의 回路構成(單線 基本要素)을 표시한다. 실제로는 표시 이외의 요소가 포함되어 있고 상당히 복잡하다.

自勵磁 交流發電機의 原理는 殘留磁氣로 발생한 電流를 리액터 L을 통하여 變壓器 P.T.를 써서 降壓한다. 이것은 리액터에 흐르는 電流를 적게

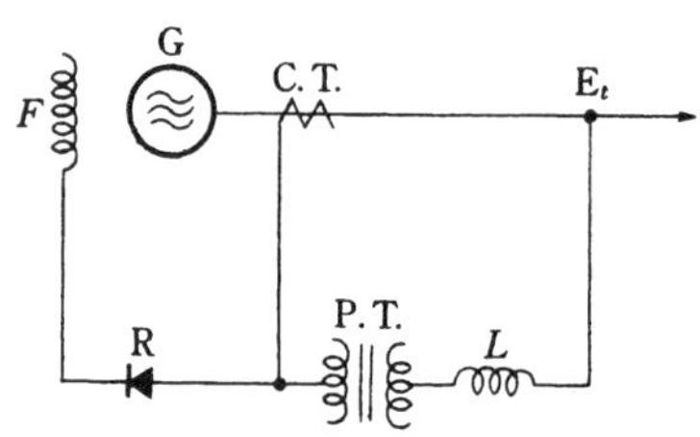

그림 3·15

하기 위함이며, 이것을 整流器 R을 써서 整流하여 界磁捲線 F에 공급한다. 電壓上昇은 1~2초에서 定格値에 이른다. C.T.는 變流器이며, 이것에 의하여 負荷에 比例하는 電流가 흘러 이것이 P.T.로부터의 電流와 重疊하여 複捲特性을 가지게 하므로 電壓變動率을 매우 적게 한다.

勵磁裝置가 모두 靜止器이므로 回轉勵磁器의 整流子 保守의 필요성이 없고 信賴度도 높으며, 發電機의 중량도 경감되고 設置面積도 줄어든다.

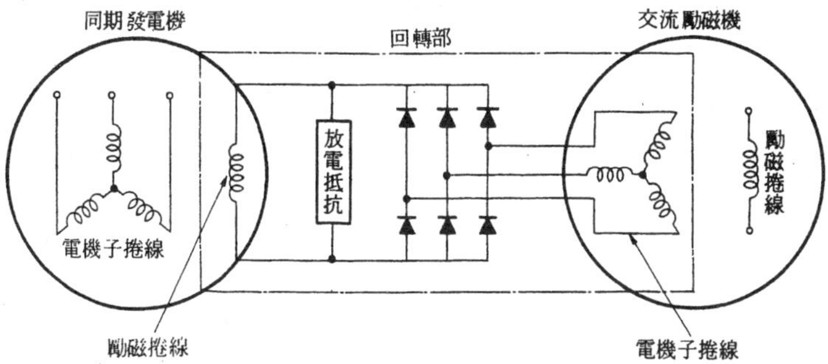

그림 3·16

또 다른 勵磁方式으로 브러시 레스(brush less) 勵磁方式이 있다. 이것을 交流勵磁方式이라고도 한다. 이 방식은 그림 3·16과 같이 回轉電機子型의 交流發電機를 交流勵磁機로 쓰고 이것의 發生交流를 半導體整流器로 整流하여 同期發電機의 界磁電流로 하는 방법이며, 勵磁電流의 調整은 交流勵磁機의 勵磁回路의 可變抵抗으로 행한다. 鎖線으로 둘러싸인 부분이 一體가 되어 회전하며, 發電機의 磁極과 勵磁機의 電機子와는 同軸으로 되어 있다. 整流器나 放電抵抗 등은 회전부분에 붙이므로 회전 부분과 고정부분 사이를 導電的으로 접속할 필요가 없어 브러시 레스 同期發電機가 된다. 즉 勵界코일과 電機子捲線이 空隙을 사이에 두고 磁氣的으로 접속되어 있을 뿐이다. 최근에는 數萬 [kVA]의 發電機도 이 形式으로 되고 있다. 半導體整流器의 信賴度가 增大할수록 自勵式이나 交流勵磁式이 점차 더 많이 보급될 것이다.

(5) 冷却(cooling)

低速度의 凸極型 發電機는 磁極 자신이 送風扇이 되어 이것이 일으킨 바람이 固定子鐵心의 通風渠를 지나므로 쉽게 냉각되지만 磁極兩端에 通風扇을 장치하면 더욱 冷却效果를 높일 수 있다. 그러나 高速의 터어빈發電機는 축방향으로 길고 回轉子가 圓筒形으로 凸極型 發電機에 비교하면 空隙이 작기 때문에 回轉子의 양단에서 통풍하는 것만으로는 鐵心의 중앙부의 冷却이 곤란하다. 그러므로 通風渠를 많이 설치하든가 또는 軸方向으로 많은 通風孔을 뚫어 놓고 冷却空氣를 강제로 순환시키도록 한다.

근래에 와서 空氣 대신 冷媒로 水素가스를 사용하는 水素冷却方式을 많이 채용하게 되었다. 水素가스는 空氣에 비하여 風損이 적고 比熱이 크기 때문이다.

美國에서는 터어빈發電機는 3600 [rpm]이면 20000 [kW] 이상, 1800 [rpm]이면 65000 [kW] 이상을 水素冷却으로 한다고 하며, 또한 機內의 水素壓力은 대체로 0.035 [kg/cm²] 정도이지만 최근 2.1 [kg/cm²]로 높여 冷却效果를 거두고 重量과 型體를 더욱 축소하려는 경향에 있다.

연 습 문 제

1. 水車發電機와 터어빈發電機의 磁極構造는 어떻게 다른가?

2. 다음 여러 개의 물음에 대한 답 중에서 옳은 것은 어느 것인가?

問	答 (A)	(B)	(C)	(D)
a. 10極, 60[Hz]의 同期機의 每分回轉數는	360	720	800	900
b. 60 [Hz], 1800 [rpm] 同期機의 極數는	2	4	6	8
c. 터어빈發電機의 極數는 대개	2 또는 4	6 또는 8	10 또는 12	14 또는 16
d. 우산型으로 하는데 적당한 水車發電機는	低速小形機	低速大形機	高速小形機	高速大形機

답 a. (B), b. (B), c. (A), d. (B)

3. 20 極, 5000 [kVA]의 水車發電機의 主勵磁機 및 副勵磁機의 容量 [kW]는 다음 표 안에서 어느 것이 적당한가?

主	50	100	200	1000
副	2	10	30	50

3·2 電機子捲線과 誘起起電力

3·2·1 捲線의 原理

電機子鐵心表面의 한 곳에 집중시켜 1개의 코일을 감는다는 것은 表面利用率이 낮으므로 非經濟的이다. 그러므로 많은 導體를 鐵心의 外周에 골고루 분포되어 있는 슬롯에 나누어 넣고, 이들을 적당히 연결하여 각각 導體에 유기되는 起電力이 유효하게 합하여지도록 한다.

交流發電機에 있어서도 直流機에서와 마찬가지로 대략 1極間隔만큼 떨어져서 反對極의 영향을 받고 있는 導體를 차례차례 연결해 가는 鼓狀捲線(drum winding)이 널리 채용되고 있다.

3·2·2 捲線의 種類

(1) 重捲, 波捲, 鎖捲

電機子捲線을 감는 방법에 따라서 분류하면 **重捲**(lap-winding), **波捲**(wave winding), **鎖捲**(chain winding)의 3종류가 있으나 일반적으로 同期機에는 重捲이 쓰이며, 鎖捲은 高壓의 機械에 채용되고 波捲은 거의 사용되지 않는다. 그림 3·17 은 각각 鎖捲(a), 重捲(b), 波捲(c)의 4極 單相捲을 표시한다.

(2) 單層捲, 2層捲

1개의 슬롯에 코일邊 1개를 넣은 것을 **單層捲**(single layer winding),

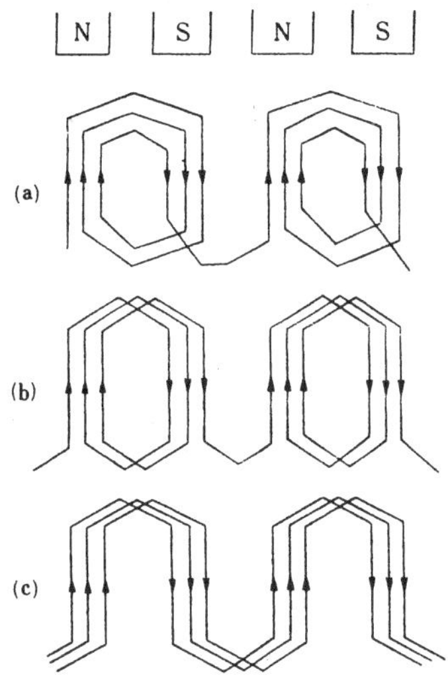

그림 3·17

2개를 포개 넣은 것을 **2層捲**(two layer winding)이라고 한다. 同期機에서는 2層捲을 쓰지만 鎖捲인 경우에는 單層捲으로 한다.

(3) 集中捲, 分布捲

1極 1相의 슬롯數가 1개가 되는 捲線을 **集中捲**(concentrated winding), 2개 이상인 것을 **分布捲**(distributed winding)이라고 하는데 分布捲으로 하면 起電力의 波形이 좋아지고 捲線의 漏洩리액턴스를 감소시키며, 電機子銅損에 의한 熱을 골고루 분포시켜 過熱을 방지하는 등 잇점이 있으므로 주로 分布捲으로 한다.

(4) 全節捲, 短節捲

코일 피치(coil pitch)가 極間隔과 같은 것을 **全節捲**(full pitch winding), 極間隔보다 작은 것을 **短節捲**(short pitch winding)이라고 한다. 同期機에는 전부 短節捲을 채용하고 있다. 短節捲으로 하면 코일 피치를 적당히 함으로써 어떤 高調波를 제거해서 起電力의 波形을 좋게 하고 코일端部가

단축되어 機械 전체의 길이가 축소되며 銅量이 적게 드는 등의 이점이 있다.

(5) 單相捲線, 多相捲線

1雙의 磁極에 대하여 1개의 코일群을 가진 것이 **單相捲線**(single phase-winding)이다. 같은 電氣角의 位相差를 가진 여러 개의 코일群을 배열하면 각 코일群에는 이 電氣角에 상당한 시간적인 位相差를 가진 起電力이 유기된다. 이와 같은 捲線을 **多相捲線**(poly-phase winding)이라 한다.

예컨대, 電氣角 90°의 位相差를 가진 것이 2相捲線이고 電氣角 120°의 位相差를 가진 것이 3相捲線이다. 大容量의 交流發電機는 대개 3相捲線으로 되어 있다. 그림 3·18 (a)는 6極2層重捲의 3相捲線의 예이며, 그림 (b)는 4極鎖捲의 3相捲線의 일례를 표시한다.

여기서 각 捲線이 120°의 位相差를 가졌음을 그림 3·18(b)를 예로 들어 밝혀 보자. 4極이므로 全周는 電氣角으로 $2\times360=720°$이며, 슬롯數가 24개이므로 슬롯 사이의 電氣角은 $\dfrac{720°}{24}=30°$이다. 그런데 T_1, T_2, T_3 사이는 각각 4개의 슬롯間隔이므로 $30°\times4=120°$임을 알 수 있다.

3相의 경우 相間接續은 Y結線과 Δ結線 중 어느 것으로도 할 수 있으나 中性點을 이용할 수 있고 같은 相電壓이면 Δ結線보다는 더높은 線間電壓을 얻을 수 있으며, 같은 端子電壓이면 Δ보다는 絕緣이 쉽다는 등의 이점

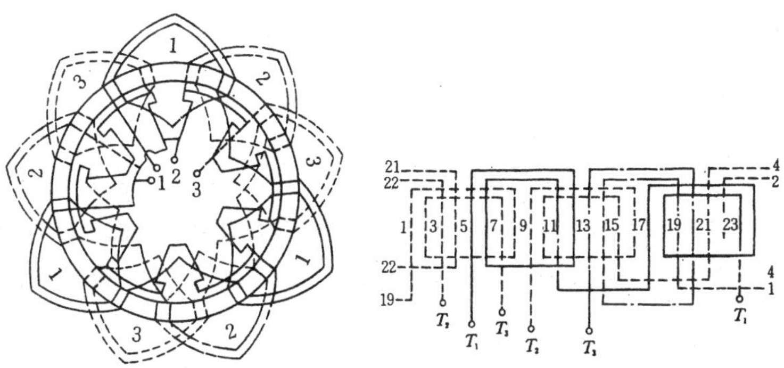

(a) (b)

그림 3·18

이 있기 때문에 Y結線으로 하는 경우가 많다.

3·2·3 誘起起電力

(1) 誘起起電力의 式

1개의 電機子導體에 誘起되는 起電力의 순시치는

$$e = Blv \text{ [V]}$$

이다. 여기서 電機子直徑을 D, 回轉數를 N[rpm], 極數를 P, 周波數를 f라 하면,

$$v = \pi D \cdot \frac{N}{60} = 2\pi D \cdot \frac{f}{P}$$

$$\therefore\ e = 2f \cdot \frac{\pi Dl}{P} \cdot B \text{ [V]}$$

B가 正弦波形으로 변화하면 e도 正弦波形으로 변화하며, 이 起電力의 平均值를 E_{mean}이라고 하면

$$E_{mean} = 2f \cdot \frac{\pi Dl}{P} \cdot B_{mean} \text{ [V]}$$

가 된다. 그런데 $\frac{\pi Dl}{P}$은 1極 밑의 電機子表面積이므로 이것과 平均磁束密度 B_{mean}과의 積은 1極의 總磁束數 Φ를 표시한다. 그러므로

$$E_{mean} = 2f\Phi \text{ [V]}$$

가 되며 實效值 E는 波形率 $\times E_{mean} = 1.11\ E_{mean}$이 되므로 導體 1개의 誘起起電力은

$$E = 2.22 f\Phi \text{ [V]}$$

로 된다.

코일의 각 邊이 電氣角度로 180°만큼 떨어져 있고 1相1極當 슬롯數가 1인 경우 捲數 w되는 捲線에 誘起되는 起電力은 전부 同相이 되므로 全起電力은 1개 導體의 誘起電壓의 $2w$배가 된다. 즉 이러한 捲線의 誘起起電力 E는

$$E = 4.44 f w \Phi \text{ [V]} \qquad (3\cdot2)$$

이다.

그런데 同期機의 捲線은 分布, 短節捲線으로 되어 있으므로 어느 1相에 直列로 연결되어 있는 각 導體의 起電力 사이에는 位相差가 생겨 그 合成起電力은 식 (3·2)에 의하여 계산한 값보다 적게 된다. 그러므로 集中全節捲線의 起電力의 식 (3·2)에 1보다 작은 係數 K_w를 곱한

$$E = 4.44\,K_w f w \Phi\ [\mathrm{V}] \tag{3·3}$$

라는 식으로 起電力을 구해야 한다.

여기서 K_w를 **捲線係數**(winding factor)라고 한다.

(2) 捲線係數

捲線係數는 다음에 설명할 分布係數와 短節係數를 곱한 것이 된다.

① 分布係數

1相 1極의 슬롯數가 2개 이상인 경우에는 각각 슬롯의 내부에 들어 있는 코일에 誘起되는 起電力은 位相이 다르다.

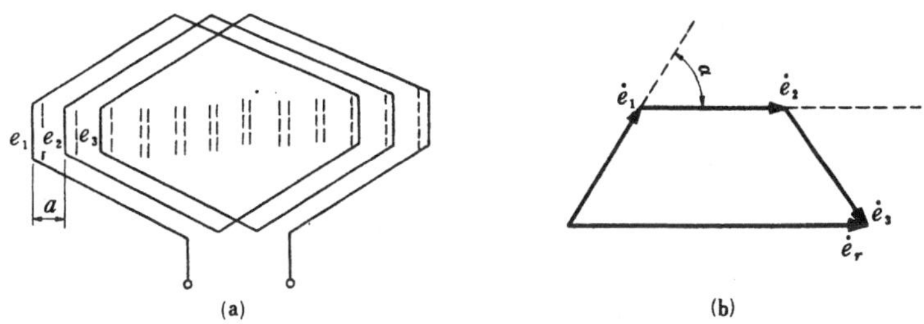

그림 3·19

그러므로 合成起電力은 算術合이 안 되고 벡터合이 된다. 예컨대, 그림 3·19 (a)와 같이 3개의 슬롯에 分布配置하면 각 코일의 誘起起電力 $\dot{e}_1$, $\dot{e}_2$, $\dot{e}_3$는 서로 α만큼 位相이 다르므로 그 合成値는 그림 (b)의 $\dot{e}_r$이 된다. 가령 코일 전부를 1개의 슬롯에 배치한 集中捲으로 하면 誘起起電力의 合成値는 $e_1 + e_2 + e_3 = e_r'$로 된다.

여기서 $\dfrac{e_r}{e_r'}$을 **分布係數**(distribution factor)라 하고 K_d로 표시한다.

$e_1 = e_2 = e_3 = e$라 하면

$$K_d = \frac{e_r}{e_1+e_2+e_3} = \frac{e_r}{3e}$$

1相 1極의 슬롯數를 q, 相數를 m이라 하면 각 코일 사이의 位相差 α는

$$\alpha = \frac{\pi}{mq}$$

가 된다.

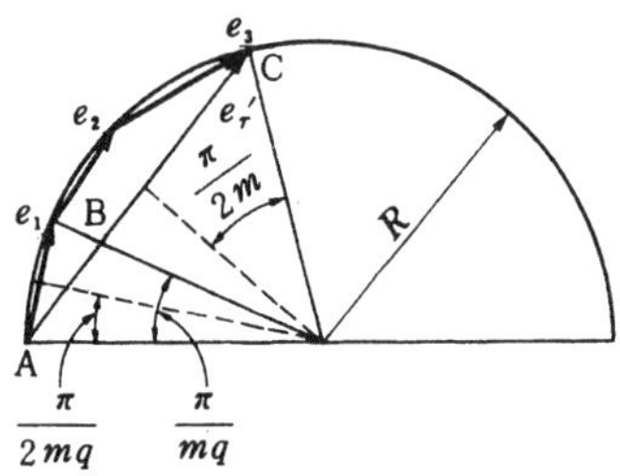

그림 3·20

그러므로 q개의 코일의 誘起起電力의 벡터合 e_r은 그림 3·20에서

$$e_r = \overline{AC} = 2 \times R \sin\frac{\pi}{2m}$$

로 되고 算術合 e_r'는

$$e_r' = q \times \overline{AB} = q \times 2 \times R \sin\frac{\pi}{2mq}$$

가 되므로

$$K_d = \frac{e_r}{e_r'} = \frac{\sin\frac{\pi}{2m}}{q\sin\frac{\pi}{2mq}} \qquad (3\cdot4)$$

식 (3·4)는 分布係數의 일반식이다. 3相의 경우 分布係數의 값은 아래 표와 같이 된다.

表 3·2

q	1	2	3	4	5	6
K_d	1.000	0.966	0.960	0.958	0.957	0.956

② **短節係數**

코일을 短節捲으로 하면 코일의 두 邊에 誘起되는 起電力에 相差가 생겨 全節捲으로 한 경우보다 合成起電力이 작아진다. 이 減少率을 **短節係數** (short pitch factor)라 한다. 그림 3·21은 코일邊 a, b가 極間隔 π가 아니고 $\beta\pi(\beta<1)$ 만큼 서로 떨어진 位置에 있는 것을 표시하며, 각 코일邊의 誘起起電力을 e라 하면 그림 (b)에서 그 合成値 e_r은

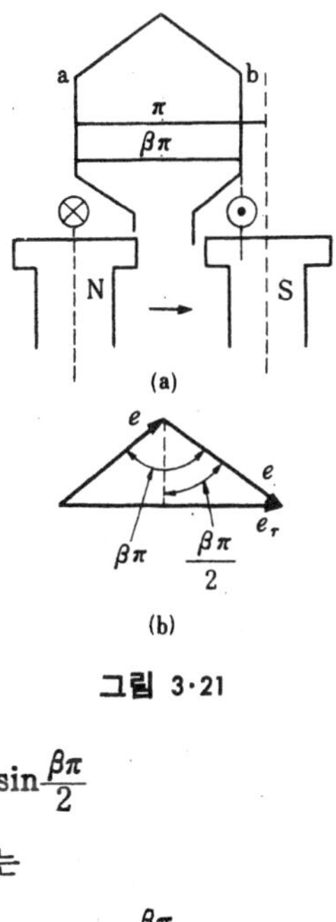

그림 3·21

$$e_r = 2e\sin\frac{\beta\pi}{2}$$

그러므로 短節係數 K_p는

$$K_p = \frac{e_r}{2e} = \sin\frac{\beta\pi}{2} \qquad (3\cdot5)$$

이다.

短節係數의 값은 아래 표와 같다.

표 3·3

β	17/18	14/15	11/12	8/9	13/15	5/6	12/15
K_p	0.996	0.995	0.991	0.985	0.878	0.966	0.951

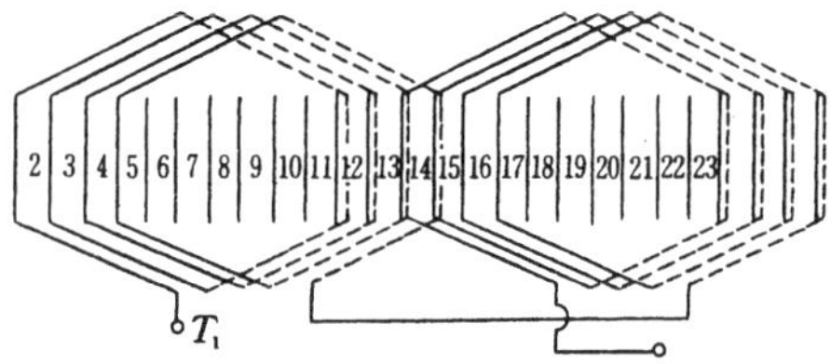

그림 3·22

【예제 1】 2層重捲, 3相交流發電機가 있다. 電機子捲線은 그림 3·22와 같은 分布捲이며, 코일 피치는 10슬롯이고 슬롯總數는 120개, 磁極數는 10이다. 分布係數, 短節係數를 구하라.

(풀이) 每極每相의 슬롯數는

$$q = 120/3 \times 10 = 4$$

分布係數는

$$K_d = \sin\frac{\pi}{2m}\Big/ q\sin\frac{\pi}{2mq} = \sin\frac{\pi}{2\times 3}\Big/ 4\sin\frac{\pi}{2\times 3\times 4} = 0.958$$

極間隔은 슬롯數로 $\frac{120}{10} = 12$이고 코일 피치는 10슬롯이므로 $\beta = \frac{10}{12} = \frac{5}{6}$의 短節捲이다.

短節係數는 $K_p = \sin\frac{\beta\pi}{2} = \sin\frac{5\pi}{12} = 0.966$

【예제 2】 한 極의 磁束이 0.1[Wb], 周波數 60[Hz], 分布係數 0.96이며, 全節捲으로 한 發電機의 1相에 6600[V]를 誘起시키자면 1相의 直列捲回數는 얼마로 하면 되는가?

(풀이) 식 (3·3)의 $E = 4.44K_w f w\Phi$ 에서

$$w = \frac{E}{4.44K_w f\Phi}$$

그런데 $K_w = K_d \times K_p = 0.96 \times 1$, $f = 60$, $\Phi = 0.1$, $E = 6600$

따라서 $w = \frac{6600}{4.4\times 0.96\times 60\times 0.1} = 219$(回)

연 습 문 제

1. 6極星形結線의 3相交流發電機가 있다. 1極의 磁束數 0.16[Wb], 回轉數

1000 [rpm], 1 相의 捲回轉 $w=186$, 捲線係數 $K_w=0.96$이라 하면 周波數와 電壓은 얼마인가? 답 11000 [V], 50 [Hz]

2. 6 極, 3 相 60 [Hz]의 交流發電機가 90 개의 슬롯을 가지고 2 層으로 捲線되어 있다. 分布係數를 구하라. 답 $K_d=0.957$

3. 6 極, 슬롯數 54 의 同期機가 있다. 어떤 電機子 코일이 第 1 슬롯과 제 8 슬롯에 넣어져 있다면 短節係數는 얼마가 되는가? 답 0.9397

4. 短節捲의 利點을 설명하라.

5. 分布捲의 利點을 설명하라.

6. 3 相交流發電機를 주로 Y 結線으로 하는 이유를 설명하라.

7. 第 5 高調波를 除去하려면 어떤 短節捲으로 하면 되는가?

(약해) 第n高調波에 대한 短節係數는

$$K_{pn}=\sin\frac{n\beta\pi}{2}$$

가 된다.

따라서 第 5 高調波에 대하여는

$$K_{p5}=\sin\frac{5\beta\pi}{2}$$

$K_{p5}=0$가 되므로 $\beta=0,\ 0.4,\ 0.8,\ 1.2,\ \cdots$ 가 구해지나 이 중에서 $\beta=0.8$이 가장 적당하다. 답 $\beta=0.8$

8. 20 極, 300 [rpm]의 3 相同期發電機가 있다. 全슬롯數 180, 2 層捲, 각 코일의 捲數 4, 電機子捲線은 星形이고, 端子電壓은 6600 [V]의 경우 1 極의 磁束을 구하라. 단 捲線係數는 0.9 이다. 답 0.0665 [Wb]

3·3 電機子反作用과 漏洩리액턴스

3·3·1 電機子反作用

(1) 定 義

無負荷의 경우 發電機의 磁束은 界磁起磁力만으로 만들어진다. 그러므로 식 (3·3)의 Φ는 界磁起磁力(界磁捲線의 捲回數가 일정하므로 界磁電流라고 해도 좋다)만으로 정하여지고 起電力 E도 이것에 의하여 정해진다.

그런데 電機子에 電流가 흐르면 電機子電流에 의한 起磁力이 界磁起磁力에 겹쳐서 작용하게 되므로 磁束分布는 無負荷의 경우와는 다르게 된다. 그러기 때문에 誘起電壓도 無負荷의 경우의 電壓보다 감소하거나 또는 증가한다. 이와 같이 電機子電流에 의한 磁束中에서 空隙을 지나 磁極에 들어가 界磁磁束에 작용하는 것을 **電機子作用**(armature reaction)이라 한다. 이 反作用은 電流의 크기가 같아도 力率에 따라서 그 작용이 다르게 된다.

(2) 有効電流에 의한 電機子反作用

우선 電壓과 同相의 有效電流가 電機子에 흐르고 있는 경우를 생각해 보자. 어느 導體의 起電力이 최대가 되는 것은 그 導體가 磁極의 한가운데를 지나가는 순간이므로 이 電壓과 同相인 電流가 최대가 되는 것도 역시 이러한 순간이며, 이것을 그림에 표시하면, 그림 3·23(a)와 같이 된다.

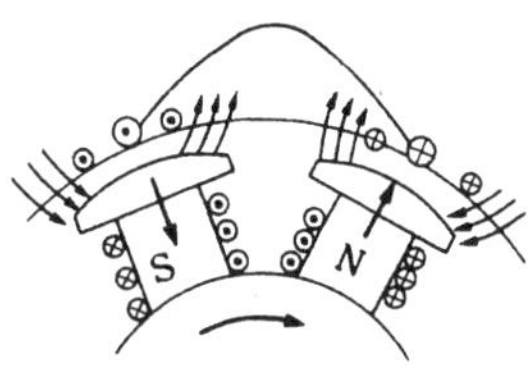

(a)

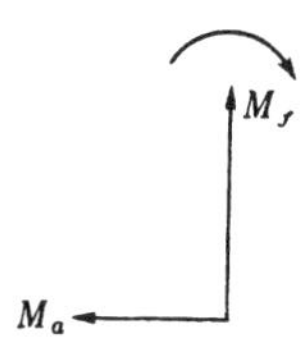

(b)

그림 3·23

이 경우의 電機子電流에 의한 起磁力은 N, S 兩極의 중간에서 최대치를 가지는 正弦波에 가까운 分布가 되어 磁極의 한쪽 끝에서는 磁束을 증가시키고, 다른쪽 끝에서는 磁束을 감소시키는 작용을 한다. 이것은 그림 3·23(b)와 같이 電機子反作用이 界磁磁界의 作用軸과 電氣的으로 90°의 角을 짓는 방향, 즉 橫軸方向으로 작용하므로 이것을 **橫軸反作用**(quadrature reaction) 또는 **交叉磁化作用**(cross magnetization)이라 한다.

磁極鐵心이 飽和되면 한쪽 끝에서 늘어나는 磁束은 다른쪽에서 줄어드는 磁束보다 적으므로 交叉磁化作用에 의한 전체 合成磁束은 無負荷時의 磁束보다는 얼마만큼 감소할 뿐만 아니라, 그림 3·24와 같이 磁束分

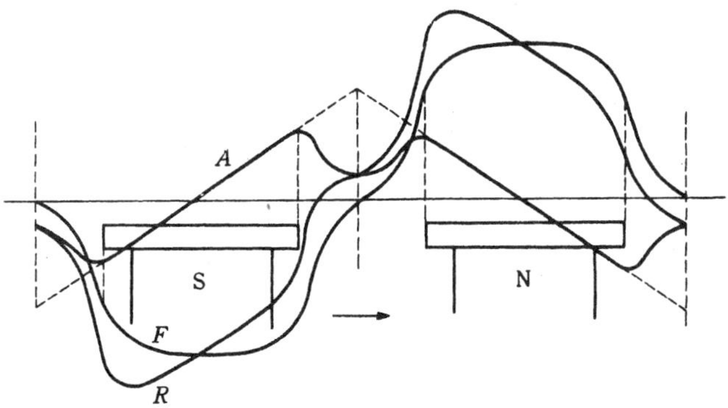

그림 3·24

布의 波形이 歪曲되고 合成磁束의 중심은 回轉方向과 반대 방향으로 이동한다.

(3) 無効電流에 의한 電機子反作用

電機子에 力率이 零인 遲相電流, 즉 起電力보다 90° 만큼 位相이 뒤진 無効電流에 대하여 생각하자.

이 경우의 電流와 磁極과의 관계는 그림 3·25(a)와 같게 된다. 즉 그림 3·23(a)에 표시된 誘起起電力 최대인 위치에서 磁極이 회전하여 그림 3·25(a)의 위치에 왔을 때, 바꾸어 말하면 磁極이 電氣角 90°만큼 이동해서 誘起起電力이 零이 되고 곧 방향이 반대로 되려고 하는 순간에 電流는 최

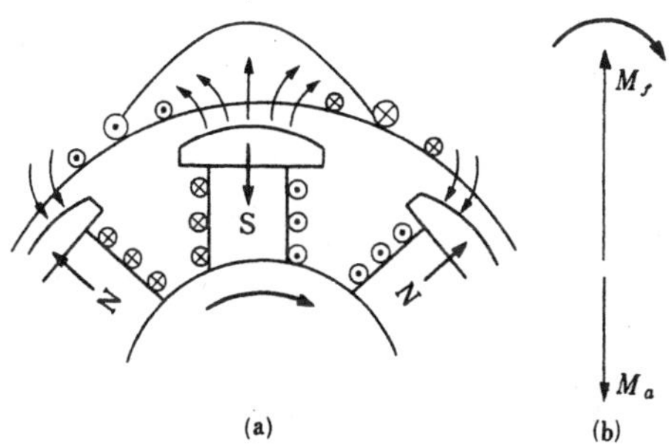

그림 3·25

대가 된다.

이 경우의 電機子電流에 의한 反作用 起磁力은 界磁의 作用軸과 일치하여 그림 (b)와 같이 直軸方向으로 작용하므로 **直軸反作用**(direct reactoin)이라 하며. 또는 界磁磁束을 감소시키므로 **減磁作用**(demagnetization)이라고도 한다.

다음에 位相이 90° 앞선 進相無效電流가 흐르는 경우에는 磁極이 그림 3·25(a)와는 완전히 반대가 되어 그림 3·26(a)와 같이 된다. 그림 (b)에서 알 수 있는 바와 같이 反作用 起磁力은 界磁磁束을 증가시키므로 **磁化作用**(megnetization)을 한다.

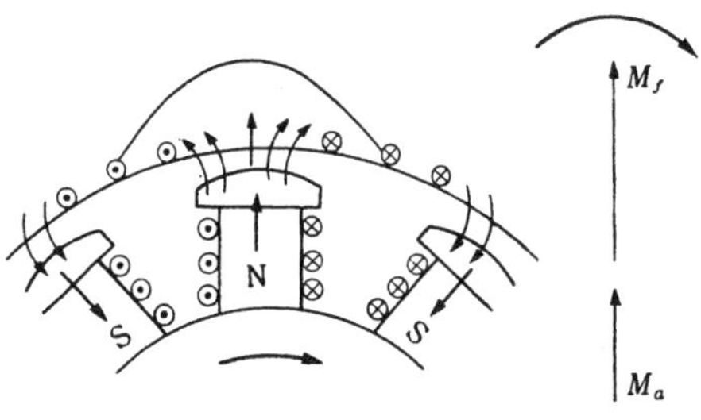

(a) (b)

그림 3·26

(4) 非凸極機의 電機子反作用 起磁力

여기서는 負荷力率이 0～1의 임의의 경우에 대하여 圓筒機의 電機子反作用을 定量的으로 다루어 본다.

간단하게 2極, 集中, 全節捲이라 하고 그림 3·27의 a, b, c는 3相코일의 磁軸을 표시하며, a相磁軸 $\overline{Oa}$ 로부터 正(N)極의 回轉角 $\theta=\omega t$ 를 측정하기로 한다($t=0$의 순간에는 $\overline{Oa}$ 와 일치한다).

우선 각 코일에는 直流 1[A]가 흐른다고 가정하여 이 때 直軸(direct axis) $\overline{Od}$ 방향과 이것과 直角인 橫軸(quadrature axis) $\overline{Oq}$ 방향에 발생하는 起磁力을 구한다.

코일 a에 의하여 만들어지는 直軸起磁力(direct axis m.m.f.)은

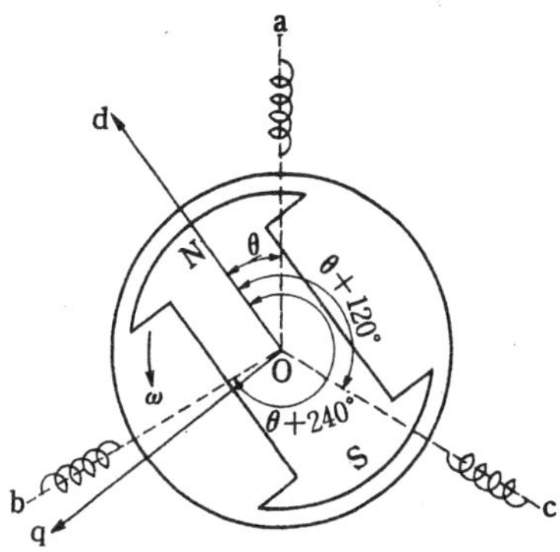

그림 3·27 直軸 및 橫軸起磁力

$$f_a = k_a \cos \omega t \text{ [AT]}$$

이와 마찬가지로 코일 b, c에 의하여 만들어지는 直軸起磁力은

$$f_b = k_b \cos(\omega t - 120°) \text{ [AT]}$$

$$f_c = k_c \cos(\omega t - 240°) \text{ [AT]}$$

k_a, k_b, k_c는 電機子捲線의 배열이나 捲數, 電流 및 磁氣리액턴스에 의하여 정해진다. 凸極機에서는 리액턴스가 磁極形狀이나 回轉角 θ의 매우 복잡한 函數가 되므로 이와 같은 방법으로 理論을 전개할 수 없다. 그러나 非凸極機의 경우에는

$$k_a = k_b = k_c = k$$

가 되며, 실제로 코일電流는 直流 1 [A]가 아니고 다음과 같은 3相平衡電流이다.

$$i_a = \sqrt{2}\, I \sin(\omega t - \varphi)$$

$$i_b = \sqrt{2}\, I \sin(\omega t - 120° - \varphi)$$

$$i_c = \sqrt{2}\, I \sin(\omega t - 240° - \varphi)$$

위 식에서 φ는 負荷의 力率角이다.

이상에서 直軸電機子反作用 起磁力은 다음과 같이 된다.

$$F_d = i_a f_a + i_b f_b + i_c f_c$$

$$= \sqrt{2}\, kI\{\cos \omega t \sin(\omega t - \varphi)$$

$$+ \cos(\omega t - 120°)\sin(\omega t - 120° - \varphi))$$
$$+ \cos(\omega t - 240°)\sin(\omega t - 240° - \varphi)\}$$
$$= -\frac{3}{2}\sqrt{2}\,kI\sin\varphi\ [\mathrm{AT}] \quad (3\cdot6)$$

이와 마찬가지로 直流 1[A]에 의한 横軸起磁力 성분은

$$f_a' = -k\sin\omega t\ [\mathrm{AT}]$$
$$f_b' = -k\sin(\omega t - 120°)\ [\mathrm{AT}]$$
$$f_c' = -k\sin(\omega t - 240°)\ [\mathrm{AT}]$$

따라서 横軸合成起磁力은

$$F_q = i_a f_a' + i_b f_b' + i_c f_c'$$
$$= -\sqrt{2}\,kI\{\sin\omega t\sin(\omega t - \varphi)$$
$$+ \sin(\omega t - 120°)\sin(\omega t - 120 - \varphi)$$
$$+ \sin(\omega t - 240°)\sin(\omega t - 240 - \varphi)\}$$
$$= -\frac{3}{2}\sqrt{2}\,kI\cos\varphi\ [\mathrm{AT}] \quad (3\cdot7)$$

그러므로 合成電機子反作用의 起磁力은 $F_d + jF_q$가 되어 振幅은 $(3/2)\sqrt{2}kI$ [AT]이고, 直軸에는 이것의 $-\sin\varphi$, 横軸에는 $-\cos\varphi$의 分力으로 작용한다.

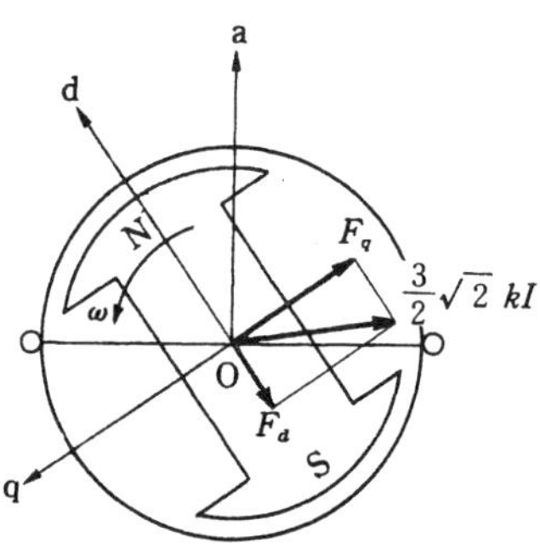

그림 3·28 電機子反作用 起磁力

그림 3·28은 이 모양을 나타낸 것이며, F_d 및 F_q는 時間項 θ를 포함하지 않으므로 回轉子에 대하여는 정지하고 있고, 力率角 φ에 따라서 방

향을 달리한다.

그림에서 負의 F_d는 減磁作用을, 그리고 F_q는 交叉磁化作用을 한다. 純誘導負荷일 때에는 $\varphi = 90°$가 되어 減磁起磁力만이 되고, $\varphi = -90°$의 純容量負荷에서는 增磁作用만이며, $\varphi = 0$의 純抵抗負荷에서는 交叉磁化作用 뿐이며, $\varphi = -90° \sim 90°$의 任意力率에서는 식 (3·6), (3·7)에서 알 수 있는 바와 같이 增磁 또는 減磁作用 중 어느 하나와 交叉磁化作用과를 다함께 나타낸다.

이상과 같이 電機子反作用 起磁力은 3相機에서는 特定方向에

$$M_a = \frac{3}{2}\sqrt{2}\,kI\,[\mathrm{AT}]$$

의 최대치를 가지고 작용하나 실제의 反作用 起磁力은 正弦波分布가 아니고 矩形波에 가깝다.

그러므로 이것의 基本波成分만이 유효하다고 하면

$$k = \frac{4}{\pi}k_w w$$

여기서 k_w는 捲線係數, w는 捲數이다.

따라서 全極數를 P라 할 때 1極當 反作用 起磁力은

$$M_a = \frac{1}{P}\cdot\frac{3}{2}\sqrt{2}\cdot\frac{4}{\pi}k_w wI = 2.7\,k_w\frac{w}{P}I\,[\mathrm{AT}] \qquad (3\cdot8)$$

가 된다.

다음 單相發電機에 있어서는 捲線이 1相分 뿐이므로 이것에 의하여 생기는 反作用 起磁力은 電機子電流와 같은 位相에서 增減反轉 한다. 즉 交番起磁力이 되는데 이것은 起磁力의 최대치의 1/2을 최대치로 하고 서로 반대방향으로 회전하는 2개의 回轉起磁力(正相分과 逆相分)으로 나눌 수 있다. 그러면 正相分의 작용은 3相 平衡電流가 흐르는 경우와 같지만 逆相分은 電機子捲線에 基本波의 3, 5, 7배 등의 高調波電壓을 유지시키고 起電力의 波形이 歪曲된다.

3·3·2 漏洩리액턴스

電機子起磁力에 의하여 생기는 磁束은 모두 空隙을 지나 界磁磁束에 영

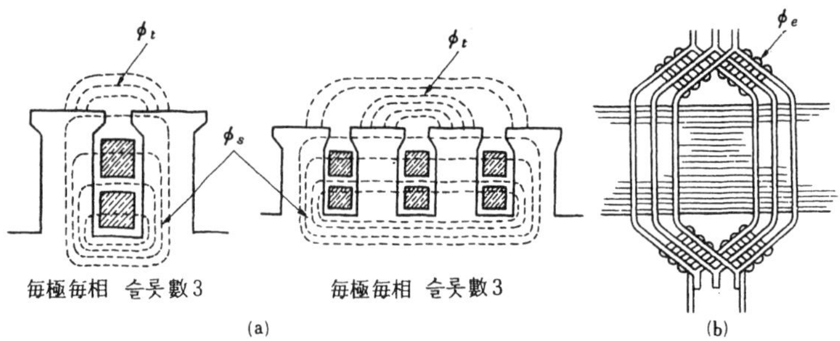

그림 3·29 누설자속

향을 주는 것이 아니고 그 중 일부의 磁束은 그림 3·29(a)의 ϕ_s와 같이 슬롯 안에서 導體와 鎖交하게 되며, 다른 磁束은 그림의 ϕ_t와 같이 電機子歯에서 나와 空隙을 지나 다른 電機子歯로 들어간다. 또, 다른 일부의 磁束은 그림 (b)의 ϕ_e와 같이 코일 端部에서 電機子코일하고만 鎖交한다. 이와 같이 反作用에는 관계가 없는 磁束을 **漏洩磁束**(leakage flux)이라고 하며, 이것으로 생기는 自己誘導係數를 漏洩인덕턴스라 하고 이것에 $2\pi f$를 곱한 것을 漏洩리액턴스라고 부른다.

연 습 문 제

1. 3相發電機에 3相平衡電流가 흐르는 경우의 電機子起磁力은 同期速度로 회전함을 설명하여라.
2. 3相同期發電機에 遲相無効電流가 흐르는 경우의 電機子反作用을 설명하여라.
3. 10×10^3 [kVA], 14×10^3 [V], 1800 [rpm]의 3相터어빈 發電機가 있다. 每極每相의 슬롯數는 10, 2層捲, 코일 피치는 26슬롯, 각 코일은 1回捲이라 할 때 電機子起磁力의 평균치를 구하라. 답 6640[AT/極]

3·4 同期發電機의 벡터圖와 特性

3·4·1 벡터圖와 同期임피던스

(1) Potier의 벡터圖

同期發電機의 1相에 대하여 電流 및 電壓, 起磁力의 관계를 표시한 것이 그림 3·30이다.

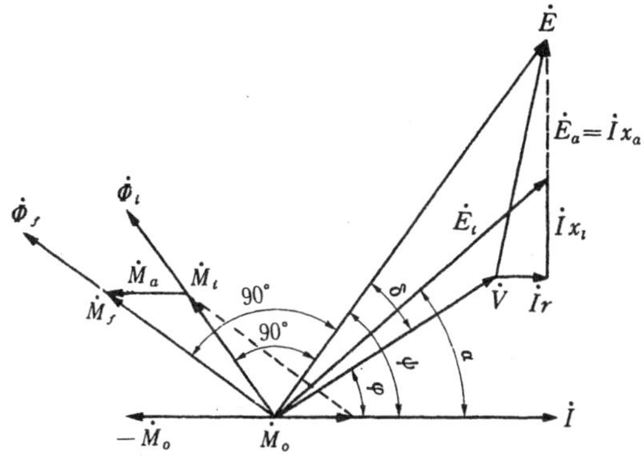

그림 3·30

界磁起磁力 $\dot{M}_f$에 의하여 磁束 $\dot{\Phi}_f$가 생기고 $\dot{\Phi}_f$보다 90° 뒤진 位相의 起電力 $\dot{E}$를 誘起한다. 그러면 負荷電流 $\dot{I}$가 흐르고 $\dot{I}$와 同相으로 電機子反作用起磁力 M_a가 생기며, 이 $\dot{M}_a$와 $\dot{M}_f$와의 合成起磁力 $\dot{M}_i$에 의해 磁束 $\dot{\Phi}_i$가 생긴다. 이 $\dot{\Phi}_i$가 負荷時 空隙에 실재하는 磁束이다. 電機子捲線은 $\dot{\Phi}_i$와 鎖交해서 90° 뒤진 起電力 $\dot{E}_i$를 誘起한다. 이 起電力 $\dot{E}_i$를 **內部電壓**(internal voltage)이라 하는데 이것이 負荷時 誘起起電力이 된다.

이러한 사실은 $\dot{M}_f$에 의해서 이것보다 90° 뒤진 起電力 $\dot{E}$를 誘起하고 $\dot{M}_a$가 또한 이것보다 90° 뒤진 位相의 起電力을 誘起시키지만 이것은 電機子反作用 起磁力에 의한 起電力이므로 電壓降下로 보고 $\dot{E}_a$라 하면 $(\dot{E}-\dot{E}_a)$가 E_i가 된다고 생각해도 좋다.

端子電壓 $\dot{V}$는 $\dot{E}_i$에서 電機子捲線의 抵抗 r에 의한 電壓降下 $\dot{I}r$과 漏洩리액턴스 x_l에 의한 電壓降下 $j\dot{I}x_l$을 뺀 것이므로 그림 3·30과 같은 벡터圖가 된다.

(2) 同期임피던스

벡터圖를 보면 $\dot{E}_a$는 $\dot{I}$보다 90° 앞선 位相에 있으므로 磁氣飽和를 무시하고 電流 $\dot{I}$에 비례하는 것으로 하면 $\dot{E}_a$를 리액턴스 x_a에 의한 電壓 $j\dot{I}x_a$로 볼 수 있을 것이다. 그러면

$$\dot{E}_a + jIx_l = j\dot{I}(x_a + x_l) = j\dot{I}x_s$$

가 되어 취급하기가 매우 간편하다.

이렇게 생각한

$$x_s = x_a + x_l \tag{3·9}$$

을 **同期리액턴스**(synchronous reactance)라 하며, 이것과 電機子抵抗 r로 되는

$$\dot{Z}_s = r + jx_s \tag{3·10}$$

를 **同期임피던스**(synchronous impedance)라 한다. 일반적으로 同期機에서는 r은 x_s에 비해서 무시할 수 있는 정도이므로 실용상 $Z_s \fallingdotseq x_s$라고 해도 좋다.

(3) 同期임피던스法 벡터圖

동기임피던스 $\dot{Z}_s = r + jx_s$를 써서 同期機 1相에 대한 等價回路를 표

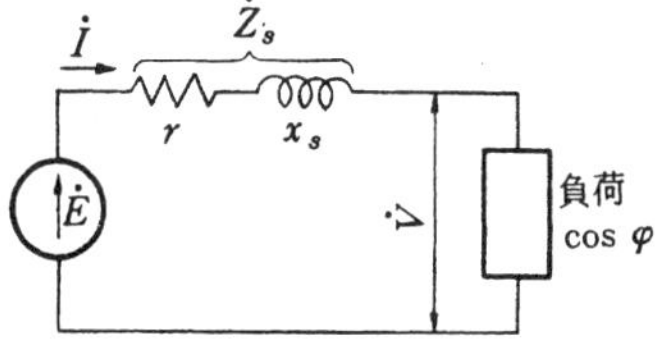

그림 3·31

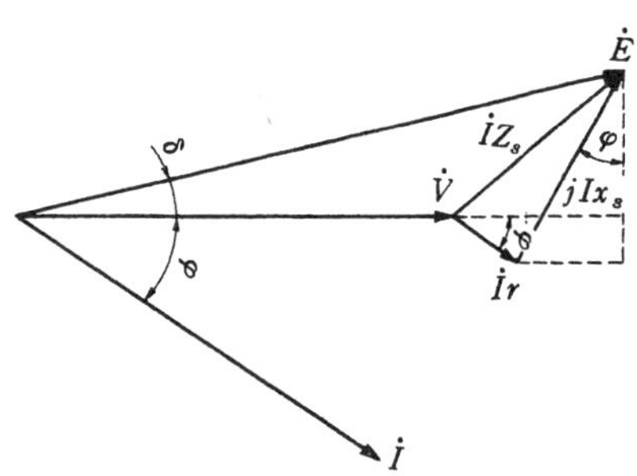

그림 3·32

시하면 그림 3·31과 같고 그림 3·32는 力率 $\cos\varphi$의 平衡負荷電流 $\dot{I}$가 흐르는 경우의 벡터圖이다.

그림 3·30, 그림 3·31의 $\dot{E}$는 界磁磁束에 의한 誘起起電力이며, 이것을 **公稱誘起起電力**(nominal induced e.m.f.)이라 한다.

그림 3·32에서

$$\dot{E} = \sqrt{(V\cos\varphi + Ir)^2 + (V\sin\varphi + Ix_s)^2}$$

$$= \sqrt{(V + Ir\cos\varphi + Ix_s\sin\varphi)^2 + (Ix_s\cos\varphi - Ir\sin\varphi)^2} \quad (3\cdot11)$$

$$\tan\delta = \frac{Ix_s\cos\varphi - Ir\sin\varphi}{V + Ir\cos\varphi + Ix_s\sin\varphi} \quad (3\cdot12)$$

가 된다.

(4) 2反作用法 벡터圖

非凸極機, 凸極機의 구별없이 가장 간단한 벡터도는 同期임피던스 Z_s를 써서 표시한 그림 3·32의 벡터도이다.

그런데 非凸極機에서는 空隙이 균일하므로 電機子反作用을 直軸과 橫軸으로 나눌 필요가 없으나 凸極機에서는 電機子反作用을 直軸과 橫軸으로 나누어 생각하는 것이 정확하다. 이것은 直軸이 橫軸에 비하여 空隙이 작으므로 直軸反作用에 대한 等價리액턴스가 橫軸에 대한 그것보다 크기 때문이다.

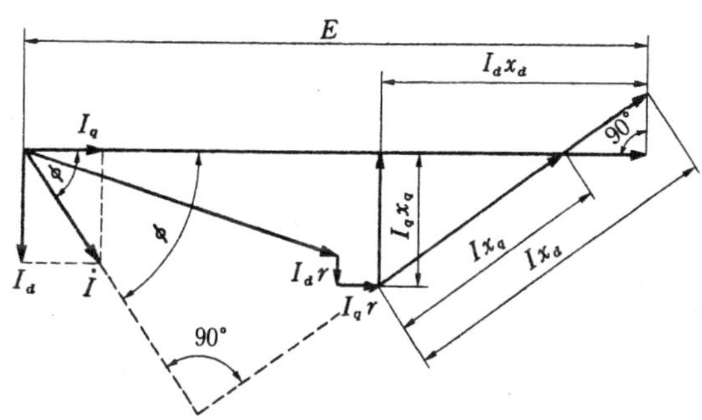

그림 3·33

그림 3·33은 凸極機에 적용되는 **2反作用法**(two reaction method) 벡터圖이다. 여기서의 기호는 다음을 나타낸다.

E: 公稱誘起起電力

I: 電機子電流

V: 端子電壓

I_d: 電流 I의 直軸分

I_q: 電流 I의 橫軸分

$x_d = x_l + x_{ad}$: 直軸同期리액턴스(direct synchronous reactauce)

x_{ad}는 直軸反作用에 대한 等價리액턴스, x_l는 電機子漏洩리액턴스

$x_q = x_l + x_{aq}$: 橫軸同期리액턴스(quadrature synchronous reactance)

x_{aq}는 橫軸反作用에 대한 等價리액턴스

界磁電流에 의한 公稱誘起起電力 E에서 直軸리액턴스降下 $I_d x_d$와 이것과 直角인 橫軸리액턴스降下 $I_q x_q$를 빼고, 또 여기서 抵抗電壓降下 $I_d r$, $I_q r$을 뺀 것이 端子電壓 V가 된다.

3·4·2 同期發電機의 出力

(1) 非凸極機의 出力

그림 3·34의 벡터圖에서 구한다.

이 그림의 角 δ는 V와 E 사이의 角이며 이것을 **負荷角**(power angle)이라 한다.

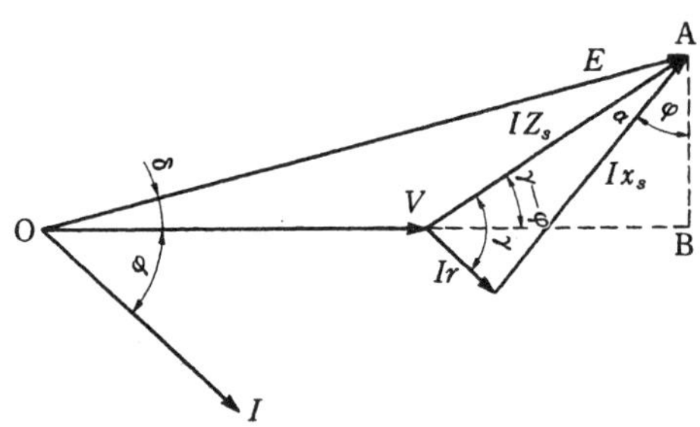

그림 3·34

그림 3·34에서

$$\alpha = \sin^{-1}\frac{r}{Z_s}, \qquad \gamma = \tan^{-1}\frac{x_s}{r}$$

發電機 1相의 出力 P는

$$P = VI\cos\varphi = \frac{VIZ_s\cos\varphi}{Z_s}$$

벡터圖에서 △OAB의 $\overline{\mathrm{AB}}$는

$$IZ_s\sin(\gamma-\varphi) = IZ_s\cos(\varphi+\alpha) = E\sin\delta$$

또 $\overline{\mathrm{OB}}$는

$$V + IZ_s\cos(\gamma-\varphi) = V + IZ_s\sin(\varphi+\alpha) = E\cos\delta$$

따라서

$$IZ_s = (\cos\varphi\cos\alpha - \sin\varphi\sin\alpha) = E\sin\delta$$

$$IZ_s(\sin\varphi\cos\alpha + \cos\varphi\sin\alpha) = E\cos\delta - V$$

위의 두 식에서

$$IZ_s\cos\varphi = E\sin(\delta+\alpha) - V\sin\alpha$$

그러므로

$$P = \frac{EV}{Z_s}\sin(\delta+\alpha) - \frac{V^2}{Z_s}\sin\alpha \tag{3·13}$$

電機子抵抗은 매우 적으므로 이것을 무시하고 $Z_s \fallingdotseq x_s$, $\alpha \fallingdotseq 0$이라 하면

$$P \fallingdotseq \frac{EV}{x_s}\sin\delta \tag{3·14}$$

이 식에서 非凸極機의 出力은 $\delta = 90°$에서 최대가 된다.

그림 3·35는 誘起起電力 E와 端子電壓 V를 일정하게 하고 出力과 負

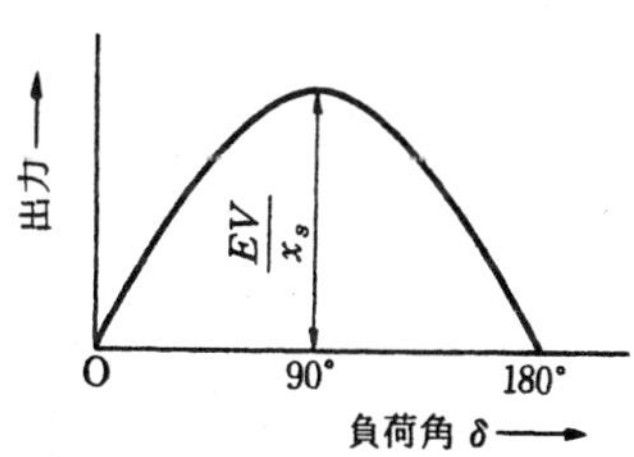

그림 3·35

荷角과의 관계를 표시한 것이다.

(2) 凸極機의 出力

그림 3·36은 電機子抵抗 r을 무시한 2反作用法 벡터圖이다.

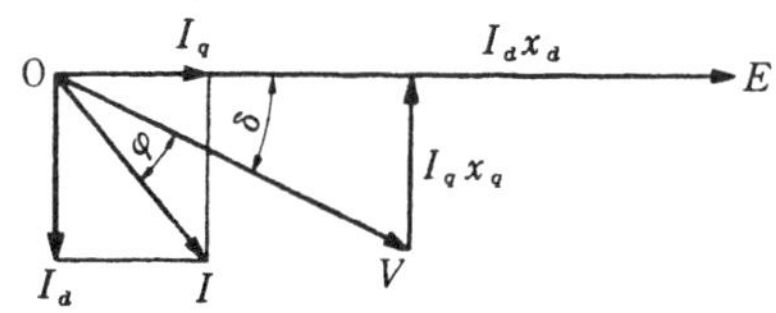

그림 3·36

이 그림에서

$$V\cos\delta = E - I_d x_d$$

$$V\sin\delta = I_q x_q$$

위의 두 식에서

$$I_d = \frac{E - V\cos\delta}{x_d},$$

$$I_q = \frac{V\sin\delta}{x_q}$$

發電機 1相의 出力 P는

$$P = VI_q\cos\delta + VI_d\sin\delta$$

그러므로

$$P = V\cos\delta\cdot\frac{V\sin\delta}{x_q} + V\sin\delta\cdot\frac{E - V\cos\delta}{x_d}$$

$$P = \frac{V^2}{x_q}\sin\delta\cdot\cos\delta + \frac{VE\sin\delta}{x_d} - \frac{V^2\sin\delta\cos\delta}{x_d}$$

$$= \frac{EV\sin\delta}{x_d} + \frac{V^2(x_d - x_q)}{x_q\ x_d}\sin\delta\cos\delta$$

$$P = \frac{EV}{x_d}\sin\delta + \frac{V^2(x_d - x_q)}{2x_d x_q}\sin\delta \qquad (3\cdot15)$$

식 (3·15)의 E, V를 일정하게 하고 δ를 변화시켰을 때의 出力 P는 그림 3·37과 같다.

A曲線은 식 (3·15)의 제1항을, B曲線은 제2항을 표시한다. 대체로

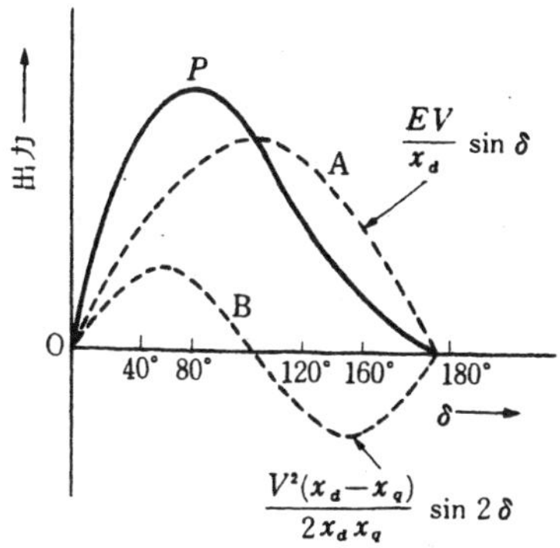

그림 3·37

$\delta=60°$ 부근에서 最大出力이 되고 定格運轉時의 δ는 20° 부근이 된다.

3·4·3 無負荷飽和曲線, 短絡曲線

(1) 無負荷飽和曲線

식 (3·3)의 $E=4.44\,K_w f w\Phi$ [V]에 의하면 發電機가 定格速度에서 無負荷로 운전하고 있는 경우에 誘起起電力은 磁束 Φ에 비례한다.

그러나 無負荷의 경우 磁束은 界磁電流에 의해서만 정해지므로 無負荷誘起起電力과 界磁電流와의 관계 곡선을 그릴 수 있다. 이것을 **無負荷飽和曲線**(no load saturation curve)이라 한다.

이 곡선은 電壓이 낮은 부분에서는 誘起起電力이 界磁電流에 正比例해서 증가하지만 電壓이 높아짐에 따라 鐵心의 포화로 인하여 磁氣抵抗이 증가하여 일정 起電力을 誘起하는 데 界磁電流가 보다 더 많이 필요하게 되므로 그림 3·38의 OQ와 같은 飽和曲線이 된다. 이 그림에서는 OP는 無負荷飽和曲線의 직선부를 연장한 직선이며, 이것을 **空隙線**(air gap line)이라 한다. 그림 3·38에서 點 A가 定格電壓에 상당하는 點이 될 때

$$\sigma=\frac{\mathrm{ab}}{\mathrm{Aa}} \tag{3·16}$$

를 **飽和率**(saturation factor)이라 하고 이것으로 飽和의 정도를 표시한다.

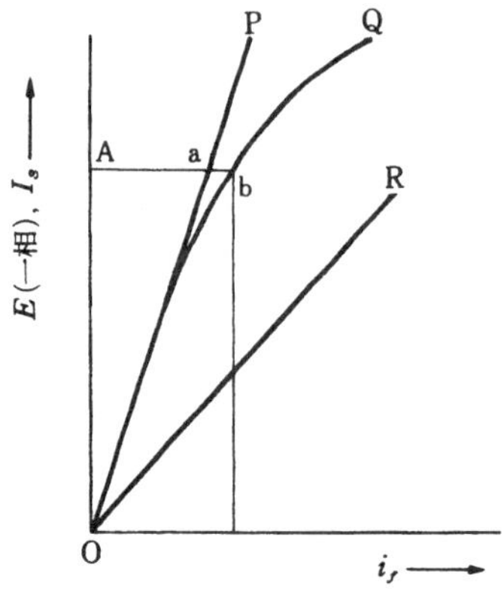

그림 3·38

(2) 短絡曲線

同期機가 端子를 短絡하고(3 相이면 3 相短絡)定格速度로 운전하고 있는 경우 短絡電流와 界磁電流와의 관계를 표시하는 곡선이 **短絡曲線**(short circuit curve)이며, 이것은 그림 3·38의 OR과 같은 직선이 된다.

그림 3·31의 等價回路에서 알 수 있는 바와 같이 短絡電流는 公稱誘起起電力을 同期임피던스로 나눈 것이 되므로 同期임피던스를 無負荷, 短絡의 두 特性曲線에서 계산으로 구할 수 있다. 즉 3相機에서는 界磁電流 i_f에 대한 無負荷電壓을 E(線間), 같은 i_f에 대한 短絡電流를 I_s라 하면

$$\frac{E}{\sqrt{3}I_s} \tag{3·17}$$

가 그 i_f에서의 同期임피던스가 되는데 鐵心이 飽和하므로 그림 3·39에 표시한 바와 같이(Z곡선) i_f가 커질수록 Z_s는 작아진다. 바꾸어 말하면 飽和할수록 電機子反作用의 영향은 적다.

보통 同期임피던스는 無負荷에서 定格電壓을 誘起하게 하는 界磁電流에 대한 값을 취한다.

즉 그림 3·39에서는 $\frac{\text{cd}}{\text{fd}} \times \frac{1}{\sqrt{3}}$이 同期임피던스이며 [Ω]으로 표시한다.

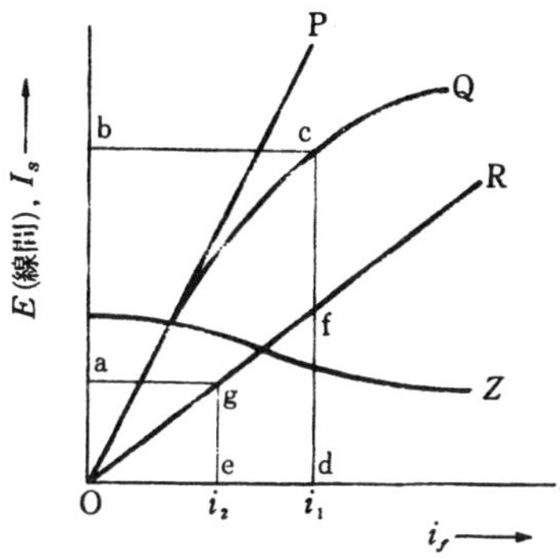

eg : 定格電流
cd : 定格電壓

그림 3·39

또, 이것에 定格電流를 곱해서 同期임피던스 降下를 산출하고 이것을 定格電壓으로 나눈 것을 單位法(per unit, 略해서 p-u)으로 표시했다고 한다.

單位法으로 표시한 同期임피던스를 Z_s'라 하면 그림 3·39에서 eg를 定格電流 I_n이라 하고 V_n을 1相의 定格電壓이라 할 때

$$Z_s' = \frac{I_n Z_s}{V_n} = \frac{\text{eg} \times \dfrac{\text{cd}}{\sqrt{3}\,\text{fd}}}{\dfrac{\text{cd}}{\sqrt{3}}} = \frac{\text{eg}}{\text{fd}} = \frac{\text{Oe}}{\text{Od}} \quad (3\cdot18)$$

가 된다.

또 $\frac{\text{Od}}{\text{Oe}}$, 즉 無負荷定格電壓을 유기하는 데 필요한 界磁電流 i_1과 短絡定格電流를 흐르게 하는 界磁電流 i_2와의 비를 **短絡比**(short circuit ratio)라 한다. 그러면 短絡比 K_s와 單位法으로 표시한 同期임피던스 사이에는

$$Z_s' = \frac{1}{K_s} \quad (3\cdot19)$$

이라는 관계가 있게 된다.

K_s와 Z_s' 사이에는 이와 같은 관계가 있기 때문에 短絡比가 큰 機械는 同期임피던스, 즉 電機子反作用이 적다. 이것은 空隙의 길이가 길고 界磁

起磁力이 큼을 의미하며 界磁起磁力이 크게 되면 界磁捲回數가 많게 되고 回轉子의 지름이 커져서 形體가 커지고 高價가 된다. 그러나 短絡比가 큰 機械는 同期임피던스가 작으므로 電壓變動率이 좋고 自己勵磁作用도 적다. 또한 出力은 同期임피이던스에 반비례하므로 短絡比가 큰 機械는 일정한 勵磁에 대하여 出力이 증가하고 安定度가 증대한다. 그러나 短絡電流는 많아진다.

短絡比의 값은 水車發電機는 1.20, 터어빈發電機는 0.6～1.0이며, 일반적으로 1.0 부근이 되는 것이 많다.

3·4·4 負荷飽和曲線과 Potier의 3角形

(1) 負荷飽和曲線

發電機를 定格速度로 돌려 이것에 一定力率, 一定電流의 負荷를 걸었을 때 端子電壓과 界磁電流와의 관계를 표시한 곡선을 **負荷飽和曲線**(load saturation curve)이라 한다.

그림 3·40은 각각 力率 0 (lagging), 0.8(lagging), 1.0의 경우의 定

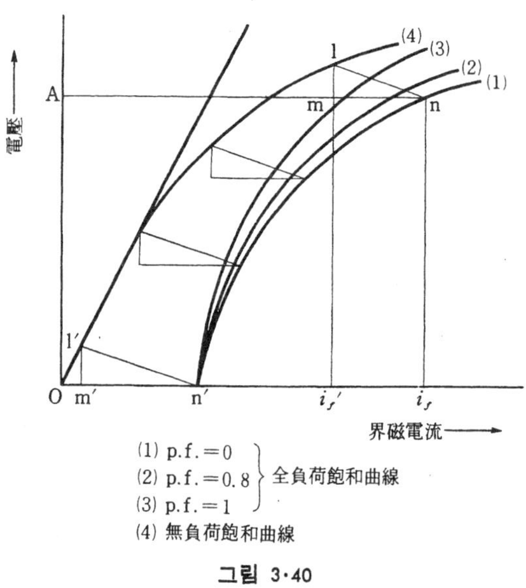

(1) p.f.＝0
(2) p.f.＝0.8 } 全負荷飽和曲線
(3) p.f.＝1
(4) 無負荷飽和曲線

그림 3·40

格電流에 대한 負荷飽和曲線이다.

(2) Potier 의 3 角形

그림 3·40 의 n 은 零力率全負荷의 경우 定格電壓을 표시하는 점이다. 이 電壓을 내는 界磁電流 i_f 에서 界磁電流로 환산한 電機子反作用起磁力 $\overline{mn}$ 을 뺀 i_f' 에 대한 誘起起電力은 點 l 로 표시되는 電壓이다. 그러므로 電機子抵抗을 무시하면 點 l 에서 An 에 그은 垂線 $\overline{lm}$ 이 漏洩리액턴스電壓이 됨을 알 수 있다.

이러한 △lmn 을 Potier 의 3 角形이라 한다.

이 3 角形은 一定負荷電流(여기서는 定格電流)에 대해서는 磁氣飽和에 무관계로 일정하기 때문에 그림 3·40 에서 △l′m′n′와 △lmn 은 幾何學的으로 合同이 된다. 그러므로 그림 3·41 과 같이 실험적으로 零力率全負荷飽和曲線 위의 2 점 n, n′를 구하여 이것과 無負荷曲線에서 Potier 의 3 角形을 결정할 수 있다.

즉 n 은 零力率全負荷에서의 定格端子電壓이며 n′는 端子電壓이 零인 경우 短絡定格電壓에 대한 界磁電流이므로 短絡曲線에서 구해진다.

n, n′가 구해지면 n 에서 橫軸에 平行線을 긋고 $\overline{O'n}=\overline{On'}$ 되는 點 O′를 정하여 O′ 에서 無負荷飽和曲線의 直線部에 平行線을 그어 無負荷飽和曲線과 만나는 點을 l 이라 하고 l 에서 O′n 에 수선 lm 을 그으면 Potier 의 3

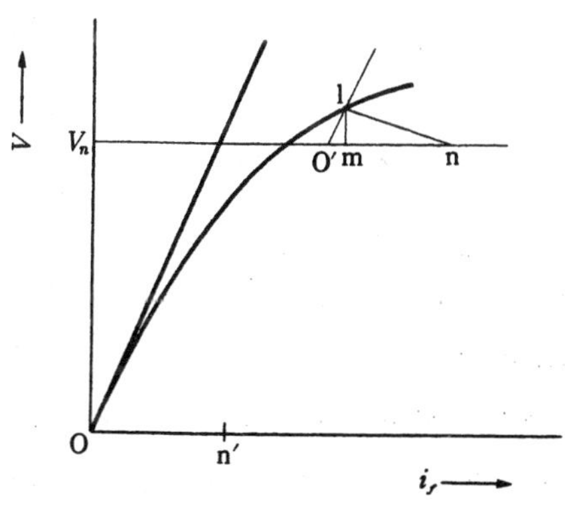

그림 3·41

角形 lmn이 그려진다.

3·4·5 電壓變動率

(1) 電壓變動率의 定義

電壓變動率은 勵磁 및 速度를 변화시킴이 없이 定格出力(指定力率)에서 無負荷로 하였을 때의 電壓變動의 比率을 말하며 일반적으로 定格電壓에 대한 百分率로 표시한다.

즉 定格端子電壓을 V, 定格出力에서 無負荷로 하였을 때의 電壓을 V_0이라 하면 電壓變動率 ε은 다음 식과 같다.

$$\varepsilon = \frac{V_0 - V}{V} \qquad (3 \cdot 20)$$

電壓變動率은 負荷電流의 대소에 따라서 달라질 뿐만 아니라 같은 負荷電流에 대하여도 力率이 相異하면 그 값이 달라진다.

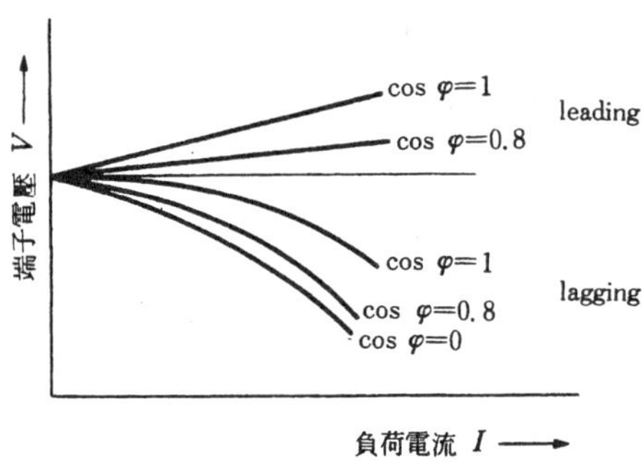

그림 3·42

그림 3·42(이것을 外部特性曲線이라 한다)는 이 관계를 표시한다. 이 그림을 보아도 알 수 있는 바와 같이 誘導負荷의 경우에는 電壓變動率은 + ($V_0 > V$), 容量負荷의 경우에는 − ($V_0 < V$)로 된다.

대체로 同期發電機의 電壓變動率은 自動電壓調整器를 병용하지 않는 기계에 있어서는 力率 1.0에서 15~18[%], 力率 0.8(lagging)에서 25~30[%] 정도이고, 自動電壓調整器를 병용한 기계는 力率 1.0에서 18~25

[%], 力率 0.8(lagging)에서 30～40 [%] 정도이다.

(2) 電壓變動率의 決定法

① A.I.E.E.의 方法

앞의 3·4·4에서 설명한 바와 같이 Potier의 3角形에 의하여 漏洩리액턴스電壓을 알아내면 벡터 V, Ir, Ix_l을 그림 3·43(a)와 같이 그릴 수 있고 內部電壓 E_i가 구하여진다.

즉 그림 (a)에서 r을 무시하면

$$E_i = \sqrt{(V\cos\varphi)^2 + (V\sin\varphi + Ix_l)^2} \tag{3·21}$$

다음 그림 3·43(a)에서 磁氣飽和를 생각하지 않는 경우의 無負荷定格電壓에 대한 界磁電流 i_{fg}를 空隙線에서 구한다.

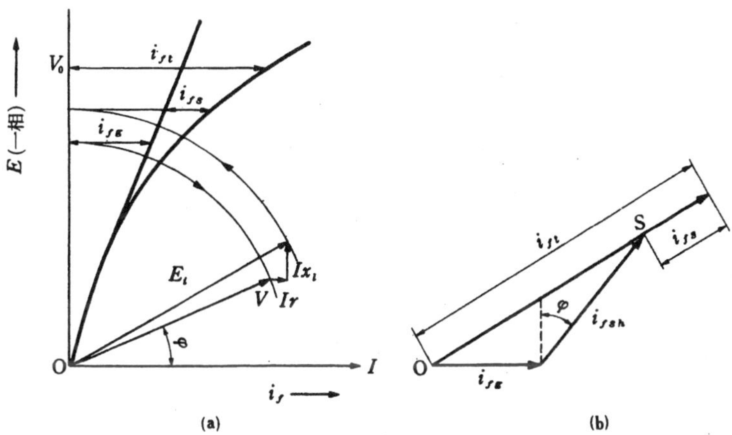

그림 3·43

그리고 短絡特性曲線에서 短絡定格電流 I에 대한 界磁電流 i_{fsh}(그림 3·40에서는 On′가 i_{fsh}가 된다)를 구하여 그림 3·43(b)와 같이 i_{fg}에 i_{fsh}를 벡터的으로 보태면 OS가 全負荷電流가 흐를 때 定格端子電壓을 얻는데 필요한 界磁電流가 된다.

그런데 실제로는 필요한 磁束을 통하자면 磁氣飽和로 인하여 그림 3·43 (a)의 i_{fs}(i_{fs}는 內部電壓 E_i에 대한 것)만큼 界磁電流가 더 흘러야 하므로 OS에 i_{fs}를 합해 준 i_{ft}가 定格電流에서 定格端子電壓을 얻는 데 필요한 전체 界磁電流가 된다.

그러므로 i_{ft}에 대한 無負荷電壓 V_0을 無負荷飽和曲線에서 구하여 電壓變動率을 계산한다.

② **J. E. C.의 方法**

V: 定格端子電壓(線間)

I: 定格電流

v: 電機子 1相의 電壓降下

i_1: 無負荷飽和曲線上에서 $V_r = V + \sqrt{3}v$에 상당한 界磁電流

i_2: 短絡曲線上에서 I에 상당하는 界磁電流

라 하면 定格電流에서 定格電壓을 얻는 데 필요한 界磁電流 i는 그림 3·44 (b)의 벡터도에서

$$i = \sqrt{i_1{}^2 + i_2{}^2 + 2\, i_1 i_2 \cos\phi} \tag{3·22}$$

그런데

$$\phi = 180° - (90° - \alpha + \varphi) = 90° + \alpha - \varphi$$

$$\cos\phi = \cos(90° - \alpha + \varphi) = -\sin(\alpha - \varphi)$$

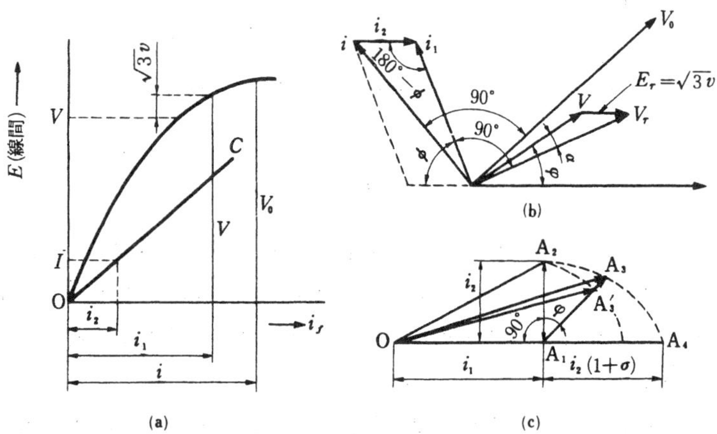

그림 3·44

α는 극히 작으므로 $\alpha \fallingdotseq 0$이라 하면

$$\cos\phi \fallingdotseq \sin\varphi$$

로 되어

$$i = \sqrt{i_1^2 + i_2^2 + 2\, i_1 i_2 \sin\varphi} \tag{3·23}$$

(단 φ는 力率角)

가 되는데 i는 負荷力率이 낮을수록 實測値보다 적게 되므로 이것을 다음과 같이 補正한다.

즉 그림 3·44 (c)에서 A_1을 중심으로 하고 i_2를 반경으로 하는 圓을 그려 A_1, A_2와 각 φ를 짓는 直線과 이 圓과의 交點을 A_3'라 하면 $\overline{OA_3'}$가 식 (3·23)의 界磁電流 i를 표시하게 되는데, 이렇게 하면 위에서 설명한 바와 같이 實測値보다 적게 되므로 A_1을 중심으로 하고 i_2를 반경으로 하는 圓 대신에 i_2 및 $(1+\sigma)i_2$를 각각 半軸의 길이로 하는 楕圓弧 $A_2A_3A_4$를 그리고, $\overline{A_1A_2}$와 角 φ를 짓는 直線과 楕圓弧와의 交點을 A_3이라 하면 $\overline{OA_3}$이 補正된 界磁電流 i를 표시하게 된다. 여기서 σ는(1. 2×定格電壓)에 대한 飽和率이다.

力率 $\cos\varphi$에서 $\overline{A_1A_3}$은

$$\overline{A_1A_3} = k i_2 \quad \left(\text{단 } k = \frac{1+\sigma}{\sqrt{(1+\sigma)^2\cos^2\varphi + \sin^2\varphi}}\right)$$

으로 되고 $\overline{OA_3}$, 즉 界磁電流 i는

$$i = \sqrt{i_1^2 + k^2 i_2^2 + 2\, k i_1 i_2 \sin\varphi} \tag{3·24}$$

가 된다.

그런데 이 i에 대한 無負荷飽和曲線上의 電壓이 V_0이 되어 電壓變動率이 구해진다. 표 3·4는 k의 값을 표시한다.

표 3·4

$\cos\varphi$	1.0	0.95	0.90	0.85	0.8	0
凸 極 機	1.00	1.10	1.15	1.20	1.25	$1+\sigma$
터어빈發電機	1.00	1.00	1.05	1.10	1.15	$1+\sigma$

(3) 自動電壓調整

① 電壓調整의 필요

앞서 설명한 바와 같이 일정한 勵磁를 준 交流發電機의 端子電壓은 負荷의 크기와 力率에 따라서 변화한다. 그러므로 負荷가 어떠한 상태로 변화하든지 端子電壓을 일정하게 하자면 負荷變化에 대응해서 界磁電流를 制御하여야 하는데, 이것을 手動으로 하기는 困難하므로 일반적으로 自動電壓調整器가 사용된다.

② Tirril 調整器

Tirril 調整器는 發電機 G의 勵磁機 E_x의 分捲界磁捲線 f에 直列로 들어 있는 抵抗 r의 兩端에 接觸子 C_1을 접속하여 이 C_1의 開閉時間의 比率을 가감함으로써 發電機 G의 平均勵磁電流를 가감하여 電壓을 조정하는 장치이다. 이 장치의 原理는 다음과 같다.

發電機端子電壓으로 勵磁되는 電磁石의 힘과 重錘의 힘을 평형되게 해놓고 端子電壓이 定格値보다 낮게 되면 힘의 平衡이 무너져서 接點을 닫게 한다. 접점이 닫치면 勵磁機의 界磁抵抗의 일부를 단락하므로 勵磁電壓이 증가하여 交流發電機 界磁電流가 증가한다. 이렇게 하여 端子電壓이 올라가 定格値를 넘어서면 다시 접점이 열리고 抵抗을 넣게 되므로 電壓은 내린다. 이와 같이 하여 언제든지 端子電壓이 어떤 좁은 범위 안에서 오르내리게 된다.

그림 3·45는 그 接續圖이며 勵磁機界磁抵抗의 開閉는 繼電器電磁石으로 행한다.

이 繼電器電磁石은 2개의 捲線이 감겨 있는 電磁石이다. 主接點이 열려 있으면 아래 쪽 捲線만의 힘으로 繼電器接點을 밑으로 잡아당겨 繼電器抵抗이 界磁回路에 들어가게 된다. 그러면 交流電壓이 내려가고 電磁石의 힘이 부족하게 되어 主接點이 닫치면 繼電器 電磁石의 두 捲線의 힘이 서로 상쇄되고 스프링의 힘으로 잡아당겨져 接點이 닫친다. 그러면 界磁抵抗이 短絡되어 다시 交流電壓은 올라간다. 繼電器 접점이 개폐할 때 발생하는 불꽃을 방지하기 위하여 蓄電器가 並列로 들어가 있다.

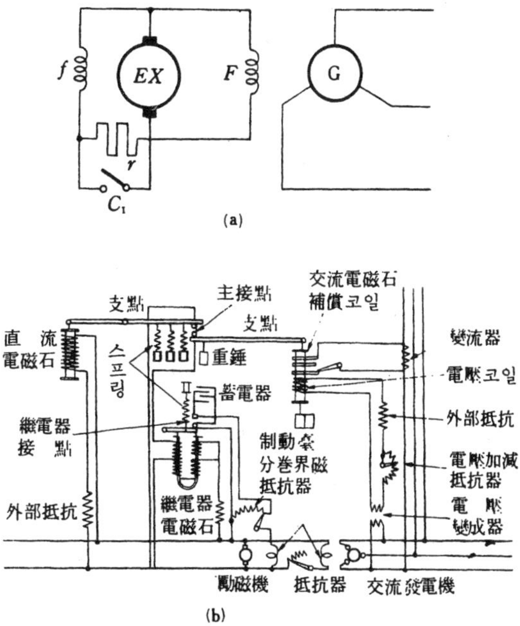

그림 3·45

그림 3·45의 왼쪽 위에 있는 것과 같이 主接點의 한쪽은 勵磁機端子電壓으로 勵磁되는 直流電磁石에 의하여 움직이도록 되어 있다. 이것은 負荷와 力率이 일정한 값이 되어 交流側의 레버(lever)의 위치가 정해졌을 때 勵磁機의 端子電壓을 적당한 값에 유지하게 하는 역할을 하는 것이며, 勵磁機의 自動電壓調整裝置라고 해도 좋다. 이 接點은 不斷히 振動해서 微細한 조절을 한다.

③ **抵抗器型**

交流發電機의 端子電壓이 定格値 이상이 되거나 또는 이하가 되면 이것에 의하여 繼電器가 동작하여 小形電動機가 회전하고 發電機界磁抵抗을 증감하게 하는 방식이다.

④ **앰플리다인型**

直流機篇에서 설명한 앰플리다인 增幅發電機를 이용하여 매우 적은 電壓

變化를 증폭해서 민감한 自動電壓調整이 되게 하는 방식으로 大容量의 發電機에 요즈음 많이 採用되고 있는 방식이다.

【예제 3】 定格電壓 6000 [V], 容量 5000 [kVA]의 3 相交流發電機에서 勵磁電流 200 [A]에 상당한 無負荷端子電壓은 6000 [V]이며, 短絡電流는 600 [A]였다. 短絡比 및 同期임피던스를 구하라.

(풀이) 定格電流 I_n 은

$$I_n = \frac{5000 \times 10^3}{\sqrt{3} \times 6000} = 481\ [\mathrm{A}]$$

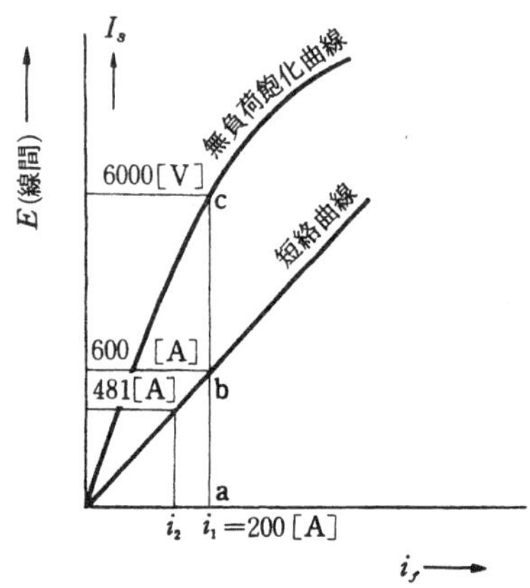

그림 3·46

그림 3·46에서

$$K_s = \frac{i_1}{i_2} = \frac{600}{481} = 1.25$$

單位法으로 표시한 同期임피던스는

$$Z_s' = \frac{1}{K_s} = \frac{1}{1.25} = 0.8\ [\mathrm{p \cdot u}]$$

[Ω]으로 표시한 同期임피던스는 식 (3·18)에 의하여

$$Z_s = \frac{V_n}{I_n} Z_s' = \frac{\frac{6000}{\sqrt{3}}}{481} \times 0.8 = 5.77\ [\Omega]$$

이것은 식 (3·17)을 써서 다음과 같이 구해도 된다.

$$Z_s = \frac{E}{\sqrt{3}I_s} = \frac{\overline{ac}}{\sqrt{3}\times\overline{ab}} = \frac{6000}{\sqrt{3}\times 600} = 5.77\ [\Omega]$$

【예제 4】 線間端子電壓 6600 [V]에서 電流 437 [A]를 흘리는 3相發電機가 있다. 각 相 電機子捲線의 抵抗은 0.3 [Ω]이고 同期리액턴스는 3.5 [Ω]이다. (a) 力率 100 [%], (b) 力率 80 [%](lag)의 경우의 電壓變動率을 구하라.

(풀이) 1相의 電壓 $V = \frac{6600}{\sqrt{3}} = 3811\ [V]$

全負荷電流 $I = 437\ [A]$

電機子抵抗 降下 $Ir = 437\times 0.3 = 131\ [V]$

同期리액턴스 降下 $Ix_s = 437\times 3.5 = 1530\ [V]$

(a) 力率 100 [%]의 경우

식 (3·11)의 $\cos\varphi = 1$, $\sin\varphi = 0$이 되므로

$$E = \sqrt{(V+Ir)^2+(Ix_s)^2} = \sqrt{3942^2+1530^2} = 4228\ [V]$$

$$e = \frac{4228-3811}{3811}\times 100 = 10.9\ [\%]$$

(b) 力率 80[%] (lag)의 경우

$$E = \sqrt{(V\cos\varphi+Ir)^2+(V\sin\varphi+Ix_s)^2}$$

$$= \sqrt{(3811\times 0.8+131)^2+(3811\times 0.6+1530)^2} = 4968\ [V]$$

$$e = \frac{4968-3811}{3811}\times 100 = 30.4\ [\%]$$

【예제 5】 3相, 6500 [kVA], 5500 [V], Y 結線 터어빈發電機의 特性은 그림 3·47과 같다. 同期리액턴스, 短絡比, 電壓變動率 등을 구하라.

(풀이) 定格電壓은 1相에 대하여

$$V = \frac{5500}{\sqrt{3}} = 3180\ [V]$$

$$I = \frac{6500}{5.5\times\sqrt{3}} = 683\ [A]$$

3·4·4에서 설명한 방법에 따라 Potier의 3각형 lmn을 결정한다. 이 3각형에서

mn = 71 : 電機子反作用 M_a를 界磁電流로 표시한 값 [A]

lm = 660 : 漏洩리액턴스電壓 [V]

그러므로 $x_l = \frac{660}{683} = 0.968\ [\Omega]$

또는 $x_l = \frac{660}{3180} = 0.208\ [\text{p-u}]$

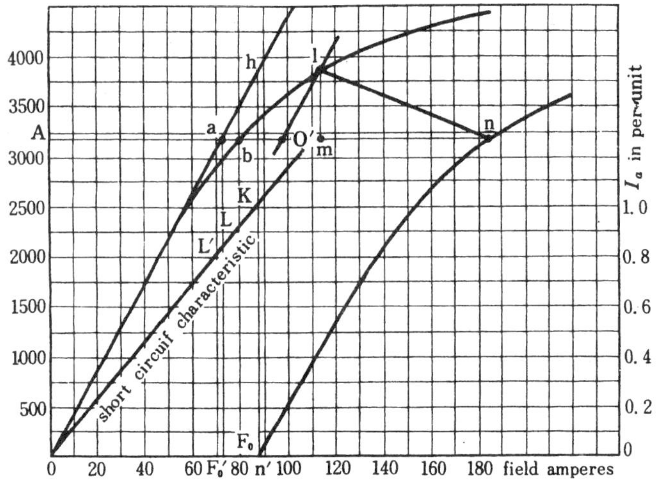

그림 3·47

$$K_s = \frac{\text{Ab}}{\text{On}'} = \frac{80}{87} = 0.92$$

$$x_s = \frac{1}{0.92} = 1.09 \text{ [p-u]}$$

또는 $$x_s = 1.09 \times \frac{3180}{683} = 5.05 \, [\Omega]$$

電機子反作用 리액턴스는 식 (3·9)에 의하여

$$x_a = x_s - x_l = 5.54 - 0.968 = 4.57 \, [\Omega]$$

또는 $$x_a = 4.57 \times \frac{683}{3180} = 0.98 \text{ [p-u]}$$

다음 A. I. E. E.의 방법으로 p.f. = 1.0, p.f. = 0.8 (lagging)에 있어서의 電壓變動率을 산출한다. r을 무시하면 식 (3·21)을 써서 $\cos\varphi = 1$의 경우

$$E_i = \sqrt{(V\cos\varphi)^2 + (V\sin\varphi + Ix_l)^2} = \sqrt{3180^2 + 660^2} = 3250 \text{ [V]}$$

그림 3·47에서 $V = 3180$ [V]에 대한

$$i_{fg} = \text{Aa} = 73 \text{ [A]}$$

또 $$i_{fsh} = 87 \text{ [A]}, \qquad i_{fs} = 8.0 \text{ [A]}$$

그러면 그림 3·43(b)의 벡터도는 그림 3·48(a)와 같게 되어

$$i_{ft} = \text{ad} = 121.6 \text{ [A]}$$

i_{ft}에 대한 起電力은 그림 3·47에서 $E = 3950$ [V]

그러므로 $$e = \frac{3950 - 3180}{3180} \times 100 = 24.2 \, [\%]$$

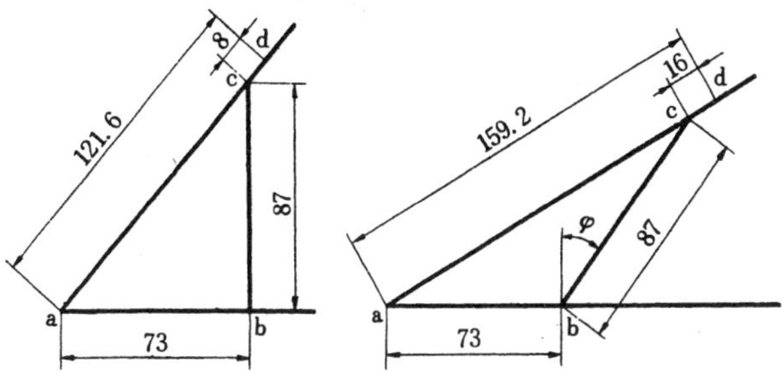

(a) (b)

그림 3·48

$\cos\varphi = 0.8$ 이면

$$E_i = \sqrt{(3180\times0.8)^2+(3180\times0.6+660)^2} = 3615\ [\text{V}]$$

$\cos\varphi = 1$ 의 경우와 같은 방법으로

$$i_{fg} = 73\ [\text{A}], \qquad i_{fsh} = 87\ [\text{A}], \qquad i_{fs} = 16\ [\text{A}]$$

따라서 그림 3·48 의 벡터도에서 $i_{ft} = 159.2\ [\text{A}]$,

$$i_{ft} = 159.2\ [\text{A}]\text{에 대하여 } E = 4280\ [\text{V}]$$

그러므로

$$e = \frac{4280-3180}{3180}\times 100 = 34.6\ [\%]$$

【예제 6】 5000 [kVA], 6600 [V], 30 極, 星形接續의 3 相交流發電機가 있

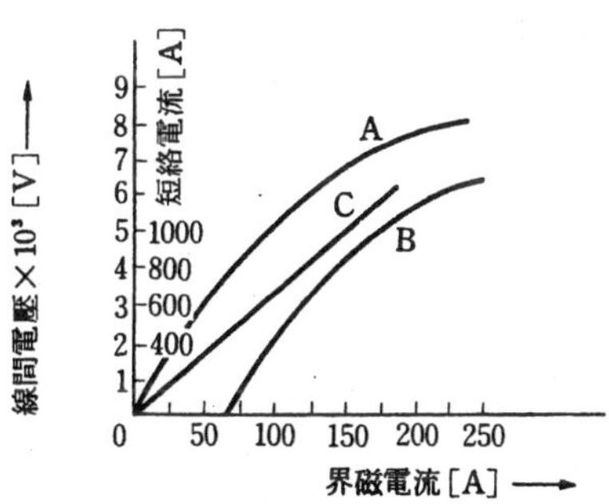

A : 無負荷飽和曲線
B : 零力率全負荷飽和曲線
C : 短絡曲線

그림 3·49

다. 力率 0.8(lagging)에서의 電壓變動率을 구하라. 단, $r = 0.069[\Omega]$이고 특성은 그림 3·49 와 같다.

(풀이) J.E.C.의 방법으로 산출한다.

定格電流는

$$I = \frac{5000 \times 10^3}{\sqrt{3} \times 6600} = 437\ [\mathrm{A}]$$

電機子 1相의 抵抗降下

$$v = Ir = 437 \times 0.069 = 30.2\ [\mathrm{V}]$$

無負荷飽和線 A에서 $V + \sqrt{3}v = 6652\ [\mathrm{V}]$에 상당하는 界磁電流는

$$i_1 = 157\ [\mathrm{A}]$$

또 短絡曲線에서

$$i_2 = 67\ [\mathrm{A}]$$

따라서 $K = 1.25$ 로 하여

$$i = \sqrt{157^3 + (1.25 \times 67)^2 + 2 \times 1.25 \times 157 \times 67 \times 0.6} = 217.5\ [\mathrm{A}]$$

이 界磁電流에 대한 無負荷電壓은 無負荷飽和曲線에서

$$E = 7600\ [\mathrm{V}]$$

따라서 電壓變動率

$$e = \frac{7600 - 6600}{6600} \times 100 = 15.2\ [\%]$$

3·4·6 自己勵磁作用

(1) 自己勵磁에 의한 電壓上昇

同期發電機에 콘덴서와 같은 容量負荷를 접속하면 零力率의 進相電流가 電機子捲線에 흐른다. 이러한 零力率 進相電流에 의한 電機子反作用은 磁化作用이 되므로 發電機에 直流勵磁를 주지 않은 경우에도 電機子捲線에 起電力이 誘起된다.

電機子의 零力率進相電流에 의하여 勵磁된 飽和曲線이 그림 3·50의 曲線 aA 와 같은 同期發電機에 OL 로 표시된 充電特性을 갖는 負荷를 접속하면 發電機의 端子電壓은 aA 와 OL 의 交點 m 에 상당하는 電壓까지 올라간다.

즉 그림 3·50 에서 처음에 主磁極의 殘留磁氣로 인하여 Oa 만큼의 起

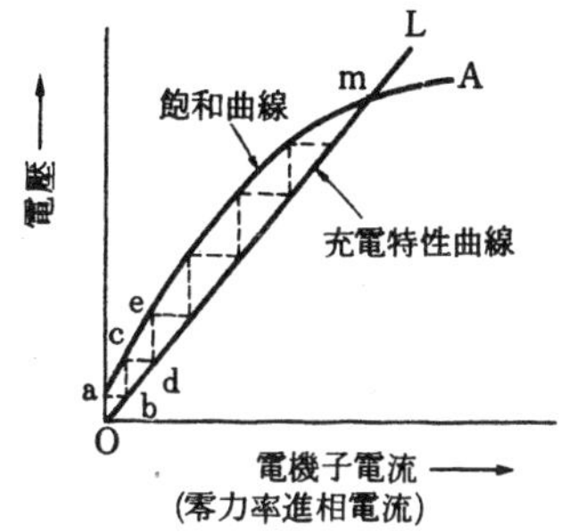

그림 3·50

電力이 電機子捲線에 誘起되면 充電電流 ab가 負荷에 흐르고 이 充電電流에 의하여 主磁極이 磁化되어 起磁力은 bc만큼 올라간다. 電壓이 올라가면 充電電流는 cd만큼 증가하여 起電力은 de만큼 높아진다. 이와 같이 하여 起電力은 차차 높아져서 두 曲線의 交點 m에서 電壓의 상승이 끝난다. 만일, 이 점보다 充電電流가 증가하려고 하면 負荷의 電壓이 發電機의 電壓보다 높아지므로 다시 電流는 감소하고 m點으로 되돌아간다. 이와 같은 현상을 同期發電機의 **自己勵磁作用**(self excitation)이라 한다.

이것은 同期發電機로 長距離送電線을 無負荷充電하는 경우에 일어나는 현상이며, 發電機의 定格電壓보다 훨씬 높은 電壓으로 되어 危險할 때가 있다.

(2) 短絡比와 充電容量

發電機 1대로 送電線路를 充電하는 경우 自己勵磁를 일으키지 않기 위해서는 短絡比가 큰 發電機라야 한다.

안전하게 선로를 충전할 수 있는 短絡比의 값은 다음 식을 만족하여야 한다.

$$\text{短絡比} > \frac{Q'}{Q}\left(\frac{V}{V'}\right)^2(1+\sigma) \qquad (3\cdot25)$$

이 식에서

Q' : 所要充電電壓 V' 에서의 線路의 充電容量 [kVA]

Q : 發電機의 定格出力 [kVA]

V : 發電機의 定格電壓 [V]

σ : 發電機의 定格電壓에서의 飽和率

線路充電의 경우에는 일반적으로 受電端의 電壓은 送電端의 전압보다 線路의 리액턴스 降下만큼 높아지므로 發電機의 電壓은 定格値의 80[%] 정도를 채용한다. 따라서 식 (3·25)의 V'를 0.8[V]로 하고 $\sigma=0.1$이라 하면

$$\text{短絡比} > \frac{Q'}{Q} \times 1.72 \qquad (3\cdot26)$$

만일 發電機의 定格容量이 充電 [kVA]와 같은 경우에는 短絡比는 1.72 이상의 값으로 해야 한다.

(3) 自己勵磁防止法

식 (3·25)로 표시되는 短絡比를 가진 發電機를 써서 충전할 수 있는 경우에는 문제가 없지만 그렇지 않은 경우에는 다음과 같은 방법을 쓴다.

① 發電機 2대 또는 3대를 並列로 母線에 접속한다.

② 受電端에 同期調相機를 접속하고 이것을 不足勵磁로 하여 送電線에서 遲相電流를 취하게 하면 充電電流를 그만큼 감소시키는 것이 된다.

③ 送電線路의 受電端에 變壓器를 접속한다. 變壓器의 磁化電流는 遲相電流이므로 送電線路의 進電流에서 이 磁化電流를 뺀 것이 線路의 充電電流가 되기 때문에 進相電流에 의한 自己勵磁를 감소시킬 수 있다.

④ 受電端에 리액턴스를 並列로 접속한다. 이것에 의하여 無負荷時의 充電電流를 적게 할 수 있다. 그러나 負荷가 증가하면 線路에서 떼어내야 한다.

3·4·7 短絡電流

同期發電機의 電機子捲線을 短絡한 채로 定格速度로 돌린다. 어떤 界磁電流에 대한 短絡電流를 I_s, 그 界磁電流에서의 無負荷誘起起電力을 E(線間)라 하면

$$I_s = \frac{E}{\sqrt{3}Z_s} \tag{3·27}$$

가 된다.

즉 이 때의 短絡電流는 同期임피던스 Z_s에 의하여 제한된다. 그러나 發電機가 定格電壓 및 定格周波數에서 無負荷運轉하고 있을 때 電機子의 모든 端子(中性點은 제외)를 갑자기 短絡한 경우에는 電機子反作用이 즉시 나타나지 않으므로 短絡電流를 제한하는 것은 電機子抵抗을 무시하면 漏洩리액턴스 뿐이므로 매우 큰 短絡電流가 흐른다. 이것을 **突發短絡電流**(sudden short circuit current)라 한다. 數秒 지난 후에는 점차 電機子反作用이 작용하기 시작하므로 短絡電流도 감소하고, 결국 同期리액턴스로 제한되는 식 (3·27)의 電流가 되어 短絡이 풀릴 때까지 지속한다. 이것을 **持續短絡電流**(sustained short circuit current)라 한다.

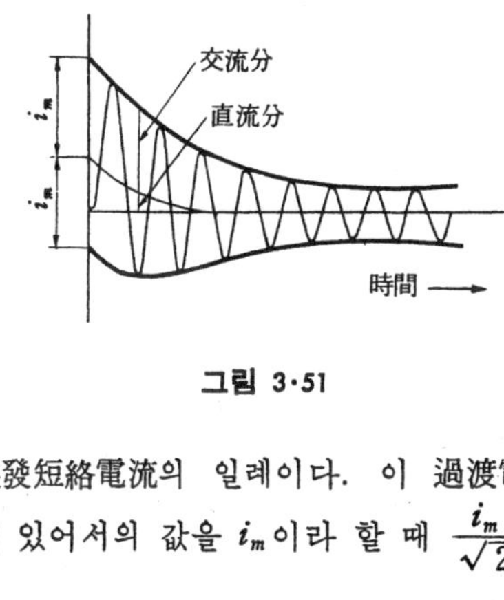

그림 3·51

그림 3·51은 突發短絡電流의 일례이다. 이 過渡電流中에서 交流分의 包線의 短絡瞬時에 있어서의 값을 i_m이라 할 때 $\frac{i_m}{\sqrt{2}}$을 過渡短絡電流라 한다.

短絡電流는 定格電流의 몇 배가 되므로 捲線을 燒損한다든가, 코일 상호간의 반발력 때문에 코일을 파손할 염려가 있으므로 이것을 방지하기 위하여 터어빈發電機에서는 電機子捲線에 直列로 리액턴스 코일을 접속하여 短絡電流를 제한하는 방식이 있다. 이것을 **限流리액터**(current limiting reactor)라 한다.

연 습 문 제

1. 定格容量 10000 [kVA], 定格電壓 6000 [V], 極數 24, 周波數 60 [Hz], 短絡比 1.2 되는 3相同期發電機의 同期임피던스는 얼마인가? 답 3.0 [Ω]
2. 容量 600 [kVA], 電壓 3300 [V], 每相의 抵抗 0.37 [Ω], 同期리액턴스 4.3[Ω]의 3相同相期發電機가 있다. 力率 100 [%] 및 80 [%]에서의 電壓變動率을 구하라. 답 4.75 [%], 17.3 [%]
3. 交流發電機의 短絡比는 무엇을 말하는가? 水車發電機의 短絡比의 概數를 표시하고 그 값의 크기가 發電機 구조 및 성능에 미치는 영향을 기술하라.
4. 同期機의 同期임피던스는 ☐곡선과 ☐곡선에서 구할 수 있다.
5. 交流發電機의 突發短絡電流는 永久短絡電流에 비하여 매우 큰 이유를 설명하라
6. 長距離 特別高壓送電線에 접속된 交流發電機의 自己勵磁現象을 설명하라.
7. 3相非凸極同期發電機가 있다. 定格出力 10000 [kVA], 定格電壓 6600 [V], 定格力率 $\cos\phi = 0.8$이다. 勵磁를 定格狀態로 維持할 때 이 發電機의 最大出力을 구하라. 단, 1相의 同期리액턴스는 0.9(單位法)이며 抵抗은 무시한다.

   답 18890 [kW]

3·5 同期電動機

3·5·1 同期電動機의 原理 및 構造

直流發電機에 외부에서 電流를 공급하면 이것이 電動機가 되는 것처럼 同期電動機에 있어서도 마찬가지이다.

즉 强大한 母線에 접속되어 있는 同期發電機의 機械的 入力을 零으로 하면 이 發電機는 母線에서 發電機 자신의 無負荷損失에 해당하는 電氣的 入力을 받아들이고 여전히 同期速度로 계속 회전하여 電動機가 됨을 알 수 있다. 이것이 同期電動機인데 구조의 주요 부분은 同期發電機와 같다. 일반적으로 回轉界磁型이고 電機子捲線은 固定子側에 감고 回轉子에 凸極型의 界磁極을 설치한다. 勵磁電流는 슬립 링(slip ring)을 통해서 공급되는

것도 同期發電機의 경우와 같으며, 특별한 용도 이외에는 橫軸型의 구조로 한다.

여기서 同期電動機에서 回轉力이 발생하는 原理를 더 자세하게 생각해 보기로 한다.

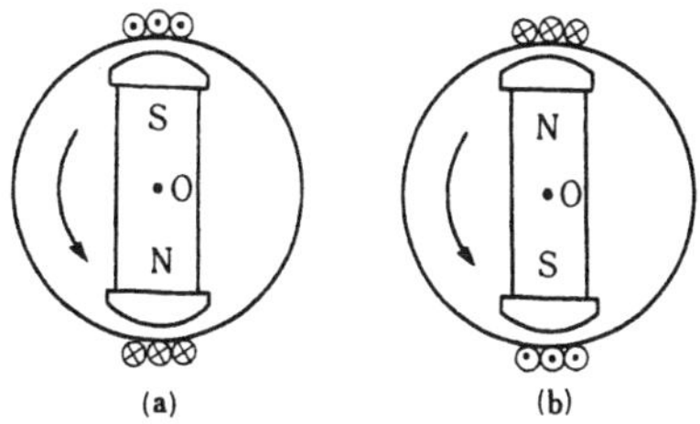

그림 3·52

그림 3·52의 2極機가 그림 (a)와 같은 상태에 있을 때 導體의 電流와 磁極 사이에는 Fleming의 왼손 法則에 따르는 힘이 작용하여 磁極은 화살표 방향으로 회전한다. 다음에 電流의 방향이 反轉하고 동시에 磁極도 半回轉해서 그림 (b)의 상태로 되면 磁極은 역시 (a)와 같은 방향의 토오크를 받는다. 이와 같이 磁極이 늘 같은 방향의 토오크를 받으려면 磁極은 交流의 半周期 $\frac{T}{2}\left(=\frac{1}{2f}\right)$ 사이에 半回轉하지 않으면 안 된다.

즉 磁極數 P의 交流機에 周波數 f인 交流를 공급하면 回轉子의 回轉數가

$$N=\frac{120f}{P}[\text{rpm}]$$

이면 늘 같은 방향의 토오크가 생겨 電動機는 회전을 계속한다.

이와 같이 同期電動機는 同期速度 이외의 速度에서는 토오크를 내지 못하므로 단지 電壓을 固定子捲線에 가해 준 것만으로는 起動이 되지 않는다. 바꾸어 말하면, 靜止狀態에 있을 때 갑자기 端子에 交流電壓을 가해 주어도(3相機에서는 3相電壓을 가해도) 起動토오크를 낼 수 없다. 따라서 同期電動機를 운전하려면 정지 상태에서 同期速度까지 이르게 하는 특별한

起動裝置(소형의 起動電動機 또는 磁極에 장치한 起動捲線)가 필요하게 된다.

3·5·2 同期電動機의 特性

(1) 無効電流와 그 反作用

同期電動機의 誘起起電力(電動機의 경우는 이것을 逆起電力이라고도 한다)은 식 (3·3)에 의하여,

$$E = 4.44 K_w f w \Phi \ [\mathrm{V}]$$

로 표시된다. 따라서 無負荷로 운전하고 있는 同期電動機에서 모든 손실과 임피던스降下를 무시하면 端子電壓과 逆起電力은 크기가 같아야 하므로 어떤 일정한 값의 磁束 Φ가 필요하다. 지금 直流界磁電流에 의하여 만들어지는 磁束이 적당한 값이면 그림 3·53(a)와 같이 電壓이 平衡되어 電流

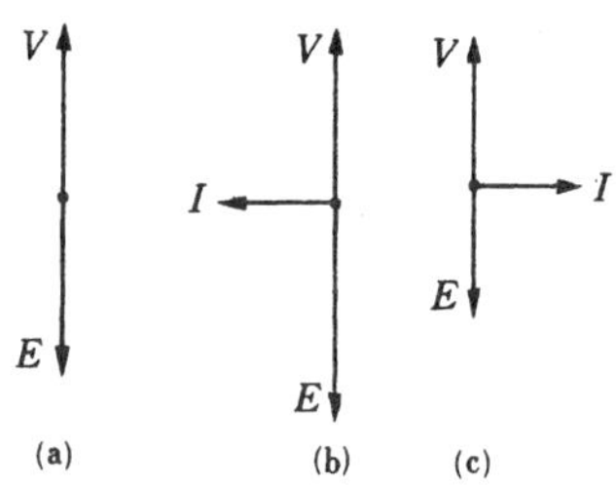

그림 3·53

는 흐르지 않는다. 그러나 勵磁電流가 너무 많이 흘러서 이것에 의한 無負荷誘起電壓이 端子電壓보다 크게 된 경우에는 平衡이 다시 이루어지기 위해서 電機子捲線에 無效電流가 흐르고 磁束을 감소시켜야 한다. 減磁作用을 하는 無效電流는 3·3·1(3)에 의하여 誘起電壓보다 位相이 90° 뒤진 電流이므로 이것을 端子電壓에서 보면 그림 (b)와 같은 進相電流가 된다. 반대로 無負荷誘起電壓이 그림 (c)와 같이 너무 작게 되면(直流勵磁가 감소한 경우) 端子電壓보다 位相이 뒤진 無效電流가 흐르고 增磁作用을 하여 電壓의 平衡을 다시 이루게 한다.

이와 같이 同期電動機에서는 無效電流가 端子電壓과 誘起起電力 사이의 平衡을 회복시키기 위하여 흐르게 되고 端子電壓에 대하여 過勵磁의 경우에는 進相電流, 不足勵磁의 경우에는 遲相電流가 흐른다.

(2) 벡터圖

운전중의 同期電動機의 電機子에는 發電機에서와 같이 起電力이 誘起된다. 이것은 直流電動機의 그것과 꼭 같은 逆起電力이며, 電機子電流와는 방향이 반대가 된다. 그림 3·54는 同期電動機의 等價回路이다. 이 그림에

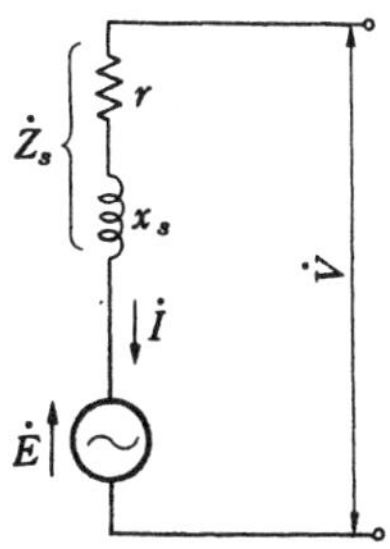

그림 3·54

서 $\dot{V}$는 供給端子電壓, $\dot{E}$는 逆起電力, $\dot{I}$는 電機子電流, $\dot{Z}_s = r + jx_s$는 同期임피던스이다. 그러면 同期電動機의 벡터方程式은,

$$\dot{V} = \dot{E} + \dot{I}\dot{Z}_s, \qquad \dot{E} = \dot{V} - \dot{I}\dot{Z}_s \tag{3·28}$$

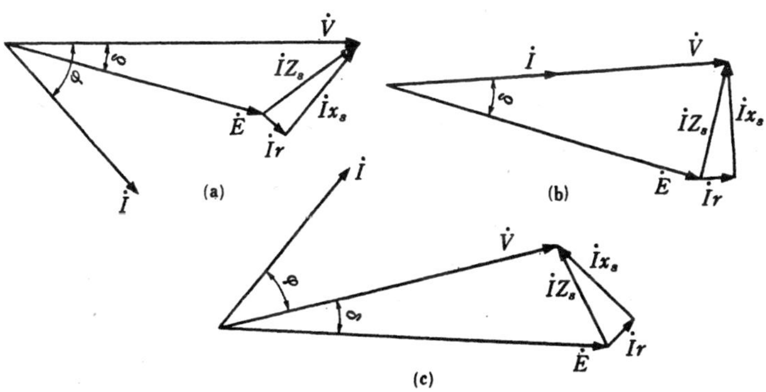

그림 3·55

로 표시된다.

그림 3·55는 同期電動機 1相에 대한 벡터圖이며 (a)는 遲相力率, (b)는 100[%] 力率, (c)는 進相力率의 경우를 표시한다. 이 그림을 보아도 알 수 있는 바와 같이 같은 端子電壓, 같은 電機子電流에 대한 逆起電力의 값은 進相力率일 때가 가장 크고 遲相力率일 때가 가장 작다.

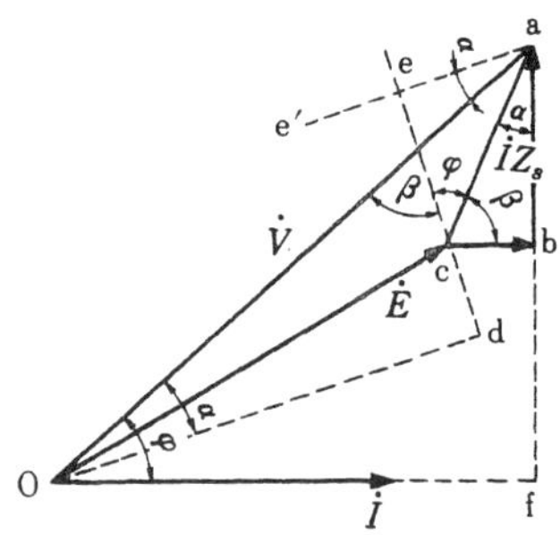

그림 3·56

(3) 電機子入力

그림 3·56에서 電流 $\dot{I}$를 基準벡터로 한다. $\angle$Oae′를 角 $\alpha\left(\alpha=\tan^{-1}\dfrac{r}{x_s}\right)$와 같도록 하고 c에서 直線 ae′에 垂線 ce를 긋는다. ae線과 平行되게 Od線을 그으면,

$$\angle \mathrm{aOd} = \alpha$$

로 된다. 또

$$\angle \mathrm{faO} = \angle \mathrm{cae}$$

가 되어,

$$\triangle \mathrm{aOf} \backsim \triangle \mathrm{ace}$$

$$\therefore \angle \mathrm{ace} = \varphi$$

電動機의 入力은 1相에 대하여,

$$P_1 = VI\cos\varphi$$

그림 3·56에서,

$$\overline{\mathrm{ec}} = IZ_s\cos\varphi = \overline{\mathrm{ed}} - \overline{\mathrm{dc}}$$

$$\overline{\mathrm{ed}} = V\sin\alpha$$

$$\overline{\mathrm{dc}} = E\sin(\alpha-\delta)$$

$$\therefore\ \overline{\mathrm{ec}} = V\sin\alpha - E\sin(\alpha-\delta)$$

$$IZ_s\cos\varphi = V\sin\alpha - E\sin(\alpha-\delta) = V\sin\alpha + E\sin(\delta-\alpha)$$

$$\therefore\ I\cos\varphi = \frac{V\sin\alpha + E\sin(\delta-\alpha)}{Z_s}$$

$$\therefore\ P = VI\cos\varphi = \frac{V^2\sin\alpha}{Z_s} + \frac{VE\sin(\delta-\alpha)}{Z_s} \tag{3·29}$$

간단하게 취급하기 위하여 r을 무시하면,

$$r \fallingdotseq 0, \qquad Z_s \fallingdotseq r_s \qquad \therefore\ \alpha = 0$$

따라서

$$P_1 \fallingdotseq \frac{VE\sin\alpha}{x_s} \tag{3·30}$$

(4) 電機子出力

1相의 出力을 P_2라 하면 이것은 1相의 入力 P_1에서 銅損 P_c를 뺀 것이 되므로,

$$P_2 = P_1 - P_c = VI\cos\varphi - I^2r$$
$$= (V\cos\varphi - Ir)I$$

그런데 $V\cos\varphi - Ir = E\cos\theta$

$$\therefore\ P_2 = EI\cos\theta \tag{3·31}$$

즉 出力은 逆起電力 E와 電機子電流 I 사이의 電力이 같게 된다.

P_2 안에는 鐵損과 機械損이 포함되어 있으므로 P_2에서 1相에 대한 鐵

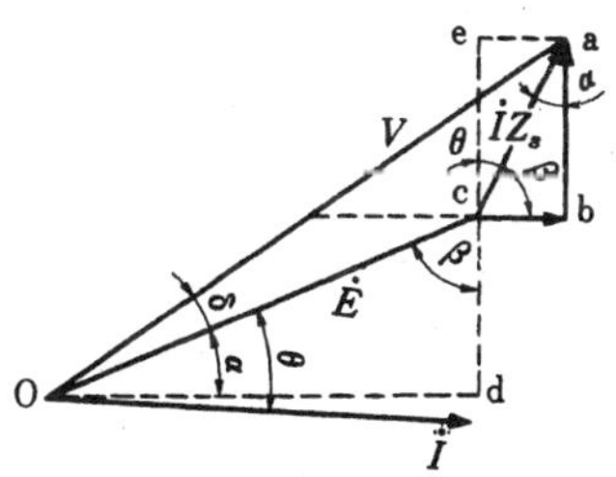

그림 3·57

損과 機械損을 뺀 것이 실제로 軸에서 機械的 負荷에 전달되는 實出力이다.

그림 3·57에서 ∠Ocd를 角 $\beta\left(\beta=\tan^{-1}\frac{x_s}{r}\right)$와 같게 취하고 O에서 $\overline{\mathrm{cd}}$에 垂線 $\overline{\mathrm{Od}}$를 긋고 a에서 $\overline{\mathrm{cd}}$의 延長線에 垂線 $\overline{\mathrm{ae}}$를 긋는다. 그러면 $\angle \mathrm{ace}=\theta$가 된다.

그러므로 $$\overline{\mathrm{ce}} = IZ_s\cos\theta$$

또 $$\overline{\mathrm{ce}} = \overline{\mathrm{de}} - \overline{\mathrm{dc}} = V\sin(\delta+\alpha) - E\sin\alpha$$

$$\therefore\ I\cos\theta = \frac{V\sin(\delta+\alpha)-E\sin\alpha}{Z_s}$$

$$\therefore\ P_2 = EI\cos\theta = \frac{EV\sin(\delta+\alpha)}{Z_s} - \frac{E^2\sin\alpha}{Z_s} \tag{3·32}$$

또한 $\sin\alpha=\cos\beta$가 되므로,

$$\cos(\beta-\delta) = \sin(\alpha+\delta)$$

가 되어,

$$P_2 = \frac{VE}{Z_s}\cos(\beta-\delta) - \frac{E^2}{Z_s}\cos\beta \tag{3·33}$$

식 (3·33)에서 出力 P_2가 최대가 되는 負荷角 δ는 $\delta=\beta$인 경우이므로,

$$P_{2,\max} = \frac{VE}{Z_s} - \frac{E^2}{Z_s}\cos\beta \tag{3·34}$$

가 된다.

(5) 토오크

① 同期와트

電動機의 出力(機械出力)은 토오크(torque)와 速度와의 相乘積에 비례하지만 同期電動機는 어느 때나 同期速度 N이라는 一定速度로 운전하므로 機械出力은 토오크에 正比例한다. 그러므로 同期電動機에서는 機械出力 P_2로 토오크를 표시해도 좋다. 이와 같이 와트로 토오크를 표시하였을 때 이것을 **同期와트**(synchronous watt)라 한다.

식 (3·32) 또는 식 (3·33)의 P_2는 同期電動機 1相의 出力(W)이므로 3相同期電動機이면 이것을 3배한 것이 同期와트로 표시한 토오크이다. 물론 이것은 이론상의 값이며, P_2에서 鐵損, 機械損을 뺀 것이 有效出力 또

는 有效토오크가 됨은 이미 설명한 바와 같다.

그리고 [kg-m]로 표시한 토오크를 τ 라 하면,

$$\tau = 0.975\frac{P_2}{N}[\text{kg-m}]$$

② 脫出토오크와 絶對脫出토오크

식 (3·32)에서 알 수 있는 바와 같이 일정한 勵磁를 주었을 때 발생할 수 있는 최대토오크(最大出力)는,

$$\sin(\delta+\alpha) = 1$$

인 경우이며 이 때의 出力을 P_m 이라 하면,

$$P_m = \frac{E}{Z_s}(V-E\sin\alpha) \tag{3·35}$$

가 된다.

同期電動機는 勵磁가 일정하면 P_m 이상의 토오크를 발생할 수 없으므로 負荷토오크가 이 이상이 되면 $\delta+\alpha$ 가 90° 이상이 되어 $\sin(\delta+\alpha)$의 絶對値가 1보다 적어진다. 그러면 더욱 發生토오크가 감소하여 결국에 가서는 同期를 벗어나 정지한다. 이러한 最大토오크를 **脫出토오크**(pull out torque)라 한다.

그러나 勵磁를 늘려 誘起起電力을 크게 하면 脫出토오크 P_m의 값을 크게 할 수 있음은 식 (3·35)에서 알 수 있다.

식 (3·35)의 P_m을 E로 微分하여 零으로 놓으면,

$$\frac{dP_m}{dE} = \frac{1}{Z_s}(V-E\sin\alpha) - \frac{E}{Z_s}\sin\alpha = 0$$

$$V - E\sin\alpha = E\sin\alpha$$

$$\therefore\ E = \frac{V}{2\sin\alpha}$$

誘起起電力 E 가 $\dfrac{V}{2\sin\alpha}$로 되었을 때 P_m은 최대가 된다. 이것을 $P_{ab\cdot m}$ 이라 하면,

$$P_{ab\cdot m} = \frac{V^2}{4Z_s\sin\alpha}$$

그런데 $\alpha = \tan^{-1}\dfrac{r}{x_s}$

$$\therefore \ \sin\alpha = \frac{r}{Z_s}$$

$$Z_s \sin\alpha = r$$

$$\therefore \ P_{ab \cdot m} = \frac{V^2}{4r} \tag{3·36}$$

식 (3·36)의 $P_{ab \cdot m}$을 **絕對脫出토오크**(absolute pull out torque)라 한다. 同期電動機는 이론상 이 이상의 토오크를 낼 수 없으며, 이것은 실제의 最大出力을 훨씬 넘는 값이다.

③ **安定運轉의 범위**

同期電動機의 운전중 負荷토오크가 변화하면 이 순간에 負荷角 δ가 변화한다. 負荷토오크가 감소하면 負荷角 δ는 작아지고 반대로 負荷토오크가 증가하면 δ는 커진다.

負荷角 δ가 커졌을 때 電動機의 發生토오크 P_2가 증가하여 負荷토오크와 平衡할 수 있으면 새로운 負荷角 δ에서 운전을 계속할 수 있으나, 이렇게 되지 않고 δ가 증가하였을 때 P_2가 감소하면, 즉 P_m을 넘으면 운전을 계속할 수 없고, 同期를 벗어난다.

이상에서 同期電動機가 안전한 운전을 하려면, $\frac{dP_2}{d\delta} > 0 (P_2 > 0$의 범위에 있어서)이 되어야 한다. 그림 3·58은 端子電壓 V와 誘起起電力 E가 일정할 때의 安定運轉의 범위를 표시한 것이다. 그림에 표시된 바와 같이 그 범위는 $P_2 = 0$에서 脫出토오크 $P_m = \frac{E}{Z_s}(V - E\sin\alpha)$에 이르는 사이

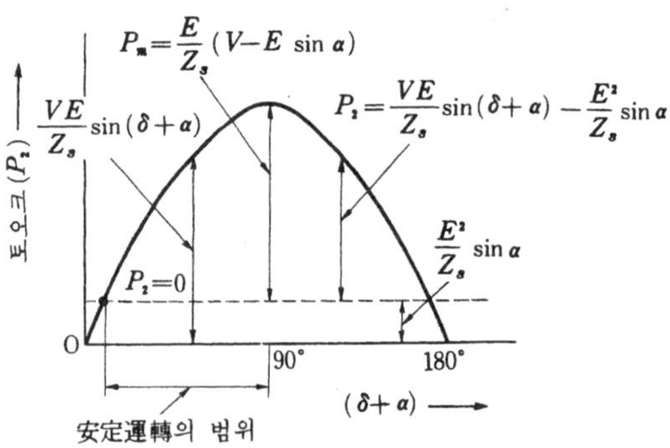

그림 3·58

로 되어 있다.

3·5·3 同期電動機의 圓線圖

(1) Blondel 線圖

그림 3·55에서 표시한 同期電動機의 벡터圖를 토대로 해서 다음과 같은 線圖(Blondel's diagram)를 그리면 이 線圖에서 同期電動機의 특성을 구

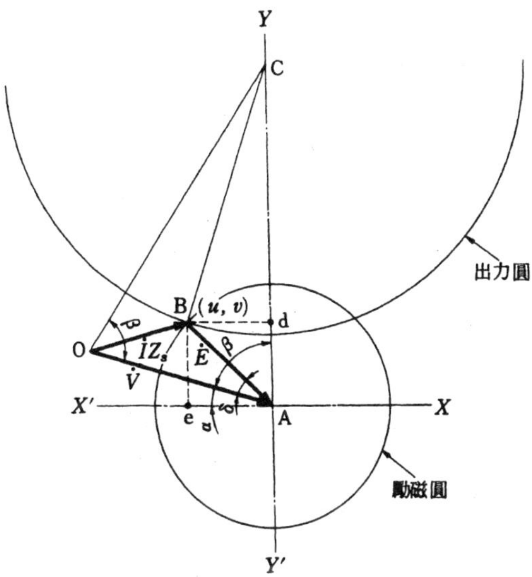

그림 3·59

할 수 있다. 그림 3·59에서 $\overline{OA}=V$는 1相의 供給電壓, $\overline{BA}=E$는 임의의 誘起起電力, $\overline{OB}=IZ_s$는 同期임피던스降下이며 이것은 그림 3·55의 벡터도와 같은 것이다.

A 및 O에서,

$$\angle OAC=\angle AOC=\beta=\tan^{-1}\frac{x_s}{r}$$

가 되도록 直線 AC 및 OC를 긋고 C점에서 만나도록 하고 A를 原點,

直線 AC를 Y軸, AC와 直角이 되는 直線을 X軸으로 한 座標軸에 대하여 B點의 座標를 (u, v)라 하면,

△OAB의 3邊은,

$$\dot{V} = \dot{E} + \dot{I}Z_s$$

의 관계에 있으므로 ∠OAB $= \delta$가 되고 또 ∠X'AO $= \alpha$라 하면,

$$\alpha + \beta = 90°, \qquad \beta = \tan^{-1}\frac{x_s}{r}$$

이므로,

$$\alpha = \tan^{-1}\frac{r}{x_s}$$

이 된다.

그러면

$$u = \overline{\mathrm{Ae}} = -E\cos(\delta+\alpha)$$
$$v = \overline{\mathrm{Ad}} = E\sin(\delta+\alpha)$$
$$u^2 + v^2 = E^2$$

出力 P_2는 식 (3·32)에서,

$$P_2 = \frac{VE}{Z_s}\sin(\delta+\alpha) - \frac{E^2}{Z_s}\sin\alpha$$

이것에 위의 각 식을 대입하면,

$$P_2 = \frac{V}{Z_s}v - (u^2+v^2)\frac{1}{Z_s}\cdot\frac{r}{Z_s}\left(\because\ \sin\alpha = \frac{r}{Z_s}\right)$$

양변에 $\dfrac{Z_s^2}{r}$을 곱하면,

$$\frac{Z_s^2}{r}P_2 = \frac{V}{r}Z_s v - u^2 - v^2 = \frac{V}{r}Z_s v - v^2 - u^2 + \left(\frac{Z_s^2V^2}{4r^2} - \frac{Z_s^2V^2}{4r^2}\right)$$

$$\therefore\ u^2 + \left(v - \frac{VZ_s}{2r}\right)^2 = \frac{Z_s^2V^2}{4r^2} - \frac{Z_s^2}{r}P_2 = \frac{Z_s^2}{r^2}\left(\frac{V^2}{4} - P_2 r\right) \quad (3·37)$$

식 (3·37)에서 B點의 軌跡은 $\left(0, \dfrac{VZ_s}{2r}\right)$를 중심으로 하고 $\dfrac{Z_s}{r}\sqrt{\dfrac{V^2}{4} - P_2 r}$을 반경으로 하는 圓이 된다.

그런데 $\dfrac{VZ_s}{2r} = \overline{\mathrm{AC}}$가 되므로 B點은 C를 중심으로 하고 $\overline{\mathrm{BC}} =$

$\frac{Z_s}{r}\sqrt{\frac{V^2}{4}-P_2r}$ 을 반경으로 하는 圓周上에 있게 된다. 이 식에서 알 수 있는 바와 같이 일정한 出力 P에 대하여는 $\overline{BC}$는 일정하므로 B點의 軌跡(V, P_2는 일정하고 E가 변화하였을 때)은 C를 중심으로 하고 $\overline{BC}$를 반경으로 하는 圓이 된다. 이 圓을 **出力圓**(power circle)이라고 한다. 또 V, E는 일정하고 P_2가 변화하였을 때의 B의 軌跡은 $E=\overline{AB}$가 일정하므로 A를 중심으로 하고 $\overline{AB}$를 반경으로 하는 圓이 된다. 이 圓을 **勵磁圓**(excitation circle)이라 한다.

(2) 圓線圖上의 出力

그림 3·60에서 圓 SRT는 임의의 誘起起電力에 대한 勵磁圓인데 이 圓과 C를 중심, $\overline{CO}$를 반경으로 하는 圓(出力圓의 반경의 식 $\overline{BC}=\frac{Z_s}{r}\sqrt{\frac{V^2}{4}-P_2r}$ 에서 알 수 있는 바와 같이 出力 P_2가 증가하면 半徑이 작아지고, 出力이 감소하면 반대로 커진다. 無負荷의 경우는 $P_2=0$이므로 이 때의 半徑

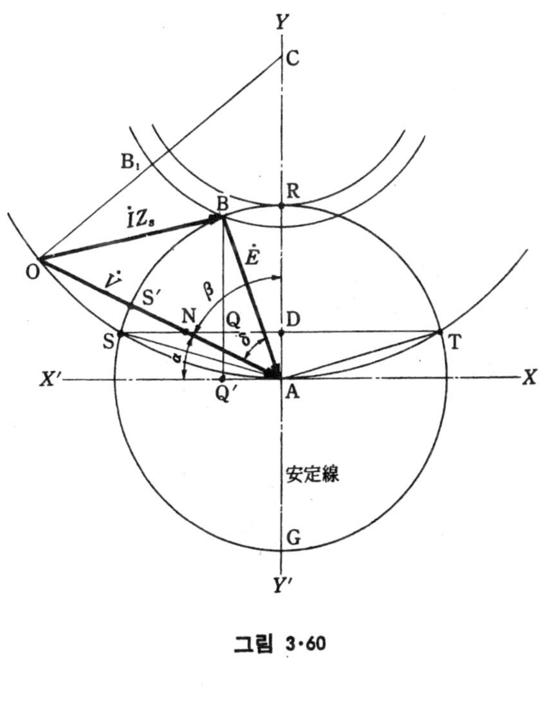

그림 3·60

$R = \frac{Z_s}{r}\sqrt{\frac{V^2}{4}} = \frac{Z_s V}{2r} = \overline{\mathrm{CO}}$가 된다. 따라서 C를 중심, $\overline{\mathrm{CO}}$를 반경으로 하는 圓은 $P_2 = 0$에 대한 出力圓이다)과의 交點을 S, T라 하면 電流가 $\frac{\overline{\mathrm{OB}}}{Z_s}$의 경우의 出力 P_2는 B點에서 ST에 그은 垂線의 길이 $\overline{\mathrm{BQ}}$로 표시된다.

다음에 이것을 證明한다.

△OSA와 △SNA에서

∠OAS와 ∠NAS는 共通, ∠AOS = ∠ATS = ∠ASN이므로,

$$\triangle \mathrm{OSA} \backsim \triangle \mathrm{SNA}$$

$$\therefore \frac{\overline{\mathrm{OA}}}{\overline{\mathrm{SA}}} = \frac{\overline{\mathrm{SA}}}{\overline{\mathrm{NA}}} \qquad \therefore \overline{\mathrm{NA}} = \frac{\overline{\mathrm{SA}}^2}{\overline{\mathrm{OA}}}$$

그런데

$$\overline{\mathrm{SA}} = \overline{\mathrm{AB}} = E, \qquad \overline{\mathrm{OA}} = V$$

$$\therefore \overline{\mathrm{NA}} = \frac{E^2}{V}$$

$$\overline{\mathrm{AD}} = \overline{\mathrm{NA}}\sin\angle\mathrm{AND} = \overline{\mathrm{NA}}\sin\angle\mathrm{OAQ'} = \frac{E^2}{V}\sin\alpha$$

$$\overline{\mathrm{BQ}} = \overline{\mathrm{BQ'}} - \overline{\mathrm{AD}} = E\sin(\delta+\alpha) - \frac{E^2}{V}\sin\alpha$$

따라서

$$P_2 = \frac{EV}{Z_s}\sin(\delta+\alpha) - \frac{E^2}{Z_s}\sin\alpha = \frac{V}{Z_s} \times \overline{\mathrm{BQ}}$$

즉 $\overline{\mathrm{BQ}}$에 $\frac{V}{Z_s}$를 곱하면 出力이 되기 때문이다.

그림에서 B가 S와 일치했을 때 出力은 零이며, 이 S點에서 B가 圓周上을 시계방향으로 이동하는 데 따라 出力은 커지고 B가 R에 왔을 때의 出力 $\overline{\mathrm{RD}}$는 이 E에서 最大出力이다. 즉 負荷角 δ가 β와 같게 될 때 出力은 최대가 된다. 圓弧 SR의 범위는 負荷角 δ가 증가하면 出力도 증가하므로 運轉은 안정되어 있으나 RT의 범위는 δ의 증가에 대하여 出力은 감소하므로 運轉이 불안정하다. 圓弧 SG 및 GT는 각각 發電機로서의 安定 및 不安定 범위이다.

(3) 位相特性曲線(V 曲線)

供給電壓 V 및 出力 P_2를 일정한 상태로 두고 勵磁만을 변화시켰을 경우에는 電機子電流의 크기와 力率이 달라진다. 그림 3·61에서 B點이

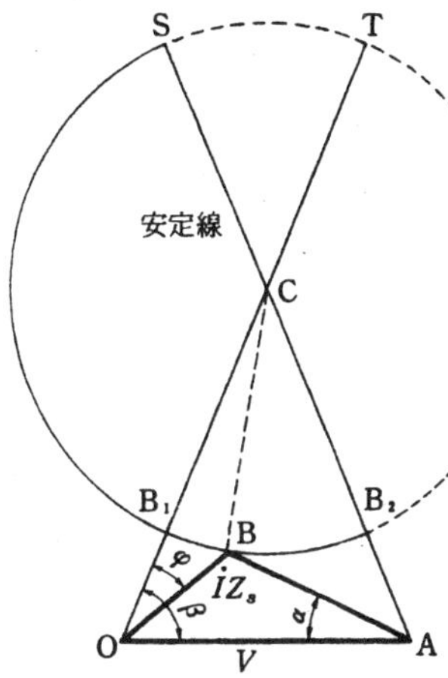

그림 3·61

B_2點에 일치하였을 때 誘起起電力 E(또는 勵磁電流 I_f)는 최소가 되며, B點이 B_2點에서 출발하여 出力圓上을 시계방향으로 이동하는데 따라 電機子電流는 감소하고 誘起起電力은 커지는데, B_1點에 이르면 電機子電流는 최소가 되고 力率은 100[%]가 된다(IZ_s와 $OC=\dfrac{Z_sV}{2r}$ 사이의 角은 力率角 φ이며, B點이 B_1點과 일치하면 $\varphi=0$으로 되기 때문이다). B_1點을 지나면 電機子電流는 端子電壓보다 앞서게 되고 電機子電流 및 誘起起電力은 다같이 점점 커지며 S點에 오면 誘起起電力은 최대가 된다. S點에서 더 이동하면 誘起起電力은 감소하나 電機子電流는 증가하여 T點에서 電機子電流는 최대가 된다. 이 때 力率은 또 다시 100[%]가 된다. T點에서 B_2點 사이에서는 電機子電流 및 誘起起電力은 다같이 감소한다. 半圓 B_2B_1S는 安定範圍이고 半圓 STB_2는 不安定範圍이다. 이와 같이 일정 出力에서 誘起起電力 E(또는 勵磁電流 I_f)를 변화시켰을 때 E(또는 I_f)

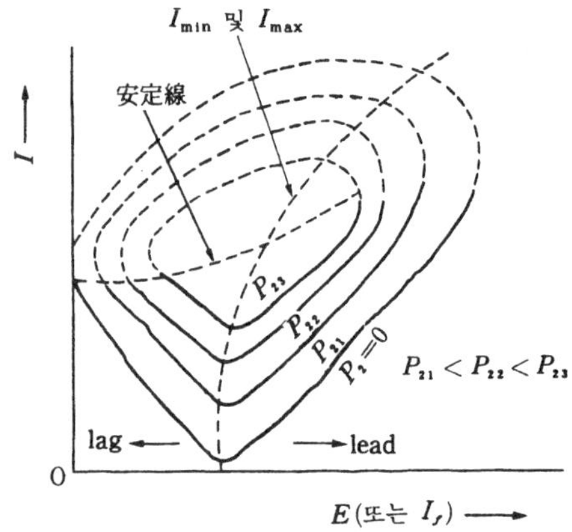

그림 3·62

對 電機子電流 I의 곡선을 **V 曲線**(V-curve)이라 하며 그림 3·62와 같이 된다.

즉 일정한 出力에서 勵磁를 약하게 해 주면 遲相力率의 電機子電流를 취하고 勵磁를 강하게 하면 進相力率의 電流를 취하게 되는 것을 알 수 있다. 이것이 定速度性과 아울러 同期電動機의 2대 특징이다.

3·5·4 亂 調

負荷가 갑자기 변동해서 負荷토오크와 電機子의 發生토오크와의 평형이 깨어졌을 때는 즉시 새로운 평형 상태의 負荷角으로 옮겨지는 것이 아니다.

예컨대 一定端子電壓 V 및 一定誘起起電力 E의 상태로 어떤 負荷角 δ

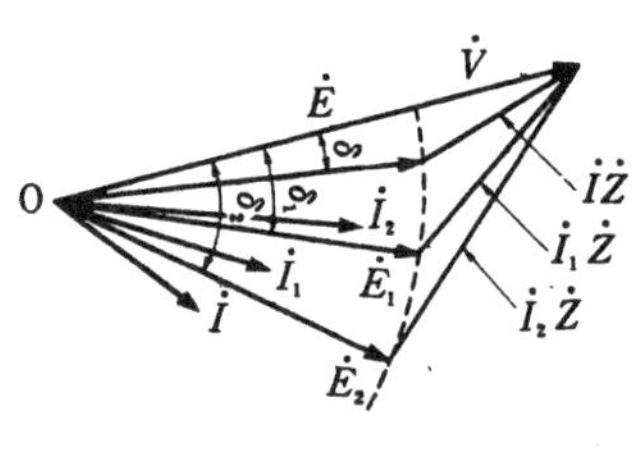

그림 3·63

로 운전하고 있는 同期電動機의 負荷가 갑자기 증가하였다면 그림 3·63과 같이 負荷角은 δ에서 증가된 負荷에 상당한 負荷角 δ_1로 늘어나야 한다. 그러나 回轉子에는 慣性이 있으므로 δ는 즉시 δ_1로 늘어날 수 없기 때문에 새로이 증가된 負荷토오크보다는 電動機의 發生토오크가 부족하게 되어 回轉子는 순간적으로 減速하므로 同期速度 이하가 된다. 그러면 δ는 증가해서 δ_1이 되나 回轉子의 慣性이 다시 작용하여 δ_1에서 負荷角이 安定되지 않고 지나치게 증가하여 δ_2에 이른다. 이렇게 하여 負荷角이 δ_1 이상으로 되면 電動機의 發生토오크는 負荷가 요구하는 토오크보다 크게 되므로 回轉子는 가속되어 負荷角은 다시 감소하고 δ_1을 지나 변동전의 부하에 대한 負荷角 δ부근까지 되돌아간다. 이와 같이 回轉子는 δ_1을 중심해서 진동하게 되는데 이러한 현상을 **亂調**(hunting)라 한다.

이상과 같이 亂調라는 것은 一定速度에 振動이 重疊되는 것인데 적당히 설계된 電動機에서는 이러한 振動은 곧 억제되지만 回轉子의 固有振動과 電源 또는 負荷의 주기적 변화로 인한 强制振動이 일치하였을 때에는 한층 더 심하게 되므로 결국은 同期를 이탈하여 정지한다.

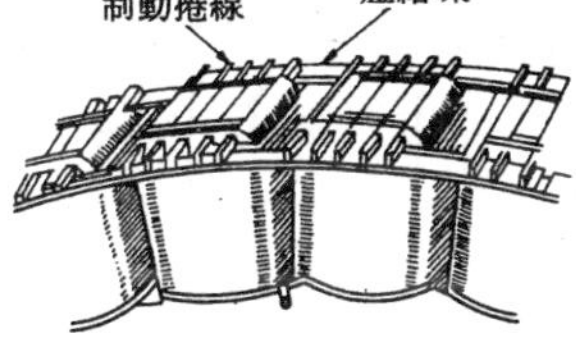

그림 3·64

亂調를 방지하는 방법으로는 그림 3·64와 같이 磁極面에 슬롯을 파서 여기에 抵抗이 적은 短絡捲線을 설치한 **制動捲線**(damper or amortisseur)을 이용한다. 다른 또 하나의 방법은 **플라이 휘일**(fly wheel)을 붙이는 것이다. 이것을 붙이면 電動機의 自由振動의 周期가 길어지므로 亂調가일어나는데 부적당하게 되지만 플라이 휘일의 무게와 크기를 적당하게 하지 않으면 도리어 自由振動의 周期가 强制振動의 周期에 일치하여 亂調가 더욱 심해지므로 주의해야 한다.

3·5·5 同期電動機의 運轉

(1) 起動토오크

同期電動機는 앞서 설명한 바와 같이 同期速度 이외의 速度에서는 토오크를 낼 수 없다. 그러므로 起動토오크는 零이다. 따라서 이것을 起動시키자면 그림 3·64와 같이 界磁極表面에 短絡한 捲線을 감고 回轉磁界와 이 捲線에 誘導되는 電流 사이의 電磁力으로 起動토오크를 얻을 수 있도록 한다. 이 捲線을 **起動捲線**(앞서 설명한 亂調防止用 制動捲線이 起動捲線의 역할을 한다)이라 하고 銅 또는 眞鍮 등의 막대기를 籠形으로 접속해서 만든다.

(2) 起動法

① 自起動法

이것은 起動捲線의 起動토오크를 이용해서 起動시키는 방법이다. 이 때 界磁回路를 연 채로 固定子에 電壓을 가하면 捲數가 많은 界磁捲線이 固定子回轉磁界를 끊으므로 界磁回路에 매우 높은 電壓이 誘起될 염려가 있어 보통 이것을 抵抗을 통해서 短絡해 놓고 기동시켜야 한다. 또 처음부터 全電壓을 가하면 起動電流가 퍽 많이 흘러 가까운 電力系統에 나쁜 영향을 주므로 **起動補償器**(starting compensator)라고 하는 일종의 3相單捲變壓器를 써서 全電壓의 $\frac{1}{2}$ 또는 $\frac{1}{3}$ 정도로 電壓을 내려서 기동시키는 것이 보통이다.

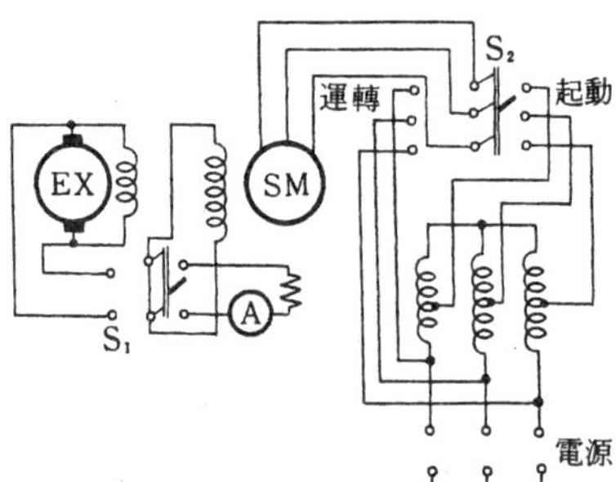

그림 3·65

이 結線圖는 그림 3·65와 같으며 起動捲線이 내는 토오크에 의하여 차차 가속해서 대체로 同期速度에 이르면 電流計 Ⓐ의 지시는 거의 零이 되므로 이 때 開閉器 S_1을 좌측에 닫고 直流勵磁를 주게 되면 同期速度에 끌려들어간다(이것을 pull in이라 한다).

② **起動電動機法**

그림 3·66과 같이 同期電動機의 축에 직결한 起動電動機를 써서 기동시키는 방법이다. 起動電動機로 同期電動機를 돌리면 同期電動機는 同期發電機가 되므로 이 發電機의 界磁電流 및 速度를 조정하여 電源과의 同期를 檢定한 다음 開閉器 S를 닫으면 다음부터는 同期電動機가 된다.

起動電動機로 誘導電動機를 이용하는 경우에는 同期電動機의 極數보다 2극만큼 적은 극수의 誘導電動機를 써야 한다. 誘導同期電動機(3·8·2에서 설명한다)라면 같은 極數라도 좋다.

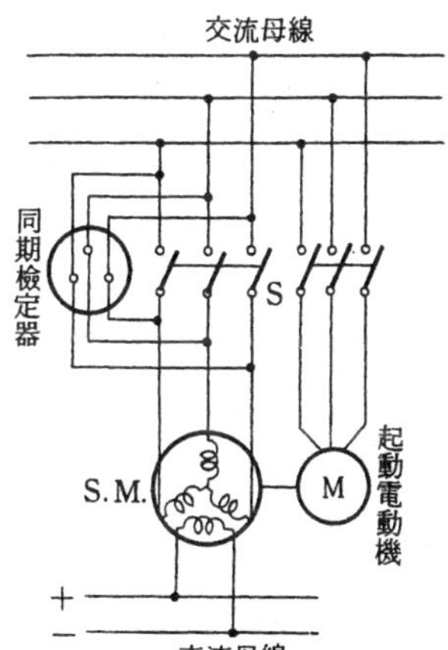

그림 3·66

(3) 同期電動機의 用途

同期電動機가 誘導電動機보다 이익이 되는 점은 力率이 좋다는 것이다. 同期電動機는 界磁電流를 조정하여 力率을 100[%]로 할 수 있을 뿐만 아니라, 進相力率로도 할 수 있으므로 일반적인 電動機로 사용할 수 있음은 물론이고 負荷의 力率改善에도 이용한다.

誘導電動機는 소형일수록 또 回轉數가 낮을수록 力率이 떨어진다. 그러므로 誘導電動機에서는 力率을 좋게 하려고 固定子와 回轉子 사이의 空隙을 될수록 작게 하는데 이것이 고장의 원인이 되는 경우가 많다. 그러나 同期電動機는 空隙이 크므로 이러한 우려가 없다. 그리고 同期電動機는 同期速度로 회전하므로 負荷나 供給電壓이 다소 변동한다 해도 速度는 늘 일정하다.

同期電動機의 결점으로는 起動토오크가 적은 것과 速度調整을 할 수 없는 點, 直流電源이 필요하므로 설비비가 많이 든다는 點이다.

同期電動機는 이상과 같은 특성을 가지고 있으므로 소형의 작은 電氣時計, 오실로그래프, 電送寫眞 등에 쓰는 일이 있지만 주로 壓縮機, 粉碎機, 壓延機 등의 低速度 大容量의 電動機로 사용된다.

同期電動機는 일반적으로 負荷토오크를 100[%]라 하면 起動토오크는 50[%], 脫出토오크는 150~300[%] 정도이다.

(4) 同期調相機

同期電動機의 V 曲線에서 알 수 있는 바와 같이 無負荷로 過勵磁해서 운전하면 회로에서 進相電流를 취하게 할 수 있다. 일정한 交流電壓을 가하여 이것보다 90° 앞선 無效電流를 흘리는 점이 콘덴서와 닮았기 때문에 이러한 경우 이것을 **同期進相機**(synchronous condenser)라 한다.

대개 送電線路에 접속되어 있는 부하는 變壓器, 誘導電動機 등의 勵磁電流를 포함하고 있으므로 보통 遲相力率이 된다. 이러한 遲相電流가 發電機에 흐르면 이 電流의 減磁作用을 보완하기 위해서 勵磁를 늘려야 하며 이 때문에 界磁銅損과 短絡電流가 증가한다. 또 力率이 떨어지면 送配電線路의 電壓降下가 크게 되어 送電効率이 나빠진다.

그래서 이 遲相無効電流를 없애고 力率을 1에 가깝도록 하기 위해서 送電線受電端에 同期進相機를 그림 3·67과 같이 설치하고 過勵磁를 주어 進相電流를 취하도록 하는 방식이 널리 쓰인다. 이렇게 함으로써 그림 3·67의 벡터도와 같이 無益한 電流가 發電機 및 送電線에 흐르는 것을 방지하

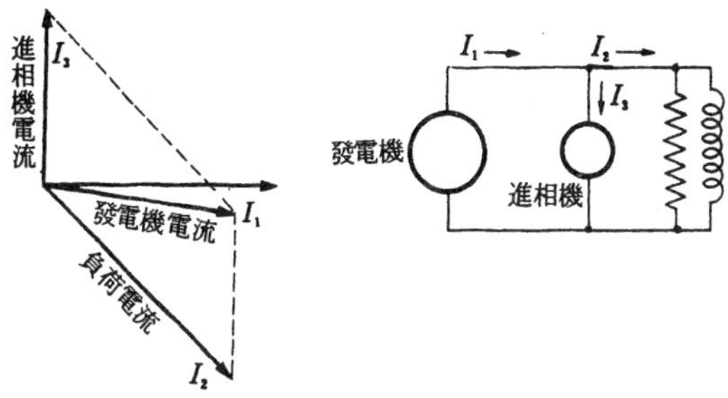

그림 3·67

고 送電損失을 감소하게 하는 동시에 送電線路의 電壓降下를 가감하여 受電端電壓을 일정하게 할 수 있다.

또, 同期進相機의 勵磁를 감소해 가면 이것에 遲相電流를 취하도록 할 수 있다. 이 경우는 遲相機로 동작하는 것이 되므로 이들을 총칭하여 **同期調相機**(synchronous phase madifier)라 한다.

無負荷長距離送電線을 發電機에 접속했을 때 送電機의 靜電容量으로 인한 進相電流가 發電機에 흘러 自己勵磁를 일으켜 정도 이상의 高電壓이 되는 것을 방지하려고 하는 경우에는 遲相機로 사용한다.

【예제 7】 5000 [kW], 力率 80 [%]의 電力系統의 受電端에 同期進相機를 연결하여 力率을 91.5 [%]로 하려면 進相機의 容量은 몇 [kVA]이면 되는가?

(풀이) 그림 3·68 에서 $\cos\theta = 0.8$, $\cos\theta' = 0.915$ 라 하면,

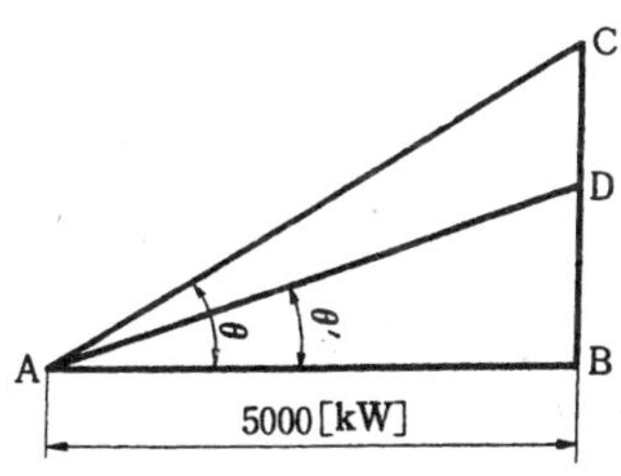

그림 3·68

$$\overline{BC} = \overline{AB}\tan\theta = 5000 \times \frac{0.6}{0.8} = 3750\ [kVA]$$

$$\overline{BD} = \overline{AB}\tan\theta' = 5000 \times \frac{\sqrt{1-0.915^2}}{0.915} = 2250\ [kVA]$$

進相機의 容量은 $\overline{CD} = \overline{BC} - \overline{BD} = 1500\ [kVA]$ 답 1500 [kVA]

연 습 문 제

1. 同期電動機의 脫出토오크란 무엇인가? 이것에 영향을 미치는 요소에 대하여 설명하라.

2. 3相同期電動機의 回轉方向을 바꾸려면 어떻게 하면 되는가?
(약해) 3線中에서 2線을 바꾼다.

3. 端子電壓(線間) 210 [V], 電機子電流 10 [A], 力率 100 [%]로 운전하고 있는 3相同期電動機의 각 相의 誘起起電力 및 負荷角은 얼마인가? 단, 각 相의 同期리액턴스는 7[Ω]이고 電機子抵抗은 무시한다. 답 140 [V], 30°

4. 3000 [V], 50 [Hz], 20極 1000 [HP]의 3相同期電動機가 있다. 力率 100 [%]에서의 全負荷電流 및 토오크는 얼마인가? 단, 全負荷時의 効率은 90 [%]이다.
(약해) 全負荷電流를 I라 하면

$$\sqrt{3}\,VI\cos\theta = \frac{1000 \times 746}{0.9}$$

토오크

$$\tau = 9.8 \times 0.975\frac{P_2}{N_s}\ [N \cdot m]$$

답 157.4 [A], 23436 [N·m]

5. 同期電動機의 供給電壓 및 負荷가 일정한 경우에 勵磁電流를 변화시키면 供給電流는 어떻게 변하는가를 설명하라.

6. 同期電動機의 V曲線에 대하여 설명하라.

7. 50 [kW]를 소비하는 同期電動機가 力率 0.8의 負荷 200 [kW]와 並列로 접속되고 있을 때 合成負荷에 0.9의 力率을 가지게 하려면 電動機의 進相無効電力은 얼마인가?

(약해)
$$(200+50)\frac{\sqrt{1-0.9^2}}{0.9} = 200 \times \frac{\sqrt{1-0.8^2}}{0.8} + x$$

답 $x = 29$ [kVA]

8. 50 [Hz], 750 [rpm]의 3相同期電動機를 誘導電動機에 직결하여 電源과 同期化시키려면 誘導電動機의 極數는 얼마로 하면 되는가? 답 6極

9. 3相同期電動機의 起動方法 2가지를 들고 이것을 설명하라.

10. 同期電動機의 □은 運轉中에는 亂調를 방지하고 起動時에는 □으로 사용한다.

답 制動捲線, 起動捲線

3·6 交流發電機의 並行運轉

3·6·1 並行運轉의 條件

2대 이상의 同期發電機가 같은 負荷에, 다같이 電力을 공급하는 것을 **並行運轉**(parallel operation)이라 한다.

同期發電機를 並列運轉시키려면 각 發電機는 다음과 같은 조건을 만족해야 한다.

① 起電力의 크기가 같을 것

② 起電力의 位相이 같을 것

③ 起電力의 周波數가 같을 것

④ 起電力의 波形이 같을 것

①은 界磁電流를 조정해서 電壓計로 確認할 수 있고, ②와 ③은 發電機의 速度, 즉 原動機의 速度를 조정해서 만족시킬 수 있는데 이것은 **同期檢定器**(synchroscope)를 써서 조사한다. ④는 發電機製作上의 문제이며, 운전중에는 고려할 필요가 없다.

또 負荷의 변동에 대하여 언제나 發電機容量에 비례하는 負荷를 각 發電機가 분담하자면 原動機에는 다음의 조건이 필요하다.

① 균일한 角速度를 가질 것

② 적당한 速度變動率을 가질 것

터어빈發電機와 水車發電機에서는 1回轉中의 角速度가 균일하여 ①의 조건이 만족되지만 往復動機關으로 운전되는 엔진發電機에는 풀라이 휘일(fly wheel)을 붙여서 될수록 균일한 角速度에 가깝도록 해야 한다. 또한 負荷變動에 대하여는 速度變動率이 적은 것이 좋지만 並行運轉에 있어 負

荷의 分配를 圓滑하게 하자면 垂下特性의 적당한 速度變動率을 가져야 한다.

그런데 原動機에 대한 것은 최초 설비할 때에 고려해야 할 조건이므로 실제로 同期發電機를 並行運轉시키려고 하는 경우에는 發電機에 필요한 조건만 생각하면 된다.

3·6·2 無効循環電流

發電機 2대의 起電力의 位相은 일치하고 크기만 다를 때, 즉 그림 3·69와 같이 A, B 2대의 같은 定格의 同型 3相發電機가 並行運轉하고 있는 경우 A機의 勵磁를 B機보다 세게 하였다면 無負荷의 경우,

$$\dot{I}_c = \frac{\dot{E}_a - \dot{E}_b}{2\dot{Z}_s} \tag{3·38}$$

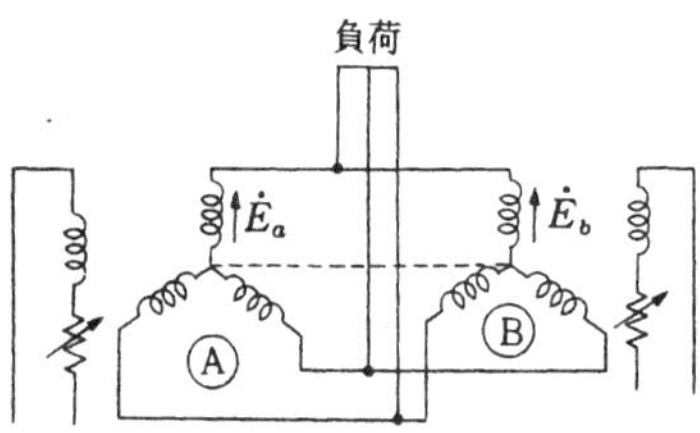

그림 3·69

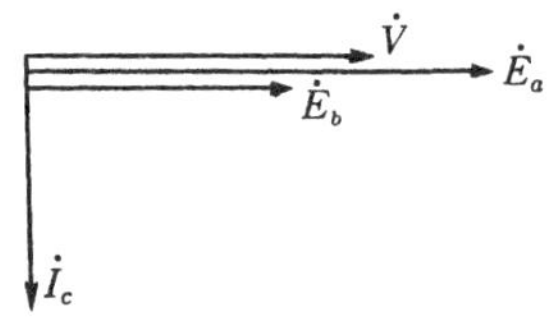

그림 3·70

되는 循環電流 $\dot{I}_c$가 그림 3·70과 같이 흐른다. 여기서 $\dot{Z}_s$는 發電機의 同期임피던스이다. 그런데 同期임피던스 중의 抵抗分을 무시하면 $\dot{I}_c$는 그림 3·70과 같이 誘起起電力보다 90° 뒤지게 되므로 **無効循環電流**(reactive circulating current)이다. 그러므로 A機에 대하여는 이 電流 $\dot{I}_c$의 電機子反作用이 減磁作用을 하여 起電力을 감소시키고 B機에 대하여는 그림 3·71과 같이 $-\dot{I}_c$가 되어 90°의 進相電流가 되므로 磁化作用을 하여 起電力을 증가시킨다. 결국 두 發電機의 電壓은 같게 된다.

負荷電流 $\dot{I}$가 흐르면 그림 3·72의 벡터도와 같게 되고,

$$\dot{I}_a = \frac{\dot{I}}{2} + \dot{I}_c, \qquad \dot{I}_b = \frac{\dot{I}}{2} - \dot{I}_c \tag{3·39}$$

가 되어 A機의 力率은 $\cos\varphi_a$, B機는 $\cos\varphi_b$가 되고 負荷力率 $\cos\varphi$와는

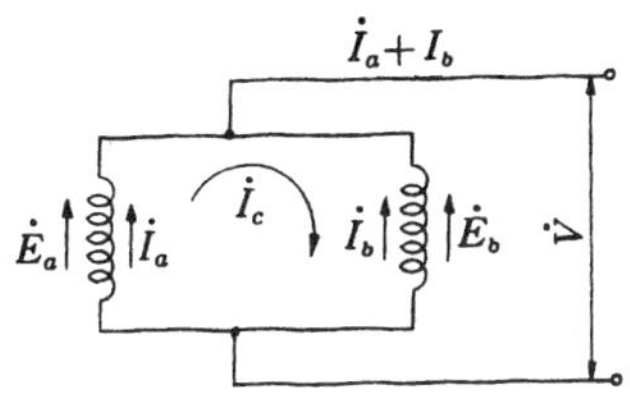

그림 3·71

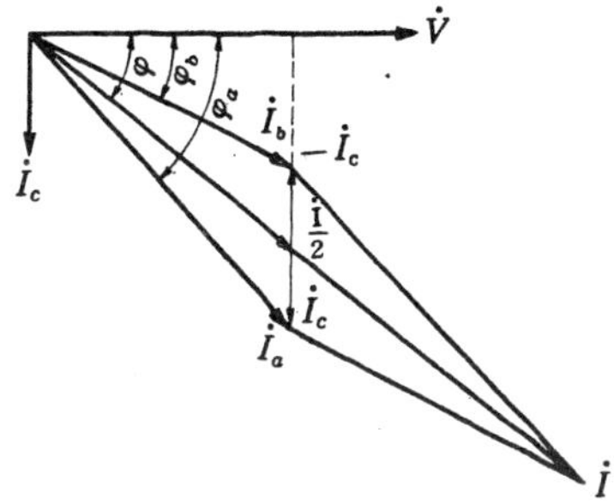

그림 3·72

각각 다른 값이 된다.

이상과 같이 並行運轉中에 있는 發電機의 勵磁電流를 적당하게 하여 誘起起電力을 같게 해 놓지 않으면 無効循環電流가 흘러서 두 發電機의 力率이 달라지고 發電機는 過熱한다.

3·6·3 同期化電流

發電機 A, B가 같은 負荷를 분담되어 운전하고 있는 경우에 어떤 原因으로 A機의 誘起起電力의 位相이 B機보다 δ_s 만큼 앞섰다고 하자.

그러면 그림 3·73에서와 같이,

$$\dot{E}_s = \dot{E}_a - \dot{E}_b \tag{3·40}$$

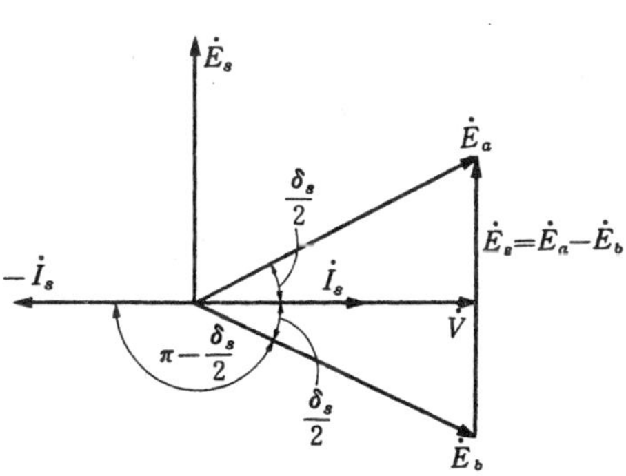

그림 3·73

라는 電壓에 의하여 循環電流가 흐른다.

이 循環電流를 $\dot{I}_s$라 하면,

$$\dot{I}_s = \frac{\dot{E}_s}{2Z_s} \tag{3·41}$$

로 되며 抵抗을 무시하면 $\dot{I}_s$는 $\dot{E}_s$보다 90° 뒤지고 $\dot{E}_a$보다는 $\frac{\delta_s}{2}$ 뒤진다. $\dot{E}_b$에 대하여는 $-\dot{I}_s$가 되므로 그 相差는 $\pi - \frac{\delta_s}{2}$이다.

다음에 電力 관계는 每相 A機에서는,

$$E_a I_s \cos\frac{\delta_s}{2}$$

의 負荷電力이 되는데 B機에서는,

$$E_b I_s \cos\left(\pi - \frac{\delta_s}{2}\right) = -E_b I_s \cos\frac{\delta_s}{2}$$

가 되어 (−)의 電力이 된다.

이 관계를 표시한 것이 그림 3·73의 벡터도이다. 그림에서,

$$|\dot{E}_a| = |\dot{E}_b| = \dot{E}_0$$

이라 하면,

$$E_a \cos\frac{\delta_s}{2} = E_b \cos\frac{\delta_s}{2} = E_0 \cos\frac{\delta_s}{2}$$

로 되고 授受電力은,

$$P = E_0 I_s \cos\frac{\delta_s}{2} = E_0 \cdot \frac{E_s}{2Z_s} \cos\frac{\delta_s}{2} = \frac{E_0{}^2}{2Z_s} \sin\delta_s \tag{3·42}$$

로 된다.

이 電力 P는 A機에는 負荷가 되고 B機에는 (−)의 負荷가 된다. 즉 發電機 A의 負荷는 P만큼 증가하여 速度가 내리고 B機의 負荷는 P만큼 감소하여 速度가 올라가서 A機의 起電力의 位相은 뒤지고 B機의 位相은 앞서기 때문에 결국 A, B 두 發電機의 電壓의 位相은 일치하게 된다.

이와 같이 I_s는 同期化作用을 하므로 **同期化電流**(synchronizing current)라 한다.

3·6·4 負荷分配의 調整과 同期化力

일반적으로 原動機(水車, 터어빈 등)의 速度는 調速機(governor)를 조정해서 들어가는 물 또는 蒸氣의 量을 많게 하면 높아지고 이것을 적게 하면 낮아진다. 또 調整機를 조정하지 않은 상태에서는 原動機의 機械的 出力이 클수록 速度는 낮게 된다. 그러므로 단독으로 운전하고 있는 發電機의 原動機調速機를 조정해서 入力을 증가시키면 速度가 올라가고 周波數가 높아진다.

그런데 並行運轉하고 있는 發電機 A, B 중 B機의 調速機를 조정하여 速度를 높이면 즉시 이 發電機의 誘起起電力이 A機보다 앞서게 되므로 前述한 바와 같이 同期化電流가 흘러 이것이 負荷電流와 합해지는 결과 B機의 負荷는 증가하고 A機의 負荷는 그만큼 감소한다. 즉 負荷分擔이 변화한다.

이와 같이 해서 B機의 負荷가 증가하면 速度는 그 이상 올라가지 않고 A機와 同期를 유지하면서 운전하게 된다.

이와 같이 交流發電機가 並行運轉하고 있는 경우 負荷의 分擔의 조정은 原動機調速機를 조정해서 位相差를 벌리게 하면 되지만 速度는 서로 牽制되어 결국 같게 된다. 이와 같이 速度가 같게 되고 서로 步調를 맞추려고 애쓰는 傾向을 **同期化力**(synchronizing power)을 가졌다고 한다.

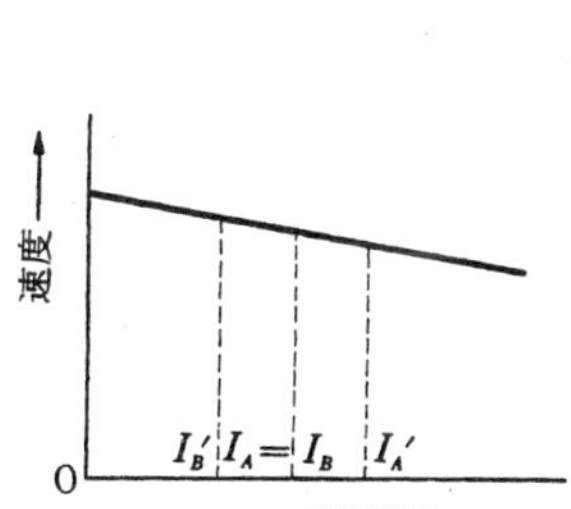

그림 3·74

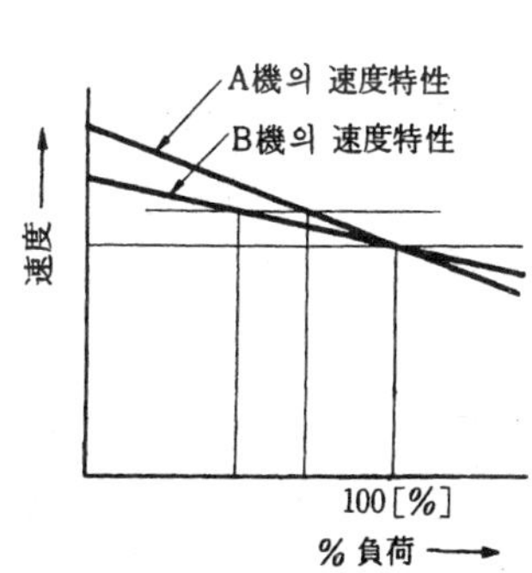

그림 3·75

그리고 3·6·1에서 並行運轉에 있어 負荷의 分配를 원활하게 하려면 速度負荷特性曲線이 垂下特性의 적당한 速度變動率을 가져야 한다고 했는데 이에 대하여 좀더 설명하겠다.

그림 3·74와 같이 서로 똑같은 速度對負荷特性을 가진 同一定格의 A, B 두 發電機가 같은 負荷를 걸고 운전하고 있을 때 어떤 원인으로 A機의 負荷가 증가하여 I_A'가 되었다고 하면 그 速度는 내리고 B機의 負荷는 I_B'로 감소하여 그 速度는 올라간다. 따라서 B機의 起電力의 位相이 A機의 그것보다 앞서고 B機로부터 A機에 電力을 주게 되어 兩機의 負荷分擔은 같게 된다. 이와 같은 작용은 速度垂下特性이 클수록 좋지만 너무 지나치게 크면 速度變動率이 커지므로 보통 3~5[%] 정도로 한다.

만일 A, B의 速度負荷特性이 그림 3·75와 같이 서로 다르면 각 機의 負荷分擔은 全負荷에서는 같게 되나 部分負荷에서는 그림과 같이 같지 않게 된다.

그러므로 發電機의 並行運轉에 있어서는 어떠한 負荷에 대해서나 負荷分擔이 같게 되자면 速度變動率이 같아야 한다.

調速機에는 速度變動率을 조정하는 장치가 있으므로 이것으로 速度變動率을 같게 할 수 있다.

3·6·5 並行運轉法

그림 3·76에서 母線에 접속되어 이미 운전중에 있는 發電機 A에 發電機 B를 並行運轉시키려면 우선 B機를 原動機로 서서히 운전해서 定格速度에 가깝도록 하고 界磁抵抗器를 조정하여 端子電壓을 母線電壓과 같도록 한다. 다음에 두 發電機의 同期를 檢定한다. 그림 3·76의 3개의 電燈 L_1, L_2, L_3은 同期檢定器의 일례로 L_1은 aa′相 사이에, L_2는 bc′相 사이에, L_3은 cb′相 사이에 접속한다. 이 경우 두 發電機의 周波數가 일치하지 않았을 때에는 電燈은 明滅한다.

B機의 속도가 A機보다 빨라서 B機의 周波數가 A機보다 높을 경우에는 電燈은 L_1, L_2, L_3순으로 밝게 되어 마치 빛이 反時計方向으로 도는 것과 같이 보인다.

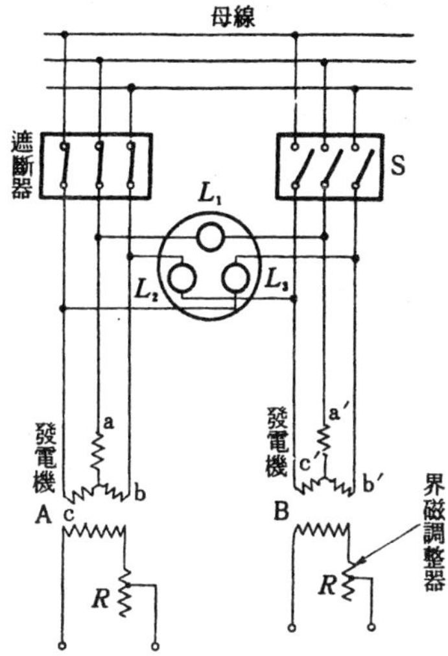

그림 3·76

반대로 B機의 周波數가 작으면 빛의 回轉方向이 L_1, L_3, L_2의 순으로 되므로 빛의 回轉方向을 보고 速度의 遲速을 판단할 수 있게 된다.

B機의 速度를 조정해서 B機의 周波數가 A機에 가깝게 되면 빛의 回轉은 차차 완만해지며. 周波數가 완전히 일치하면 빛의 회전은 정지하고 각 電燈은 일정한 빛을 낸다. 여기서 位相도 일치하면 L_1은 꺼지고 L_2, L_3은 같은 빛을 낸다. 이 순간이 周波數도 일치하고 位相도 같게 된 순간이므로 이 때 遮斷器 S를 넣으면 두 發電機는 並行運轉狀態로 된다.

이상은 同期檢定用으로 3개의 電燈을 사용한 경우인데 指針型 同期檢

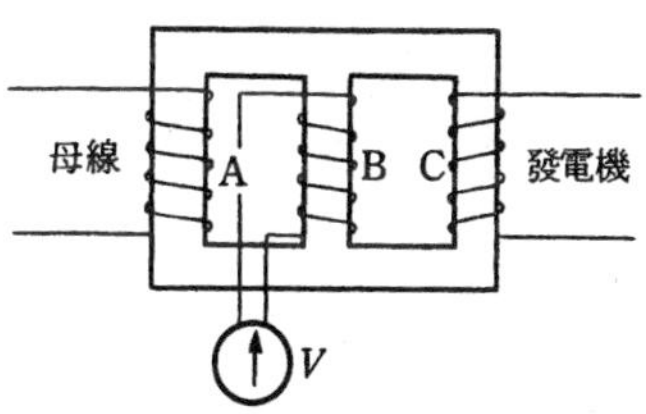

그림 3·77

定器를 사용하면 發電機 B의 周波數가 A보다 높은가 낮은가에 따라서 指針이 오른쪽 또는 왼쪽으로 회전하므로 이것을 보고 B機의 回轉數를 조정한다. 同期狀態가 되면 指針은 同期點에 정지하므로 이 때 S를 닫으면 된다. 그림 3·77은 그 일례인데 兩機의 電壓의 크기, 周波數, 位相이 일치하면 A, C 兩脚의 磁束의 합이 B를 통하므로 電壓計 V의 지시는 최대가 된다. 位相에 차가 있으면 指示는 적게 되고 周波數가 相異하면 指針은 좌우로 振動한다.

【예제 8】 2대의 3相同期發電機가 無負荷로 並行運轉하고 있을 때 대응하는 起轉力 사이에 30°의 相差가 있으면 한쪽 發電機에서 다른쪽 發電機에 공급되는 電力은 몇 [kW]인가? 여기서 각 發電機의 起電力(線間)은 3300 [V], 同期리액턴스는 5 [Ω]이고 電機子抵抗은 무시한다.

(풀이) 식 (3·42)에 의하여,

$$P = \frac{E_0^2}{2Z_s}\sin\delta_s \doteqdot \frac{E_0^2}{2x_s}\sin\delta_s$$

$$= \frac{\left(\frac{3300}{\sqrt{3}}\right)^2}{2\times5} \times \frac{1}{2} = 544.5\ [\text{kW}]$$

【예제 9】 同一定格의 2대의 同期發電機 A, B가 並行運轉하고 있다. 力率 0.8(lagging), 電流 400 [A]의 負荷에 電力을 공급하고 있는 경우

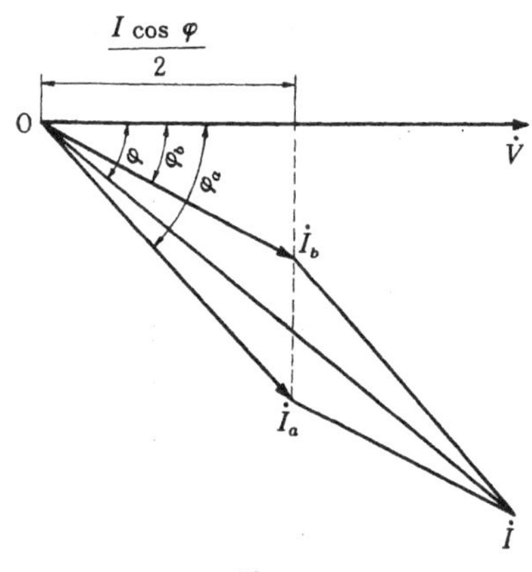

그림 3·78

A機의 勵磁를 증가하여 A機의 電流를 250 [A]로 했다. 負荷에는 변화가 없는 것으로 하고 각 機의 力率을 구하라.

(풀이) A, B의 電流 I_a, I_b의 벡터합이 400 [A]가 된다. A, B가 균등하게 負荷를 분담한다면,

A기의 負荷

$$P_a = \sqrt{3}\, VI_a \cos\varphi_a$$

B기의 負荷

$$P_b = \sqrt{3}\, VI_b \cos\varphi_b$$

$$\therefore\ P_a + P_b = \sqrt{3}\, VI \cos\varphi$$

A, B의 負荷가 같으므로,

$$P_a = P_b = \frac{1}{2}(P_a + P_b)\text{에서}$$

$$I_a \cos\varphi_a = I_b \cos\varphi_b = \frac{1}{2} I \cos\varphi$$

이 식에 $I_a = 250$, $I = 400$, $\cos\varphi = 0.8$을 넣으면,

$$250 \cos\varphi_a = I_b \cos\varphi_b = \frac{1}{2} \times 400 \times 0.8$$

그러므로,

$$\cos\varphi_a = 160/250 = 0.64$$

또 $$I_b \cos\varphi_b = 160$$

無効分의 관계식

$$I_a \sin\varphi_a + I_b \sin\varphi_b = I \sin\varphi \text{ 에서,}$$

$$I_b \sin\varphi_b = 400\sqrt{1-0.8^2} - 250\sqrt{1-0.64^2} = 47.5$$

$$\tan\varphi_b = I_b \sin\varphi_b / I_b \cos\varphi_b = 47.5/160 = 0.297$$

$$\cos\varphi_b = 0.96$$

연 습 문 제

1. 並行運轉하고 있는 2대의 3相同期發電機가 있다. 각 機의 負荷를 P [kW] 線間電壓 V [V], 1機의 각 線電流 I_1 [A], 他機의 각 線電流 I_2 [A]일 때의 각 機의 力率을 계산하고, 또 이 力率을 같게 하려면 어떻게 하면 되는가를 설명하라.

(약해) 각 機의 力率은 다음과 같이 된다.

$$\cos\varphi_1 = \frac{P \times 10^3}{\sqrt{3}\, VI_1}, \qquad \cos\varphi_2 = \frac{P \times 10^3}{\sqrt{3}\, VI_2}$$

이 때 有効電流는 같으므로 無効電流를 조정하면 된다.

2. 2대의 同期發電機가 並行運轉하고 있을 때 이 중 1機의 界磁電流를 增減하면 어떤 현상이 나타나는가? 또 兩機의 負荷가 相異할 때 어떻게 하면 같게 할 수

있는가?

(약해) 界磁電流를 증가하면 그 發電機의 力率이 저하한다.

또 負荷를 같게 하려면 부하가 큰 發電機의 入力 및 界磁電流를 감소시키고 負荷가 작은 發電機의 入力 및 界磁電流를 증가시킨다.

3. 極數 6, 回轉數 1000 [rpm]의 交流發電機와 並行運轉하는 極數 8의 交流發電機의 回轉數를 구하라. 답 750 [rpm]

4. 並行運轉하고 있는 發電機에 循環電流가 흐르는 2가지 주요한 원인을 들고 설명하라.

(약해) (1) 兩機의 起電力이 同相異値(無効電流)

(2) 兩機의 起電力이 異相同値(同期化電流)

5. 並行運轉하고 있는 2대의 交流發電機의 負荷를 한쪽 發電機에서 다른쪽으로 옮기려면 어떻게 하면 되나?

6. 交流發電機 並行運轉의 조건을 發電機와 原動機에 대하여 각각 기술하라.

7. 다음과 같은 A, B 2대의 同期發電機가 있다.

發 電 機		A	B
容 量 [kVA]		3500	5000
電 壓 [V]		6600	6600
極 數		4	16
速度[rpm]	無負荷	1560	380
	全負荷	1430	370

이 2대의 發電機를 並行運轉시키는 데 있어 負荷와 速度와의 관계는 直線的이라 하고 負荷力率을 1.0이라 하면 周波數가 50 [Hz]일 때의 總負荷는 몇 [kW]인가? 답 4115 [kW]

8. 定格出力 1000 [kVA], 定格電壓 3300 [V], 定格力率 0.8의 同期發電機 2대가 並行運轉하여 定格狀態로 동작하고 있을 때 한쪽 發電機의 勵磁를 감소하여 그 力率을 1로 하였을 때 다른쪽 發電機의 電流 및 力率은 얼마인가? 단 負荷에는 변화가 없는 것으로 한다. 답 258 [A], 0.55

3·7 損失과 効率

3·7·1 損 失

同期機의 損失은 無負荷損(no load loss)과 負荷損(load loss)으로 大別할 수 있다. 無負荷損은 無負荷의 경우에 발생하는 손실이고 負荷損은 電機子에 電流가 흐르는 경우에 직접 또는 간접적으로 발생하는 손실이며 이들을 세분하면 다음과 같다.

(1) 無負荷損

① 機械損(mechanical loss)
- 베어링 摩擦損(bearing friction loss)
- 브러시 摩擦損(brush friction loss)
- 風損(windage loss)

② 鐵損(iron loss)
- 히스테리시스損(hysteresis loss)
- 渦流損(eddy current loss)

③ 界磁銅損(excitation loss)

이들 손실 중에서 界磁銅損이라 함은 磁界를 勵磁하는 데서 생기는 손실인데, 이것은 界磁捲線 내의 銅損 $i_f^2R_f$ 및 界磁抵抗器 내의 銅損 i_f^2R 이다.

또, 鐵損은 電機子鐵心 내부에서 발생하는 히스테리시스損과 渦流損을 말한다. 히스테리시스損은 磁化의 시간적 변화에 기인하는 磁氣的 損失인데, 이 損失은 磁化의 세기는 일정하고 磁化의 방향이 回轉하는 回轉磁化인가 또는 磁化의 방향이 일정하고 磁化의 세기가 변하는 交番磁化인가에 따라서 損失量이 틀린다.

그림 3·79는 交番磁化 및 回轉磁化에 대한 히스테리시스損失曲線이다.

回轉磁化 히스테리시스損에 대한 정확한 계산식은 없으므로 대체로 交番磁化라고 보아서 계산한 것의 약 2배 정도라고 생각하면 된다(일반적으로 B_m은 1 [Wb/m²] 이하이므로).

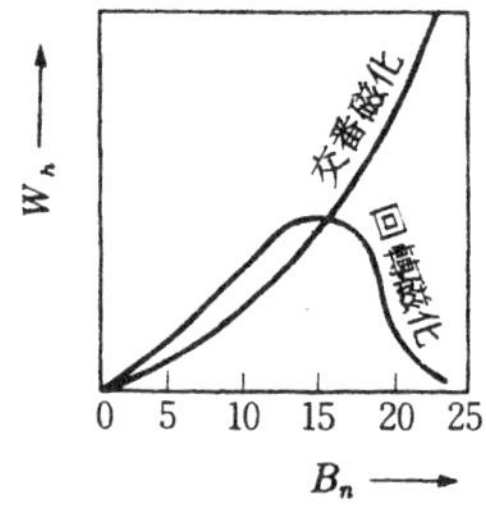

그림 3·79

交番磁化에 대한 히스테리시스損은 Steinmetz 氏에 의하면,

$$W_h = K_\eta \cdot B_m^{1.6} f\, V\,[\mathrm{W}] \tag{3·43}$$

여기서 K_η: 히스테리시스損失係數

B_m: 最大磁束密度[Wb/m²]

f: 周波數[Hz]

V: 鐵心의 容積[m³]

로 된다.

渦流損은 電機子 鋼板 내부에 흐르는 渦狀의 誘導電流에 의한 주울(Joule) 손실이며, 계산식으로는 다음의 것이 있다.

$$W_e = K_e B_m^2 f^2 t^2 V\,[\mathrm{W}] \tag{3·44}$$

여기서 K_e : 渦流損失係數

t : 鋼板의 두께[m]

(2) 負荷損

① 電機子銅損(armature copper loss)

② 漂遊負荷損(stray load loss)

電機子에 전류가 흐르면 捲線內部에 銅損이 발생한다. 이것이 電機子銅損이다. 또 電機子捲線에 交流가 흐르므로 電機子導體 內部에 渦電流가 생겨 渦電流損이 발생하며, 電機子電流에 의한 漏洩磁束 때문에 磁極片과 電機子齒에도 渦電流損이 발생한다. 이들 손실을 漂遊負荷損이라 하는데 이 손실을 계산으로 구하기는 곤란하다.

電機子導體를 여러 개로 나누어 서로 絶緣하고 이것을 轉位(transposition 함으로써 漂遊負荷損을 감소시킬 수 있다.

3·7·2 效 率

同期機의 效率에는 **實測效率**(actual measured efficiency)와 **規約效率**(conventional efficiency)의 2종이 있는데 規約效率을 많이 쓴다.

同期機의 全損失을 P_L이라 하면 定格電壓 V, 定格負荷電流 I, 力率 $\cos\varphi$에서의 效率은 다음과 같다.

3相同期發電機의 效率

$$\eta = \frac{\sqrt{3}\,VI\cos\varphi}{\sqrt{3}\,VI\cos\varphi + P_L} \times 100\,[\%] \tag{3·45}$$

(단 $\sqrt{3}\,VI\cos\varphi$는 出力)

3相同期電動機의 效率

$$\eta = \frac{\sqrt{3}\,VI\cos\varphi - P_L}{\sqrt{3}\,VI\cos\varphi} \times 100\,[\%] \tag{3·46}$$

(단 $\sqrt{3}\,VI\cos\varphi$는 入力)

연 습 문 제

1. 3300 [V], 100 [A]의 3相同期發電機가 있다. 이것에 遲相力率 80 [%]의 負荷를 접속하였을 때 이것을 운전하는 데 필요한 原動機의 馬力數를 구하라. 여기서 發電機의 效率은 90 [%]이다. 답 680 [HP]

2. 交流發電機의 損失은 端子電壓 및 力率이 일정하면 $P = P_0 + \alpha I + \beta I^2$으로 된다. 負荷電流 I가 어떤 값일 때 發電機效率이 최대가 되는가? 단, P_0은 無負荷損이며, α, β는 定數이다. 답 $I = \sqrt{\dfrac{P_0}{\beta}}$

3·8 特殊同期機

3·8·1 高周波發電機

高周波電氣爐用 電源으로는 1000～3000 [Hz] 정도의 單相電力이 필요하고 通信機에도 300～5000 [Hz]의 交流發電機가 필요하다. 이들 高周波發電機(high frequency alternator)에는 凸極型, 誘導子型(inductor type), Alexanderson 型이 있지만 誘導子型이 널리 사용되고 있다.

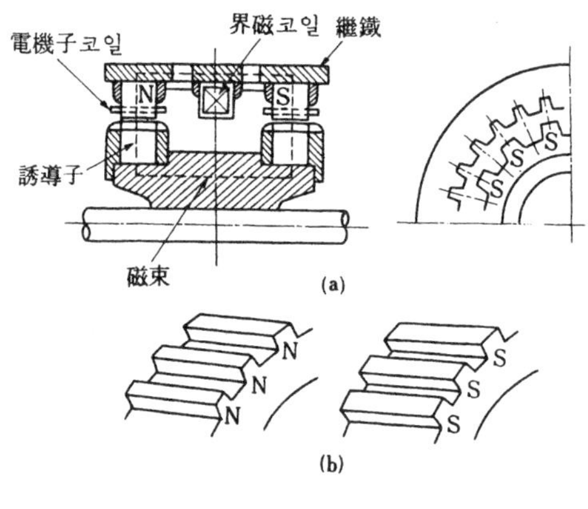

그림 3·80

誘導子型은 500～20000 [Hz]의 周波數를 내며 構造는 그림 3·80과 같다.

誘導子는 그림 3·80의 (b)와 같이 回轉子表面에 凹凸을 붙인 것이며, 捲線은 감지 않는다. 界磁捲線은 固定子에 있으며 이것을 直流로 勵磁해 주면 그림 (a)의 점선으로 표시한 것과 같은 磁束이 생긴다. 그러므로 2 組의 誘導子 중에서 한쪽은 N極만이고 다른쪽은 S極이다. 固定子 鐵心 表面에는 電機子 코일을 감는다.

誘導子를 原動機로 회전시키면 誘導子의 凸부가 電機子 코일의 중앙에 왔을 때 鎖交磁束은 많게 되고 凹부가 중앙에 왔을 때에는 鎖交磁束은 감소한다.

이와 같이 鎖交磁束의 振動이 交流起電力을 誘起시키는 것이다. 이 交流의 周波數는 誘導子가 한 번 지나갈 때마다 1[~]가 되므로 誘導子數 P, 每分 N 回轉일 때의 周波數는

$$f = \frac{PN}{60}[\mathrm{Hz}]$$

이 된다.

電壓의 가감은 直流勵磁電流를 조정하면 된다. 誘導子는 捲線을 전혀 가지고 있지 않으며, 機械的으로도 간단한 구조이므로 高速度에 적합하고 또 誘導子數를 늘리기도 용이하다.

3·8·2 誘導同期電動機(induction synchronous motor)

그림 3·81과 같이 捲線型 誘導電動機의 回轉軸의 한쪽 끝에 小容量 直流勵磁機를 직결하여 이것을 슬립 링을 통해 回轉子에 그림과 같이 접속

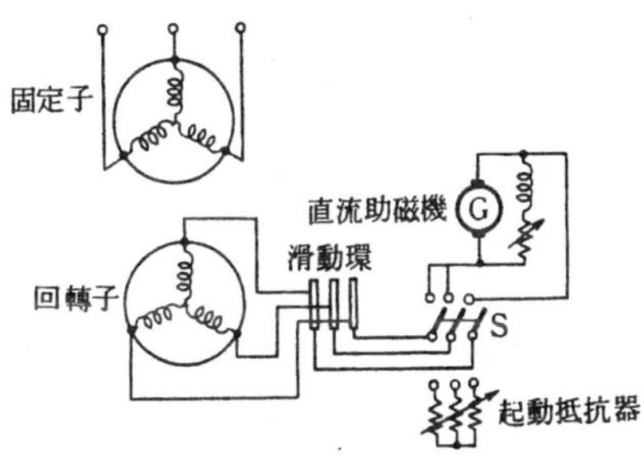

그림 3·81

한다. 우선 이 電動機를 보통 捲線型 誘導電動機로 해서 起動시키고 同期速度 부근에 이르렀을 때 S를 直流勵磁機側에 닫고, 直流를 回轉子捲線에 보내면 同期機의 圓筒極과 같은 磁極이 형성되므로 同期化力이 작용해서 回轉子는 同期速度에 끌려 들어간다.

運轉中에는 同期電動機의 특성을 가지며, 力率을 100[%]로 할 수 있고 또 進相力率로도 할 수 있다.

起動토오크가 커서 定速度 운전이 되므로 시멘트工場, 製紙工場, 同期調相機起動, 回轉變流機起動 등에 사용한다.

3·8·3 超同期電動機(super-synchronous motor)

이 電動機는 全負荷를 걸어둔 상태로 起動할 수 있게 되어 있다. 베어링도 2중으로 되어 있어 固定子도 回轉子 주위에 회전할 수 있는 구조의 電動機이다.

電機子捲線을 전원에 접속하면 回轉磁束이 回轉子의 制動捲線에 작용해서 回轉子를 돌리려고 하지만 회전자에는 全負荷가 걸려 있으므로 電機子가 回轉磁束의 회전 방향과 반대 방향으로 회전하기 시작한다. 이 速度가 同期速度에 가까와짐에 따라 回轉磁束과 回轉子와의 相對速度는 零에 가까와지므로 同期에 가까운 상태가 되어 큰 토오크를 낸다. 이 때 電機子에 브레이크(brake)를 걸어 電機子의 속도를 느리게 하면 回轉子는 全負荷를 걸어둔 채로 起動한다. 固定子와의 相對速度가 同期速度에 가까와졌을 때 電機子의 브레이크를 더욱 세게 걸어서 電機子를 정지시키면 回轉子는 同期速度가 되어 일반적인 同期電動機와 같게 된다.

3·8·4 同期周波數變換機

周波數가 다른 送電系統을 서로 연결해서 電力의 授受를 하고자 하는 경우라든가 또는 電源周波數와 다른 周波數를 필요로 하는 경우 등에는 周波數變換機를 쓴다. 이 중에서 同期電動機와 同期發電機를 直結하여 周波數를 변환할 수 있는데, 이것을 **同期周波數變換機**(synchronous frequency changer)라 한다.

周波數 f_1 및 f_2 계통에 접속되는 兩機의 極을 P_1, P_2라 하면 兩機는 직결되어 있으므로 회전수 N과의 사이에는 다음 관계가 있다.

$$N = \frac{120 f_1}{P_1} = \frac{120 f_2}{P_2}$$

$$\therefore \frac{f_1}{P_1} = \frac{f_2}{P_2} \tag{3·47}$$

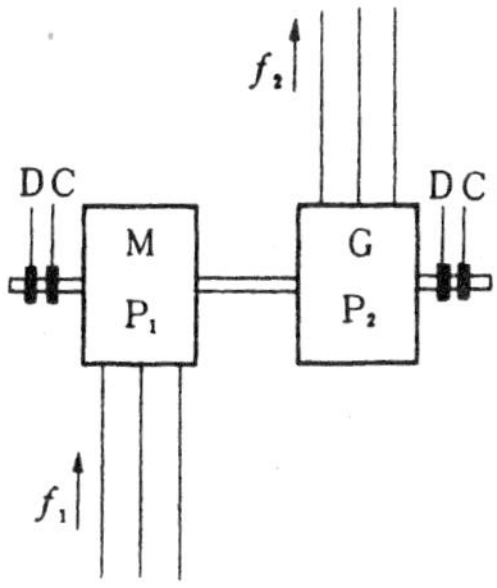

그림 3·82

따라서 $f_1 = 50$ [Hz], $f_2 = 60$ [Hz]의 경우에는 極數와 回轉數는 다음 표 3·5와 같다.

表 3·5

P_1(50Hz)	P_2(60Hz)	N
10	12	600
20	24	300
30	36	200

3·8·5 反作用電動機

同期電動機의 電機子에 遲相電流가 흐르면 電機子反作用이 磁化作用을 하므로 이러한 경우에는 直流勵磁를 주지 않아도 界磁는 勵磁된다. 즉 電機子捲線에 흐르는 電流 중에서 무효분이 磁束을 만들고, 이것과 電流의 유효분 사이에 토오크가 생겨서 회전한다. 즉 이것은 磁極만 있고 勵磁捲線이 없는 回轉子를 가진 일종의 同期電動機라고 할 수 있다. 이 電動機를 **反作用電動機**(reaction motor)라 한다. 反作用電動機는 出力이 작고 力率이 낮지만 直流勵磁를 필요로 하지 않기 때문에 구조가 간단한 것이 특징이다.

극히 小容量의 同期電動機 예컨대 電氣時計用, 각종 測定裝置用으로 사용하고 있다.

3·8·6 셀 신

떨어진 장소에 있는 2개 이상의 回轉體를 기계적인 방법에 의지하지 않고, 늘 同一速度로 同期運轉을 시키거나 또는 한쪽에서의 위치의 변화, 예컨대 角度의 변화를 그대로 즉시 다른쪽으로 전해서 그 위치를 지시하게하는 장치가 셀신(selsyn)이다. 이 중에서 回轉動力을 그대로 다른쪽으로 옮겨서 늘 동일 속도로 同期運轉시키는 장치를 **動力셀신**(power selsyn)이라 하고, 위치의 이동을 다른 장소에 그대로 다시 나타나게 하는 장치를 **指示셀신**(position indicator)이라 한다.

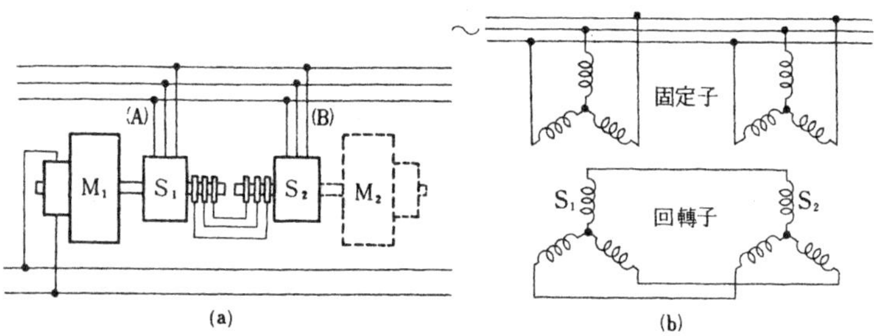

그림 3·83

그림 3·83(a)가 動力셀신 장치를 표시한다. M_1이 예컨대 장소 (A)에 놓여진 主電動機라 하고 이 動力을 同期的으로 장소 (B)에 전하려는 경우를 생각하자. M_1에 연결된 送量機(transmitter) S_1과 (B)의 위치에 있는 受量機(receiver) S_2가 이 셀신裝置이다.

S_1, S_2는 다같이 같은 구조, 같은 規格의 捲線型 誘導電動機이며, 그림 (b)와 같이 그 固定子는 모두 3相配電線에 접속되고 또 回轉子의 捲線은 그 중에서 誘起되는 起電力의 位相이 兩者 相反되도록 서로 연결되어 있다. 따라서 S_1과 S_2의 回轉子가 그림과 같이 보조를 맞추어서 돌고 있을 때에는 양쪽의 起電力은 平衡狀態에 있고, 두 回轉子를 통하는 회로에는 電流가 흐르지 않는다. 즉 이것은 S_2의 無負荷狀態에 상당한다.

다음에 S_2에 負荷 (M_2)가 걸리면 S_2의 回轉子의 位相이 뒤지고 S_1, S_2의 벡터합이 어떤 값이 되므로 S_1, S_2의 回轉子 사이에 電流가 흘러 S_1이 發電機가 되어 電力을 S_2에 공급한다. 그리고 S_2는 電動機가 되어 토오크를 負荷에 주고 회전을 계속한다.

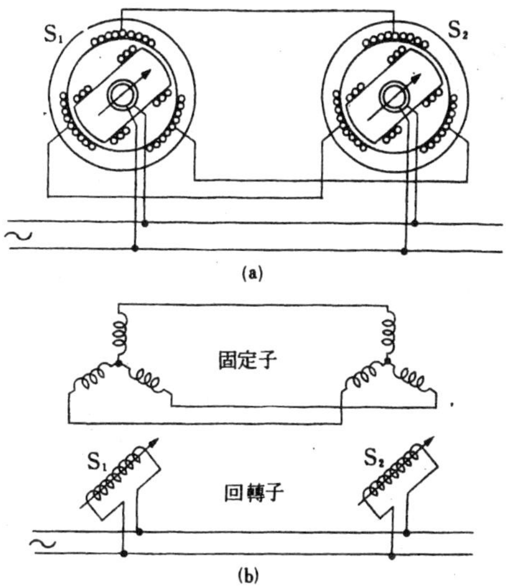

그림 3·84

指示셀신의 경우는 그림 3·84와 같이 固定子에는 Y로 결선한 3相捲線이 감겨 있고 回轉子는 凸極型의 2極鐵心에 單相捲線이 감겨 있을 뿐이다. S_1, S_2의 固定子 3相捲線은 직접 서로 연결하고 回轉子捲線에는 같은 電源에서 交番電壓을 가한다. 여기서 양쪽 回轉子의 위치가 固定子에 대하여 똑같은 關係位置에 있다면 固定子의 각 相捲線에 유기된 起電力이 送量機와 受量機의 각 相마다 平衡狀態에 있으므로 이 回路에는 電流가 흐르지 않는다.

S_1, S_2의 回轉子의 관계위치가 서로 다르면 起電力이 不平衡으로 되고 電流가 흘러 回轉子에 토오크가 발생한다.

예컨대, 送量機의 回轉子를 角 θ만큼 돌리면 受量機의 回轉子에 토오크가 작용하여 이것을 돌려 θ만큼 돌아간 데서 양자가 다시 平衡狀態가 되고 이 위치에서 受量機의 회전자는 정지한다. 그래서 이 回轉子軸에 指針을 달면 그 위치를 표시하게 된다.

이와 같이 셀신은 送量側의 變量을 정확하게 受量側에 전하므로 遠隔制御, 遠隔計器에 널리 사용되고 있다.

3·8·7 回轉變流機(rotary converter)

同期變流機라고도 부르며, 交流電力을 直流電力으로 변환하는 回轉機로서 電鐵이나 電氣化學用의 電源으로 오래전부터 사용되었다. 그러나, 그 후 水銀整流器(mercury rectifier)의 발달, 다시 최근에는 半導體整流器의 개발로 요즘에는 거의 사용되지 않는다.

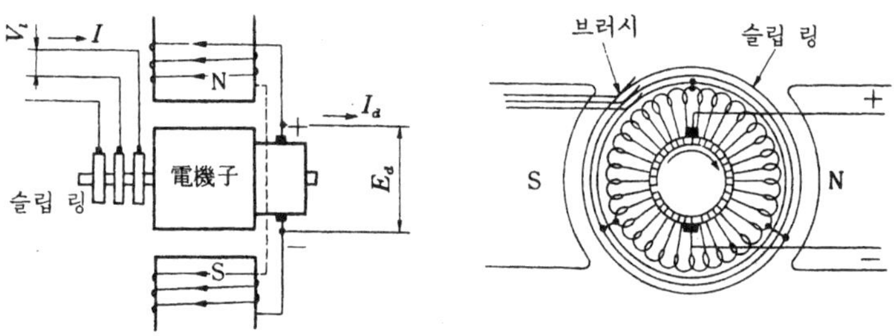

(a) (b)

그림 3·85 回轉變流機

그림 3·85와 같이 直流發電機의 電機子捲線을 相數만큼 등분하여 슬립 링에 접속하고 整流子와 반대쪽에 붙인다. 슬립 링측에 交流를 공급하면 回轉電機子型의 同期電動機로 起動하여 同期速度에 이르면 整流子側에 直流電壓이 발생한다.

直流負荷를 걸면 電機子導體에는 同期電動機 電流와 直流發電機 電流가 서로 반대 방향으로 흐르므로 合成電流는 그림 3·86과 같이 直流發電機에 비하면 매우 적다. 그림은 力率 1의 상태로 운전하였을 때 (b)는 슬립 링 引出線 사이 중앙부에 있는 導體의 電流, (c)는 중앙부에서 電氣角 30°

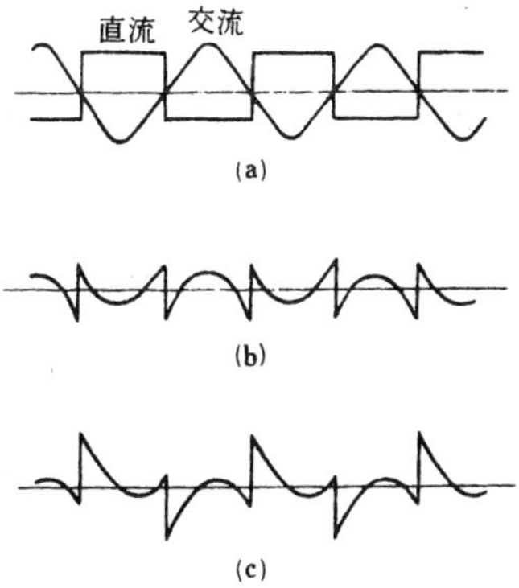

그림 3·86 回轉變流機의 電機子導體電流

앞선 導體의 電流이다. 따라서 同一容量의 電動發電機보다 훨씬 소형이고 効率이 높으며 電壓變動率도 작다.

交流側電壓(線間實効値) V와 直流側電壓 E_d의 比는 같은 導體가 같은 磁束에 의하여 交流側 및 直流側의 電壓을 유기하므로 相數를 m이라 하면

$$\frac{V}{E_d}=\frac{1}{\sqrt{2}}\sin\frac{\pi}{m} \tag{3·48}$$

의 관계가 있다. 이 比는 일정하므로 정해진 直流電壓 E_d를 얻으려면 交流側에 附屬變壓器가 필요하다.

第4章 誘 導 機

4·1 3相誘導電動機의 原理 및 構造

4·1·1 原 理

(1) 誘導電動機의 基本法則

誘導電動機는 다음과 같은 2가지 基本法則을 직접 응용한 電動機이다.

2가지 基本法則이란 첫째는 電磁誘導의 法則이다. 즉 導體가 磁束을 끊으면 이것에 起電力이 誘起되며, 이 起電力의 방향은 플레밍의 오른손 법칙에 따른다.

둘째는, 磁界와 電流 사이에 機械的인 힘이 작용한다는 법칙이며, 이것을 더 자세히 기술하면 다음과 같다.

電流를 흘리고 있는 導體가 磁界 안에 놓여 있을 때, 이것에 機械的인 힘이 작용한다. 이 힘의 방향은 플레밍의 왼손 法則에 따른다.

그리고 磁束密度를 B [Wb/m²], 導體의 길이를 l [m], 導體와 磁束에 대하여 다같이 直角方向이 되는 速度를 v [m/s], 그 방향의 힘을 f [N], 誘起起電力을 e [V], 電流를 i [A]라 하면

$$e = Blv \text{ [V]} \tag{4·1}$$

$$f = Bil \text{ [N]} \tag{4·2}$$

의 관계가 있다.

(2) 誘導電動機의 原理

1824年에 **Arago의 圓板**(Arago's rotating disc)이라고 부르는 다음과 같은 現象이 발견되었다.

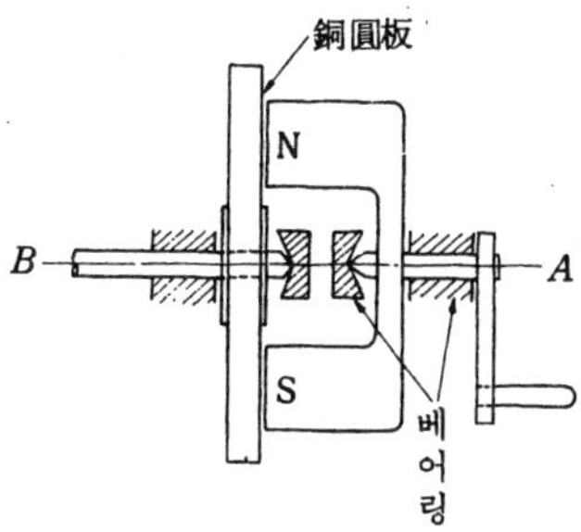

그림 4·1

그림 4·1과 같이 銅製의 圓板을 水平인 軸에 붙이고 자유롭게 돌도록 한다. 이 圓板 가까이의 水平軸 둘레에 도는 永久磁石을 놓고 磁石을 핸들로 어떤 방향으로 빨리 돌리면, 銅圓板은 磁石이 만드는 磁界의 磁束을 끊으므로 銅板 안에 起電力이 誘起되고, 이 안에 電流가 흐른다. 이 電流는 磁界 안에 있으므로 힘이 생기며, 이 힘에 의하여 銅板이 회전한다. 따라서 銅圓板의 回轉速度는 磁束을 끊을 수 있을만큼 磁石의 速度보다 느리게 되어야 한다. 만일, 같은 速度로 回轉하면 銅板은 磁束을 끊지 못하므로 起電力이 誘起되지 않고 電流가 흐르지 않아 회전하는 힘이 생기지 않기 때문이다.

誘導電動機는 이러한 原理에 따른 것인데, 실제의 3相誘導電動機에서는 磁石을 돌리는 대신에 고정된 3相捲線에 3相交流를 흘렸을 때 생기는 回轉磁束을 이용하며(1886年 Nicola sesla가 처음 이용되었다), 적당한 捲線을 감은 圓筒形의 鐵心(回轉子)이 銅板 대신의 역할을 한다.

(3) 回轉磁界

磁束을 회전시키려면 앞에서 설명한 바와 같이 磁石의 磁極을 실제로 돌리는 대신에 固定子에 多相捲線(3相捲線이 가장 많다)을 감고 이것에 多相交流를 흘려서 만들어지는 回轉磁界를 이용한다.

回轉磁界에 대하여는 第3章에서 설명했지만 誘導電動機에서는 특히 중요하므로 다시 한 번 다른 방법으로 설명하기로 한다.

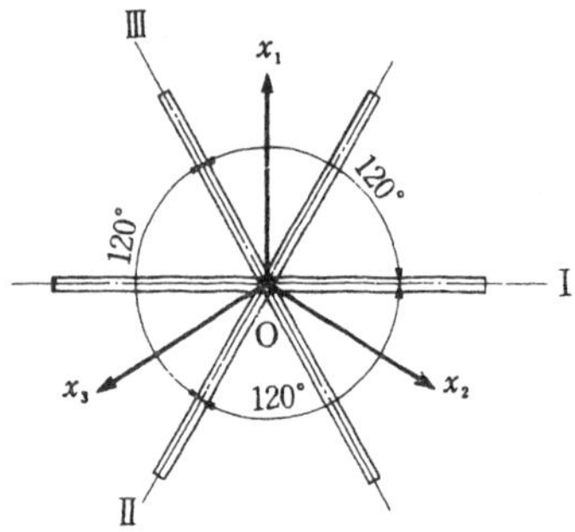

그림 4·2

그림 4·2와 같이 3개의 코일 I, II, III을 서로 120° 만큼씩 떨어뜨려서 감고 이들 각각에 $120° = \frac{2}{3}\pi$씩 位相이 다른

$$I_m \sin \omega t$$

$$I_m \sin\left(\omega t - \frac{2}{3}\pi\right)$$

$$I_m \sin\left(\omega t - \frac{4}{3}\pi\right)$$

로 표시되는 3相交流를 흘렸다고 하자.

그러면 코일 I에 흐르는 電流에 의하여 O點에 만들어지는 磁界는 Ox_1의 방향이 되고 그 크기는 電流에 비례한다. 이것을

$$H_m \sin \omega t$$

로 표시하면 코일 II의 電流로 만들어지는 磁界는 Ox_2를 향하고

$$H_m \sin\left(\omega t - \frac{2}{3}\pi\right)$$

코일 III으로 만들어지는 磁界는 Ox_3의 방향이며

$$H_m \sin\left(\omega t - \frac{4}{3}\pi\right)$$

가 되어 이들 3개의 磁界를 合成한 磁界가 O點에 생긴다.

여기서 이것을 Ox_1의 방향과 Ox_1과 直角方向, 즉 縱軸과 橫軸으로 分解하면 縱軸에 대하여는

$$H_m \sin \omega t - H_m \sin\left(\omega t - \frac{2}{3}\pi\right)\cos\frac{\pi}{3} - H_m \sin\left(\omega t - \frac{4\pi}{3}\right)\cos\frac{\pi}{3}$$

$$= H_m\left[\sin \omega t - \cos\frac{\pi}{3}\left\{\sin\left(\omega t - \frac{2\pi}{3}\right) + \sin\left(\omega t - \frac{4\pi}{3}\right)\right\}\right]$$

$$= H_m\left[\sin \omega t - \cos\frac{\pi}{3} \times 2\sin(\omega t - \pi)\cos\frac{\pi}{3}\right]$$

$$= H_m\left[\sin \omega t + \frac{1}{2}\sin \omega t\right] = \frac{3}{2}H_m \sin \omega t$$

橫軸方向의 成分은

$$H_m \sin\left(\omega t - \frac{2\pi}{3}\right)\cos\frac{\pi}{6} - H_m \sin\left(\omega t - \frac{4\pi}{3}\right)\cos\frac{\pi}{6}$$

$$= \frac{\sqrt{3}}{2}H_m\left\{\sin\left(\omega t - \frac{2\pi}{3}\right) - \sin\left(\omega t - \frac{4\pi}{3}\right)\right\}$$

$$= \sqrt{3}H_m \cos(\omega t - \pi)\sin\frac{\pi}{3} = -\frac{3}{2}H_m \cos \omega t$$

따라서 O點의 合成磁界의 크기는

$$\sqrt{\left(\frac{3}{2}H_m \sin \omega t\right)^2 + \left(\frac{3}{2}H_m \cos \omega t\right)^2} = \frac{3}{2}H_m \qquad (4\cdot3)$$

이 되며, 이것은 t를 포함하지 않았기 때문에 時間과는 무관계이고 언제나 세기가 일정하다.

다음에 合成磁界와 橫軸 사이의 角을 θ라 하면

$$\theta = \tan^{-1}\frac{\dfrac{3H_m}{2}\sin \omega t}{-\dfrac{3H_m}{2}\cos \omega t} = -\tan^{-1}(\tan \omega t) = -\omega t \qquad (4\cdot4)$$

즉 磁界는 電流와 같은 周期를 가지며, 同期速度로 시계방향으로 회전하고 그 세기는 각 코일이 만드는 最大磁界의 $\frac{3}{2}$배 이다.

回轉磁界는 同期速度로 회전하므로 每分의 回轉數를 N_s라 하고 極數를 P, 周波數를 f라 하면,

$$N_s = \frac{120f}{P} \qquad (4\cdot5)$$

이다.

(4) 回轉方向

위의 경우는 捲線 Ⅱ에 捲線 Ⅲ보다 位相이 120° 앞선 電流를 흘렸을때이다. 만일, 이것과 반대로 해서 捲線 Ⅲ에 捲線 Ⅱ보다 120° 앞선 電流를 흘리고 3相交流의 位相을 Ⅰ, Ⅲ, Ⅱ의 순서로 하면 横軸方向의 界磁는 부호가 바뀌어 $\frac{3}{2}H_m \cos \omega t$ 가 되고, 또 $\theta = \omega t$ 이므로 回轉磁界의 回轉方向은 위의 경우와 반대로 反時計方向이 된다.

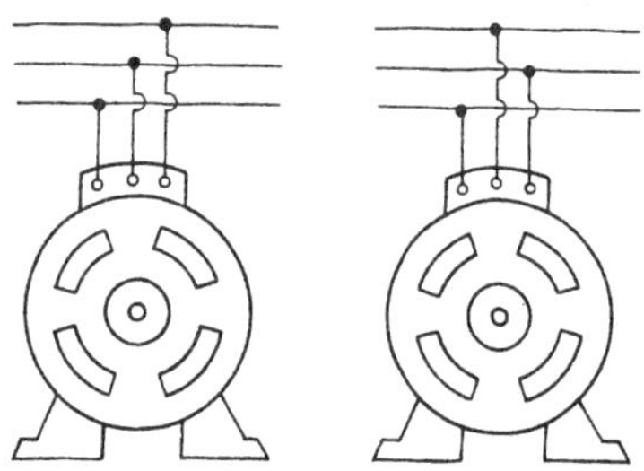

(a) (b)

그림 4·3

그러므로 3相誘導電動機는 그림 4·3과 같이 固定子의 2개의 端子를 바꾸면 회전방향을 반대로 할 수 있다.

4·1·2 構 造

(1) 固定子

固定子(stator)는 그림 4·4와 같이 珪素鋼板을 成層해서 만들며 이 鐵

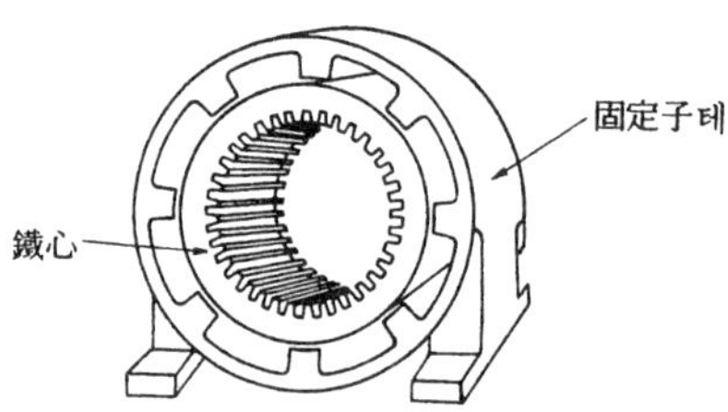

그림 4·4

心의 內周에 파져 있는 슬롯에 코일을 넣어 이것에 固定子테(stator frame)를 두른 것이다.

固定子捲線은 소형 電動機에 있어서는 丸線의 2重綿捲線을 사용하고 容量이 큰 電動機에는 平角線을 2重綿捲으로 해서 감는다.

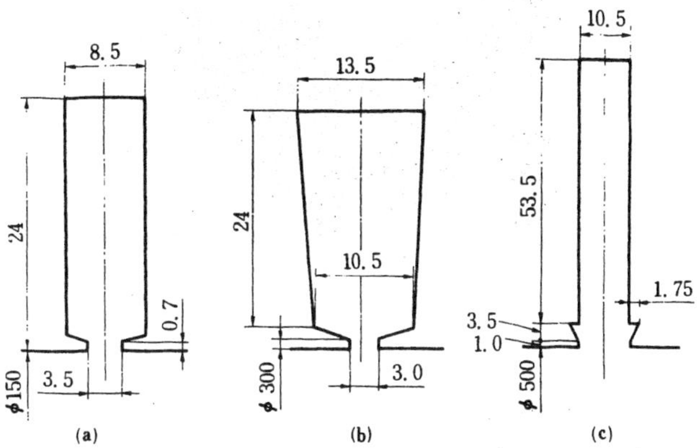

그림 4·5 固定子 슬롯의 예

슬롯의 모양은 그림 4·5(c)와 같이 高壓의 電動機에 적용되는 開溝(open slot)와 그림 (a), (b)와 같이 슬롯 입구의 폭이 슬롯幅 보다 작은 半開溝(semi-enclosed slot)가 있는데 이것은 주로 低壓의 電動機에 적용한다.

그림 4·6은 3相 4極捲線의 結線法의 일례를 표시한다(U相의 접속만

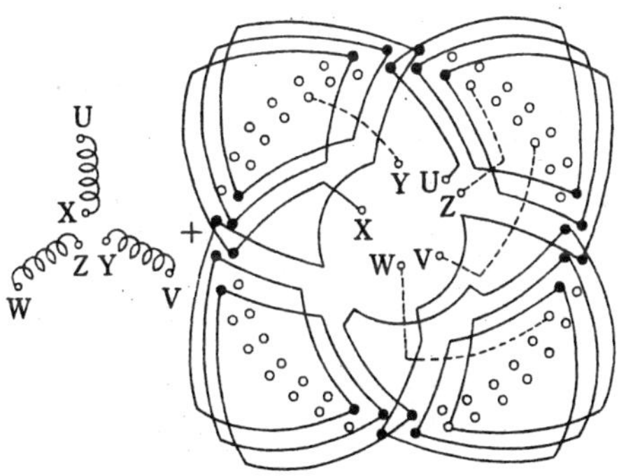

그림 4·6 4極, 36슬롯, 2層捲, 8/9의 短節

그림 4·7 固定子

을 표시했다). 이 捲線은 2層으로 감겨져 있으며 每極每相의 슬롯數는 3, 相間接續은 Y로 되어 있고 8/9의 短節捲線으로 한 것이다.

그림 4·7은 완성된 固定子의 그림이다.

(2) 回轉子

回轉子鐵心은 圓筒形으로 되어 있고 珪素鋼板을 成層해서 만든다. 回轉子鐵心의 外周에 있는 슬롯에 回轉子捲線을 감는데 이 回轉子捲線은 固定子와 같은 極數의 多相捲線(보통 3相捲線)으로 하는 경우와 回轉子鐵心의 슬롯에 굵은 銅棒을 끼우고 이 銅棒의 양단을 그림 4·8과 같이 銅製

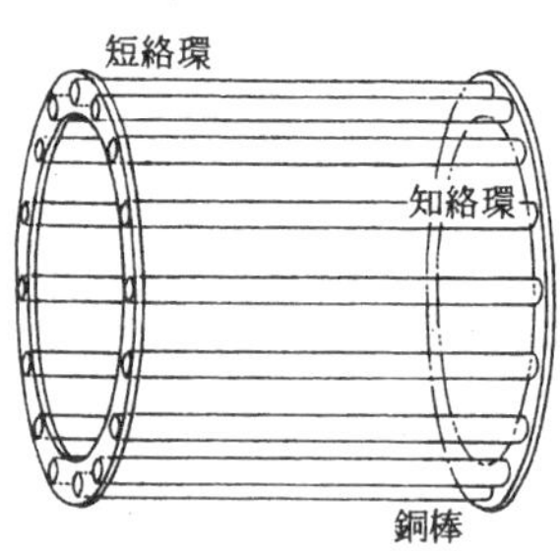

그림 4·8 籠形捲線

의 短絡環으로 단락한 捲線(籠形 捲線)으로 하는 경우의 2가지가 있다.

그래서 多相捲線을 감은 回轉子를 **捲線型 回轉子**(wound rotor)라 하고 籠形 捲線으로된 回轉子를 **籠形 回轉子**(squirrel cage rotor)라 한다.

그림 4·9 回轉子(捲線型)

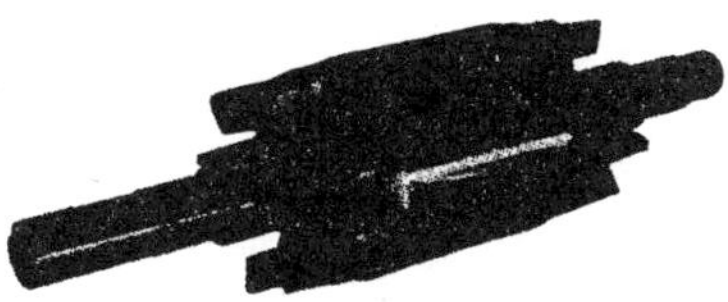

그림 4·10 回轉子(籠形)

그림 4·9, 그림 4·10은 각각 捲線型 回轉子, 籠形 回轉子의 그림이다.

誘導電動機의 軸과 베어링은 매우 튼튼하게 만들어야 한다. 왜냐하면, 固定子와 回轉子 사이의 空隙이 다른 종류의 電動機에 비하면 퍽 좁기 때문에 軸이 휘거나, 베어링이 마모되거나 하여 空隙이 불균일하게 되지 않도록 해 주어야 하기 때문이다.

捲線型 回轉子 電動機는 軸의 一端에 滑動環을 붙이고 이것에 回轉子捲線의 끝을 연결한다. 이것은 기동시킬 때 回轉子回路에 抵抗을 넣거나 運轉할 때 回轉子捲線을 단락시키기 위해서이다.

연 습 문 제

1. 誘導電動機의 同期速度란 어떠한 速度인가?

2. 誘導電動機가 다른 어떠한 電動機보다 널리 보급되어 있는 이유를 설명하라.

(약해)

(1) 3相交流에 의하여 쉽게 回轉磁界를 만든다.

(2) 直流電動機, 交流整流子機에서와 같은 整流子가 불필요하다.

(3) 구조가 간단하고 튼튼하다. 또 값도 싸다.

(4) 취급이 극히 용의하다.

3. 3相誘導電動機의 회전방향을 바꾸려면 어떻게 하면 되는가?

4·2 誘導電動機의 特性

4·2·1 슬 립(slip)

對稱 3相捲線이 있는 電動機에 周波數 f 되는 3相交流를 흘리면 同期速度 N_s 로 회전하는 回轉磁界가 생긴다.

그런데 電動機의 실제 回轉速度는 이 N_s 보다 적다. 그것은 앞에서도 설명한 바와 같이 回轉子가 N_s 보다 느리게 돌아야만 磁束을 끊게 되므로 起電力을 誘起하고 回轉子에 電流가 통해서 이 電流와 磁界의 磁束 사이에 토오크가 생기기 때문이다.

그래서 電動機의 速度 N 이 N_s 보다 어느 정도 느린가를 표시하기 위하여

$$s = \frac{N_s - N}{N_s} \tag{4·6}$$

을 정의한다. 이 s 를 슬립이라 하고 이것을 [%]로 표시하면

$$s = \frac{N_s - N}{N_s} \times 100\,[\%] \tag{4·7}$$

가 된다.

이 경우에 回轉磁界와 回轉子 사이의 相對速度는

$$N_s - N = sN_s \tag{4·8}$$

이 된다.

식 (4·6)에서 알 수 있는 바와 같이 $s=1$이면 $N=0$이 되어 電動機가 정지하고 있는 것이 된다. $s=0$이면 $N=N_s$가 되어 電動機가 同期速度로 돌고 있는 것이 되는데 이 경우는 理想的인 無負荷狀態이다. 負荷가 증가하면 슬립 s는 증가한다. 보통 全負荷에 대한 슬립 s의 값은3~4 [%] 정도이다.

4·2·2 電壓, 電流

(1) 勵磁電流, 固定子와 回轉子의 誘起起電力

가령 回轉子에 마찰이 없고 軸에 負荷를 전혀 걸지 않았을 경우, 즉 완전한 無負荷狀態에서는 토오크가 불필요하므로 $s=0$이 되어 回轉子는同期速度가 된다. 이러한 경우에는 回轉子導體는 磁束을 끊지 않으므로 電流가 흐르지 않지만 固定子에는 回轉磁界를 만드는데 필요한 電流가 흘러 들어간다. 이것을 **勵磁電流**(excing current)라 한다.

固定子捲線에서 回轉磁界가 만들어지면 固定子捲線은 이 磁界의 磁束을 끊으므로 起電力이 誘起된다. 이 起電力의 크기는 同期機에서 구한 것과 같으며

$$E_1 = 4.44\, K_{w1} f\, w_1 \Phi\ [\mathrm{V}] \tag{4·9}$$

가 된다.

여기서 E_1 : 誘起起電力의 實效值 [V], K_{w1} : 固定子捲線의 捲線係數, f : 周波數[Hz], w_1 : 1相에 直列로 연결된 捲數, Φ : 1極의 磁束[Wb]

그리고 勵磁電流 $\dot{I}_\phi$는 誘起起電力 $\dot{E}_1$보다 90° 앞서고 固定子의 供給電壓 $\dot{V}_1$보다 90° 뒤진다. 이 관계를 벡터圖로 표시하면 그림 4·11과 같이

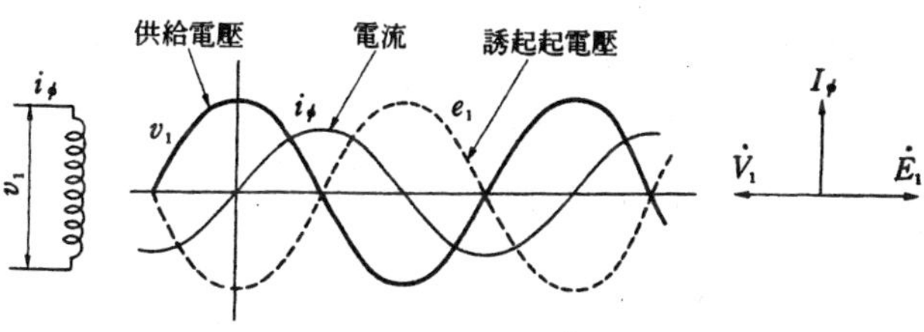

그림 4·11

된다. 그런데 固定子鐵心에는 히스테리시스損失과, 渦流損, 즉 鐵損이 발생하므로 이에 대한 電流 $\dot{I}_i$가 더 흘러 들어가는데, 이 電流는 變壓器에서 설명한 바와 같이 供給電壓 $\dot{V}_1$과 同相이므로 勵磁電流 $\dot{I}_0$는

$$\dot{I}_0 = \dot{I}_\phi + \dot{I}_i \tag{4·10}$$

가 되고 벡터圖는 그림 4·12와 같이 된다.

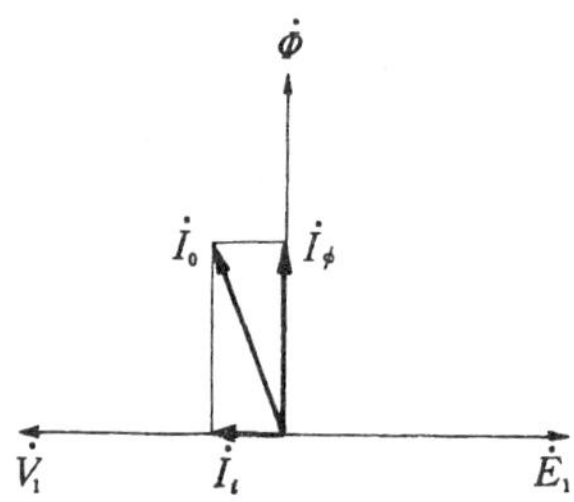

그림 4·12

다음에 固定子가 만드는 回轉磁束 $\dot{\Phi}$는 回轉子捲線에도 起電力을 誘起시킨다. 回轉子가 정지하고 있다면 回轉子 각 相의 誘起起電力 E_2는

$$E_2 = 4.44 f K_{w_2} w_2 \Phi \,[\mathrm{V}] \tag{4·11}$$

이 된다.

여기서 K_{w2} : 回轉子捲線의 捲線係數

w_2 : 回轉子 각 相의 捲數

그런데 回轉子는 速度 N으로 회전하고 있으므로 回轉子捲線이 回轉磁束을 끊는 關係速度는 식 (4·8)에서

$$N_s - N = sN_s$$

가 되고 回轉子捲線의 誘起起電力의 周波數 f'는

$$f' = \frac{P(N_s - N)}{120} = \frac{PsN_s}{120} = sf \tag{4·12}$$

이 되므로 回轉子 각 相의 起電力 E_2'는

$$E_2' = 4.44 s f K_{w_2} w_2 \Phi = sE_2 \,[\mathrm{V}] \tag{4·13}$$

가 된다.

즉 回轉子의 起電力과 周波數는 슬립 s에 비례한다. 그런데 s는 매우 적으므로 回轉子의 起電力과 周波數는 퍽 적다. 그리고 E_2 및 E_2'의 位相은 각각 Φ보다 90° 뒤진다.

또 식 (4·9), (4·11), (4·13)에서 다음과 같은 관계가 있음을 알 수 있다.

$$\frac{E_1}{E_2} = \frac{K_{w_1}w_1}{K_{w_2}w_2} = a \qquad (4\cdot14)$$

$$\frac{E_1}{E_2'} = \frac{K_{w_1}w_1}{sK_{w_2}w_2} = \frac{1}{s}a \qquad (4\cdot15)$$

여기서

$$a = \frac{K_{w_1}w_1}{K_{w_2}w_2}\text{이다.}$$

이와 같이 되므로 回轉子가 정지하고 있을 때의 誘導電動機는 이것을 變壓器라고 볼 수도 있다. 즉 固定子가 1次捲線(primary winding)에 해당하고 回轉子가 2次捲線(secondary winding)의 역할을 한다. 그러므로 誘導電動機의 固定子를 1次, 回轉子를 2次라고도 부른다.

(2) 固定子와 回轉子의 電流

回轉子가 슬립 s로 회전하고 있을 때 각 相의 回轉子捲線에는 $E_2' = sE_2$ 되는 起電力이 유기된다.

그래서 回轉子捲線 각 相의 抵抗을 r_2, 回轉子가 정지하고 있을 때의 回轉子捲線 각 相의 漏洩리액턴스를 x_2라 하면 回轉子가 슬립 s로 운전되고 있을 때의 리액턴스는 sx_2가 되며, 回轉子는 短絡回路이므로 回轉子電流 I_2는 回轉子起電力 sE_2를 그의 임피던스 $r_2 + jsx_2$로 나눈 것이 된다.

즉

$$\dot{I}_2 = \frac{s\dot{E}_2}{r+jsx_2}$$

$$I_2 = \frac{sE_2}{\sqrt{r^2{}_2+(sx_2)^2}} \qquad (4\cdot16)$$

그리고 I_2는 sE_2보다

$$\theta_2 = \tan^{-1}\frac{sx_2}{r_2} \qquad (4\cdot17)$$

만큼 位相이 뒤진다.

또, 2次電流의 周波數는 2次電壓의 周波數 sf와 같으므로 이 電流가 만드는 磁界는 回轉子捲線에 대하여 $\frac{120\,sf}{P}$의 速度로 회전하는 回轉磁界가 된다. 그런데 回轉子 자신은 $N=\frac{120\,f}{P}(1-s)$의 速度로 돌고 있으므로 결국 回轉子 回轉磁界는 固定子에 대해서는

$$\frac{120\,sf}{P}+\frac{120\,f}{P}(1-s)=\frac{120\,f}{P}=N_s \tag{4·18}$$

이 되어 同期速度로 회전하는 것이 된다.

固定子 回轉磁束도 固定子에 대하여 同期速度로 회전하므로 固定子와 回轉子의 두 回轉磁束은 靜止關係에 있다. 그러므로 變壓器의 경우와 같이 回轉子電流 $\dot{I}_2$가 만드는 回轉磁束의 起磁力을 상쇄시키기 위하여 固定子捲線에 負荷電流 $\dot{I}_1'$가 흘러들어간다. 즉 $\dot{I}_1'$에 의한 固定子起磁力과 $\dot{I}_2$에 의한 回轉子起磁力과는 크기가 서로 같고 방향이 반대가 되어야 한다.

따라서 固定子 및 回轉子의 相數를 각각 m_1, m_2라 하면

$$m_1 K_{w_1} w_1 \dot{I}_1' = -m_2 K_{w_2} w_2 \dot{I}_2$$

$$\therefore\ \dot{I}_1' = -\frac{m_2}{m_1}\cdot\frac{K_{w_2}w_2}{K_{w_1}w_1}\dot{I}_2 = -\frac{m_2}{m_1}\cdot\frac{1}{a}\dot{I}_2$$

$$= -\frac{1}{ua}\dot{I}_2 \tag{4·19}$$

여기서

$$u=\frac{m_1}{m_2}$$

이다. $m_1=m_2=3$의 경우에는

$$\dot{I}_1' = -\frac{1}{a}\dot{I}_2 \tag{4·20}$$

그러므로 1次의 全電流는

$$\dot{I}_1 = \dot{I}_1' + \dot{I}_0 \tag{4·21}$$

이 된다.

4·2·3 벡터圖

앞에서 설명한 관계를 벡터圖로 표시하면 그림 4·13과 같이 된다.

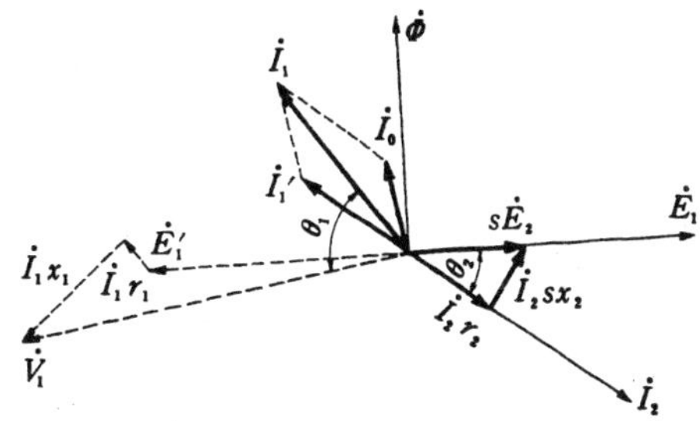

그림 4·13

우선 回轉磁束 $\dot{\Phi}$에 의하여 1次捲線에는 이것보다 90° 位相이 뒤진 誘起起電力(逆起電力) $\dot{E}_1$이 誘起되고 2次捲線에는 $s\dot{E}_2$되는 起電力이 유기된다.

2次電壓에 의하여 2次回路에는 電流 $\dot{I}_2$가 흐르는데 이 電流의 크기는 식 (4·16)으로 표시되고 電壓과의 相差角 θ_2는 식 (4·17)로 표시된다. 2次電流 $\dot{I}_2$의 起磁力을 상쇄시키는 1次電流는 식 (4·20)과 같이 $\dot{I}_2$와 방향이 반대인 $\dot{I}_1'$이다. 이것에 無負荷電流 $\dot{I}_0$를 합한 것이 1次全電流 $\dot{I}_1$이다.

만일, 1次捲線에 抵抗과 漏洩리액턴스가 없다면 1次端子에 가하지 않으면 안 될 電壓은 1次捲線의 誘起起電力과 평형되는 電壓 $\dot{E}_1' = -\dot{E}_1$이지만 抵抗 r_1과 리액턴스 x_1이 있는 경우에는 1次에

$$\dot{V}_1 = \dot{E}_1' + \dot{I}_1 r_1 + \dot{I}_1 x_1$$

만큼의 電壓을 가해 주어야 한다. 따라서 그림 4·13과 같은 벡터圖가 그려진다. 그림 4·13의 θ_1은 1次의 力率角을 표시한다.

4·2·4 等價回路

誘導電動機의 固定子와 回轉子의 電壓, 電流 및 磁束은 變壓器의 1次, 2次의 電壓, 電流 및 磁束의 관계와 똑같음은 앞에서 설명하였다.

다만, 變壓器의 主磁束은 交番磁束인데 誘導電動機의 主磁束은 回轉磁束이라는 점이 틀릴 뿐이다. 따라서 誘導電動機를 等價變壓器라고 생각하여 變壓器에서 설명한 等價回路와 비슷한 등가회로를 誘導電動機에 대하여도 작성할 수 있다.

일반적으로 어떤 복잡한 電氣回路의 端子에 交流電壓 $\dot{V}$를 가했을 때 흘러들어가는 電流가 $\dot{I}$이면

$$\frac{\dot{V}}{\dot{I}} = \dot{Z}$$

를 그 回路의 等價임피던스라 한다. 等價임피던스를 쓰면 복잡한 電氣回路를 보다 더 간단한 회로로 고칠 수 있는데, 이러한 회로를 等價回路라 한다. 여기서는 3相誘導電動機의 固定子端子電壓 $\dot{V}_1$과 固定子電流 $\dot{I}_1$에 대한 等價回路(1相에 대한 것)를 구해 본다.

그림 4·13의 벡터圖에서

$$\frac{m_1}{m_2} = u, \quad \frac{K_{w_1}w_1}{K_{w_2}w_2} = a, \quad \frac{\dot{E}_1'}{\dot{I}_0} = \text{勵磁임피던스} = \dot{Z}_0$$

라 놓으면

$$\begin{aligned}\dot{I}_1 &= \dot{I}_0 + \dot{I}_1' = \dot{I}_0 + \left(-\frac{\dot{I}_2}{ua}\right) = \dot{I}_0 + \left(-\frac{1}{ua} \cdot \frac{s\dot{E}_2}{r_2+jsx_2}\right) \\ &= \dot{I}_0 + \frac{1}{ua^2} \cdot \frac{s\dot{E}_1'}{r_2+jsx_2} \\ &= \dot{E}_1'\left[\frac{1}{\dot{Z}_0} + \frac{1}{ua^2\left(\frac{r_2}{s}+jx_2\right)}\right]\end{aligned}$$

우선 1次抵抗과 리액턴스를 무시하면 $V_1 = \dot{E}_1'$이므로

$$\text{等價임피던스 } \dot{Z} = \frac{\dot{V}_1}{\dot{I}_1} = \frac{\dot{E}_1'}{\dot{I}_1} = \frac{1}{\dfrac{1}{\dot{Z}_0} + \dfrac{1}{ua^2\left(\dfrac{r_2}{s}+jx_2\right)}} \tag{4·22}$$

이 식에서 $\dot{Z}$는 임피던스 $\dot{Z}_0$와 임피던스 $ua^2\left(\frac{r_2}{s}+jx_2\right)$가 並列로 접속된 회로의 合成임피던스이다.

그러므로 等價回路는 그림 4·14(a)와 같이 된다.

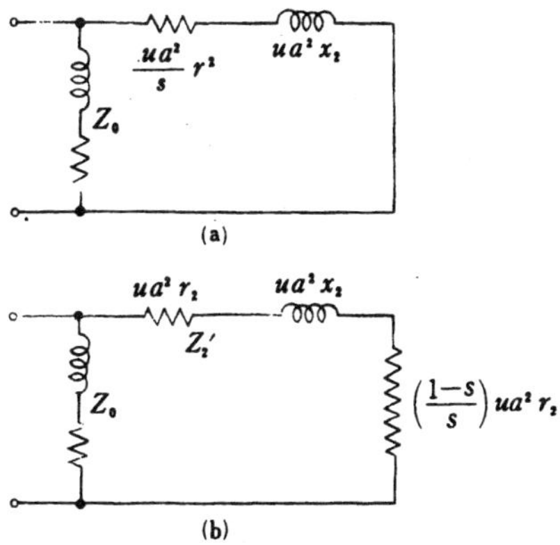

그림 4·14

또, $\frac{1}{s}=1+\frac{1-s}{s}$이므로 이것을 그림 4·14(b)와 같이 고쳐 그려도 된다.

(r_2+jx_2)는 2次가 정지하고 있을 때의 임피던스이므로 이것을 $\dot{Z}_2$라고 표시하면 $ua^2\dot{Z}_2$는 變壓器에서 배운 바와 같이 1차측에 환산한 2次임피던스이다.

이것을

$$\dot{Z}_2'=r_2'+jx_2'$$

라고 놓으면

$$\dot{Z}_2'=ua^2\dot{Z}_2=\frac{m_1}{m_2}a^2\dot{Z}_2$$

$$r_2'=\frac{m_1}{m_2}a^2r_2, \qquad x_2'=\frac{m_1}{m_2}a^2x_2 \tag{4·23}$$

그런데 1次捲線의 임피던스를 고려한다면

$$\dot{V}_1=\dot{E}_1'+\dot{I}_1\dot{Z}_1$$

이므로

$$\frac{\dot{V}_1}{\dot{I}_1}=\frac{\dot{E}_1'}{\dot{I}_1}+\dot{Z}_1$$

이 되어 그림 4·14의 等價回路에 $\dot{Z}_1=r_1+jx_1$을 直列로 접속한 그림

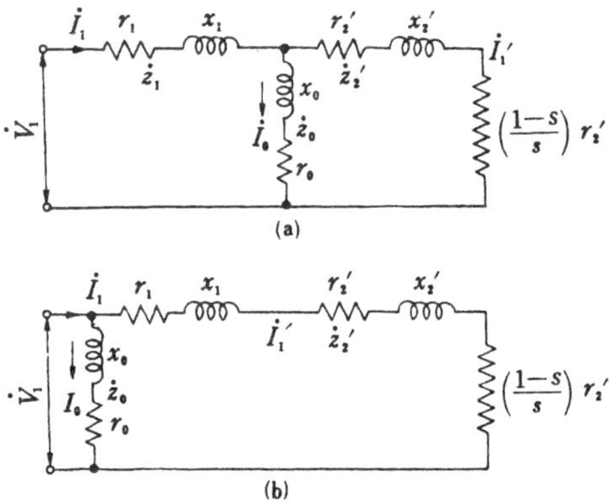

그림 4·15

4·15 (a)와 같은 等價回路가 된다.

이것이 3相誘導電動機의 정확한 等價回路이지만 이 회로를 그대로 취급하기는 불편하므로 勵磁電流의 1次임피던스 電壓降下를 무시하고 $\dot{Z}_0$를 $\dot{Z}_1$의 왼쪽으로 옮긴 그림 4·15(b)와 같은 簡易等價回路가 일반적으로 많이 쓰인다. 그러나 變壓器에서는 $\dot{I}_0$가 극히 적지만 誘導電動機에는 空隙이 있으므로 勵磁電流가 큰 값이 되기 때문에 $\dot{I}_0$에 의한 1次임피던스降下를 무시하는 것은 誤差가 생기기 쉽다. 簡易等價回路를 사용하는 경우에는 이 점에 주의하여야 한다.

또 勵磁임피던스 대신 勵磁애드미턴스

$$\dot{Y}_0=\frac{1}{\dot{Z}_0}=g_0-jb_0 \tag{4·24}$$

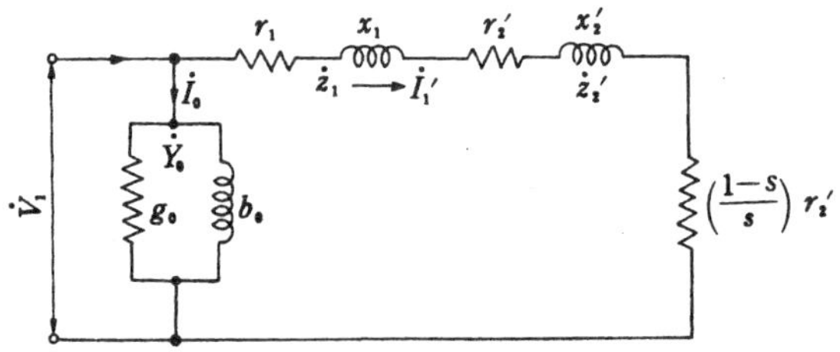

그림 4·16

를 써서 等價回路를 표시하는 경우가 많은데 이것을 그림 4·16에 표시하였다.

【예제 1】 25 [kW], 220 [V], 60 [Hz], 8 극의 3相誘導電動機의 試驗結果는 다음과 같다.

(i) 1次捲線 1相의 抵抗

0.0355 [Ω] (16 [°C]에서 B種)

(ii) 無負荷試驗

$$V = 220\,[\mathrm{V}],\quad I_0 = 25\,[\mathrm{A}],\quad W_0 = 1420\,[\mathrm{W}]$$

(iii) 拘束試驗

$$V' = 49.5\,[\mathrm{V}],\quad I' = 90\,[\mathrm{A}],\quad W' = 2380\,[\mathrm{W}]$$

그림 4·15 (b) (L形 等價回路)의 각 抵抗, 리액턴스를 구하라.

(풀이) 溫度補正(75 [°C]에 換算) 후의 1次 1相의 抵抗 r_1은

$$r_1 = \frac{234.5+75}{234.5+16} \times 0.0355 = 0.0438\,[\Omega]$$

$$r_0 = \frac{W_0}{3I_0^2} = \frac{1420}{3\times 25^2} = 0.757\,[\Omega]$$

$$Z_0 = \frac{V/\sqrt{3}}{I_0} = \frac{220/\sqrt{3}}{25} = 5.07\,[\Omega]$$

$$x_0 = \sqrt{Z_0^2 - r_0^2} = \sqrt{25.75-0.573} = 5.03\,[\Omega]$$

拘束임피던스를 $Z_s = (r_1+r_2') + j(x_1+x_2')$라 하면

$$r_1 + r_2' = \frac{W'}{3I'^2} = \frac{2380}{3\times 90^2} = 0.0980\,[\Omega]$$

$$\therefore\ r_2' = 0.0980 - r_1 = 0.098 - 0.0438 = 0.0542\,[\Omega]$$

$$Z_s = \frac{V'/\sqrt{3}}{I'} = \frac{49.5/\sqrt{3}}{90} = 0.317\,[\Omega]$$

$$x_1 + x_2' = \sqrt{Z_s^2 - (r_1+r_2')^2} = \sqrt{0.1007-0.0096} = 0.302\,[\Omega]$$

여기서 r_1만 75 [°C]로 환산하고 r_2'에 대하여는 溫度換算을 하지 않은 것은 運轉時의 實際溫度가 불명이기 때문이며, 또 리액턴스에 대하여는 試驗에 의하여 (x_1+x_2')를 각각 1次, 2次에 분리할 수 없다.

4·2·5 3相誘導電動機의 토오크

어느 1개의 回轉子導體에 작용하는 힘은 식 (4·2)의 $f = Bil$ [N]로 표시된다. 즉 힘은 導體에 흐르는 電流의 瞬時値와 이 導體가 있는 장소의

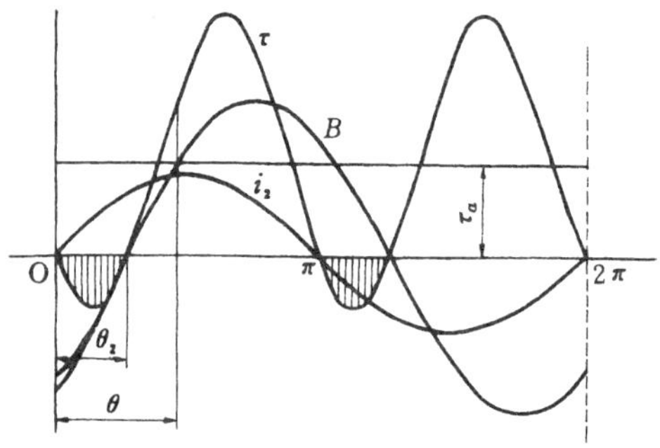

그림 4·17

磁束密度와의 積에 비례한다. 그리고 어떤 순간에 回轉子 全體에 작용하는 토오크는 그 순간에서의 각각 導體의 토오크(토오크는 힘과 回轉子半徑을 곱한 것이다)를 代數的으로 합한 것이 된다.

여기서 磁束密度의 공간에 따른 분포를 正弦波라고 하면 이것에 의해서 誘起되는 回轉子電壓의 분포도 正弦波가 되고 공간적으로 同相이다. 그런데 回轉子리액턴스 때문에 空隙에 따른 回轉子電流 I_2는 그림 4·17과 같이 된다. 즉 電流는 電壓보다 뒤지고 磁束과 電流 사이에 位相差가 생긴다. 이 位相差를 θ_2라고 하면 O점에서 θ만큼 떨어져 있는 위치에 있는 導線의 電流는 $I_{m_2}\sin\theta$ [A]이고, 磁束密度는 $B_m\sin(\theta-\theta_2)$ [Wb]이므로 導線의 有效長을 l [m], 回轉子半徑을 r [m]라 하면 이 導線에 작용하는 토오크 τ는

$$\tau = B_m\sin(\theta-\theta_2)\cdot I_{m_2}\sin\theta\cdot l\cdot r\ [\mathrm{N\cdot m}]$$

이 되며 θ가 0와 2π 사이에서 τ 곡선은 그림 4·17과 같이 되므로 그 평균토오크 τ_a는

$$\tau_a = B_m I_{m_2} lr\cos\theta_2$$

가 된다. 이것은 1개의 導線에 작용하는 평균토오크이므로 각 相의 導體數를 Z라 하면 回轉子相數가 m_2일 때 전체토오크 T는

$$T = \tau_a m_2 Z = m_2 Z B_m I_{m_2} lr\cos\theta_2$$

그런데

$$\Phi = \frac{2\pi rl}{P} \times \frac{2}{\pi} B_m = \frac{4B_m}{P} lr$$

$$I_{m_2} = \sqrt{2} I_2, \qquad Z = 2n_2$$

$$\therefore \ T = \frac{\sqrt{2}}{2} m_2 n_2 P \Phi I_2 \cos\theta_2$$

$$= K_2 \Phi I_2 \cos\theta_2 \, [\mathrm{N \cdot m}] \tag{4·25}$$

즉 回轉子電流 I_2의 有效分 $I_2 \cos\theta_2$만이 磁束 Φ와 더불어 토오크를 발생케 한다고 생각해도 좋다.

4·2·6 3相誘導電動機의 電力의 變換

(1) 固定子入力, 1次銅損, 鐵損

그림 4·13의 벡터圖에서 E_1의 正方向을 반대로 하면 그림 4·18과 같이 된다.

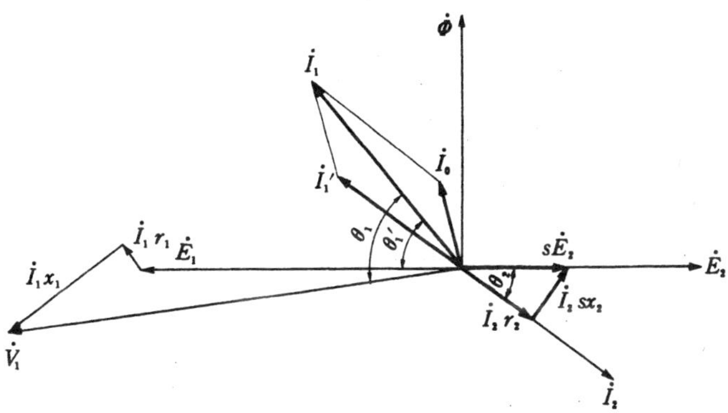

그림 4·18

1次 皮相入力은 $V_1 I_1$, 1次力率은 $\cos\theta_1$이므로 1次入力, 즉 電源에서 誘導電動機에 공급되는 電力 P_1'(1相)는

$$P_1' = V_1 I_1 \cos\theta_1 \tag{4·26}$$

그런데 이 電力 중에서

$$P_{c1}' = I_1^2 r_1 \tag{4·27}$$

은 1相의 1次捲線 抵抗損이므로 이것을 뺀 나머지는

$$E_1 I_1 \cos\theta_1' \qquad (4\cdot 28)$$

이 된다. 그런데 I_0의 有効分 I_i와 E_1과의 積

$$P_i' = E_1 I_i \qquad (4\cdot 29)$$

는 1相의 鐵損이므로 이것을 뺀 나머지

$$P_2' = E_1 I_1' \cos\theta_2 \qquad (4\cdot 30)$$

가 電磁誘導作用에 의하여 固定子에서 回轉子에 전달되는 1相의 電力이다.

여기서 固定子相數를 m_1이라 하면 固定子入力 P_1은

$$P_1 = m_1 P_1' = m_1 V_1 I_1 \cos\theta_1 \qquad (4\cdot 31)$$

이 된다.

$m = 3$(3相)의 경우에는 線間供給電壓을 V, 線路電流를 I라 하면

$$Y\text{ 結線에서는} \qquad V_1 = \frac{V}{\sqrt{3}}, \qquad I_1 = I$$

$$\varDelta\text{ 結線에서는} \qquad V_1 = V, \qquad I_1 = \frac{I}{\sqrt{3}}$$

가 되므로 固定子入力은 다음과 같이 된다.

$$P_1 = 3 V_1 I_1 \cos\theta_1 = \sqrt{3}\, V I \cos\theta_1 \qquad (4\cdot 32)$$

(2) 回轉子入力, 2次銅損, 機械的 出力

1相의 回轉子入力(rotor input) 또는 2次入力(secondary input) P_2'는 식 (4·30)에 의하여

$$P_2' = E_1 I_1' \cos\theta_2 \qquad (4\cdot 33)$$

그런데 P_2'는 固定子에 환산한 1相의 回轉子入力이므로 固定子와 回轉子의 相數를 m_1, m_2, 回轉子電流電壓으로 표시한 1相의 入力을 P_2''라 하면 식 (4·15) (4·19)에 의하여

$$P_2'' = \frac{m_1}{m_2} P_2' = \frac{m_1}{m_2} E_1 I_1' \cos\theta_2 = \frac{m_1}{m_2} a E_2 \cdot \left(\frac{m_2}{m_1} \cdot \frac{1}{a} I_2\right) \cos\theta_2$$

$$= E_2 I_2 \cos\theta_2$$

따라서 回轉子全入力 P_2는 다음과 같이 된다.

$$P_2 = m_2 P_2'' = m_2 E_2 I_2 \cos\theta_2 \tag{4·34}$$

다음 1相의 2次銅損 P_{c2}' 는

$$P_{c2}' = I_2^2 r_2 = sE_2 I_2 \cos\theta_2 \tag{4·35}$$

이다.

그러므로 1相의 回轉子出力 P' 는

$$P' = P_2'' - P'_{c2} = (1-s)E_2 I_2 \cos\theta_2$$
$$= (1-s)P_2'' \tag{4·36}$$

따라서 回轉子全體의 出力 P 는

$$P = mP' = (1-s)mP_2'' = (1-s)P_2 \tag{4·37}$$

또 2次全銅損

$$P_{c_2} = m_2 sE_2 I_2 \cos\theta_2 = sP_2 \tag{4·38}$$

이들 관계식으로부터 다음의 관계가 있음을 알 수 있다.

$$s = \frac{P_{c_2}}{P_2}\left(=\frac{2\text{次銅損}}{2\text{次入力}}\right) \tag{4·39}$$

$$\frac{N}{N_s} = (1-s) = \frac{P}{P_2}\left(=\frac{2\text{次出力}}{2\text{次入力}}\right) \tag{4·40}$$

또는

$$2\text{次銅損} : 2\text{次出力} : 2\text{次入力} = s : (1-s) : 1 \tag{4·41}$$

(3) 2次入力과 토오크 사이의 관계, 同期와트

1分間의 速度 N 에서의 回轉子의 出力 P 는

$$P = 2\pi \cdot \frac{N}{60} \cdot T\,[\mathrm{W}] \tag{4·42}$$

따라서

$$T = \frac{60}{2\pi}\,\frac{P}{N}\,[\mathrm{N \cdot m}]$$
$$= \frac{60}{9.8\times 2\pi}\,\frac{P}{N} = 0.975\frac{P}{N}\,[\mathrm{kg \cdot m}] \tag{4·43}$$

그런데 식 (4·40)에 의하여

$$P = \frac{N}{N_s}P_2 \tag{4·44}$$

가 되므로

$$T=\frac{60}{2\pi}\ \frac{P_2}{N_s}[\mathrm{N\cdot m}]$$

$$=\frac{60}{9.8\times 2\pi}\ \frac{P_2}{N_s}=0.975\frac{P_2}{N_s}[\mathrm{kg\cdot m}] \qquad (4\cdot 45)$$

즉 토오크는 2次入力에 正比例하고 同期速度에 反比例한다. 그런데 同期速度는 일정하므로 T와 P_2는 비례한다.

따라서 2次入力 P_2로 토오크 T를 표시할 수도 있다. 이렇게 표시한 토오크를 **同期와트로 표시한 토오크**라 하는데, 誘導電動機의 토오크는 **同期와트**(synchronous watt)로 표시하는 경우가 많다. 즉

同期와트로 표시한 토오크 $=P_2$

$$P_2=1.207\times 同期速度\times(\mathrm{kg\cdot m}\ 로\ 표시한\ 토오크) \qquad (4\cdot 46)$$

반대로

kg·m 로 표시한 토오크 $=T$

$$T=(0.975\times 同期와트로\ 표시한\ 토오크)\div(同期速度) \qquad (4\cdot 47)$$

(4) 効 率

실제로 軸에서 이용할 수 있는 出力(P에서 機械損을 뺀 것)과 1次入力 $P_1=m_1V_1I_1\cos\theta_1$과의 比를 効率이라고 한다. 이 効率은 直流機와 同期機에서 설명한 것과 같은 것이다.

그런데 誘導電動機의 効率을 표시하는 방법으로 와트로 표시하는 出力 P와 VA로 표시한 皮相入力과의 比를 効率이라고 하는 경우가 있다. 이것을 **皮相効率**(apparent efficiency)이라 한다.

그리고 出力 P와 2次入力 P_2와의 比를 **2次効率**(secondary efficiency)이라 한다.

2次効率은 앞에서 설명한 바와 같이 $(1-s)$와 같다. 실제의 効率은 2次効率보다 적다. 따라서 効率을 좋게 하려면 슬립을 될수록 적게하는 것이 좋다.

4·2·7 比例推移

(1) 比例推移

同期와트로 표시한 토오크를 τ_s라 하면 τ_s는 回轉子의 入力 P_2와 같다. 그런데 그림 4·16의 等價回路에서 P_2는 다음과 같이 된다.

$$P_2 = m_1 I_1'^2 \cdot \frac{r_2'}{s} \tag{4·48}$$

또

$$I_1' = \frac{V_1}{\sqrt{\left(r_1+\frac{r_2'}{s}\right)^2 + (x_1+x'_2)^2}} \tag{4·49}$$

$$\therefore \ \tau_s = P_2 = \frac{m_1 V_1^2 \frac{r_2'}{s}}{\left(r_1+\frac{r_2'}{s}\right)^2 + (x_1+x_2')^2} \tag{4·50}$$

위 식을 이용해서 s와 τ_s 사이의 관계를 곡선으로 하면 그림 4·19의 곡선 1과 같이 된다.

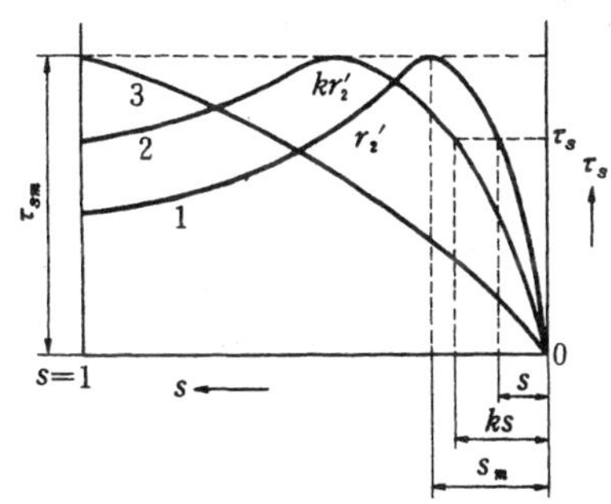

그림 4·19 슬립 對 回轉力特性

식 (4·50)을 보면 $m_1 V_1, r_1, x_1$ 및 x_2'는 일정하므로 τ_s는 $\frac{r_2'}{s}$에 따라 변화한다. 즉 τ_s는 $\frac{r_2'}{s}$의 函數이다. 따라서 r_2'가 변화한 경우 이에 비례해서 s도 변화시키면 $\frac{r_2'}{s}$는 일정하게 유지되므로 τ_s는 변하지 않는다.

여기서 각 相의 捲線抵抗 r_2' 되는 捲線型 回轉子의 각 相에 滑動環을 거쳐 抵抗을 접속하고 각 相의 抵抗을 kr_2' 로 하였다면 ks 되는 슬립에 대하여는

$$\frac{kr_2'}{ks}=\frac{r_2'}{s}$$

가 되므로 토오크 τ_s의 값은 변하지 않는다. 曲線 2는 이 관계를 표시하는 速度 對 토오크曲線이다.

즉 曲線 1은 回轉子 각 相의 抵抗이 r_2'인 경우의 토오크曲線인데 슬립 s일 때의 토오크를 τ_s라 하면 回轉子 각 相의 抵抗을 kr_2'로 한 경우에는 ks 되는 슬립에 대하여 같은 토오크 τ_s를 내는 것이 된다. 이 관계는 어떠한 點에서도 같게 되므로 抵抗을 kr_2'로 했을 때의 토오크曲線은 2와 같이 되는 것이다. 이와 같은 관계를 토오크의 **比例推移**(proportional shifting)이라 한다.

이와 같은 比例推移는 I_1', 즉 2次電流 I_2에도 성립한다.

식 (4·49)를 보면 r_2'와 s와의 比만 바꾸지 않으면 I_1'의 값이 변하지 않기 때문이다. 그림 4·20이 이 관계를 표시한다. 그리고 1次電流, 同期와트, 1次入力, 力率도 比例推移를 한다.

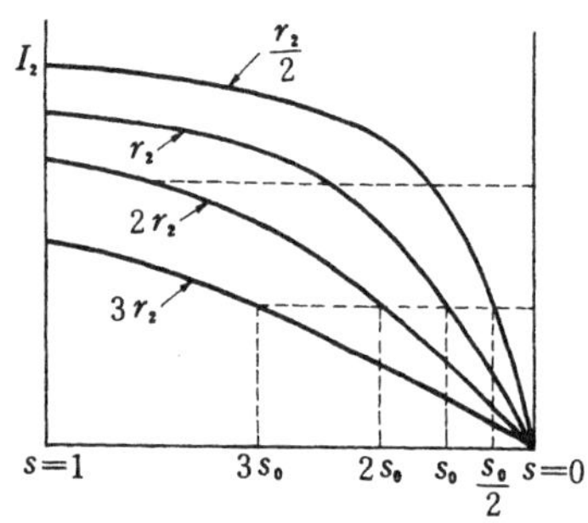

그림 4·20　슬립 對 電流特性

(2) 最大토오크

그림 4·19의 토오크曲線 1을 보면 알 수 있는 바와 같이 토오크는 어

떤 슬립에서 最大値에 이른다. 이 最大토오크 τ_{sm}(停動토오크라고도 한다)과 이것을 발생케 하는 슬립 s_m을 식 (4·50)에서 구하면

$$\frac{d\tau_s}{ds} = 0$$

를 풀어서

$$s_m = \frac{r_2'}{\sqrt{r_1^2 + (x_1 + x_2')^2}} \qquad (4\cdot51)$$

$$\tau_{sm} = \frac{m_1 V_1^2}{2\{r_1 + \sqrt{r_1^2 + (x_1 + x_2')^2}\}} \qquad (4\cdot52)$$

이 된다.

그런데 토오크는 比例推移를 하므로 回轉子捲線에 적당한 抵抗을 넣으면 起動時 最大토오크 τ_{sm}을 발생시킬 수 있다. 이 경우 回轉子捲線에 넣을 起動抵抗을 R_2(이것을 固定子側에 환산한 것을 R_2')라 하면 起動時에는 $s = 1$이 되므로 다음과 같은 식이 성립한다.

$$\frac{r_2'}{s_m} = \frac{r_2' + R_2'}{1} \qquad (4\cdot53)$$

$$\therefore \frac{r_2}{s_m} = \frac{r_2 + R_2}{1} \qquad (4\cdot54)$$

식 (4·51)과 (4·53)에서

$$r_2' + R_2' = \sqrt{r_1^2 + (x_1 + x_2')^2}$$

$$\therefore R_2' = \sqrt{r_1^2 + (x_1 + x_2')^2} - r_2' \qquad (4\cdot55)$$

이와 같이 起動時 R_2'(1次 환산値)되는 抵抗을 回轉子回路에 넣으면 最大起動토오크를 발생시킬 수 있다.

4·2·8 特性曲線

1次電流 I_1, 1次入力 P_1, 2次入力 또는 同期와트로 표시한 토오크 P_2, 2次出力 P, 効率 η, 1次力率 $\cos\theta_1$ 등과 速度와의 관계, 즉 速度特性曲線은 위의 여러 식으로부터 계산된다. 실제에서는 이들 모든 量과 機械的 出力과의 관계, 즉 出力特性曲線 또는 負荷特性曲線이 중요하다.

그림 4·21, 4·22는 이들 曲線의 대체적인 경향을 나타낸 것이다.

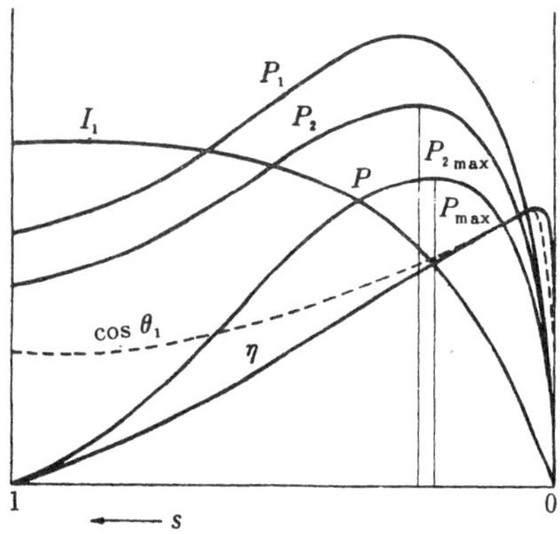

그림 4·21 速度特性曲線

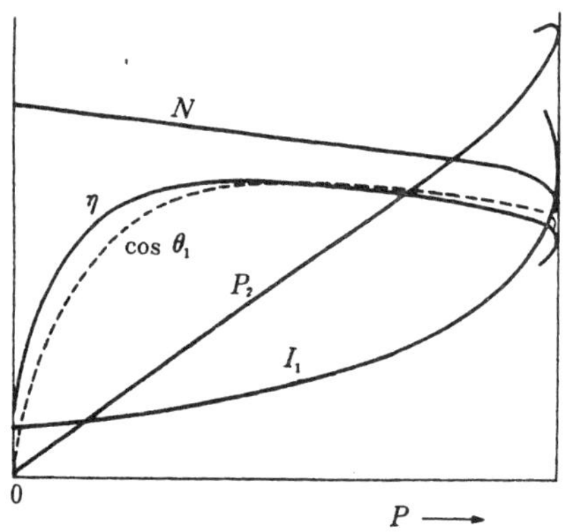

그림 4·22 出力特性曲線

4·2·9 運轉의 安定度

電動機 運轉의 安定度라 함은 예를 들면 어떤 원인으로 速度가 변화하였을 때 電動機 자신의 힘으로 平常運轉 상태로 되돌아 가느냐 그렇지 않으면, 不安定한 상태가 되느냐 또는 停止하게 되는가를 따지는 것을 말한다.

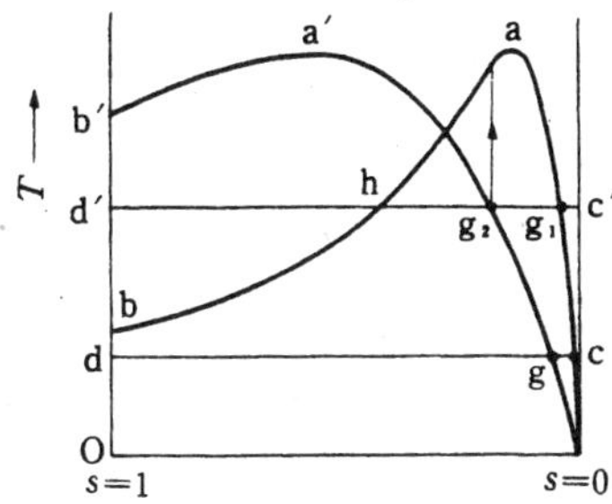

그림 4·23

그림 4·23의 bag 曲線을 電動機의 토오크-速度曲線이라 하고 dc를 電動機에 걸어준 負荷의 토오크-速度曲線이라 하면(여기서 加速하는 데 필요한 토오크는 포함하지 않은 것으로 한다).

電動機에 電壓을 가하였을 때의 電動機의 起動토오크는 負荷의 토오크보다 bd만큼 많으므로 그 差만큼의 토오크에 의하여 起動을 시작한다. 차차 加速되는 데 따라 토오크의 差가 더욱 커지므로 빨리 加速된다. 이렇게 하여 a點을 지나 g點에 이르면 負荷토오크와 電動機의 發生토오크가 平衡이 되므로 이 點에서 運轉하게 된다. 이 g點에서 運轉이 安定되는가를 생각해 보기로 한다. 어떤 원인으로 速度가 높아졌다고 하면, 電動機의 토오크는 負荷토오크보다 적게 되므로 電動機는 回轉子의 運轉에너지를 放出해서 토오크를 보충하게 되므로 速度가 떨어지게 되고, 다시 g點으로 되돌아가서 運轉하게 된다. 다음에 速度가 g點보다도 감소하였을 경우에는 電動機가 내는 토오크는 負荷의 토오크보다 크게 되므로 이 差만큼의 토오크로 加速되어 또 다시 g點으로 되돌아간다. 따라서 g點이 安定한 運轉(stable operation)을 하게 되는 점이다. 만일, 負荷가 증가하여 그 토오크 曲線이 c′d′와 같이 된 경우에는 電動機는 이러한 負荷를 지고는 起動할 수가 없게 된다. 그러므로 이 때에는 回轉子에 抵抗을 넣어 토오크 速度曲線을 b′a′와 같게 되도록 해 주면 起動할 수가 있을 것이다. 抵抗을 그대로 넣어 두면 電動機는 g_2點까지 速度가 높아져서 이 점에서 운전하게 된다. 이 때 回轉子에 넣은 抵抗을 빼면 電動機의 토오크 速度曲線은 ba가 되므로 다시 加速해서 g_1點에 이르고 여기에서 安定한 運轉이 된다.

電動機를 어떠한 방법을 써서 h點에 오게 하여 운전하게 했다고 가정하면 h點에서는 안정한 운전을 할 수가 없다. 그 이유는 h보다 速度가 높아졌다고 하면 電動機의 發生토오크가 負荷의 필요 토오크보다 크게 되어 그 差의 토오크로 加速되고, 결국 點 g_1에 가서 운전하게 된다. 또 h보다. 速度가 조금 감소하였을 때에는 電動機의 토오크는 負荷의 토오크 보다 적게 되므로 그 差의 토오크로 말미암아 減速되어 곧 b點까지 가게 되므로 電動機는 정지한다. 따라서 h點은 不安定한(unstable) 운전을 하게 되는 점이다.

이와 같은 安定, 不安定點은 電動機의 토오크 速度曲線의 最大토오크에 해당하는 점보다 반드시 오른쪽과 왼쪽에 있는 것은 아니다. 이 점들은 負荷의 토오크 速度曲線의 모양에 따라 정하여진다.

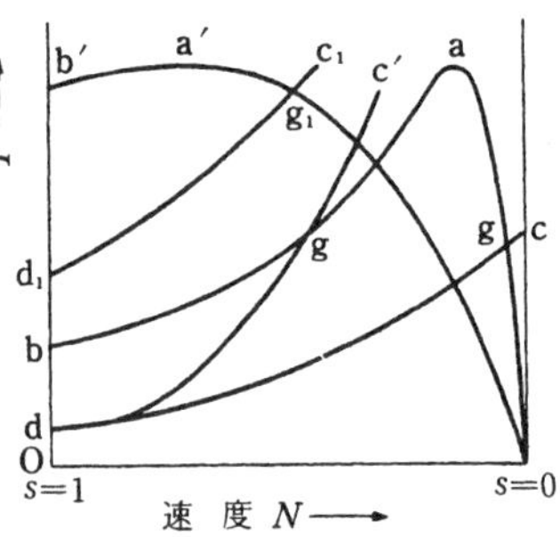

그림 4·24

예를 들면, 그림 4·24와 같이 負荷의 토오크 速度曲線이 速度와 함께 토오크가 증가하는 dc′ 曲線으로 표시되었다면 電動機의 토오크 曲線과 만나는 點 g′에서 安定한 運轉을 할 수 있게 된다. 그러나 g′點에서 운전되면 力率, 効率이 나빠지고 溫度도 지나치게 올라가므로 이러한 點 g′에서 운전되는 것은 좋지 않다. 다만, 最大토오크의 점보다 왼쪽에도 安定運轉點이 있다는 예를 든 것 뿐이다.

또, 負荷토오크 曲線이 d_1c_1과 같은 경우에는 回轉子에 적당한 抵抗을 넣어서 電動機의 토오크 速度曲線을 고쳐 주면 交點 g_1에서 안정한 운전이 되지만 抵抗을 빼면 곧 불안정 상태가 되고 정지하게 된다.

電動機의 토오크 速度曲線과 負荷의 토오크 速度曲線과의 交點이 安定點인가 不安定點인가는 이상 설명한 대로 하면 판단할 수 있으나 交點의 安定, 不安定은 다음과 같이 표시해도 된다. 즉 電動機의 發生토오크를 T, 負荷의 必要토오크를 T', 速度를 N이라 하면 2개의 곡선의 교점에서

$$\frac{dT}{dN} < \frac{dT'}{dN} \tag{4·56}$$

이면 그 교점은 안정한 점이고

$$\frac{dT}{dN} > \frac{dT'}{dN} \tag{4·57}$$

이면 그 교점은 불안정한 점이다.

【예제 2】 6極, 3相誘導電動機가 있다. 回轉子도 3相이며, 回轉子 정지시의 1相의 電壓은 200[V]이다. 全負荷의 速度가 1152[rpm]이면 2次 1相의 電壓은 몇 [V]인가? 또 2次周波數는 몇 [Hz]인가?

여기서 1次周波數는 60[Hz]이다.

(풀이) 이 電動機의 同期速度는

$$N_s = 120f/P = 120 \times 60/6 = 1200 \text{ [rpm]}$$

슬립은

$$s = \frac{N_s - N}{N_s} = \frac{1200 - 1152}{1200} = 0.04$$

따라서 이 때의 2次電壓은

$$sE_2 = 0.04 \times 200 = 8 \text{ [V]}$$

또 2次周波數는

$$sf = 0.04 \times 60 = 2.4 \text{ [Hz]}$$

【예제 3】 4極, 60[Hz], 220[V], 25[HP], 3相捲線型 誘導電動機(2次

도 3相)가 있다.

$$\frac{w_1}{w_2}=2,\ r_1+jx_1=0.1+j0.2[\Omega],$$
$$r_2+jx_2=0.03+j0.05$$
$$\dot{I}_0=0.02-j0.1[\Omega]$$

이다.

이 電動機가 每分 1710[rpm]으로 회전할 때의 (a) 等價回路를 그려라. (b) 1次電流, 力率, 토오크, 入力, 効率을 구하라. 여기서 1次, 2次는 다 같이 星形이다.

(풀이) 식 (4·23)에 의하여

$$r_2'=\frac{m_1}{m_2}a^2r_2=0.12[\Omega]$$
$$x_2'=\frac{m_1}{m_2}a^2x_2=0.2[\Omega]$$
$$N_s=\frac{120\times 60}{4}=1800[\text{rpm}]$$
$$s=\frac{1800-1710}{1800}=0.05$$
$$\frac{r_2'}{s}=\frac{0.12}{0.05}=2.4[\Omega]$$
$$V_1=220/\sqrt{3}=127[\text{V}]$$

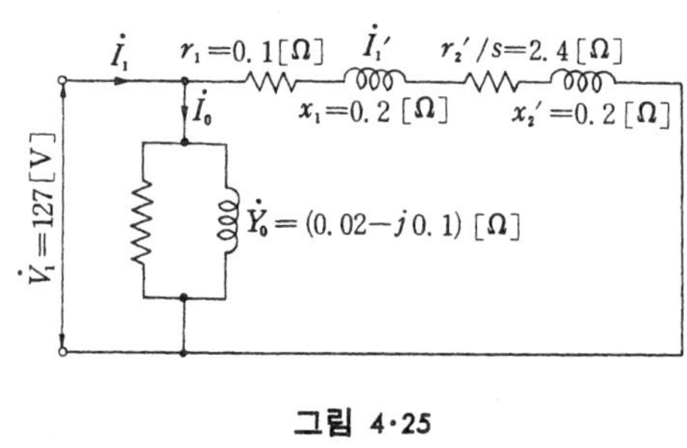

그림 4·25

그러므로 簡易等價回路는 그림 4·25와 같다. 이 等價回路에서

$$\dot{I}_1'=\frac{\dot{V}_1}{\left(r_1+\frac{r_2'}{s}\right)+j(x_1+x_2')}=\frac{127}{2.5+j0.4}=49.5-j7.87[\text{A}]$$

$$\dot{I}_1' = \sqrt{49.5^2+7.87^2} = 49.7\,[\text{A}]$$
$$\dot{I}_0 = \dot{Y}_0\dot{V}_1 = 127(0.02-j0.1) = 2.54 - j12.7\,[\text{A}]$$
$$\dot{I}_1 = \dot{I}_1' + \dot{I}_0 = 52.04 - j20.57\,[\text{A}]$$

1次電流 $I_1 = \sqrt{52.04^2+20.57^2} = 55.6\,[\text{A}]$

1次力率 $\cos\theta_1 = 52.04/20.57 = 93.7\,[\%]$

2次入力 $P_2 = m_1 I_1'^2\left(\dfrac{r_2'}{s}\right) = 3 \times 39.7^2 \times 2.4 = 17.7\,[\text{kW}]$

식 (4·47)에 의하여

토 오 크 $T = 0.975 \times 17.7 \times 10^3/1800 = 9.55\,[\text{kg·m}]$

식 (4·37)에 의하여

出　力 $P = (1-s)P_2 = 17.7(1-0.05) = 16.7\,[\text{kW}]$

식 (4·31)에 의하거나 等價回路에서

1次入力 $P_1 = m_1 V_1 I_1 \cos\theta_1 = 3 \times 127 \times 55.6 \times 0.937$
$= 19.8\,[\text{kW}]$

效　率 $\eta = \dfrac{P}{P_1} = 16.7/19.8 \times 100 = 84.5\,[\%]$

【예제 4】 捲線型 3相誘導電動機가 있다. 50 [Hz] 回路에서 全負荷로 운전되고 있는 경우 回轉數가 950 [rpm]이다. 同一電壓, 同一토오크로 회전수를 800 [rpm]으로 하자면 回轉子回路의 각 相에 몇 [Ω]의 抵抗을 넣으면 되는가? 여기서 回轉子는 星形, 각 相의 抵抗은 r [Ω]이다.

(풀이) 全負荷 回轉數가 950 [rpm]이므로 極數 $P=6$이라 하여 同期速度는

$$N_s = \frac{120\times50}{6} = 1000\,[\text{rpm}]$$

으로 하여야 한다.

그래서 회전수가 950, 800일 때의 슬립을 각각 s_1, s_2라 하면

$$s_1 = \frac{1000-950}{1000} = 0.05, \qquad s_2 = \frac{1000-800}{1000} = 0.2$$

s_1, s_2에서의 토오크는 같으므로 각 相에 넣어야 할 抵抗을 R_2라 하면

$$\frac{r}{s_1} = \frac{r+R_2}{s_2}$$

$$\frac{r}{0.05} = \frac{r+R_2}{0.2} \qquad \therefore R_2 = 3r$$

【예제 5】 예제 3의 電動機에서 起動時 最大토오크를 발생시키자면 2次 1相에 몇 [Ω]의 抵抗을 넣어야 하는가?

(풀이) 식 (4·55)에 의하여

$$R_2' = \sqrt{0.1^2+(0.2+0.2)^2} - 0.12 = 0.293\,[\Omega]$$

$$R_2 = \left(\frac{m_2}{m_1}\right)\frac{1}{a^2}R_2' = \frac{3}{3} \times \left(\frac{1}{2}\right)^2 \times 0.293 = 0.073\,[\Omega]$$

연 습 문 제

1. 4極을 가진 誘導電動機가 60 [Hz]의 回路에 연결되어 4 [%]의 슬립으로 회전한다. 回轉數를 구하라. 답 1728 [rpm]

2. 周波數 60[Hz]의 誘導電動機가 있다. 全負荷에서의 回轉數가 每分 1164 회이면 極數는 얼마인가?

   (약해) 슬립은 5 [%]를 넘을 수 없다는 것을 고려하라. 답 6極

3. 6極의 3相誘導電動機가 50 [Hz]의 電源에 연결되어 운전하고 있다. 回轉子周波數가 2.3 [Hz]일 때의 슬립 및 回轉子速度를 구하라. 답 4.6 [%], 954 [rpm]

4. 出力 3 [kW], 1500 [rpm]의 電動機의 토오크는 몇 [N·m]인가?

   답 19.1 [N·m]

5. 200 [V], 50 [Hz], 4極, 10 [HP]의 3相誘導電動機가 있다. 全負荷回轉數가 1460 [rpm]이라면 同期와트는 얼마인가?

   (약해) 出力 $P = 10 \times 746 = 7460$ [W]

   식 (4·46)에 의하여

$$\text{同期와트 } P_2 = 1.027 \times \frac{120\times50}{4} \times \frac{10\times746}{9.8\times2\pi\times\dfrac{1460}{60}}$$

$$\left(\because\ T = \frac{P}{9.8\times2\pi n}\,[\text{kg}\cdot\text{m}]\right)$$

   또는 식 (4·40)에 의하여

$$\text{同期와트 } P_2 = \frac{P}{1-s}$$ 를 써서 구해도 된다. 답 7562 [W]

6. 出力 10 [kW], 슬립 4.8 [%]일 때 運轉時의 2次銅損은 얼마인가?

   답 0.5 [kW]

7. $f = 50$ [Hz], $P = 6$의 捲線型 電動機가 있다. 全負荷時의 回轉數는 960 [rpm]이다. 同一토오크에서 750 [rpm]으로 하려면 2次回路에 몇 [Ω]의 抵抗을 넣으면 되는가? 여기서 2次는 星形이고 각 相의 抵抗은 r_2이다. 답 $5.25r_2$

8. 3相誘導電動機의 入力이 60 [kW], 固定子損失이 1 [kW]일 때 3 [%] 슬립으로 回轉하고 있다면 機械的 出力과 1相의 回轉子銅損은 얼마인가?

답 57.23 [kW], 0.59 [kW]

9. 端子電壓 200 [V], 電流 50 [A], 力率 86[%], 効率 84 [%] 되는 3相誘導電動機는 몇 [HP]인가? 답 16.8 [HP]

10. 4極, 7.5 [kW], 200 [V], 50 [Hz]의 3相誘導電動機가 있다. 全負荷에서의 2次入力이 7950 [W]이다. 이 경우의 2次効率과 2次銅損, 슬립을 구하라. 여기서 機械損은 130 [W]이다.

답 2次銅損 318 [W], 2次効率 96 [%], 슬립 4 [%]

11. 誘導電動機의 安定度에 대하여 설명하라.

12. 無負荷의 誘導電動機는 力率이 나쁘지만 負荷가 증가하면 力率이 점차 좋아지는 이유를 설명하라.

13. 200 [V], 3相誘導電動機의 全負荷電流는 1 [HP]當 약 3 [A]임을 증명하라.

14. 4極 10 [HP], 200 [V], 50 [Hz]의 3相誘導電動機가 슬립 5[%]로 全負荷運轉하고 있다. 이 때의 2次入力 및 2次銅損을 구하라. 여기서 機械損은 45 [W]이다. 답 7900 [W], 395 [W]

15. 6極, 50 [Hz]의 3相誘導電動機가 95.5 [N·m]의 토오크를 내고 운전하고 있다. 同期와트를 구하라. 답 10 [kW]

4·3 誘導電動機의 圓線圖

4·3·1 圓線圖에 의한 特性表示

일정 리액턴스 x와 可變抵抗 r을 그림 4·26과 같이 直列로 접속한 回路에 일정 電壓 $\dot{V}_1$을 공급하였을 때 r이 변화하면 電流 $\dot{I}_1'$가 어떻게 변하는가를 생각해 보자.

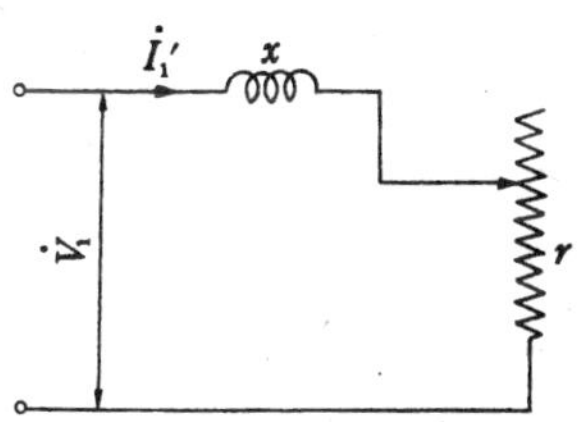

그림 4·26

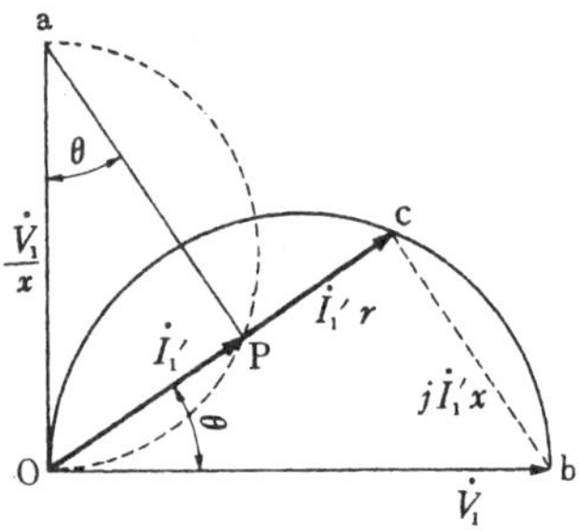

그림 4·27

그림 4·27에서 $\overline{\mathrm{Ob}} = V_1$이 되게 하고, O에서 $\overline{\mathrm{Ob}}$에 垂線 $\overline{\mathrm{Oa}}$를 긋고 $\overline{\mathrm{Oa}} = \frac{V_1}{x}$되게 한다. $\overline{\mathrm{Ob}}$ 및 $\overline{\mathrm{Oa}}$를 각각 直徑으로 하는 半圓 Ocb 및 OPa를 그린다. 半圓 Ocb 上의 한 點을 c라 하면 $\overline{\mathrm{Oc}}$는 抵抗 r에 대한 電壓 rI_1', 또 $\overline{\mathrm{bc}}$는 리액턴스 x에 대한 電壓 xI_1'를 표시한다.

$\overline{\mathrm{Oc}}$와 半圓 OPa와의 交點을 P라 하면 $\overline{\mathrm{OP}}$는 이 경우의 電流 I_1'를 표시한다. 이것은 作圖한 바에 의하여

$$\triangle \mathrm{Obc} \backsim \triangle \mathrm{OPa}$$

$$\therefore \frac{\overline{\mathrm{OP}}}{\overline{\mathrm{Oa}}} = \frac{\overline{\mathrm{bc}}}{\overline{\mathrm{Ob}}}$$

그런데

$$\overline{\mathrm{Oa}} = \frac{V_1}{x}, \qquad \overline{\mathrm{Ob}} = V_1, \qquad \overline{\mathrm{bc}} = xI_1'$$

$$\therefore \frac{\overline{\mathrm{OP}}}{\frac{V_1}{x}} = \frac{xI_1'}{V_1}, \qquad \therefore \overline{\mathrm{OP}} = \frac{xI_1'}{V_1} \times \frac{V_1}{x} = I_1'$$

가 되기 때문이다. 즉 抵抗 r의 변화에 따르는 電流 $\dot{I}_1'$의 軌跡은 半圓 OPa가 된다. $r = 0$에서는 $\dot{I}_1'$는 $\overrightarrow{\mathrm{Oa}}$가 되고 r이 증가하는 데 따라 P는 이 圓周上을 a에서 O로 향해 이동하여 $r = \infty$에서는 $\dot{I}_1'$는 零이 된다.

그림 4·27을 그대로 反時計方向으로 90° 회전시켜 $\dot{V}_1$과 $\dot{I}_1'$ 사이의 관계를 표시하면 그림 4·28과 같이 된다.

그러므로 誘導電動機의 等價回路(그림 4·29)에서

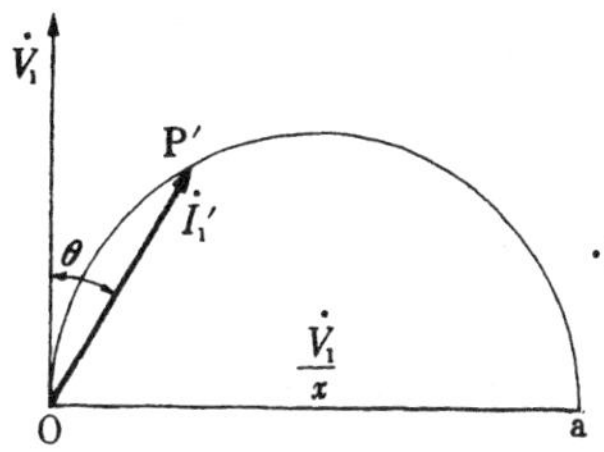

그림 4·28

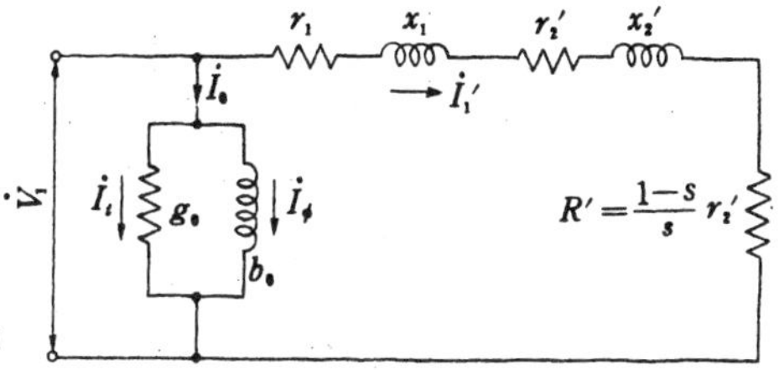

그림 4·29

$$r_1 + r_2' + \frac{1-s}{s}r_2' = r, \qquad x_1 + x_2' = x$$

라 하면 x는 일정하고 r은 슬립에 따라 변화하므로 $\dot{V}_1$과 $\dot{I}_1'$와의 관계는 그림 4·26의 경우와 같게 되어 $\dot{I}_1'$의 軌跡은 半圓이 된다.

그런데 固定子電流 $\dot{I}_1$은 $\dot{I}_1'$와 勵磁電流 $\dot{I}_0$의 합이 되고 $\dot{I}_0$는 크기, 位相이 모두 일정하므로 $\dot{I}_1$의 軌跡도 같은 半圓이 된다. 그림 4·30은 이 관계를 표시하는 것이며 이것을 誘導電動機의 **圓線圖**(circle diagram)라 한다.

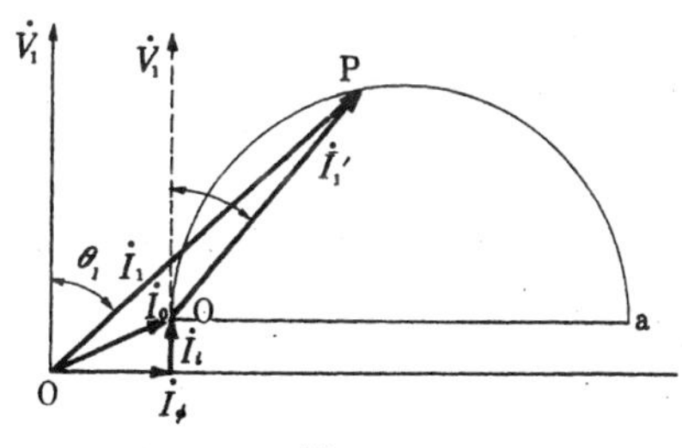

그림 4·30

그림 4·31에서 슬립 s에 대한 負荷電流를 $\dot{I}_1'$라 하면

$$\dot{I}_1' + \dot{I}_0 = \dot{I}_1$$

이 固定子 각 相의 電流이고 $\dot{I}_1$과 固定子 각 相의 供給電壓 $\dot{V}_1$ 사이의 相差를 θ_1이라 하면 $\cos\theta_1$이 이 때의 固定子力率을 표시한다.

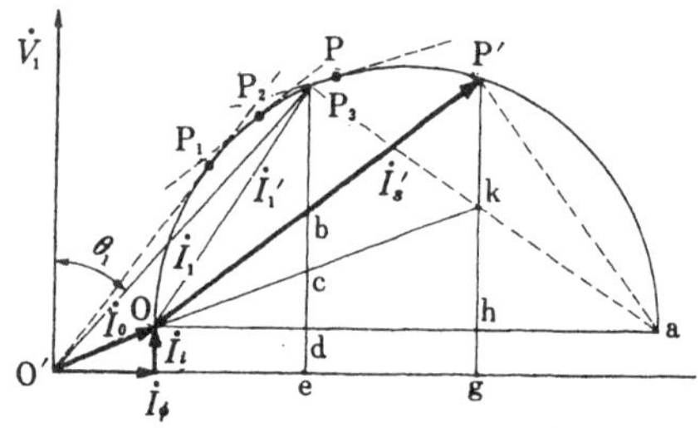

그림 4·31

$s=1$, 즉 回轉子가 정지하고 있을 때의 固定子 負荷電流를 $\dot{I}_1'(\dot{I}_0+\dot{I}_s'=\dot{I}_s=\overline{\mathrm{O'P'}}$ 는 $s=1$ 에서의 1次線電流)라 하면 이것은 그림 4·29의 等價回路에서 $R'=0$ 의 경우이며, 變壓器 2次側을 短絡한 경우의 1次負荷電流에 상당하는 電流이므로 그 값은 매우 크다.

이 $\dot{I}_s'$ 의 半圓上의 點을 P′라 하면 P′에서 $\overline{\mathrm{Oa}}$에 垂線 $\overline{\mathrm{P'h}}$를 긋고 $\overline{\mathrm{O'g}}$와 만나는 點을 g라 하자. $\overline{\mathrm{P'h}}$ 위에 $\overline{\mathrm{hk}}=I_s'r_1/V_1$ 되는 點 k를 잡는다. 여기서 V_1은 相電壓이므로 線間에 공급된 定格電壓을 V라 하면

$$V_1=V/\sqrt{3}$$

이다.

이 때 $\overline{\mathrm{P'g}}$ 는 短絡電流 I_s의 有效分이므로

$$\overline{\mathrm{P'g}}\times V_1$$

은 $s=1$ 에서의 1相의 全損失, 즉 1相의 鐵損과 1相의 固定子 및 回轉子銅損의 합이다. 그런데

$$\overline{\mathrm{gh}}=I_i$$

이므로

$$\overline{\mathrm{gh}}\times V_1$$

이 1相의 鐵損이고 따라서

$$\overline{\mathrm{P'h}}\times V_1$$

이 1相의 固定子 및 回轉子銅損의 합 $I_s'^2(r_1+r_2')$가 되어야 한다. 그런데 作圖한 바에 의하여

$$\overline{\text{hk}} \times V_1 = I_s'^2 r_1$$

이므로

$$\overline{\text{P'k}} \times V_1 = I_s'^2 r_2'$$

가 된다.

그러므로 任意의 負荷電流 $\dot{I}_1' = \overline{\text{OP}}$ 되는 點 P에서 $\overline{\text{O'g}}$에 垂線을 긋고 $\overline{\text{PO'}}$, $\overline{\text{Ok}}$, $\overline{\text{Oa}}$, $\overline{\text{O'g}}$와 만나는 點을 각각 b, c, d, e라 하면

$$\overline{\text{cd}} \times V_1 = I_1'^2 r_1$$

$$\overline{\text{bc}} \times V_1 = I_1'^2 r_2$$

가 된다.

이렇게 되는 이유는 다음과 같다.

$$\triangle \text{P'Oh} \backsim \triangle \text{bOd} \qquad \therefore\ \overline{\text{bd}} : \overline{\text{P'h}} = \overline{\text{Od}} : \overline{\text{Oh}} \qquad \text{(i)}$$

$$\angle \text{OP'h} = 90° - \angle \text{aP'h} = \angle \text{P'ah}$$

$$\therefore\ \triangle \text{OP'a} \backsim \triangle \text{OP'h} \qquad \therefore\ \overline{\text{Oa}} : \overline{\text{OP'}} = \overline{\text{OP'}} : \overline{\text{Oh}}$$

$$\therefore\ \overline{\text{OP'}}^2 = \overline{\text{Oh}} \cdot \overline{\text{Oa}} \qquad \text{(ii)}$$

$$\triangle \text{OPa} \backsim \triangle \text{OPd} \qquad \therefore\ \overline{\text{Oa}} : \overline{\text{OP}} = \overline{\text{OP}} : \overline{\text{Od}}$$

$$\therefore\ \overline{\text{OP}}^2 = \overline{\text{Od}} \times \overline{\text{Oa}} \qquad \text{(iii)}$$

(i), (ii), (iii)에서

$$\frac{\overline{\text{bd}}}{\overline{\text{P'h}}} = \frac{\overline{\text{Od}}}{\overline{\text{Oh}}} = \frac{\overline{\text{Od}} \times \overline{\text{Oa}}}{\overline{\text{Oh}} \times \overline{\text{Oa}}} = \frac{\overline{\text{OP}}^2}{\overline{\text{OP'}}^2} = \frac{I_1'^2}{I_s'^2}$$

$$\therefore\ \frac{\overline{\text{bd}} \times V_1}{\overline{\text{P'h}} \times V_1} = \frac{I_1'^2(r_1 + r_2')}{I_s'^2(r_1 + r_2')}$$

그런데 $\overline{\text{P'h}} \times V_1 = I_s'^2(r_1 + r_2')$

이므로 $\overline{\text{bd}} \times V_1 = I_1'^2(r_1 + r_2')$

이다.

또 $\triangle \text{Okh} \backsim \triangle \text{Ocd}$

$$\therefore\ \frac{\overline{\text{cd}}}{\overline{\text{hk}}} = \frac{\overline{\text{Od}}}{\overline{\text{Oh}}} = \frac{\overline{\text{Od}} \times \overline{\text{Oa}}}{\overline{\text{Oh}} \times \overline{\text{Oa}}} = \frac{\overline{\text{OP}}^2}{\overline{\text{OP'}}^2} = \frac{I_1'^2}{I_s'^2}$$

$$\therefore\ \frac{\overline{\text{cd}} \times V_1}{\overline{\text{hk}} \times V_1} = \frac{I_1'^2 r_1}{I_s'^2 r_1}$$

그런데

$$\overline{\mathrm{hk}} \times V_1 = I_s'^2 r_1$$

이므로

$$\overline{\mathrm{cd}} \times V_1 = I_1'^2 r_1$$

이 되고

$$\overline{\mathrm{bc}} \times V_1 = I_1'^2 r_2'$$

가 된다.

이 때 $\overline{\mathrm{Pe}}$는 $\dot{I}_1$의 有效分이므로

$$\overline{\mathrm{Pe}} \times V_1$$

은 固定子 電流 I_1일 때의 入力(1 相)이다.

또,

$\overline{\mathrm{de}} \times V_1$은 無負荷損(1 相)

$\overline{\mathrm{cd}} \times V_1$은 1 次銅損(1 相)

$\overline{\mathrm{bc}} \times V_1$은 2 次銅損(1 相)

이므로

$\overline{\mathrm{Pb}} \times V_1$은 出力(1 相)

이 된다. 또

$\overline{\mathrm{Pe}} \times V_1$은 1 次入力(1 相)

이고 이것에서 無負荷損 $\overline{\mathrm{de}} \times V_1$과 1 次銅損 $\overline{\mathrm{cd}} \times V_1$을 뺀

$\overline{\mathrm{Pc}} \times V_1$은 2 次入力(1 相)

이고 동시에 同期와트로 표시한 토오크이다.

또

$$\sqrt{3}\,V \times \overline{\mathrm{Pb}} = \sqrt{3}\,V \times \overline{\mathrm{Pc}} - \sqrt{3}\,V \times \overline{\mathrm{bc}}$$

$$= \mathrm{P}_2 - \mathrm{P}_{c_2} = \mathrm{P}(\text{回轉子出力})$$

$$\frac{\overline{\mathrm{bc}}}{\overline{\mathrm{Pc}}} = \frac{\mathrm{P}_{c2}}{\mathrm{P}_2} = s(\text{슬립})$$

$$\frac{\overline{\mathrm{Pb}}}{\overline{\mathrm{Pc}}} = \frac{\mathrm{P}}{\mathrm{P}_2} = 1 - s = \frac{N}{N_s}(\text{回轉子效率})$$

또는 (同期速度를 1이라 하였을 때의 回轉子速度)

$$\frac{\overline{\mathrm{Pb}}}{\overline{\mathrm{Pe}}} = \frac{\mathrm{P}}{\mathrm{P}_1} = \eta(\text{電動機效率})$$

또 原點 O′에서 半圓 OPa에 接線을 긋고 이것을 $\overline{O'P'}$라 하면 接點 P_1은 最大力率을 표시하는 점이다(이 점에서 1次力率角 θ_1은 최소가 된다).

또 $\overline{OP'}$에 평행한 접선의 接點을 P_2라 하면 $\overline{Pb}$, 즉 回轉子出力은 이 점에서 최대가 되므로 P_2는 最大出力을 표시하는 點이다. 그리고 $\overline{Ok}$에 평행한 접선의 接點을 P_3이라 하면 $\overline{Pc}$, 즉 同期와트는 이 점에서 최대가 되므로 P_3은 最大토오크를 표시하는 점이다.

이와 같이 하여 P點을 半圓周上을 O에서 P′까지 이동시키면 모든 상태에서 電動機의 特性이 구해진다.

4·3·2 圓線圖作成法

(1) 無負荷試驗(no load test)

임의의 周圍溫度에서 定格電壓 및 定格周波數로 電動機를 無負荷運轉하여(그림 4·32)

V: 定格端子電壓[V]

I_0: 無負荷電流(각相의 平均値)[A]

W_0: 無負荷損[W]

를 측정한다. 이 경우의 電動機力率을 $\cos\theta_0$라 하면

$$W_0 = \sqrt{3}\,VI_0\cos\theta_0 = \sqrt{3}\,VI_i$$

$$\therefore\ I_i = \frac{W_0}{\sqrt{3}\,V}\text{[A]}\ (I_0\text{의 有效分})$$

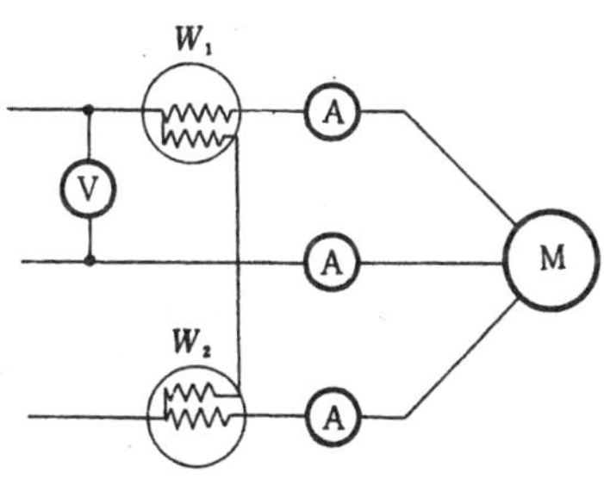

그림 4·32

$$I_0 = \sqrt{I_i^2 + I_\phi^2}$$

$$\therefore\ I_\phi = \sqrt{I_0^2 - I_i^2}\ \text{[A]}\ (I_0\text{의 無効分})$$

(2) **短絡試驗**(short circuit test 또는 lock test)

임의의 周圍溫度에서 回轉子가 돌지 않도록 구속하고 固定子端子間에 定格周波數의 電壓을 가해서 全負荷電流에 가까운 電流를 흘리고

V': 印加電壓 [V] (定格電壓보다 퍽 낮은 電壓이다)

I': 全負荷電流에 가까운 短絡電流 [A]

W': 短絡試驗時의 入力 [W]

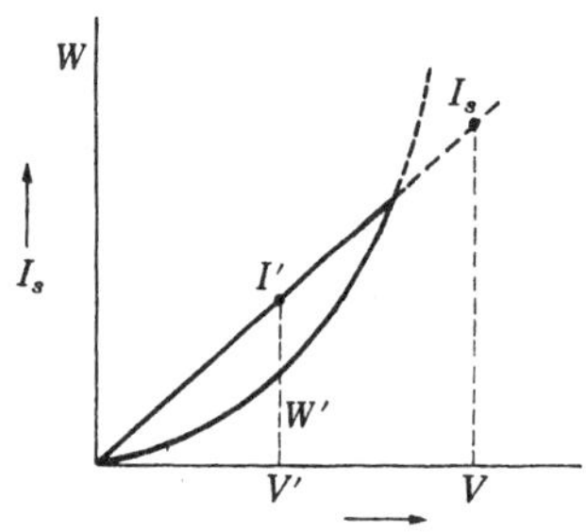

그림 4·33

을 측정한다(結線圖는 그림 4·32와 같다). 그런데 短絡特性은 그림 4·33과 같이 직선이라고 볼 수 있으므로 比例關係가 성립하여 定格電壓 V에 대한 短絡電流 I_s는

$$\frac{I'}{I_s} = \frac{V'}{V}$$

$$\therefore\ I_s = \frac{V}{V'}I'$$

또 이 때의 電動機의 力率을 $\cos\theta_s$라 하면

$$W' = \sqrt{3}\,V'I'\cos\theta_s = \sqrt{3}\,V'\left(\frac{V'}{V}I_s\right)\cos\theta_s$$

$$= \sqrt{3}\cdot\frac{V'^2}{V}I_s\cos\theta_s = \sqrt{3}\cdot\frac{V'^2}{V}I_{s_1}$$

여기서 $$I_{s_1} = I_s \cos\theta_s$$

$$\therefore\ I_{s_1} = \frac{W'V}{\sqrt{3}\,V'^2}\ [\mathrm{A}]\ (I_s\text{의 有効分})$$

$$I_s = \sqrt{I_{s_1}^{\,2} + I_{s_2}^{\,2}}$$

$$\therefore\ I_{s_2} = \sqrt{I_s^2 - I_{s_1}^{\,2}}\ [\mathrm{A}]\ (I_s\text{의 無効分})$$

(3) 抵抗測定

임의의 周圍溫度에서 固定子捲線의 抵抗을 측정한다.

R_{uv} : 각 線間에서 측정한 固定子捲線의 抵抗 [Ω]

t : 抵抗을 측정하였을 때의 溫度 [°C]

라 하면 Y結線(Δ結線이면 Y結線으로 환산한다)의 각 相의 抵抗(75°C에 更正한)은

$$r_1 = \frac{R_{uv}}{2} \cdot \frac{234.5+75}{234.5+t} = \frac{R_{uv}}{2} \cdot \frac{309.5}{234.5+t}\ [\Omega]$$

(4) 圓線圖作成의 順序

無負荷試驗, 短絡試驗, 抵抗測定의 결과를 써서 圓線圖를 작성한다.

그림 4·34에서 直交軸의 原點을 O′라 하고, 縱軸上에 $\overline{O'n} = I_i$ 및 $\overline{O'q'} = I_{s_1}$을 취한다.

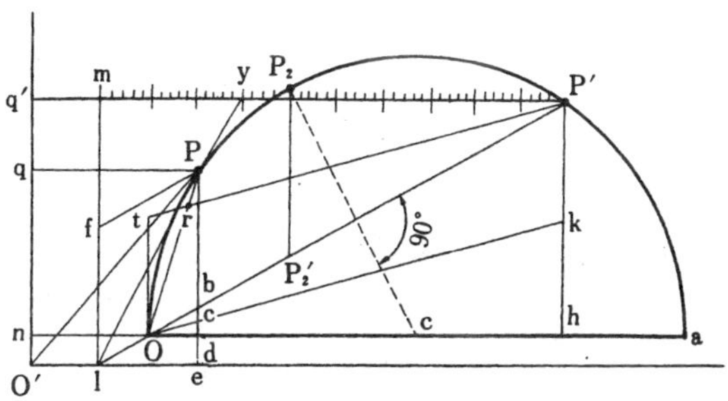

그림 4·34 Heyland의 圓線圖

n, q′에서 각각 水平線을 긋고 그 위에 $\overline{nO} = I_\phi$ 및 $\overline{q'P'} = I_{s_2}$를 취한다. P′에서 $\overline{nO}$의 延長線 위에 垂線 $\overline{P'h}$를 긋는다.

O, P′를 연결하고 그 垂直 2 等分線을 긋고 $\overline{Oh}$와의 交點을 c라 하자. c를 중심, $\overline{Oc}$를 반경으로 하는 半圓弧를 그리면 이 圓弧는 P′點을 지난다.

$\overline{OP'} = I_s'$라 하고($\overline{OP'}$의 길이를 자로 재면 I_s'가 알려진다) $\overline{P'h}$ 위에 k點을 $\overline{hk} = \sqrt{3} \times I_s'^2 r_1/V$와 같도록 취하고 k, O를 연결한다. $\overline{P'O}$를 연장하여 橫軸과 만나는 點을 l이라 하고 l에서 수선을 긋고 $\overline{P'q'}$와의 交點을 m이라 한다.

(5) 圓線圖에서 구할 수 있는 여러 가지 特性

임의의 出力 P[kW]에 대한 電流

$$I = 1000\,P/\sqrt{3}\,V$$

를 계산하고 $\overline{lm}$ 위에 $\overline{lf} = I$ 되는 f點을 구한다.

$\overline{OP'}$와 평행되게 $\overline{fP}$를 긋고 圓弧와의 交點을 P라 한다. O′, P를 연결하고 P에서 水平線 $\overline{Pq}$를 긋고 l, P를 연결한다. 이것을 연장해서 $\overline{P'q'}$와의 交點을 y라 한다. O에서 垂線 $\overline{Ot}$를 긋고 P′에서 $\overline{Ok}$에 平行線을 그어 그 交點을 t라 하고, $\overline{OP}$와 $\overline{P't}$와의 交點을 r이라 하면 出力 P[kW]에 대한 特性은 다음과 같이 된다.

固定子電流　$I_1 = \overline{O'P}$ [A]

力　　率　$\text{p.f.} = \dfrac{\overline{O'q}}{\overline{O'P}} \times 100$ [%]

効　　率　$\eta = \dfrac{\overline{P'y}}{\overline{P'm}} \times 100$ [%]　(註 1)

슬　　립　$s = \dfrac{\overline{tr}}{\overline{P't}} \times 100$ [%]　(註 2)

또 $\overline{OP'}$의 垂直 2 等分線과 圓弧와의 交點을 P_2라 하고 이것에서 垂線을 긋고 $\overline{OP'}$와 만나는 點을 P_2'라 하면 最大出力 P_m은

$$P_m = \sqrt{3}\,V \times \overline{P_2P_2'} \times 10^{-3}\ [\text{kW}]$$

이다.

〔註 1〕 그림 4·34의 點 P에서 O′l의 延長線上에 垂線 Pe를 긋는다.

$$\triangle lmP' \backsim \triangle lbe \qquad \therefore\ \frac{\overline{be}}{\overline{le}} = \frac{\overline{lm}}{\overline{P'm}} \tag{i}$$

$\triangle lmy \backsim \triangle Ple \qquad \therefore \dfrac{\overline{le}}{\overline{eP}} = \dfrac{\overline{my}}{\overline{lm}}$ (ii)

(i)×(ii)

$$\therefore \frac{\overline{be}}{\overline{Pe}} = \frac{\overline{my}}{\overline{P'm}} \qquad \therefore \frac{\overline{Pe}-\overline{be}}{\overline{Pe}} = \frac{\overline{g'm}-\overline{my}}{\overline{P'm}}$$

$$\therefore \frac{\overline{Pb}}{\overline{Pe}} = \frac{\overline{P'y}}{\overline{P'm}} \qquad \therefore \frac{\overline{Pb}}{\overline{Pe}} \times 100 = \frac{\overline{P'y}}{\overline{P'm}} \times 100\ [\%]$$

〔註 2〕

$\triangle OtP' \backsim \triangle Obc \qquad \therefore \dfrac{\overline{bc}}{\overline{Oc}} = \dfrac{\overline{Ot}}{\overline{P't}}$ (iii)

$\triangle Otr \backsim \triangle POc \qquad \therefore \dfrac{\overline{Oc}}{\overline{Pc}} = \dfrac{\overline{tr}}{\overline{Ot}}$ (iv)

(iii) × (iv)

$$\therefore \frac{\overline{bc}}{\overline{Pc}} = \frac{\overline{tr}}{\overline{P't}} \qquad \therefore s = \frac{\overline{bc}}{\overline{Pc}} \times 100\ [\%] = \frac{\overline{tr}}{\overline{P't}} \times 100[\%]$$

4·3·3 標準特性表

다음 표 4·1 (a), (b)는 低壓電動機의 標準特性을 표시한다.

표 4·1 (a)

定格出力 [HP]	極數	同期速度 [rpm] 50 [Hz]	同期速度 [rpm] 60 [Hz]	全負荷特性 슬립 [%]	全負荷特性 効率 [%]	全負荷特性 力率 [%]	全負荷電流 [A]	無負荷電流 [A]	起動電流 [A]
1/4	2	3000	3600	9.0	68.5	77.5	1.1	0.68	7.0
1/2				7.5	73.0	81.0	2.0	0.96	13.0
1				6.5	76.5	83.5	3.4	1.4	22.0
2				6.0	80.0	85.5	6.3	2.5	40.0
3				5.5	81.5	86.5	9.2	3.4	58.0
5				5.0	83.5	87.0	14.8	5.3	93.0
1/4	4	1500	1800	10.0	70.0	72.5	1.1	0.85	6.5
1/2				8.0	74.0	77.0	1.9	1.2	11.0
1				7.0	78.0	80.5	3.4	1.8	18.0
2				6.5	81.0	83.5	6.4	3.1	34.0
3				6.0	82.5	85.0	9.2	4.2	50.0
5				5.5	84.0	85.5	15.0	6.6	80.0
1/2	6	1000	1200	7.0	73.0	72.0	2.1	1.7	12.0
1				7.5	76.5	77.0	3.7	2.5	20.0
2				6.5	80.0	19.5	6.8	4.1	36.0
3				6.0	81.5	81.0	9.8	5.4	51.0
5				5.5	83.5	82.5	16.9	8.1	82.0
1	8	750	900	8.5	74.0	67.0	4.4	3.0	22.0
2				7.0	78.0	72.5	7.7	4.9	39.0
3				6.5	80.0	75.0	10.9	6.3	54.0
5				5.0	82.0	78.0	16.9	9.1	87.0

表 4·1 (b)

定格出力 [kW]	極數	同期速度 [rpm] 50 [Hz]	同期速度 [rpm] 60 [Hz]	全負荷特性 슬립 [%]	全負荷特性 効率 [%]	全負荷特性 力率 [%]	全負荷電流 [A]	無負荷電流 [A]	起動電流 [A]
5	4	1500	1800	5.0	84.0	82.0	21.0	10.0	110
7.5				5.0	85.0	83.5	30.6	13.8	160
10				5.0	85.5	84.0	49.2	16.8	210
15				4.5	87.0	84.5	59.0	23.5	310
20				4.5	87.5	85.0	77.6	30.0	410
30				4.5	88.5	86.0	114	43.0	590
40				4.5	89.0	86.5	150	55.0	785
5	6	1000	1200	5.0	83.0	80.0	21.7	11.0	111
7.5				5.0	84.5	81.0	31.8	15.3	160
10				5.0	85.5	82.0	41.2	18.6	210
15				5.0	86.5	83.0	60.4	26.0	310
20				4.5	87.0	83.5	79.5	31.7	410
30				4.5	88.0	84.5	117	45	600
40				4.5	88.5	85.0	154	57.0	730
5	8	750	900	5.5	82.0	75.5	23.3	12.5	115
7.5				5.0	83.5	77.5	33.5	17.0	170
10				5.0	84.5	78.5	43.5	21.5	330
15				5.0	85.5	79.5	63.7	29.0	320
20				5.0	86.5	80.5	82.9	36.0	420
30				4.5	87.5	81.5	121	49.0	610
40				4.5	88.0	82.0	160	62.0	810

【예제 6】 75 [kW], 3000 [V], 50 [Hz], 10 極의 誘導電動機가 있다. 試驗結果

$V = 3000$ [V], $I_0 = 5.88$ [A], $W_0 = 2258$[W] (無負荷試驗)

$V' = 710$ [V], $I' = 19$ [A], $W' = 6075$[W] (短絡試驗)

$R_{uv} = 4.59$ [Ω], $t = 17$ [°C] (抵抗測定)

그림 4·34와 같은 圓線圖를 그리고 이 圓線圖上에서 固定子電流, 力率, 効率, 슬립, 最大出力을 구하라.

(풀이) $I_i = \dfrac{W_0}{\sqrt{3}\,V} = \dfrac{2258}{\sqrt{3}\times 3000} = 0.434$ [A]

$$I_\phi = \sqrt{I_0^2 - I_i^2} = \sqrt{5.88^2 - 0.434^2} = 5.86 \text{ [A]}$$

$$I_s = \frac{V}{V'}I' = 19 \times \frac{3000}{710} = 80.28 \text{ [A]}$$

$$I_{s_1} = \frac{W'V}{\sqrt{3}\,V'^2} = \frac{6075\times 3000}{\sqrt{3}\times 710^2} = 20.86 \text{ [A]}$$

$$I_{s_2} = \sqrt{80.28^2 - 20.86^2} = 77.52 \text{ [A]}$$

$$r_1 = \frac{R_{uv}}{2}\cdot\frac{309.5}{234.5+t} = \frac{309.5}{234.5+17} = 2.82 \text{ [Ω]}$$

圓의 直徑은 대개 I_s의 값과 같게 취하는 것이 보통이므로 $I_s = 80.28$ [A]가 20 [cm] 이상이 되도록 한다. 즉 1 [cm] = 0.35 [A]로 하여 圓을 그린다. 그림 4·34와 같은 圓線圖가 그려지면 자로 재어서 $\overline{OP'} = I_s' = 74.5$ [A]가 알려지고,

$$\overline{kh} = I_s'^2 r_1 / V_1 = \frac{74.5^2 \times 2.82}{\frac{3000}{\sqrt{3}}} = 9.06 \text{ [A]}$$

定格出力 75 [kW]에 대한 特性을 구하려면

$$\overline{ef} = I = 1000P/\sqrt{3}\,V = \frac{1000 \times 75}{\sqrt{3} \times 3000} = 14.45 \text{ [A]}$$

에 같도록 f점을 취하고, f에서 $\overline{OP'}$에 평행되게 $\overline{fP}$를 긋고 圓弧와의 交點 P를 구하라.

그러면

固定子電流 $I_1 = \overline{O'P} = 18.2$ [A]

力 率 $\text{p.f.} = \frac{\overline{O'q}}{\overline{O'P}} \times 100 = 86.8$ [%]

効 率 $\eta = \frac{\overline{P'y}}{\overline{P'm}} \times 100 = 91.3$ [%]

슬 립 $s = \frac{\overline{tr}}{\overline{P't}} \times 100 = 3.4$ [%]

最大出力 $P_m = \sqrt{3}\,V \times \overline{P_2P_2'} \times 10^{-3}$

$= \sqrt{3} \times 3000 \times 29.2 \times 10^{-3}$

$= 125$[kW]

연 습 문 제

1. 그림 4·35와 같은 3相誘導電動機의 圓線圖에서 P_0, P_1, P_N은 각각 슬립 0, 1 및 定格狀態에 상당하는 점이다. 無負荷電流, 起動電流 및 定格電流와 力率은 각각 이 그림에 어떻게 표시되는가?

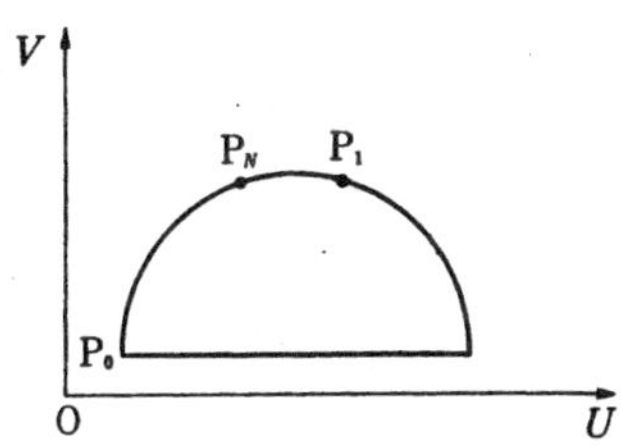

그림 4·35

2. 6極, 25[kW], 220[V], 60[Hz], 3相誘導 電動機가 있다. 試驗結果는 다음과 같다.

(a) 無負荷試驗 $V = 220$ [V], $I_0 = 30$ [A], $W_0 = 1470$ [W]

(b) 短絡試驗 $V' = 50.5$ [V], $I = 91$ [A], $W' = 2330$ [W]

(c) 抵抗測定 $R_{uv} = 0.075$ [Ω], $t = 16$ [°C]

이 결과로써 圓線圖를 그리고 全負荷에서의 特性을 구하라.

3. 3相誘導電動機의 圓線圖를 그리고, 이것에서 最大力率을 구하라. 여기서 全體漏洩리액턴스를 a [%], 勵磁電流를 b [%]라 하고 機械損 및 鐵損은 무시한다.

(약해) 그림 4·31 의 점 P_1(O′ 에서 圓에 그은 接線의 接點)이 最大力率에 해당하는 點이다. 그런데 여기에서는 鐵損과 機械損을 무시하였으므로 誘導電動機의 圓線圖는 그림 4·36 과 같이 되고 $\cos\theta_{1m}$ 이 最大力率이다.

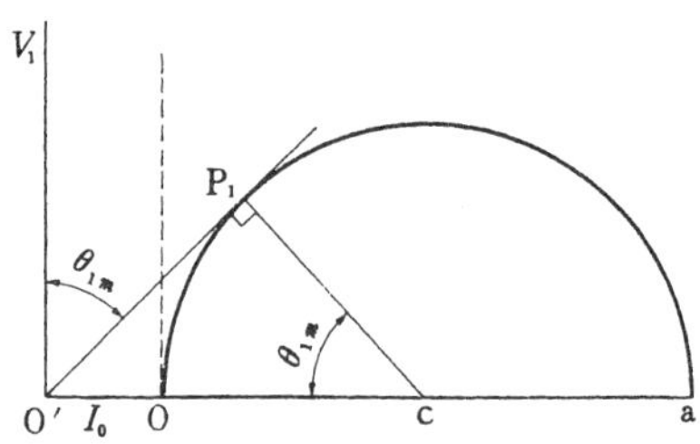

그림 4·36

$$\cos\theta_{1m} = \frac{\overline{\mathrm{Oc}}}{\overline{\mathrm{O'c}}} = \frac{\overline{\mathrm{Oc}}}{\overline{\mathrm{O'O}}+\overline{\mathrm{Oc}}} = \frac{1}{1+\dfrac{\overline{\mathrm{O'O}}}{\overline{\mathrm{Oc}}}}$$

각 相의 定格電流, 定格電壓을 I_1, V_1 이라 하면

$$b = \frac{I_0}{I_1} \times 100\,[\%], \qquad a = \frac{I_1 x}{V_1} \times 100\,[\%]$$

$$\therefore\ \overline{\mathrm{O'O}} = I_0 = \frac{bI_1}{100}$$

또

$$\overline{\mathrm{Oc}} = \frac{\overline{\mathrm{Oa}}}{2} = \frac{V_1}{2x} = \frac{100I_1}{2a}$$

$$\therefore\ \cos\theta_{1m} = \frac{1}{1+\dfrac{bI_1}{100}\times\dfrac{2a}{100I_1}} = \frac{1}{1+2ab\times10^{-2}}$$

4·4　3相誘導電動機의 起動 및 制御

4·4·1　起　　動

(1) 起動電流

起動時에는 $s=1$, 즉 回轉子가 정지하고 있어 固定子에서 발생하는 回轉磁束은 同期速度로 回轉子捲線을 끊게 되어 回轉子捲線에는 큰 起電力이 誘起되므로 回轉子에 흐르는 電流는 全負荷電流의 5배 이상 되는 것이 보통이다.

이렇게 起動時 電流가 많이 흐르는데도 불구하고 起動시키는 순간에는 2次 리액턴스가 커서 2次力率이 나빠지므로 起動토오크는 적다.

따라서 起動電流를 제한하고 起動토오크를 크게 하려고 다음과 같은 여러 가지 起動法을 쓴다.

(2) 捲線型 電動機의 起動法

捲線型 電動機에서는 위의 2가지의 결점은 앞에서 설명한 比例推移의 현상을 이용하면 한꺼번에 해결할 수 있다. 즉 그림 4·37과 같이 滑動環을 거쳐서 回轉子에 **起動抵抗**(starting rheostat)을 연결한다. 우선 抵抗을 최대로 하고 開閉器 S를 닫고 電動機가 가속하는 데 따라 핸들을 反時計方向으로 돌려 점차 抵抗을 줄이고 적당한 速度에 이르면 短絡裝置로 滑動環 사이를 短絡함과 동시에 브러시를 올리도록 한다.

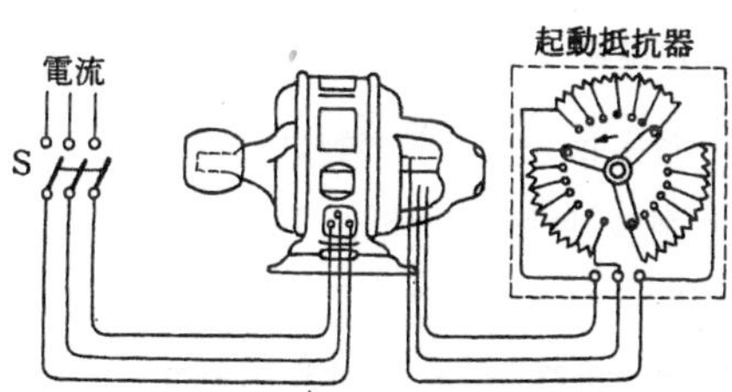

그림 4·37　捲線形의 起動法

예를 들면, 4·2·9 安定度에서 설명한 바와 같이 $s=1$일 때의 토오크, 즉 起動토오크가 負荷토오크 보다 적을 경우에는 起動할 수 없으므로 回轉子에 抵抗을 넣어 토오크 速度曲線을 比例推移시켜서〔그림 4·38의 曲線 (3)에서 曲線 (1)로〕 破線으로 표시한 負荷토오크 보다 적지 않게 해서 起動시키면 된다.

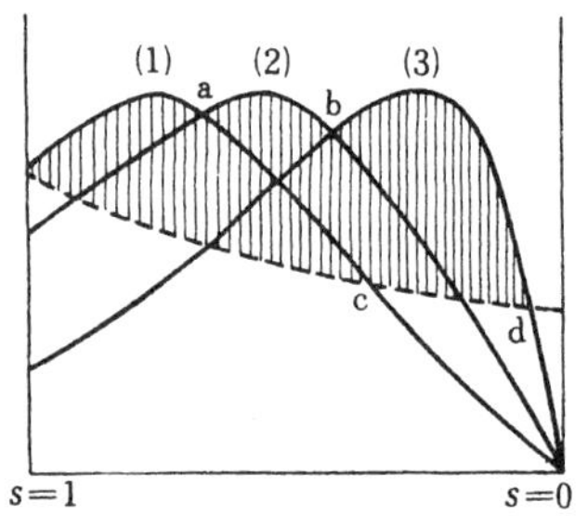

그림 4·38

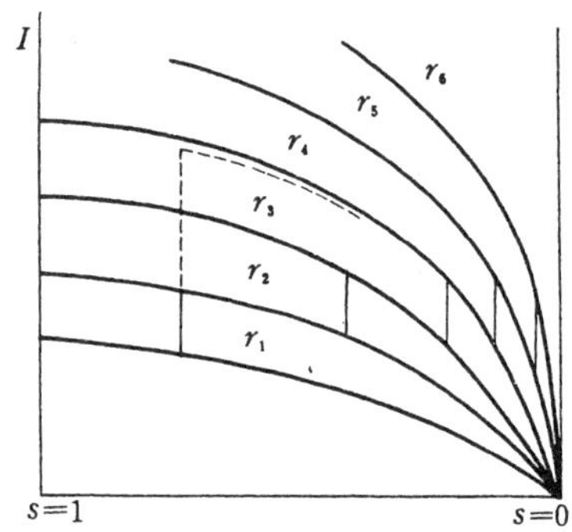

그림 4·39

起動抵抗을 가속하는 데 따라 감소시키는 데 있어서는 速度가 증가하는 정도와 電流가 감소해 가는 정도에 주의를 기울여 꼭 알맞는 速度로 핸들을 돌려야 한다. 그림 4·39의 굵은 線은 抵抗을 줄여갈 때 速度 증가에 따라 電流의 변화하는 모양을 표시한 것이다.

抵抗을 너무 빠른 速度로 줄여가면 破線으로 표시한 것과 같은 큰 電流가 흐르고 너무 느리면 起動時間이 길어져 起動抵抗器가 燒損한다.

(3) 籠形 電動機의 起動法

籠形 電動機는 捲線型과 같이 回轉子에 抵抗을 넣을 수가 없으므로 起動電流를 제한하기 위하여 供給電壓을 낮추어야 한다. 그런데 토오크는 供給電壓의 自乘에 비례하므로 起動토오크가 작아진다. 이것이 籠形 電動機의 缺點이며 無負荷 또는 輕負荷가 아니면 起動이 안 된다. 따라서 籠形은 일반적으로 소용량의 것이 많다.

籠形 電動機의 起動法에는 다음 3가지가 있다.

① **全電壓起動**

3·7 [kW] (5HP) 이하의 小容量 電動機는 起動裝置 없이 직접 全電壓을 공급해서 起動시킨다. 이 때의 起動電流는 全負荷電流의 6배 정도가 되지만 全負荷電流 자체가 적으므로 지장이 없다.

② **$Y-\Delta$ 起動**

固定子 3相捲線을 運轉時에는 Δ로 연결하고 起動時에만 Y로 연결하면 1相捲線에 가해지는 電壓은 起動時 全電壓의 $\frac{1}{\sqrt{3}}$, 즉 60 [%] 정도가 된다. 이것을 **$Y-\Delta$ 起動**이라 한다.

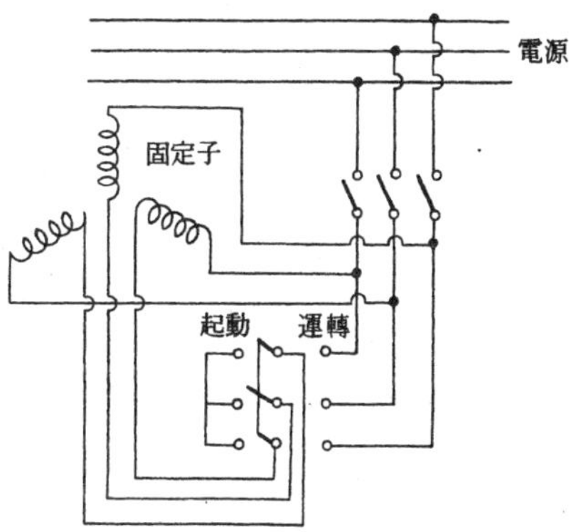

그림 4·40

Y, Δ로 固定子捲線의 접속을 바꾸려면 그림 4·40과 같이 처음에 開閉器를 起動側에 닫고 全速度에 이르렀을 때 運轉側에 닫으면 된다.

이러한 경우 起動토오크는 $\left(\frac{1}{\sqrt{3}}\right)^2=\frac{1}{3}$이 되지만 起動電流는 全負荷電流의 약 3배가 되어 全電壓起動電流의 $\frac{1}{2}$로 감소한다.

보통 10~15 [kW] 정도까지 이 방법에 의하여 起動시킨다.

③ **起動補償器에 의한 起動**

起動補償器(starting compensator)라 하는 單捲變壓器를 써서 供給電壓을 낮추어서 起動시키는 방법이다. 보통 10~200 [kW] 정도의 電動機를

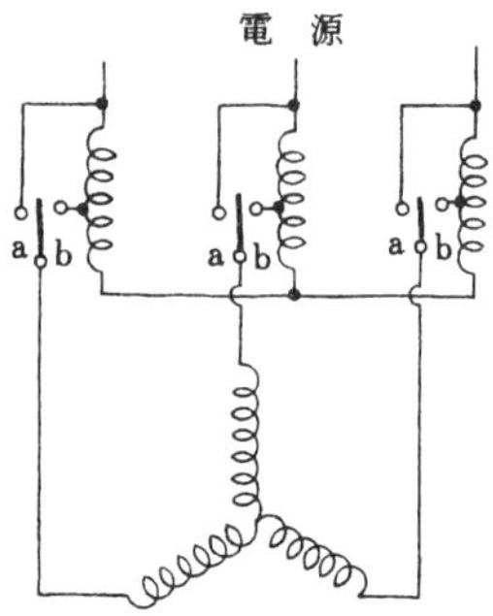

그림 4·41 起動補償器起動

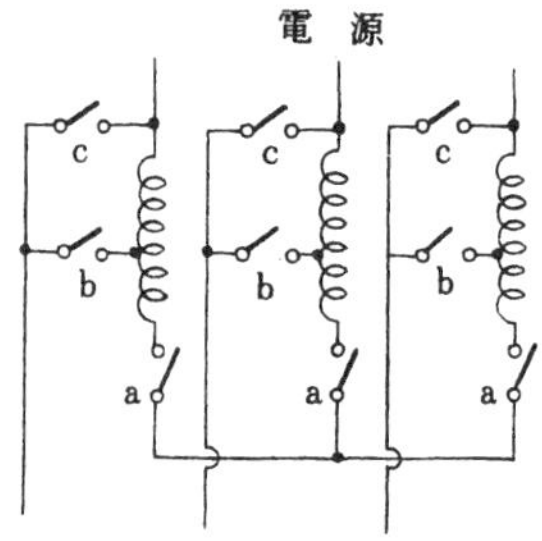

그림 4·42 Korndorfer의 起動法

이 방법으로 起動시킨다. 그림 4·41과 같이 固定子에 공급되는 電壓을 電源電壓의 $\frac{1}{2}$ 또는 $\frac{1}{3}$로 감소시킨다. 즉 起動할 때는 開閉器를 b에 닫고 가속시킨 다음에 a로 바꾼다.

이렇게 하면 開閉器를 바꾸어 닫는 도중에 固定子의 磁束이 零이 되는 결점이 있으므로 이것을 피하기 위하여 그림 4·42와 같이 3종의 開閉器를 사용하여 우선 a와 b를 닫고 起動시키고 가속된 다음에 a를 연다. 이 때 補償器는 리액터(reactor)가 되므로 電動機에는 이 리액터를 거쳐서 電壓이 가해지는 것이 된다. 다음에 c를 닫고 b를 열면 全電壓이 직접 가해진다. 이 방법을 **Korndorfer의 起動法**이라 한다.

④ 리액터起動

리액터起動은 電源과 電動機 사이에 直列리액터(空隙이 있는 리액터)를

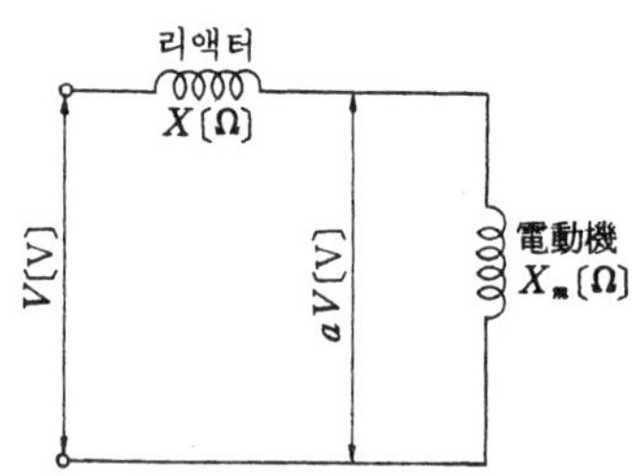

그림 4·43 리액터起動

삽입하여 電動機端子에 가해지는 電壓을 떨어뜨리는 방법이다.

이것의 원리는 그림 4·43과 같이 電動機를 等價的으로 리액턴스 $X_m[\Omega]$이라 생각하고, 電動機의 印加電壓이 a倍$(a<1)$가 되도록 리액터를 선정하여 이 리액턴스를 $X[\Omega]$이라 하면

$$\frac{X}{X_m}=\frac{1-a}{a}$$

가 된다.

電動機를 直入起動한 경우의 起動電流를 I라 하면 $I=\dfrac{V}{X_m}$(V는 電源電壓) 리액터起動의 경우의 起動電流를 I'라 하면

$$I'=\frac{V}{X+X_m}=\frac{V}{X_m\left(\dfrac{1-a}{a}+1\right)}=\frac{V}{X_m\dfrac{1}{a}}=a\cdot\frac{V}{X_m}=aI$$

위 식에서 起動電流는 直入起動의 a배, 토오크는 a^2배가 된다. 이 起動方法으로 하면 가속하여 電動機의 임피던스가 증대하면 電動機의 分擔電壓이 증가하므로 負荷토오크의 증대에 어느 정도 대응할 수 있다.

切換開閉器는 리액터 短絡用 1개 뿐이므로 起動補償器에 비하여 設備費가 적게 들지만 $\dfrac{\text{起動토오크}}{\text{起動電流}}$가 떨어진다.

(4) 異狀起動現象

① 크로우링現象

誘導電動機에서는 回轉子捲線을 감는 방법과 슬롯數가 적당하지 않으면 그림 4·44와 같이 토오크 速度曲線의 왼쪽 부분에 凹凸이 생긴다. 이것

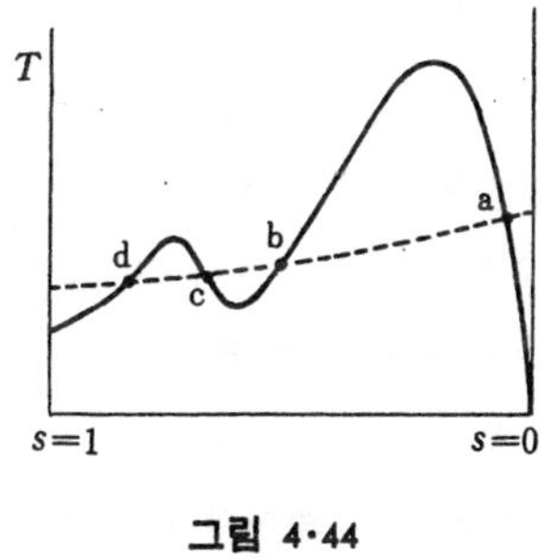

그림 4·44

은 高調波回轉磁界 때문인데 이러한 電動機에서는 負荷토오크 곡선의 모양에 따라서는 a, b, c, d와 같은 4개의 交點이 생기는 수가 있다. 이 중에서 c와 a는 安定點이고, b와 d는 不安定點이다. 따라서 電動機는 起動途中에 c와 같은 낮은 速度에서 안정되어 버려 全速度에 이르지 못하는 경우가 일어난다. 이와 같이 定規速度에 이르기 전의 낮은 速度에서 안정되어 버리는 현상을 電動機의 **크로우링**(crawling)이라 한다.

② **게루게스現象**

1896年 Görges가 발견한 現象이며, 捲線型 回轉子에서 3相中 1相이 故障斷線한 경우에 생긴다. 1相이 단선되면 2次는 單相回轉子가 되고, 2次電流는 交番磁界를 만들며, 이것은 振幅이 반이고 서로 반대 방향으로 회전하는 正相 및 逆相의 두 回轉磁界로 분해된다. 正相磁界는 별문제가 없으나 逆相磁界는 回轉子에 대하여는 $-sN_s+(1-s)N_s=(1-2s)N_s$ [rpm]으로 회전한다. 즉 回轉子를 1次로 보고, 電源回路를 통하여 短絡된 固定子를 2次로 본 誘導電動機의 토오크特性을 고려하면, 이 逆相토

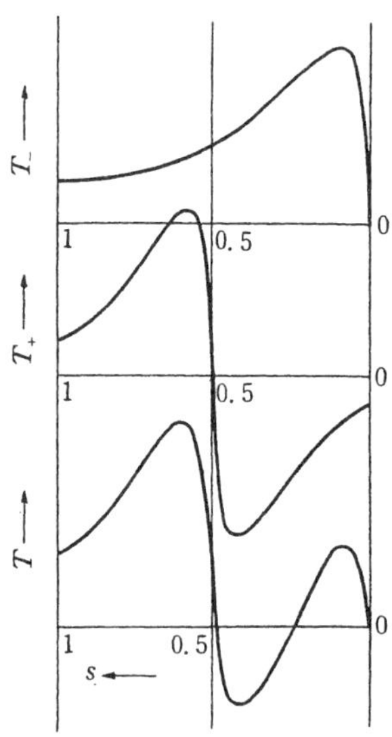

그림 4·45

오크는 $s=0.5$에서 0, $s>0.5$에서는 電動機토오크, $s<0.5$에서는 發電機토오크를 발생한다. 그림 4·45와 같이 T(正相分 T_+와 逆相分 T_-의 合이다)는 $s=0.5$의 點에 陷沒이 생겨 回轉子는 同期速度의 50[%]까지만 올라가고 그 이상 가속되지 않는다.

4·4·2 速度制御

(1) 速度制御의 방법

誘導電動機의 速度는

$$N=(1-s)N_s, \qquad N_s=\frac{120f}{P}$$

라는 식으로 표시된다 그러므로 速度를 制御하려면

(a) 슬립　　(b) 周波數　　(c) 極數

의 3가지 중에서 어느 하나를 바꾸면 된다.

(2) 2次抵抗을 加減하는 방법

이것은 토오크의 比例推移를 이용한 것으로 2次回路에 抵抗을 넣어서 같은 토오크에 대한 슬립 s를 바꾸는 방법이다. 이 방법은 매우 간단하지만 2次銅損이 증가하고 效率이 나빠지는 결점이 있다. 速度를 낮추는 시간이 짧은 경우, 예컨대 起重機, 捲上機, 昇降機 등에 주로 사용되는데 速度制御用 抵抗器를 起動用으로도 겸용할 수 있다.

또, 물抵抗器를 써서 그 極板을 電動機로 자동적으로 상하시켜 負荷變化에 따라 슬립을 바꾸게 한 것은 壓延機用 電動機 등에 사용한다. 이것을 **슬립調整器**(slip regulator)라 한다.

(3) 周波數를 바꾸는 방법

電源周波數를 바꾸는 방법이며 일반적으로 사용할 수는 없다.

예를 들면, 船舶推進用 電動機에는 독립된 發電機가 붙어 있으므로 이것이 가능하다. 또, 人絹工場의 **포트 모우터**(pot motor)도 독립된 周波數變換機를 電源으로 가지고 있으므로 이 방법을 쓸 수 있다.

근래에 와서는 3相交流를 우선 整流器로 整流하여 直流를 얻은 다음 이것을 SCR 인버어터로 變流하여 임의의 周波數의 交流를 얻어서 이것을 이용하는 방법도 적용되고 있다.

(4) 極數를 바꾸는 방법

이 방법에는 (a) 極數가 다른 2組의 捲線을 같은 슬롯에 넣는 방법과, (b) 捲線의 접속을 바꾸어서 極數를 바꾸는 방법의 2가지가 있다. 그리고 (a), (b) 2가지를 다 함께 되게 하면 4段으로 速度를 바꿀 수 있다.

捲線型의 경우에는 固定子捲線의 접속을 바꾸는 동시에 回轉子의 極數도 바꾸어야 하므로 매우 복잡하게 된다.

그러나 籠形 電動機에서는 回轉子의 極數와 固定子의 極數를 같게 하지 않아도 되므로 이 방법은 籠形 電動機에 국한된다.

固定子捲線의 접속을 바꾸어서 그림 4·46과 같이 4極을 8極으로 만드는 방법의 하나는 다음과 같다.

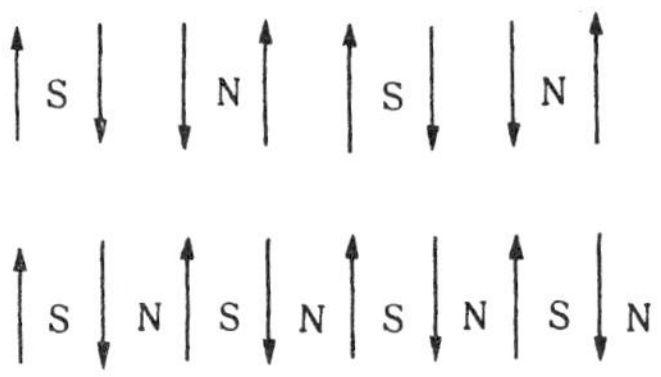

그림 4·46

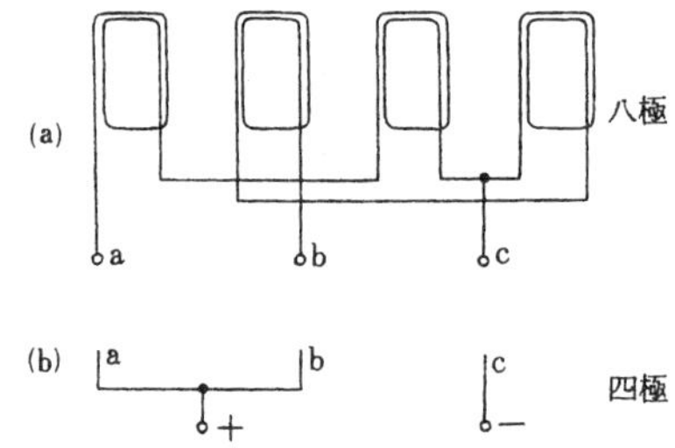

그림 4·47

그림 4·47과 같이 端子 a, b에서 電流를 흘릴 때 8極이 되고 a와 b를 결하고 이것과 c로부터 電流를 흘릴 때 4極이 된다.

(5) 縱續法

2대 이상의 誘導電動機를 써서 그림 4·48과 같이 한쪽 固定子를 다른 쪽의 回轉子回路에 연결하고 기계적으로 軸을 직결해서 速度制御를 하게 하는 방법을 **縱續法**(concatenation, cascade connection)이라 한다.

電源周波數를 f, 電動機 A의 回轉子周波數를 f', A와 B의 極數를 각각

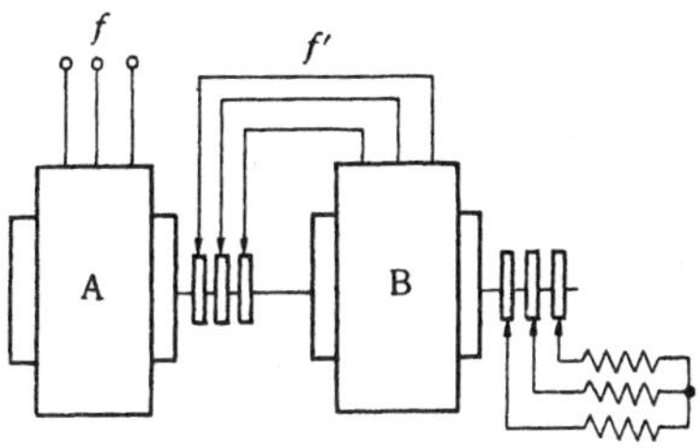

그림 4·48

P_a, P_b; 슬립을 s_a, s_b; 回轉數를 N이라 하자.

완전하게 無負荷로 되면 s_b는 零이 되고 다음의 관계가 성립한다. A에 대하여는

$$f'=s_a f=\frac{N_s-N}{N_s}f=\left(1-\frac{N}{N_s}\right)f=\left(1-\frac{P_aN}{120f}\right)f=f-\frac{P_aN}{120}$$

또한 B에 대하여는

$$N=\frac{120f}{P_a} \qquad \therefore\ f'=\frac{P_bN}{120}$$

위 두 식으로부터

$$\frac{P_bN}{120}=f-\frac{P_aN}{120}$$

이것을 풀어서

$$N=\frac{120f}{P_a+P_b} \tag{4·58}$$

즉 2대를 연결한 것의 無負荷速度는 極數가 (P_a+P_b)되는 誘導電動機의 同期速度와 같다.

예를 들면, 같은 極數의 電動機 2대를 縱續으로 하면 速度는 $\frac{1}{2}$이 되고 이에 負荷를 걸면 負荷에 대응해서 슬립이 생긴다.

그런데 誘導電動機만의 縱續法은 손실이 많고 效率이 나쁘므로 실제로는 얼마 사용되지 않는다.

이 밖에 整流子機를 誘導電動機와 縱續하는 방식도 있다.

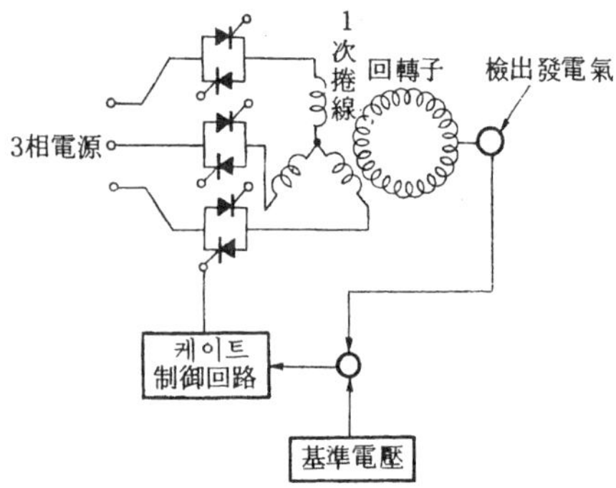

그림 4·49 逆並列方式

(6) 其他 方法

이 외에 速度制御法으로는 SCR을 사용하여 電動機의 供給電壓을 변화하는 방법, 電磁커플링(electromagnetic coupling)을 쓰는 방법이 있다.

그림 4·49는 한 예로 籠形 誘導電動機의 1次電壓을 SCR 逆並列方式으로 制御하여 그림 4·50과 같이 이 電動機의 速度-토오크特性을 변화시켜 速度制御를 행하는 系를 표시한다.

물론 1次電壓의 調整은 SCR의 게이트를 制御함으로써 이루어진다.

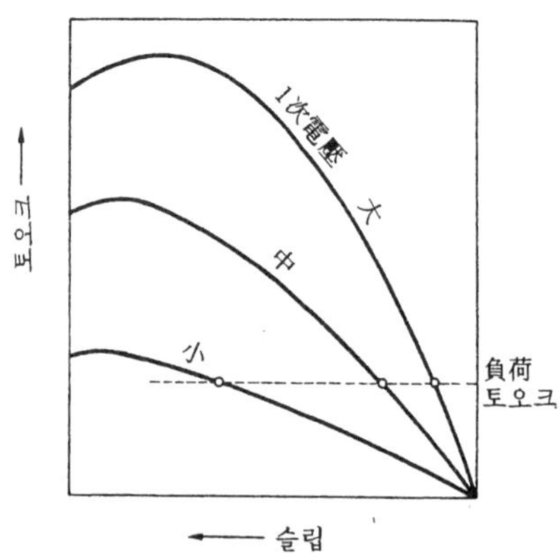

그림 4·50

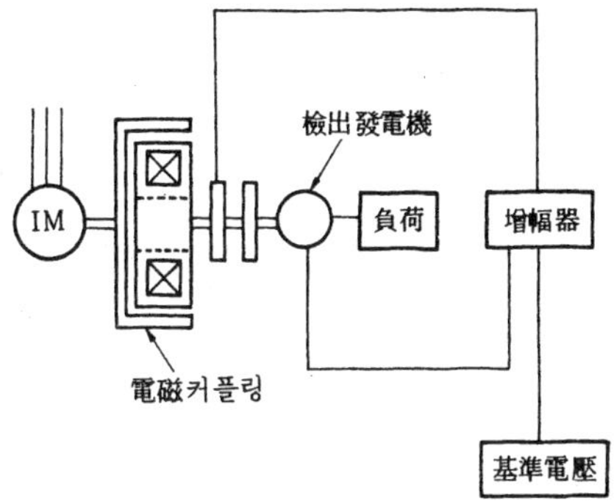

그림 4·51 電磁커플링

이것만으로는 變速特性이 되므로 그림과 같이 自動速度制御回路를 붙인다.

이 방법의 결점은 감속될수록 回轉子 抵抗損이 커지고 效率이 좋지 않은 점이다.

그림 4·51 은 誘導電動機와 負荷 사이에 電磁커플링(直流機의 固定子에 상당하는 直流勵磁의 磁極과 直流機의 回轉子에 상당하는 鐵圓板으로 된 것이 있다)을 설치하여 어느 한쪽을 電動機에, 다른쪽을 負荷에 연결한 電磁커플링 방식을 표시한다.

이 방식에서는 直流勵磁를 바꾸어서 速度制御를 할 수 있고, 또한 籠形의 경우는 無負荷起動에도 적당하다. 이 방식에서도 커플링만으로는 變速特性이 되므로 그림과 같이 自動速度制御裝置를 附屬시켜 加減定速度特性으로 한다.

이 방식은 속도를 내리면 커플링 내의 損失이 많아지고 效率이 떨어지지만 간편한 방법이다.

【예제 7】 200 [V], 7.5 [kW], 6 極, 3相誘導電動機가 있다. 定格電壓을 걸어서 起動시킬 때, 起動電流는 定格電流의 615 [%], 起動토오크는 全負荷토오크의 225[%]이다. 여기서 起動토오크를 全負荷토오크의 1.5배로 하려면 起動電壓을 어떻게 하면 되는가? 또 이 때의 起動電流는 대략 얼마인가?

(풀이) 토오크는 電壓의 自乘에 비례하므로

$$(V_x/200)^2 = 1.5/2.25 \qquad \therefore\ V_x = 163\ [\mathrm{V}]$$

또 電流는 電壓의 1乘에 비례하므로

$$I_x = 615 \times 163/200 = 500\ [\%]$$

4·4·3 2次勵磁에 의한 捲線型 誘導機의 制御

(1) 原 理

적당한 周波數變換機를 써서 回轉子周波數 sf와 같은 周波數의 電壓을 발생시켜 이것을 滑動環을 통해서 回轉子捲線에 공급해서 s, 즉 速度를 바꾸는 방법이다.

예를 들면, 回轉子捲線에 2次起電力 sE_2와 같은 周波數의 電壓 E_c를 2次起電力과 반대 방향으로 가해 주면 2次電流는 $sx_2 \fallingdotseq 0$이라고 하여

$$I_2 \fallingdotseq \frac{sE_2 - E_c}{r_2} \tag{4·59}$$

2次力率角 $\theta_2 = 0$

그런데 誘導電動機의 토오크(同期와트)는

$$P_2 = E_2 I_2 \cos\theta_2$$

이며 1次電壓 V_1이 일정하면 E_2도 일정하게 되고 $\cos\theta_2 = 1$이라 하였으므로 P_2, 즉 토오크는 I_2에 비례한다.

따라서 負荷토오크가 일정하면 I_2도 일정하고 식 (4·59)에 의하여 $(sE_2 - E_c)$도 일정하게 되어야 한다. 그러므로 E_c를 크게 하면 sE_2, 즉 s가 증가하여 속도는 낮아진다.

또, E_c를 sE_2와 같은 방향으로 가해 주면

$$I_2 \fallingdotseq \frac{sE_2 + E_c}{r_2} \tag{4·60}$$

가 되어 E_c를 크게 하면 sE_2, 즉 s는 負가 되어 電動機는 同期速度 이상으로 된다.

이와 같이 2次誘起電壓과 同相 또는 反對位相의 外部電壓을 2次回路에 가해 주면 電動機의 速度를 자유자재로 同期速度보다 낮게 하거나 또는 높게 할 수 있다.

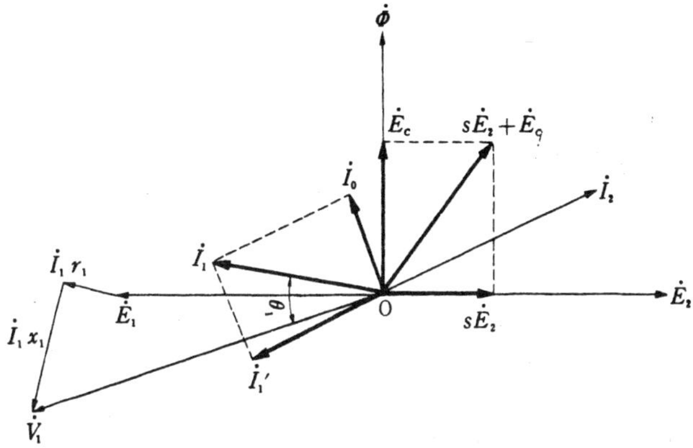

그림 4·52

다음에 $\dot{E}_2$보다 90° 앞선 位相의 起電力 $\dot{E}_c$를 2次捲線에 공급하면 이 때의 電壓, 電流관계는 그림 4·52와 같게 되어 1次 供給電壓 $\dot{V}_1$과 1次 電流 $\dot{I}_1$ 사이의 相差角 θ_1은 작게 되므로 力率이 개선된다. 이렇게 되는 것은 Φ를 생기게 하는 데 필요한 勵磁電流 $\dot{I}_0$의 일부를 $\dot{E}_c$가 보충해 주기 때문이며, 1次無効電流가 감소하므로 力率이 좋아지는 것이다.

그러므로 그림 4·53과 같이 任意位相 ψ의 電壓 $\dot{E}_c$를 가하면 $E_c \cos\psi$

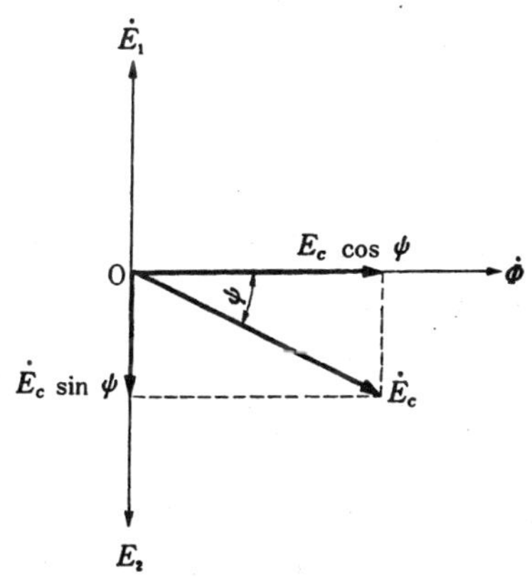

그림 4·53 임의 位相의 2次勵磁電壓

는 2次誘起電壓과 90°의 相差를 가지는 電壓이므로 力率을 개선하고, $E_c \sin\phi$의 電壓은 速度制御에 도움을 준다.

(2) 進相機

① 自勵式 進相機

Leblanc 進相機, Scherbius 進相機, Walker 進相機가 있으며, 이들의 動作原理는 거의 같다.

Leblanc 進相機는 誘導電動機와 같이 균일한 空隙을 가진 기계이며, 간단한 것은 捲線이 감겨 있지 않은 鐵心만의 固定子와, 直流機의 電機子와 같은 回轉子를 가진 구조로 되어 있다. 電機子鐵心의 슬롯에는 直流捲線을 감고 이것을 整流子에 연결한다. 브러시는 3相의 경우라면 120°마다 놓는다. 이와 같은 구조의 進相機를 誘導電動機의 回轉子回路에 연결하고 回轉子電流로 만들어지는 回轉磁界의 방향으로 다른 電動機를 써서 同期速度보다 빠른 속도로 돌린다.

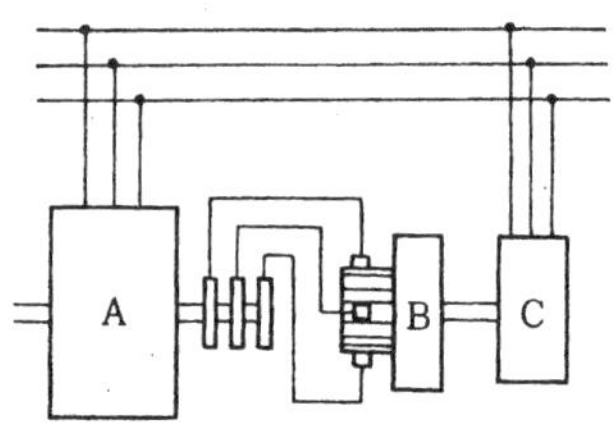

그림 4·54 Leblanc進相機

그림 4·54는 그 接續圖이다. A가 力率을 개선시키고자 하는 誘導電動機이며 回轉子回路에 進相機 B를 연결하고 電動機 C를 써서 B를 돌린다.

여기서 가령 B가 정지하고 있다 하자. 그러면 A의 2次電流가 브러시를 통해서 B의 捲線에 흐르므로 2次 3相電流에 의하여 B의 電機子周圍에 回轉磁界가 생긴다. 이 回轉磁界의 速度는 $n = \dfrac{2sf}{P}$[rps]인데 B가 정지하고 있으므로 進相機 B는 3相 리액턴스 코일과 같은 작용을 하여 A의 2次回路의 리액턴스를 증가시키는 것이 되고, 回轉磁界에 의하여 B

의 捲線에는 리액턴스 降下에 상당한 逆起電力이 誘起될 뿐이다. 이 逆起電力은 變壓器에서와 같이 電流, 즉 磁束보다 90°뒤진다. 그런데 B의 電機子를 回轉磁界의 방향으로 돌려 주면 回轉磁界와 電機子捲線 사이의 相對速度가 느리게 되므로 捲線이 回轉磁界를 끊어서 유기되는 起電力이 감소한다. 이것은 리액턴스가 감소하였다는 것과 같다.

B의 속도를 빠르게 하여 回轉磁界의 同期速度보다 더 빨리 돌게 하면 B의 捲線의 磁束을 끊는 방향이 반대가 되므로 誘起起電力의 방향도 반대가 되고 磁束보다 90° 位相이 앞선다. 그러면 90° 位相이 앞선 이러한 起電力과 回轉起電力의 벡터합이 되는 電壓에 의하여 回轉子電流가 흐르므로 回轉子電流의 位相이 앞선다. 그리고 그 位相이 앞서는 정도는 進相機의 속도를 어느 정도 빠르게 하는가에 달려 있다. 따라서 1次電流의 位相도 앞서고 電動機의 力率이 좋아진다.

B를 돌리는 電動機 C의 容量은 進相機 B의 銅損이 主電動機에서 공급되므로 B의 鐵損, 摩擦損, 風損을 공급할 만한 것이면 되고, 또 速度加減이 될 수 있는 것이라야 한다.

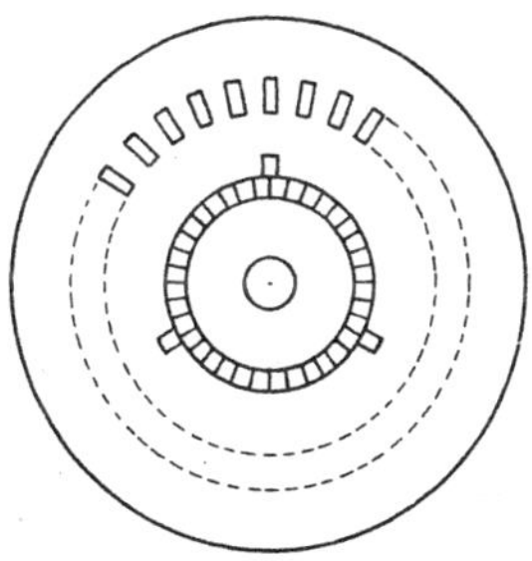

그림 4·55 2極 Scherbius 進相機

그림 4·55와 같이 圓形鐵板을 成層하여 固定子鐵心과 回轉子鐵心을 한 덩어리로 만들고 磁氣回路가 될 수 있도록 外周보다 조금 내부에 슬롯을 파고 이 슬롯에 直流捲線을 감고 整流子에 연결하여 軸에 고정시켜 놓은 구조로 하여도 進相機를 작용하게 되는 것은 마찬가지이다. 이와 같은 구

조로 되어 있는 것을 Scherbius 進相機라 한다. Scherbius 進相機는 구조가 간단하고 취급이 간편하며 가격도 비교적 싸므로 많이 사용되고 있다.

이 밖에 Leblanc 進相機의 固定子에 捲線을 감고 整流를 좋게 한 것, 예를 들면 補償捲線과 勵磁捲線을 감는다든가, 整流捲線을 더 감아준다든가 하는 것도 있지만 動作原理는 모두 같다. 이렇게 하면 整流가 잘 되므로 다소 容量이 큰 進相機로 된다.

② **他勵式 進相機**

强力한 勵磁機를 가지고 있는 進相機이며, 自勵式에 있어서와 같이 輕負荷에서 進相能力이 극히 미약할 염려가 없다. 그림 4·56은 이것의 한 예를 든 것이며, 主電動機 M과 整流子 周波數變換機(commutator frequency changer) F를 직결하고, 2次勵磁電壓 $\dot{E}_c$는 變壓器 T의 탭을 조정하여 電動機電流와 관계 없이 정해 주도록 한다.

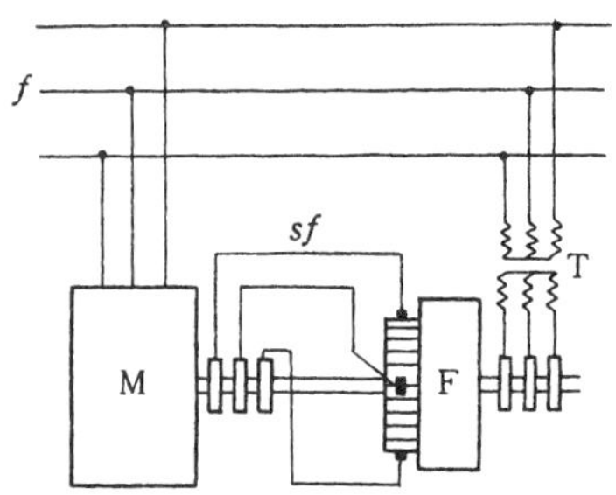

그림 4·56 他勵式 進相機에 의한 2次勵磁

(3) 速度制御方式

다른 回轉機와의 대표적인 組合을 몇 가지만 설명한다.

① **周波數變換機와의 組合**

그림 4·56의 力率制御方式에서 브러시를 整流子 주변에 따라 電氣角 90° 이동시키면 $\dot{E}_c$는 主電動機의 2次誘起電壓과 同相 또는 逆相이 된다. 2次入力 P_2 중에서 $(1-s)P_2$는 機械的 出力이 되고, 나머지의 電力 sP_2는 整流子 周波數變換機 F에 유입되어 周波數가 sf에서 f에 변환되고

變壓器 T를 통하여 電源에 반환된다.

同期速度보다 速度가 빨라지면 s는 負가 되고 電源에서 電力 sP_2가 2次回路에 공급되는 것이 된다.

② 分捲整流子電動機와의 組合

그림 4·57과 같이 主電動機 M에 容量 sP_2의 分捲整流子電動機 C를 직결하고 C의 固定子捲線은 슬립 링으로부터 可變比變壓器 T를 거쳐 sP_2의 電力을 받고 이것이 機械的 出力이 되어 M의 토오크에 합하여진다. C의 브러시에는 周波數가 sf이고 固定子 供給電壓에 비례한 크기의 전압이 생기므로 M의 2次電壓은 T에 의하여 자유로이 변화시킬 수 있다. 이 방식을 Krämer 方式이라 한다.

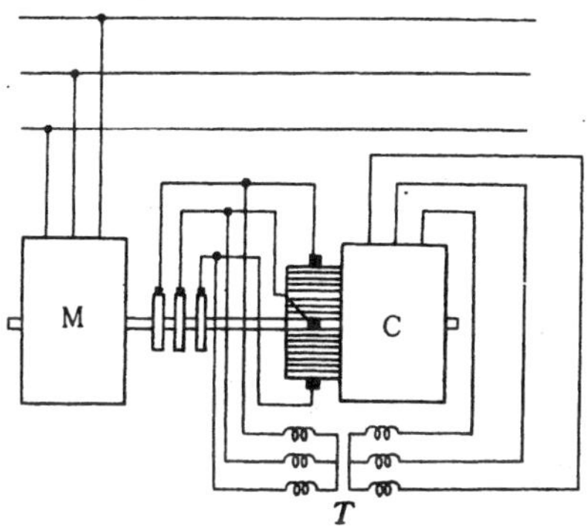

그림 4·57 Krämer 方式

③ 回轉變流機와의 組合

이 방법으로 하면 速度制御範圍가 넓고 力率制御도 가능하다. 그림 4·58은 Krämer 方式이며, 主電動機 M의 2次電力의 일부는 回轉變流機 C에 의하여 直流電力으로 변환되고 이 電力은 直流電動機 D를 구동하여 主電動機 M의 토오크를 지원한다. 速度를 제어하려면 D의 界磁電流를 조정하면 된다. D의 勵磁를 강하게 하여 이것의 브러시 사이의 電壓을 세게 하면 C의 交流側電壓도 세져서 M의 速度는 저하한다.

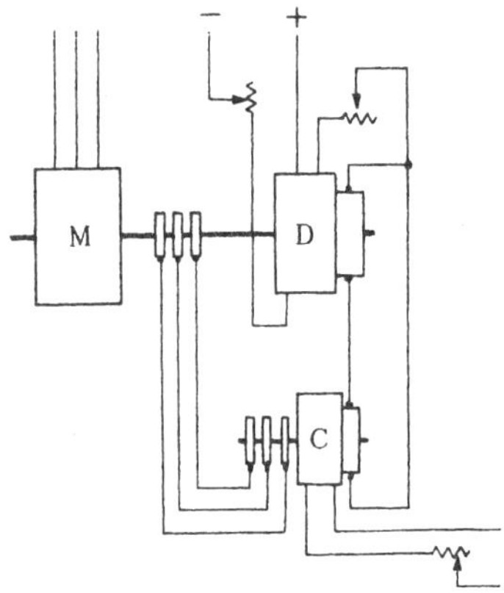

그림 4·58 Krämer 方式

그림 4·59는 Scherbius 方式이며, 直流機 D를 M과 직결하지 말고, D에 직결한 誘導發電機 IM을 운전하여 電力을 電源에 返還되도록 한 것이다.

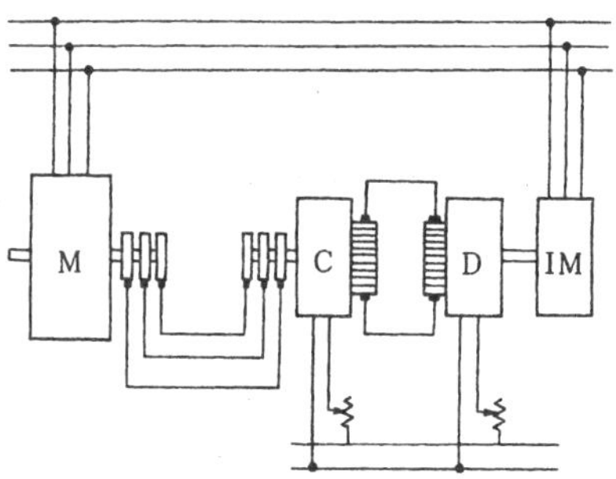

그림 4·59 Scherbius方式

(4) 2次勵磁의 應用

① 他勵磁誘導發電機

誘導發電機의 2次捲線에 이것의 誘起電壓과 同相 또는 逆相, 그리고 90° 相差의 電壓을 가하여 임의의 速度와 임의의 力率에서 發電機作用을 시키는 것을 말하며 **非同期發電機**라고도 한다.

그림 4·60은 한 예이다. 原動機 D로 구동되는 主發電機 G의 2次側

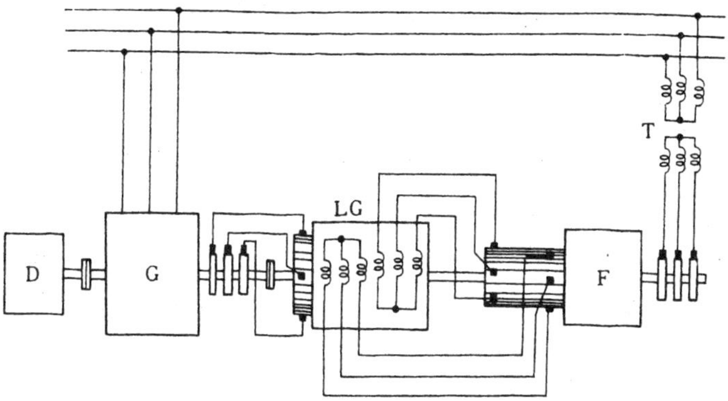

그림 4·60　他勵磁誘導發電機

에 整流子 周波數變換機 F의 브러시電壓을 低周波發電機 LG로 증폭한 다음 가한다.

F는 3개 1組의 브러시를 2組를 가지게 하여 각 組는 空間的으로 90° 電氣角만큼 이동시켜 力率 및 速度制御를 동시에 하도록 한다.

② **非同期調相機**

無負荷運轉의 誘導電動機의 2次回路에 强力한 進相機를 접속한 것이며 대개의 경우 整流子周波數變換機를 低周波發電機로 增幅한 電力으로 勵磁한다.

③ **誘導機를 사용하는 周波數變換機**

誘導周波數變換機는 그림 4·61과 같이 捲線型 3相誘導電動機와 같은

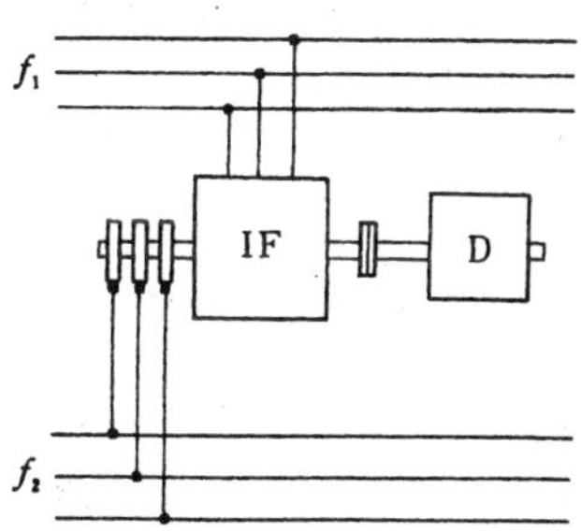

그림 4·61　誘導周波數變換機

구조를 가진 IF의 固定子를 1次로 하여 이것을 周波數 f_1의 전원에 접속하고, 回轉子를 2次로 하여 슬립링을 거쳐서 周波數 f_2의 負荷에 접속하도록 한다.

그림 4·61에 있어서 IF를 그의 回轉磁界와 같은 방향에 f_1에 상당하는 同期速度보다 낮게 돌리면 $0<s<1$이 되어 $f_2<f_1$이 된다. 回轉磁界와 逆方向으로 돌리면 $s>1$이 되어 $f_2>f_1$에 변환된다. 또, 回轉磁界와 같은 방향으로 同期速度 이상으로 돌리는 경우에는 $s<0$이며, $f_2>f_1$일 때와 $f_2<f_1$의 두 경우가 생긴다.

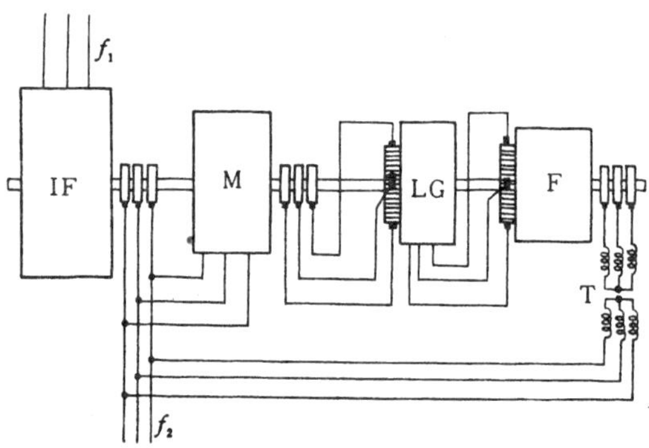

그림 4·62 誘導非同期周波數變換機

그림 4·62는 誘導非同期周波數變換機의 한 예이며, 誘導周波數變換機 IF를 速度調整裝置가 붙은 誘導機 M으로 구동하도록 한다. 人絹工場의 포트모우터(pot motor)의 電源과 같이 周波數를 광범위하게 또한 연속적으로 변화시키는 경우에 널리 사용되고 있다.

연 습 문 제

1. $Y-\Delta$起動法은 직접 起動에 비하여 起動電流·起動토오크가 어떻게 되는가?

   답 電流 $\frac{1}{\sqrt{3}}$, 토오크 $\frac{1}{3}$

2. 誘導電動機의 速度制御法의 종류를 쓰고 이것을 간단히 설명하라.

3. 誘導電動機의 起動토오크는 다음과 같은 경우에 어떻게 변하는가?
(a) 供給電壓과 周波數를 일정하게 하고, 回轉子의 抵抗을 변화시켰을 때
(b) 供給電壓의 周波數와 回轉子의 抵抗을 일정하게 하고 供給電壓을 변화시켰을 때

4. 어떤 籠形 3相誘導電動機를 全電壓起動시키는 경우 토오크 및 起動電流는 각각 全負荷에서의 값의 1.8배 또는 4.5배이다. 起動補償器를 써서 電壓을 2/3로 내려서 起動시킬 때 토오크 및 起動電流는 각각 全負荷에서의 값의 몇 배가 되는가?

답 起動토오크 0.8배, 起動電流 2배

5. 籠形 3相誘導電動機에서는 대체로 無負荷電流：全負荷電流：起動電流=1：3：18이다.

200 [V], 5 [HP]의 籠形 電動機에 180 [V]의 電壓을 加하여 全負荷(出力 5 [HP]) 운전시킬 때 無負荷電流, 全負荷電流, 起動電流를 구하라.

(약해) 200 [V] 電動機에서는 1 [HP] 當 全負荷電流는 약 3 [A]이다.

그리고 無負荷電流와 起動電流는 대략 供給電壓에 비례하고 全負荷電流(5[HP]의 負荷토오크에 대한)는 供給電壓에 反比例한다.

답 無負荷電流 4.5 [A], 全負荷電流 16.7 [A], 起動電流 81 [A]

6. 4極 50 [Hz] 捲線型 3相誘導電動機가 있다. 全負荷에서 슬립 4 [%]이다. 全負荷토오크를 내고 1200 [rpm]으로 회전시키려면 2次回路에 몇 [Ω]의 抵抗을 넣어야 하는가? 여기서 2次回路는 星形으로 접속되고 每相의 抵抗은 0.35 [Ω]이다.

답 $R=1.4$ [Ω]

7. 3相誘導電動機가 있다. 50 [Hz] 回路에 연결되어 全負荷에서 每分 850回轉한다. 이것을 全負荷토오크를 내고 750 [rpm]으로 回轉시키려면 回轉子回路에 몇 [Ω]의 抵抗을 넣어야 하는가? 여기서 回電子捲線은 Y結線이며 每相의 抵抗은 $r_2=0.02$ [Ω]이다.

답 $R=0.08$ [Ω] (每相)

8. 1/8[HP], 2極, 3誘導電動機가 있다. 每分 6000 [rpm]에서 7000 [rpm]으로 速度를 높여서 운전시키자면 周波數 f를 몇 [Hz]로 하면 되는가?

답 $f=100$ [Hz]에서 116.7 [Hz]로 높인다.

9. pot motor에 대하여 설명하라.

(약해) 人絹工場에서 사용하는 100 [W] 정도의 小形 超高速誘導電動機이며, 2極 130～140 [Hz] 정도의 高周波로 운전된다. 同期速度는 10000 [rpm]에 가깝다.

4·5 特殊誘導機

誘導電動機를 起動시키는 경우에는 起動토오크가 크고 起動電流가 작아야 한다. 이렇게 되려면 이미 설명한 바와 같이 回轉子의 抵抗을 크게 하면 되지만 運轉時 効率이 좋고 溫度上昇이 적게 되려면 回轉子의 抵抗이 적은 편이 좋다.

그래서 籠形 電動機의 구조를 개량해서 起動時에는 回轉子抵抗을 크게 하고 運轉時에는 回轉子抵抗을 적게 하도록 하는 籠形 電動機가 고안되었는데 이것이 **2重籠形 誘導電動機**(double squirrel cage induction motor)와 **深溝形籠形 誘導電動機**(deep slot squirrel cage induction motor)이다.

4·5·1 2重籠形 誘導電動機

2重籠形 誘導電動機의 固定子는 보통 誘導電動機와 똑같으나 回轉子에는 그림 4·63과 같이 回轉子鐵心의 표면 가까이에 1群의 슬롯을 파고 鐵心表面에서 조금 안쪽에 다른 1群의 슬롯을 판다. 이 2개의 슬롯 사이를 좁은 空隙으로 연결한 것과 슬롯에서 표면까지 좁은 空隙을 판 것 등이 있고 슬롯의 모양에도 여러 가지가 있다. 그림 4·63(a)는 2重籠形 電動機의 回轉子에 쓰는 슬롯의 몇 가지 예를 표시한 것이다.

이와 같은 內外 2群의 슬롯 중 외측의 슬롯군에는 抵抗이 큰 籠形 捲線

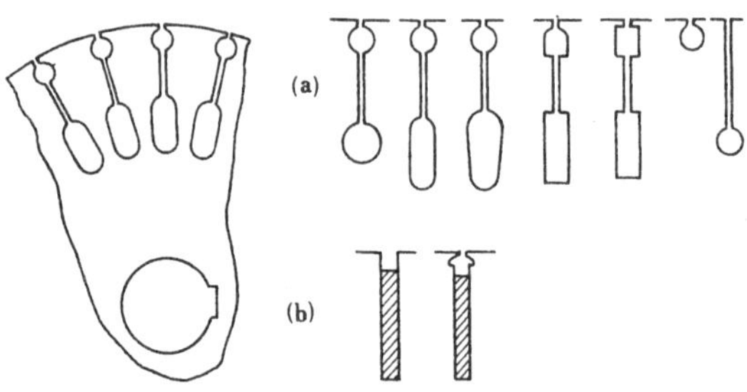

그림 4·63 2重籠形 및 深溝形의 슬롯

(斷面積이 작은 銅棒, 洋銀, 眞鍮棒 등을 抵抗이 큰 短絡環으로 短絡한 것)을 감고, 내측에 있는 슬롯군에는 斷面積이 큰 銅棒을 써서 抵抗이 작은 籠形 捲線을 감는다. 이러한 2組의 回轉子捲線 중에서 外側捲線은 漏洩磁束의 통로가 좁으므로 漏洩인덕턴스가 작고 抵抗이 큰 捲線이 되며, 內側捲線은 漏洩磁束의 통로가 넓으므로 漏洩인덕턴스가 크고 抵抗이 적은 捲線이 된다.

起動時에는 $s=1$이므로 內側捲線의 임피던스 $\dot{Z}_2=r_2+j2\pi fL_2$는 매우 크게 되어 대부분의 回轉子電流는 임피던스가 작고 高抵抗의 外側捲線에 흐르므로 捲線型 回轉子에 抵抗을 넣은 것과 같게 되어 起動電流를 제한함과 동시에 큰 起動토오크를 발생시킨다. 그러나 起動해서 運轉狀態로 하면 s는 數[%] 정도가 되어 內側捲線의 임피던스 $\dot{Z}_2=r_2+j2\pi sfL_2$는 감소하므로 대부분의 回轉子電流는 抵抗이 작은 內側捲線에 흐른다. 따라서 보통의 低抵抗籠形 回轉子電動機와 같은 작용을 하여 運轉效率이 좋아진다.

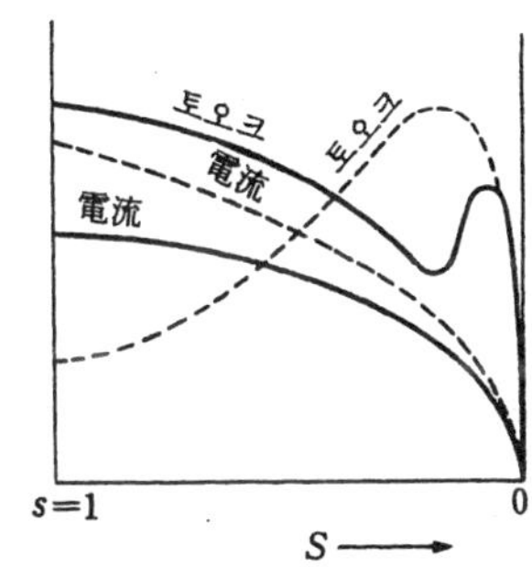

그림 4·64

그림 4·64는 2重籠形 電動機와 보통籠形 電動機의 速度-電流, 速度-토오크의 관계를 비교한 것인데 實線이 2重籠形, 點線이 보통籠形이다.

4·5·2 深溝形籠形 誘導電動機

그림 4·63(b)와 같이 슬롯을 깊게 하고 여기에 導體를 넣으면 슬롯 상부

導體部分은 인덕턴스가 작고 슬롯 밑바닥으로 들어감에 따라 인덕턴스가 커진다.

이와 같이 回轉子捲線을 斷面의 幅이 좁고 길이가 긴 導體를 써서 籠形捲線으로 하면 電動機를 起動시킬 때에는 回轉子電壓의 周波數가 크므로 表皮作用으로 말미암아 上部導體部分에 대부분의 電流가 흐르고 導體全體의 實效抵抗이 크게 되어 起動特性이 좋아진다. 그러나 速度가 높아짐에 따라서 回轉子周波數가 작게 되므로 電流는 導體全體에 거의 균일하게 흐르게 되고 實效抵抗이 감소하여 效率이 좋아진다.

그러나, 2重籠形 電動機나 深溝形 電動機에서는 力率이 나빠지고 최대 토오크가 작게 되는 결점이 있다.

4·5·3 誘導發電機

(1) 原 理

多相誘導電動機에 負荷를 걸고 운전하고 있을 때 負荷를 점차 감소시키면 슬립이 작아지고 速度는 同期速度에 가까와진다. 負荷를 모두 없애고 理想的인 無負荷로 하였다면 슬립은 零이 되고 同期速度 N_s로 운전하게 된다. 이 때 電動機軸에 機械力을 가해 주고 같은 방향에 同期速度보다 높은 速度로 회전시키면 電動機에 어떠한 현상이 일어나는가를 생각해 보기로 한다.

回轉子의 회전방향은 같지만 同期速度보다 빠른 速度로 회전하므로 回轉磁界에 대한 回轉子導體의 相對運轉은 同期速度 이하의 速度로 돌고 있을 때와는 반대가 되므로 回轉子導體의 磁界를 끊는 방향은 반대가 되고 回轉子捲線에 誘起되는 起電力도 電動機의 경우와는 반대가 된다. 따라서 回轉子電流도 電動機의 경우와는 반대로 흐르고 토오크도 반대 방향이 되므로 회전에 반항하는 토오크가 생긴다. 또 1차측의 勵磁電流는 回轉磁界를 만드는 것이므로 同期速度 이하의 速度로 돌고 있을 때와 같지만 2次電流가 반대로 되므로 1次電流에 의한 起磁力을 상쇄시키는 1次負荷電流의 방향이 반대가 된다. 즉 電動機는 외부에서 가해 준 電壓에 반항

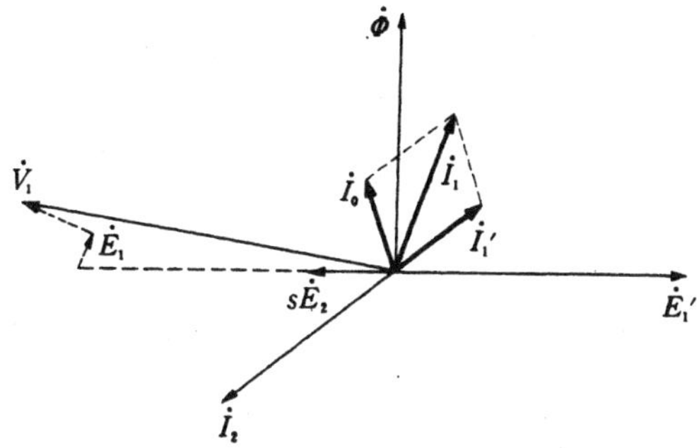

그림 4·65 誘導發電機의 벡터圖

해서 외부 회로에 電流를 흘려 내보내게 된다.

이와 같이 誘導電動機에 機械力을 가해서 電動機와 같은 회전 방향으로 同期速度보다 빠르게 돌리면 이 電動機는 發電機가 된다. 이것을 **誘導發電機**(induction generator)라 한다.

그림 4·65는 誘導發電機의 벡터圖이다.

(2) 誘導發電機의 特性

誘導機의 슬립 s는 다음과 같이 정의된다.

$$s = \frac{N_s - N}{N_s}$$

誘導發電機에서는 $N > N_s$이므로 슬립 s는 負가 된다. 따라서 誘導發電機의 모든 量을 표시하는 식은 誘導電動機의 모든 식 중의 슬립 s를 $-s$로 바꾸면 된다.

그림 4·66에서 슬립 s가 1에서 0까지 사이는 誘導電動機로 작용하는 경우이고, s가 負로되는 부분은 誘導發電機로 작용하는 경우의 토오크와 出力을 표시한다. 그러나 실제로 電動機로 동작하는 부분은 s가 매우 작은 부분만이므로 發電機로 동작하는 부분도 s가 零에 가까운 매우 작은 부분에 지나지 않는다.

그림 4·66에서 s가 正이며 1보다 큰 경우를 생각해 보자. $s=1$은 정

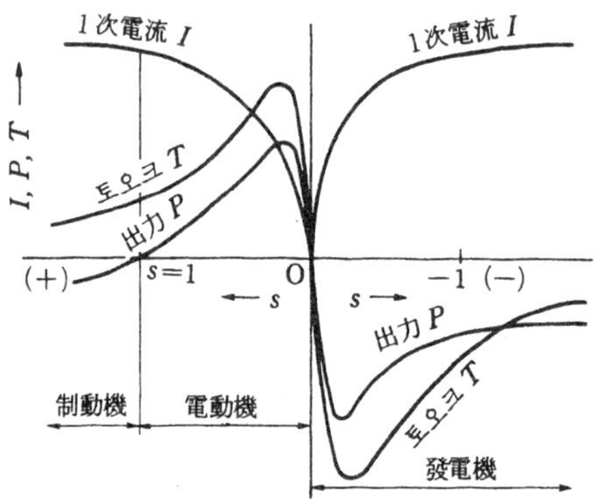

그림 4·66 誘導機의 토오크, 出力, 電流曲線

지하고 있는 상태이므로 $s>1$은 回轉子가 回轉磁界와 반대 방향으로 도는 경우에 해당한다. 이 때 토오크는 正이므로 回轉磁界의 방향으로 작용한다. 그런데도 불구하고 토오크에 반항해서 반대 방향으로 회전하므로 出力은 負가 되어 機械力을 외부에서 받고 이것을 기계 안에서 熱로 바꾸는 작용을 한다. 즉 **制動機**(brake)로 동작하는 경우이다.

誘導發電機는 이미 설명한 바와 같이 固定子에는 3相交流電壓을 가해서 勵磁電流를 공급하고, 또 軸에는 機械力을 가해서 同期速度 이상으로 회전시켜야 하므로 단독으로 사용할 수는 없다. 보통 同期發電機와 並列로 연결하여 사용한다.

(3) 誘導發電機의 圓線圖

誘導發電機의 1次電流벡터의 軌跡은 그림 4·67의 實線과 같이 誘導電動機圓線圖와 같은 圓 밑의 半圓이 된다. 이것은 슬립이 負로 되므로

$$I_2=\frac{-sE_2}{r_2-jsx_2}=\frac{-E_2}{\dfrac{r_2}{s}-jx_2}$$

가 되어 電動機의 경우와는 달리 電壓과 리액턴스의 부호가 반대로 되기 때문이다.

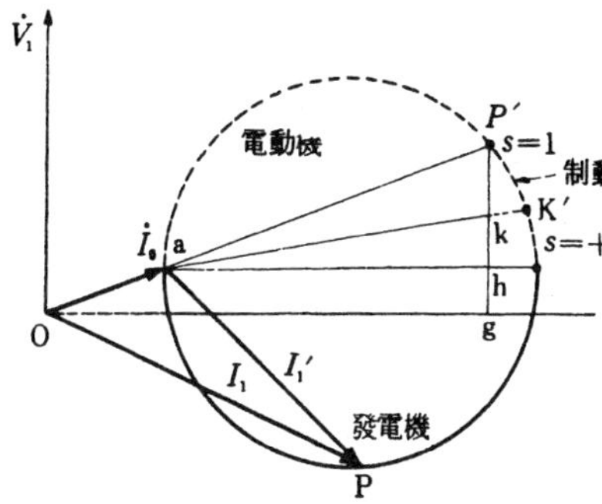

그림 4·67

그림 4·67의 $\widehat{aP'}$는 電動機, $\widehat{P'K'}$는 制動機, $\widehat{aPK'}$는 發電機로서의 범위이다.

4·5·4 3相誘導電壓調整器

3相誘導電動機의 2차측을 구속하고 1차측에 電壓을 공급하면, 2次捲線에 起電力이 유기된다.

여기서 2次捲線의 각 相 端子를 각각 1차측의 각 相 端子에 적당하게 접속하면 3相電壓을 조정할 수 있다. 이와 같은 장치를 **3相誘導電壓調整器** (three phase induction voltage regulator)라 한다.

이것은 3相誘導電動機와 거의 같은 固定子와 回轉子로 되어 있으며 固

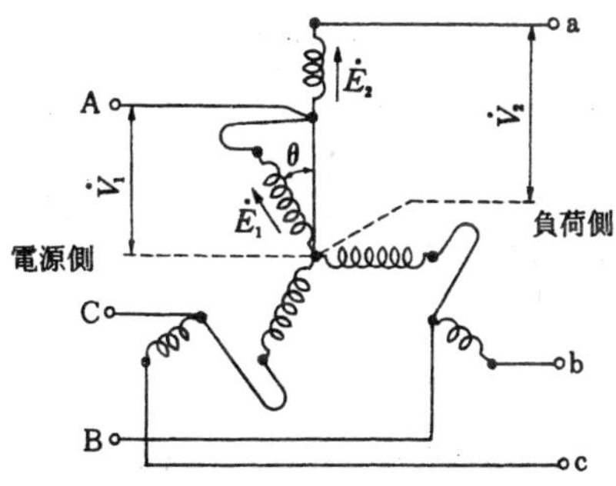

그림 4·68

定子에는 2次捲線을, 回轉子에는 1次捲線을 감는다. 또 回轉子軸은 固定子의 상하에 있는 베어링으로 지지되고 齒車裝置를 써서 固定子의 內周에 따라 임의의 각도만큼 돌리도록 되어 있다. 1次捲線은 보통 Y로 결선하며, 線路에 접속된 2次捲線은 각각 線路에 直列로 연결한다. 그림 4·68은 이 관계를 표시한 것이다. 1次捲線에 3相電壓을 공급하면 勵磁電流가 흐르고 回轉磁束이 생겨 1次 및 2次의 각 相 捲線에 起電力 $\dot{E}_1$ 및 $\dot{E}_2$가 誘起된다. 이 경우의 磁束은 單相誘導電壓調整器의 交番磁束과는 다른 回轉磁束이므로 2次電壓 $\dot{E}_2$의 크기는 回轉子의 위치에 관계 없이 일정하지만 1次相電壓 $\dot{V}_1 = \dot{E}_1$에 대한 位相은 回轉子의 위치에 따라서 다르게 된다.

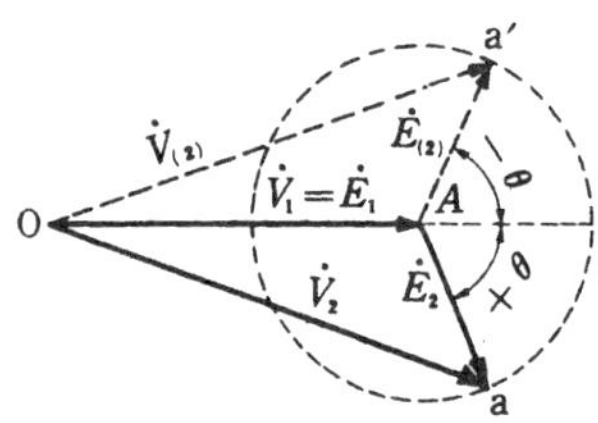

그림 4·69

여기서 回轉子를 $\dot{E}_1$, $\dot{E}_2$가 서로 同相이 되는 위치에서 回轉磁束의 회전과 반대 방향으로 θ만큼 돌렸다고 하면 $\dot{E}_2$의 位相은 그림 4·69의 벡터圖와 같이 $\dot{E}_1$보다 θ만큼 뒤지므로 이것과 $\dot{E}_1$과의 벡터합 $\dot{V}_2$가 負荷側의 相電壓이 된다. 만일, 回轉子를 回轉磁束의 회전과 같은 방향으로 θ만큼 돌리면 $\dot{E}_2$의 位相은 $\dot{E}_1$보다 θ만큼 앞서므로 點 a′는 上半圓周上에 오게 되어 같은 $\dot{V}_2$가 된다. 이와 같이 해서 回轉子를 0°에서 180°까지 돌리면 負荷側의 相電壓 V_2를

$$V_2 = E_1 \pm E_2$$

의 범위 내에서 연속적으로 조정할 수 있다.

그림 4·70은 2次에 負荷할 때 負荷電流, 捲線電流, 電源電流 사이의 관계를 표시한 벡터圖이며, (a)는 回轉子를 回轉磁束의 회전방향과는 반

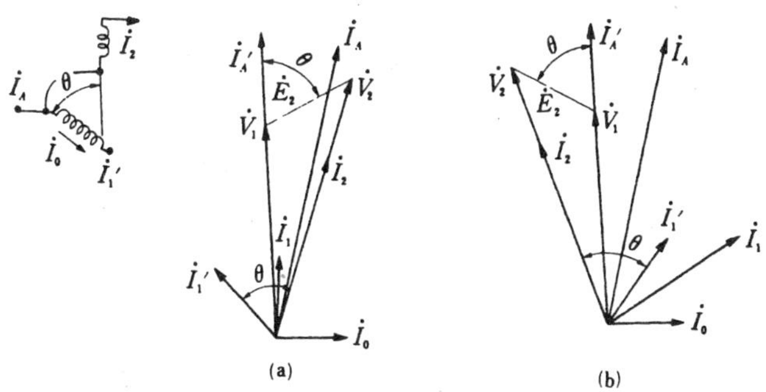

그림 4·70

대 방향으로 θ만큼 돌렸을 때의 것이고, (b)는 回轉子를 回轉磁束의 회전과 같은 방향으로 돌렸을 때의 그림이다. 그림 (a), (b)에서 $\dot{V}_1$, $\dot{E}_2$, $\dot{V}_2$의 관계는 똑같다. 負荷力率이 100[%]의 경우를 생각하면 負荷電流 $\dot{I}_2$는 負荷側의 相電壓 $\dot{V}_2$와 同相이며, $\dot{I}_2$에 대한 1次負荷電流 $\dot{I}_1'$는 $\dot{I}_2$보다 θ만큼 앞선다(捲線位置가 固定子의 그것보다 θ만큼 앞섰기 때문). $\dot{I}_1'$와 勵磁電流 $\dot{I}_0$의 벡터합이 1次捲線電流 $\dot{I}_1$이고 $\dot{I}_1'$와 $\dot{I}_2$의 벡터합 $\dot{I}'_A$는 電源電流에서 勵磁電流를 뺀 것이다. 그리고 $\dot{I}'_A$와 V_1과는 同相(負荷力率을 100[%]라 하였으므로)이 된다. 電源에 흐르는 電流는 $\dot{I}'_A$와 $\dot{I}_0$의 벡터합인 $\dot{I}_A$이다.

그림 (a)와 (b)를 비교해 보면 $\dot{I}'_A$, $\dot{I}_A$, $\dot{I}_0$ 등은 같지만 $\dot{I}_1$(1次捲線電流)은 그림 (b)의 경우가 크다.

(a), (b) 어느 경우나 같은 電源電壓에 대해서 같은 2次負荷電壓을 얻을 수 있지만 捲線의 銅損을 비교하면 (b)쪽이 더 많음을 알 수 있다. 따라서 調整器를 사용할 때에는 (a)의 상태로 하여야 한다.

3相誘導電壓調整器의 定格出力은 定格2次電壓(이것은 定格調整電壓을 의미하며, 負荷側의 線間電壓이 아니다), 定格2次電流, 定格周波數, 定格力率에서의 皮相電力 [kVA]로 표시한다.

定格力率이라 함은 2次回路의 力率이며 특별히 지정한 경우가 아니면 80[%]로 한다. 그래서 定格 2次相電壓을 E_2, 定格 2次電流를 I_2라 하면

定格 2 次電壓은 $\sqrt{3}E_2$이므로 定格出力 P는 다음 식과 같다.

$$P = \sqrt{3}(\sqrt{3}E_2)I_2 \times 10^{-3} = 3E_2I_2 \times 10^{-3}\,[\mathrm{kVA}]$$

그림 4·70에서 알 수 있는 바와 같이 3相誘導電壓調整器에서는 1次供給電壓에 대하여 2차에서 얻을 수 있는 조정된 電壓은 位相差를 갖는다. 이 位相差는 單一負荷이면 문제가 되지 않지만 線路의 並列使用 등의 경우에는 지장이 있다.

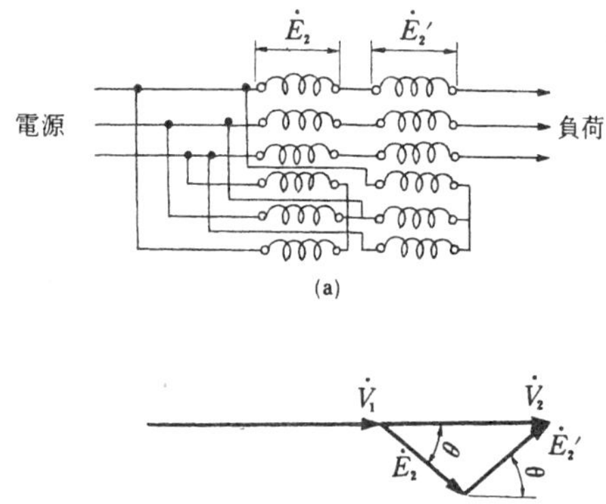

(a)

(b)

그림 4·71

이것을 방지하려면 그림 4·71(a)와 같이 2組의 電壓調整器를 써서 양자의 直列捲線은 直列로 연결하고 分路捲線은 線路에 並列로 연결함과 동시에 한쪽은 다른쪽과 相順이 반대가 되도록 하면 그림 (b)와 같이 調整電壓이 같은 偏角 θ에 대하여 $\dot{E}_2$, $\dot{E}_2'$가 되고 負荷電壓 $\dot{V}_2$는 電源電壓 $\dot{V}_1$과 언제나 同相이 된다. 이 방식의 調整器를 **對角電壓調整器**(twin induction regulator)라 한다.

연 습 문 제

1. 3相誘導電壓調整器에서 負荷側電壓의 位相을 변화시키지 않으려면 어떤 방식으로 하면 되는가?
2. 線路容量 6000 [kVA]의 회로에 사용하는 3300±330 [V] 3相誘導電壓調整器의

定格容量은 얼마인가?

(약해) $P = \sqrt{3} \times 330 \times \dfrac{6000 \times 10^3}{\sqrt{3} \times 3300} \times 10^{-3}$

답 600 [kVA]

3. 200 ± 100 [V], 5 [kVA]의 3相誘導電壓調整器의 定格 2次電流는 얼마인가?

답 28.9 [A]

4. 2重籠形 電動機는 보통 籠形에 비하여 ☐電流가 적고 ☐는 크다.

답 起動, 起動토오크

4·6 單相誘導電動機

4·6·1 2電動機說

單相誘導電動機의 固定子捲線에는 單相交流가 흐르므로 交番磁界가 생긴다. 이와 같은 交番磁界는 이것을 서로 반대 방향에 同期速度로 회전하는 2개의 같은 回轉磁界로 분해할 수 있다. 그리고 이들 回轉磁界의 크기는 일정하고 어느 것이나 靜止交番磁界의 最大値의 $\frac{1}{2}$과 같다.

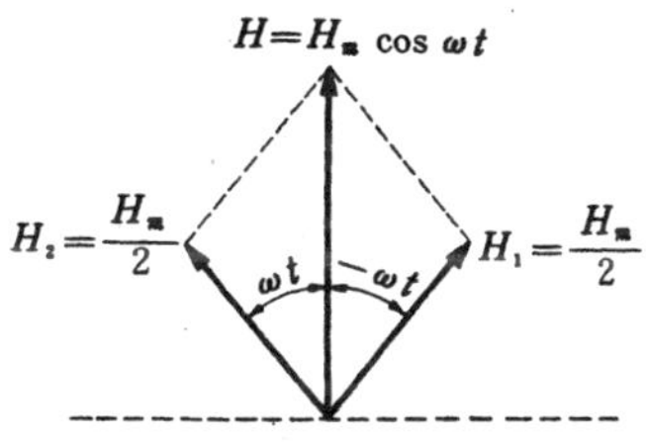

그림 4·72

그림 4·72와 같이 交番磁界 $H = H_m \cos \omega t$에서 각각 $-\omega t$ 및 ωt만큼 회전한 回轉磁界 $H_1 = \frac{H_m}{2}$ 및 $H_2 = \frac{H_m}{2}$을 생각해 보자.

H_1 및 H_2의 合成磁界의 H에 대한 直角分力 H_x는

$$H_x = H_1 \sin(-\omega t) + H_2 \sin \omega t = -\frac{H_m}{2} \sin \omega t + \frac{H_m}{2} \sin \omega t = 0$$

이 되어 없어지고

y 방향의 분력 H_y 는

$$H_y = H_1 \cos(-\omega t) + H_2 \cos \omega t = \frac{H_m}{2} \cos \omega t + \frac{H_m}{2} \cos \omega t$$
$$= H_m \cos \omega t = H$$

가 된다.

그러므로 交番磁界 $H = H_m \cos \omega t$ 는 角速度 ω 로 왼쪽과 오른쪽으로 회전하는 回轉磁界 H_1 과 H_2 로 바꾸어 생각할 수 있다. 따라서 交番磁界의 磁束도 서로 반대 방향으로 同期速度로 회전하는 2개의 回轉磁束으로 나누어 생각할 수 있다. 이렇게 생각하면 마치 같은 回轉子에 대하여 오른쪽으로 도는 回轉磁界와 왼쪽으로 도는 回轉磁界가 동시에 작용하는 것이 되므로, 같은 軸에 회전방향이 서로 반대되는 2개의 電動機가 작용하고 있는 것이라고 생각해도 좋다. 이와 같은 방법으로 單相誘導電動機를 고찰할 수 있는데 이것을 **2電動機說**이라 한다.

4·6·2 토오크

3相誘導電動機를 輕負荷로 운전하고 있을 때 3線中 1線이 단선되면 單相誘導電動機가 되어 운전을 계속할 수 있다. 그러나 정지시키고 다시 기동시키려고 하면 1線이 斷線된 상태로는 起動이 되지 않는다.

이와 같이 單相誘導電動機에는 起動토오크가 없지만 어떠한 방법으로 회

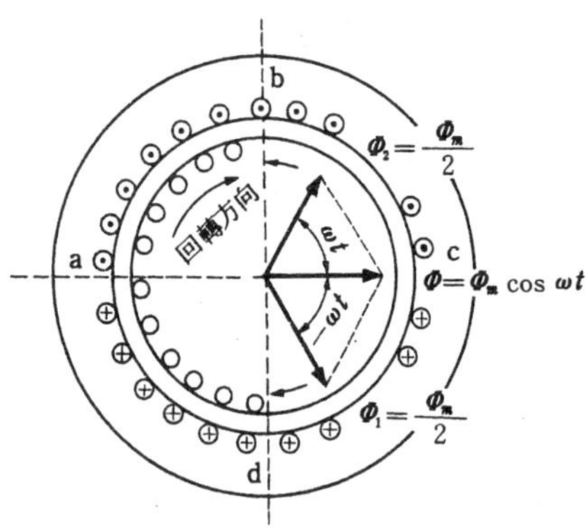

그림 4·73

전시키면 토오크가 생겨서 가속되고 同期速度 부근에 이르면 負荷를 걸고 충분히 운전할 수 있게 된다.

그림 4·73은 單相誘導電動機가 슬립 s로 회전하고 있는 경우를 표시한다. 이 때 固定子에 흐르는 單相勵磁電流에 의해서 ac 軸에

$$\Phi = \Phi_m \cos \omega t$$

인 交番磁束이 생긴다. 이것을

$$\Phi_1 = \frac{\Phi_m}{2}, \quad \Phi_2 = \frac{\Phi_m}{2}$$

되는 回轉磁束으로 분해하고 Φ_1은 電動機의 회전과 같은 방향에, Φ_2는 회전과는 반대 방향에 같은 角速度 ω로 돌고 있다고 하자. 그러면 回轉子는 슬립 s, 즉 $N = (1-s)N_s$의 速度로 돌고 있으므로 Φ_1에 대한 回轉子捲線의 관계 속도는 $N_s - N = sN_s$가 되지만 Φ_2에 대한 관계 속도는 $N_s + N = (2-s)N_s$가 된다. 따라서 回轉子捲線은 sf와 $(2-s)f$되는 周波數의 起電力을 誘起한다.

다음에 Φ_1 및 Φ_2와 回轉子 사이에 발생하는 토오크를 생각해 보자.

Φ_1과 回轉子와의 관계는 3相誘導電動機의 경우와 똑같으므로 그 토오크曲線은 그림 4·74의 τ_1(시계방향의 토오크)과 같이 되지만 Φ_2와 回轉子 사이에 발생하는 토오크는 τ_2(반시계방향의 토오크)와 같이 된다. 따라서 $s=1$에서의 토오크는 (+) (−) 상쇄되므로 零이다. 즉 起動토오크는 零이다. 그러나 예컨대 시계방향으로 外力을 가해서 s가 보다 작게 되면,

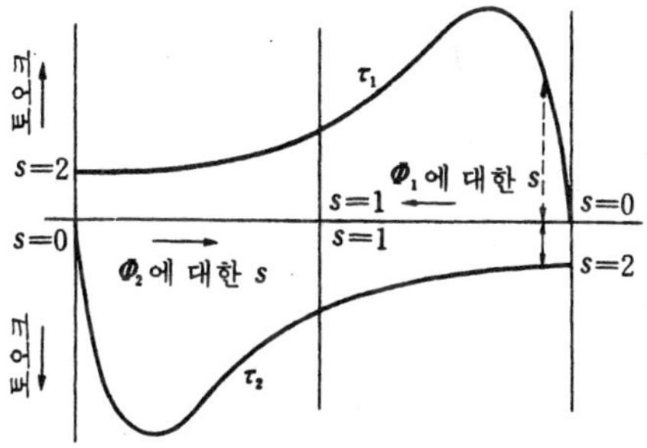

그림 4·74

시계방향의 토오크 τ_1에서 반시계방향의 토오크 τ_2를 뺀 나머지가 시계방향의 合成토오크가 되어 이것이 負荷토오크보다 크면 점차 加速되어 간다. 이 관계는 그림 4·75를 보면 잘 알 수 있다. 그림 4·75의 斜線을 친 토오크가 合成토오크이며 이것은 $s=0$보다 조금 앞서서 零이 됨을 알 수 있다.

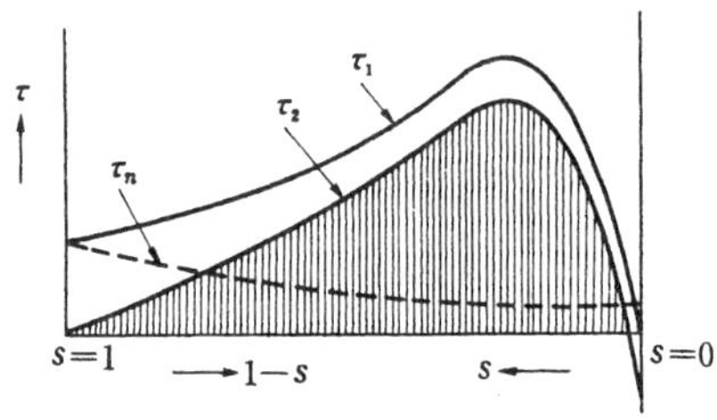

그림 4·75

4·6·3 等價回路 및 特性

單相誘導電動機는 앞에서도 언급한 바와 같이 1차, 2차 권선 모두 각각 본래 電動機의 半의 捲數를 가진 2대의 2相誘導電動機 I, II가 있어 軸은 회전방향이 서로 반대가 되도록 직결되고 이들의 1次捲線이 直列로 연결되어 있는 것이라고 생각해도 된다.

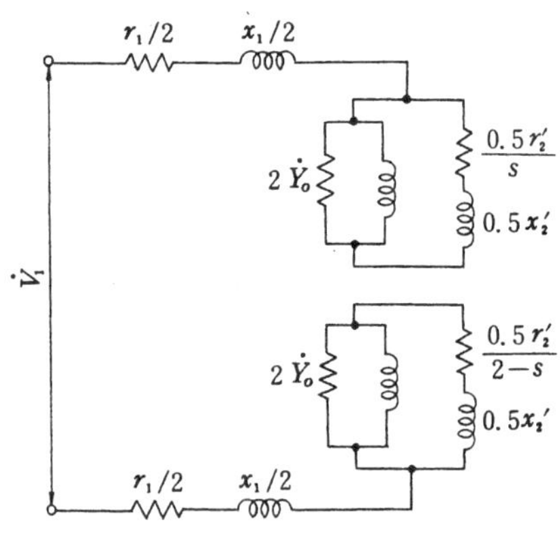

그림 4·76 等價回路

N_s[rpm]를 回轉磁界의 回轉數, N[rpm]을 回轉磁界方向으로 도는 2 相電動機 I의 회전수, s를 I의 슬립이라 하면 回轉磁界와 逆方向으로 도는 電動機 II의 슬립 s'는

$$s' = 2 - s \tag{4·61}$$

이것으로부터 單相誘導電動機의 等價回路는 그림 4·76과 같이 된다.

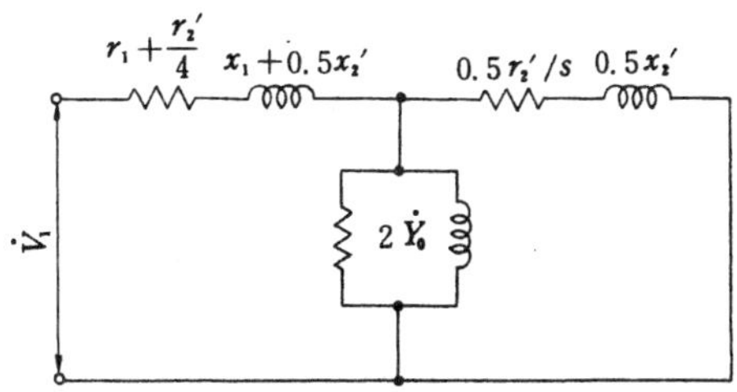

그림 4·77 正規運轉時의 等價回路

正規運轉時의 特性을 論하면 $2-s \doteqdot 2$이므로 電動機 II의 $2\dot{Y}_0$는 省略되어 그림 4·77이 된다. s가 작을 때에는 定數만 변할 뿐 多相機와 같은 等價回路가 된다.

簡易等價回路는 勵磁애드미턴스를 電源端子側으로 옮기면 되므로 그림 4·78과 같이 된다. 그러나 單相機의 경우에는 無負荷電流의 全負荷電流에 대한 比率이 크므로 誤差가 크다.

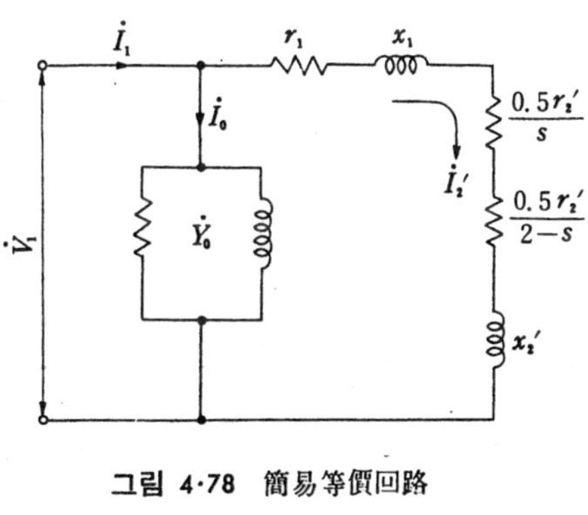

그림 4·78 簡易等價回路

負荷電流의 1次側換算値는

$$I_2' = \frac{V_1}{\sqrt{\left(r_1+\frac{0.5r_2'}{s}+\frac{0.5r_2'}{2-s}\right)^2+(x_1+x_2')^2}}[\mathrm{A}] \qquad (4\cdot62)$$

同期와트를 표시한 電動機 I 및 II의 토오크는

$$\left.\begin{aligned} P_{c\mathrm{I}} &= m_1 I_2'^2 \frac{0.5r_2'}{s} = I_2'^2 \frac{r_2'}{s} (m_1=2) \\ P_{c\mathrm{II}} &= I_2'^2 \frac{r_2'}{2-s} \end{aligned}\right\} \qquad (4\cdot63)$$

이며 單相誘導電動機로서의 토오크는 이들의 差가 된다.

$$\begin{aligned} P_0 &= P_{c\mathrm{I}} - P_{c\mathrm{II}} = I_2'^2 r_2'\left(\frac{1}{s}-\frac{1}{2-s}\right) \\ &= \frac{2V_1^2 r_2' s(1-s)(2-s)}{\{r_1 s(2-s)+r_2'\}^2+(x_1+x_2')^2 s^2(2-s)^2}[\mathrm{W}] \end{aligned} \qquad (4\cdot64)$$

위의 식에서 $s=0$, $s=1$, $s=2$에서 토오크는 0이 된다. 또 $\frac{\partial P_0}{\partial s}=0$로부터 最大토오크를 발생하는 슬립이 구해지고 最大토오크도 계산할 수 있다. 그러나 多相機와 같은 比例推移現象은 볼 수 없다.

機械的 出力 P는

$$P = (1-s)P_0 = \frac{2V_1^2 r_2' s(1-s)^2(2-s)}{\{r_1 s(2-s)+r_2'\}^2+(x_1+x_2')^2 s^2(2-s)^2}[\mathrm{W}] \qquad (4\cdot65)$$

그림 4·79는 速度에 대한 토오크, 出力, 1次電流, 效率, 力率의 曲線의 일례이다. 또 2次抵抗을 변화시켰을 때 토오크曲線은 그림 4·80과 같

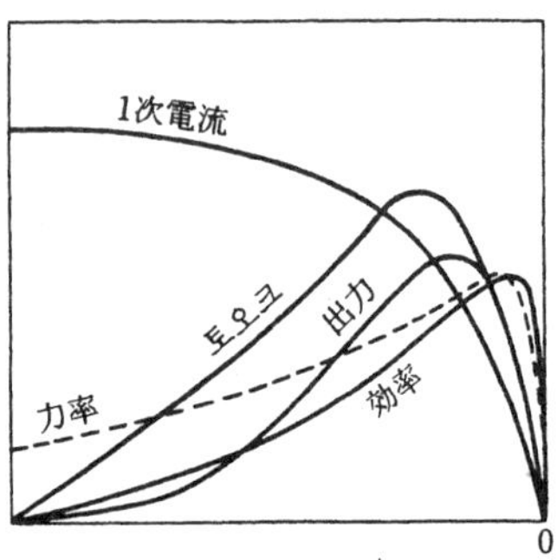

그림 4·79

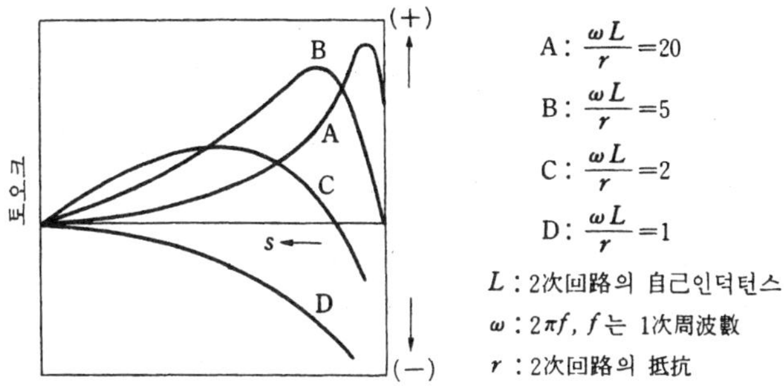

그림 4·80

이 변화한다. 그림 4·80에서 알 수 있는 바와 같이 2次抵抗이 증가하면 最大토오크의 값은 감소하며, 抵抗이 어느 정도 이상으로 되면 토오크는 負가 된다. 또 2次抵抗을 어떠한 값으로 하여도 $s=1$에서 토오크는 零이 되어 起動토오크를 발생할 수 없다.

4·6·4 起 動

單相誘導電動機는 起動토오크를 가지고 있지 않으므로 이것을 起動하려면 다음과 같은 방법을 써야 한다.

(1) 分相起動型(split - phase type)

① **起動捲線型**

固定子에 主捲線과 이것보다 電氣角 90° 떼어서 起動捲線을 같이 감고 그림 4·81과 같이 並列로 접속한다.

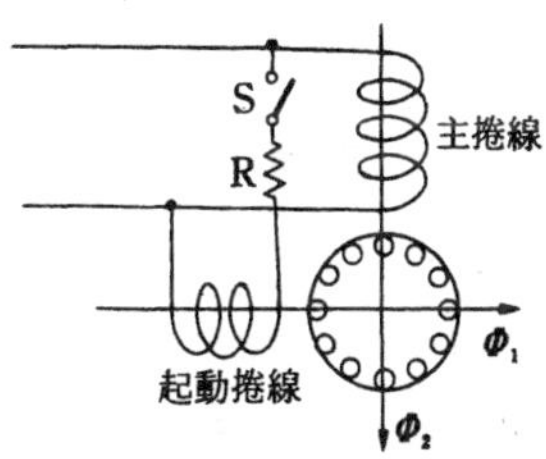

그림 4·81

起動捲線에는 直列로 抵抗을 접속하여 起動捲線回路의 抵抗을 主捲線回路의 저항보다 크게한다. 그러면 起動時 主捲線의 電流는 起動捲線의 電流보다 시간적으로 位相이 뒤지므로 우선 起動捲線에서 발생하는 磁束 Φ_1이 최대가 된 다음에 主捲線에서 발생하는 磁束이 최대로 되므로 불완전하지만 시계방향의 回轉磁束이 생겨 回轉子는 起動한다.

적당한 速度가 되면 자동적으로 遠心力開閉器 S를 열게 하여 起動捲線을 떼어 버린다.

이 방법은 起動電流가 크고 起動토오크는 작지만 값이 싸므로 小出力電動機에 사용된다.

家庭이나 事務室 등에서 많이 쓰고 있는 電氣扇風機는 대개 分相起動型이지만 그림 4·82와 같이 3개의 捲線 a, b, c를 3相誘導電動機의 固定子捲線과 똑같이 감고 c捲線에는 直列로 抵抗 R을, 또 b, c端子에는 速度調整用 리액터 x를 그림과 같이 접속한 構造로 한다. 그러면 a, b, c 각 捲線의 電流 i_a, i_b, i_c는 位相이 서로 다르게 되어 불완전한 3相交流가 되므로 불완전하나마 回轉磁束이 생겨서 起動한다. x는 鐵心에 코일을 감은 것인데 이것으로 供給電壓을 조정해서 速度를 조정한다. 보통 鐵臺의 안쪽에 두고 손잡이 H를 1, 2, 3 의 탭으로 바꾸어가면 速度가 올라간다.

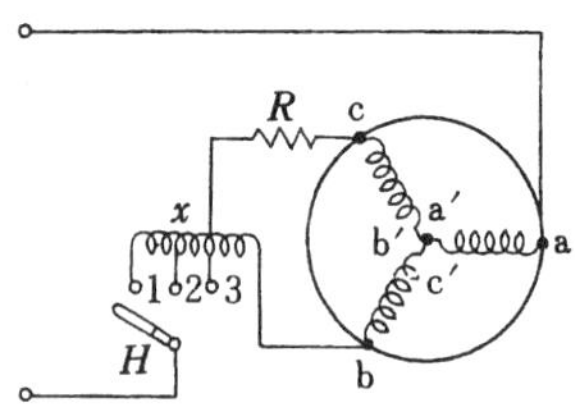

그림 4·82

② 콘덴서起動型

그림 4·82의 抵抗 R 대신에 콘덴서를 넣으면 값은 비싸지만 起動토오크가 크고 力率이 좋아 騷音이 적다. 또 起動시킨 다음에도 起動捲線을

그냥 접속하여 두고 콘덴서를 力率改善으로 사용하게 한 것도 있다.

또, 3相式配電線의 보급이 안 된 農村 등에서 3相誘導電動機를 單相運轉시키는 경우가 있다. 그림 4·83은 콘덴서 C_R, C_S를 사용한 예이며, C_R은 운전중에도 접속해 두지만 C_S는 起動시킨 다음에 떼어 버린다.

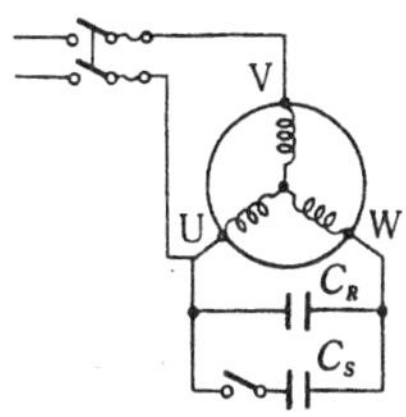

그림 4·83

3相誘導電動機를 單相運轉할 수 있는 것은 실용상 3.5[kW](5 HP) 이하의 電動機이고 溫度가 높아지므로 定格出力을 다 낼 수 없고 最大出力도 감소한다. 표 4·2는 200[V]의 3相誘導電動機를 200[V]의 單相電源에 연결하여 운전할 경우의 出力 및 C_R, C_S의 값을 표시한 것이다.

表 4·2

電動機의 定格出力 [kW]	0.37(0.5)	0.75(1)	1.5(2)	2.2(3)	3.5(5)
單相運轉의 出力 [kW]	0.3 (0.4)	0.55(0.75)	1.1(1.5)	1.5(2)	2.5(3.4)
C_R의 容量 [μF]	30	50	80	120	200
C_S의 容量 [μF]	40	80	175	200	250

(註) 1. 電動機는 4極
2. 出力欄의 ( ) 안의 數字는 馬力數
3. 周波數는 60[Hz]

電動機의 회전방향을 바꾸려면 그림 4·81에서는 主捲線 또는 起動捲線 중 어느 하나의 접속을 반대로 하면 되고 그림 4·83의 경우에는 그림 4·84와 같이 접속하면 된다.

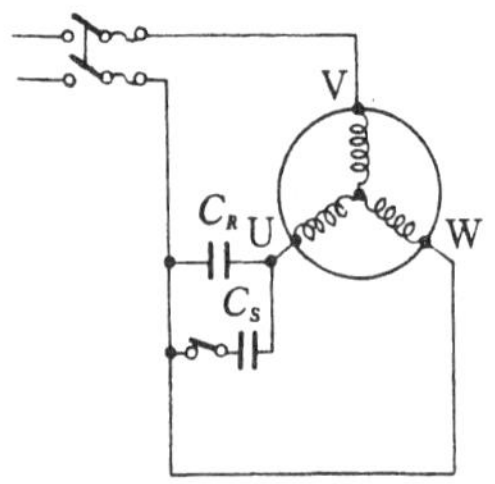

그림 4·84

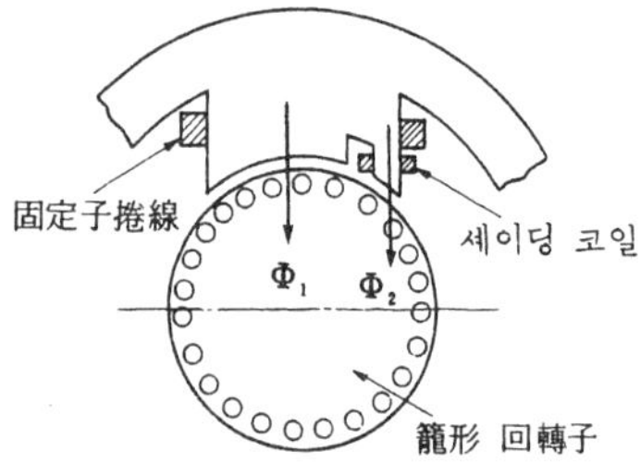

그림 4·85

③ 셰이딩 코일型(shading coil type)

固定子의 각 極(凸極型)에 그림 4·85와 같이 홈을 파고 이 곳에 高抵抗의 短絡捲線 C를 감는다. 이것을 셰이딩 코일이라 한다. 固定子捲線에 單相電壓을 공급하면 磁束이 발생하고 그 중 일부의 磁束 $\dot{\Phi}_2$는 短絡捲線과 鎖交한다. 그러면 셰이딩 코일에는 이 磁束 $\dot{\Phi}_2$보다 90° 뒤진 電壓 $\dot{E}_2$가 誘起되고 短絡捲線의 漏洩리액턴스를 무시하면 $\dot{E}_2$와 같은 位相의 電流 $\dot{I}_2$가 흐른다. 이 $\dot{I}_2$에 대한 固定子捲線의 負荷電流 $\dot{I}_1'$와 $\dot{\Phi}_2$를 발생케 하는 勵磁電流 $\dot{I}_0$와의 합 $\dot{I}_1$이 固定子捲線의 電流이며, 磁極에서 발생하는 다른 磁束 $\dot{\Phi}_1$은 $\dot{I}_1$와 同相이다(鐵損은 무시한다). 그림 4·86은 이 관계를 표시하는 벡터圖이다.

이와 같이 $\dot{\Phi}_2$는 $\dot{\Phi}_1$ 보다도 시간적으로 位相이 뒤지며 $\dot{\Phi}_1$이 최대로 된 다음에 $\dot{\Phi}_2$가 최대가 되므로 回轉子 주변에서 시계방향의 移動磁束이 생겨 토오크를 내고 起動한다. 이 電動機는 셰이딩 코일이 있는 방향으로 회전하므로 회전방향을 바꿀 수는 없다. 이 방법은 起動토오크가 작고 운전중

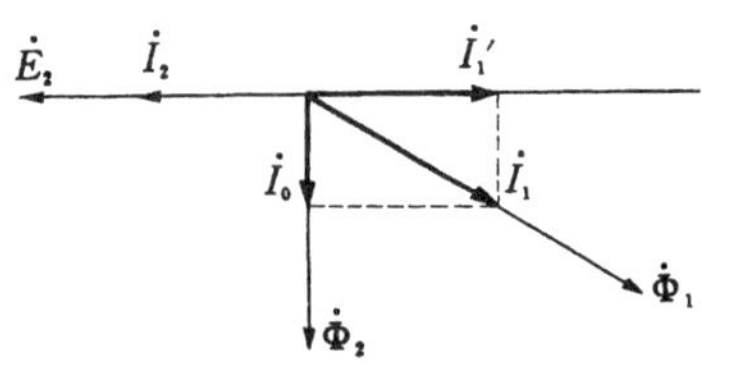

그림 4·86

에도 셰이딩 코일에 電流가 흘러 損失이 발생하므로 小出力의 電動機에만 사용된다.

(2) 反撥起動型(repulsion type)

이 형의 回轉子에는 그림 4·87과 같이 直流電動機와 같은 捲線 및 整流子가 있다. 그리고 電氣角 180° 떨어져서 整流子와 접촉하고 있는 2개의 브러시를 굵은 導線으로 短絡한다.

固定子捲線에 單相電壓을 공급하면 反撥電動機가 되므로 起動할 수 있다. 소정의 속도가 되면 遠心力에 의하여 자동적으로 동작하는 開閉器를 써서 모든 整流子片을 短絡하도록 한다. 整流子片이 단락되면 籠形 回轉子가 되어 單相誘導電動機로 운전하게 된다.

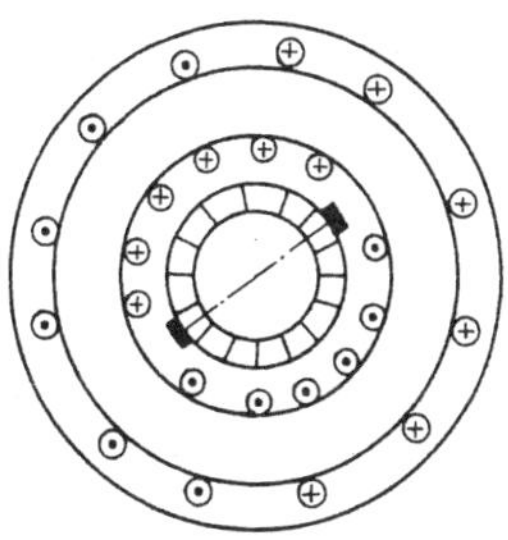

그림 4·87

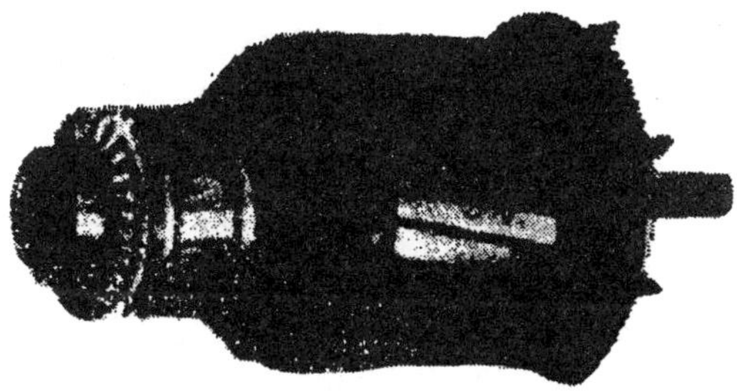

그림 4·88 反撥起動型의 回轉子

그림 4·88은 反撥起動型 電動機의 回轉子이며 오른쪽에 整流子 및 整流子短絡裝置가 있다. 그리고 이 電動機의 회전방향을 바꾸려면 固定子捲線軸에 대한 브러시의 移動角을 반대로 하면 된다.

이 방법은 起動도오크가 크므로 負荷를 걸어둔 채로 起動할 수 있는 것이 특징이다.

(3) 反撥誘導型(repulsion induction type)

이 형의 回轉子에는 籠形 捲線과 反撥電動機의 回轉子捲線이 다 함께 감겨져 있고 운전중에도 이들 두 捲線이 그대로 활동하므로 誘導電動機와

反撥電動機의 특성을 모두 가지게 된다. 따라서 起動토오크는 크고 회전수가 負荷에 따라서 변한다.

單相誘導電動機의 특성의 일례를 표시하면 표 4·3 (a), (b)와 같다.

표 4·3 (a) kW 表示

種 別	定格出力 [kW]	極 數	全 負 荷 特 性			無負荷電流 [A]	起動電流 [A]
			効率[%]	力率[%]	電流[A]		
分相起動	0.1	4	45	55	4.0	3.3 이하	22 이하
	0.2	4	55	60	6.0	5.0 〃	30 〃
	0.4	4	65	70	8.2	7.3 〃	45 〃
反撥起動	0.1	4	45	55	4.0	3.3 이하	13 이하
	0.2	4	55	60	6.0	5.0 〃	17 〃
	0.4	4	65	67	9.2	7.3 〃	28 〃
	0.75	4	72	72	14.5	11.0 〃	50 〃

(b) HP表示(1HP=746 W)

種 別	定格出力 [HP]	極 數	全 負 荷 特 性			無負荷電流 [A]	起動電流 [A]
			効率[%]	力率[%]	電流[A]		
分相起動	1/8	4	45	55	3.7	3.3 이하	20 이하
	1/4	4	55	60	5.6	5.0 〃	30 〃
	1/2	4	65	67	8.5	7.3 〃	45 〃
反撥起動	1/8	4	45	55	3.7	3.3 이하	13 이하
	1/4	4	55	60	5.6	5.0 〃	17 〃
	1/2	4	65	67	8.5	7.3 〃	28 〃
	1	4	72	72	14.1	11.0 〃	50 〃

4·6·5 單相誘導電動機의 用途

單相誘導電動機는 1[kW] 이하의 小出力 電動機로 사용되며, 2線式이므로 용도가 매우 넓다. 農事用, 家庭用 電動機로 많이 보급되어 있으며 수 10분의 1에서 1[HP] 정도까지 있다(표 4·3 참조).

연 습 문 제

1. 單相誘導電動機는 自起動이 되지 않는다. 그 이유와 起動方法 3가지를 들고 설명하라.
2. 反撥誘導電動機와 反撥起動型 單相誘導電動機의 차이점을 설명하라.
3. 콘덴서電動機에 대하여 아는 바를 써라.
4. 2電動機說에 의하여 單相誘導電動機의 토오크特性을 설명하라.
5. 그림 4·89와 같이 4줄의 引出線이 나와 있는 分相起動型 單相誘導電動機가 있다. (a)와 같이 접속하면 시계방향으로 회전하고 (b)와 같이 접속하면 반시계방향으로 회전한다고 한다. 그 이유를 설명하라.

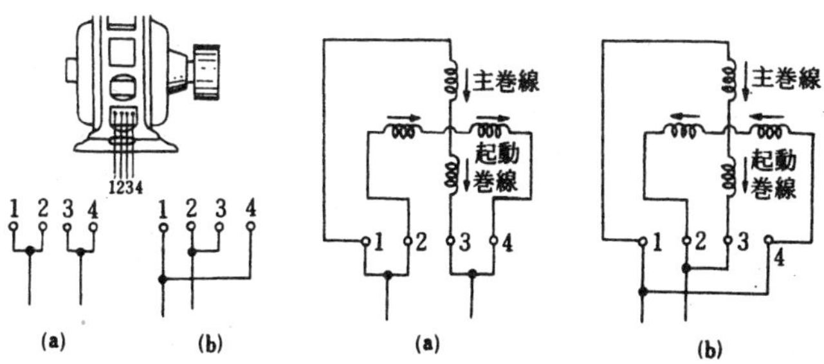

그림 4·89

(약해) 主捲線과 起動捲線이 그림 4·89(a)와 같이 접속되어 題意에 의하여 시계방향으로 회전한다고 하면 이것을 (b)와 같이 접속하면 起動捲線의 電流의 방향이 (a)와는 반대로 되므로 回轉磁界의 회전방향도 반대가 되어 電動機가 반시계방향으로 회전한다.

第5章 交流整流子機

5·1 緖 論

交流整流子機(A.C. commutator machine)라 함은 整流子가 있는 非同期機를 총칭한 것이다. 固定子는 誘導機의 固定子와 같고, 回轉子는 直流機의 電機子와 동일하며, 整流子와 브러시를 가지고 있다. 그리고 原理的으로 單相, 3相의 交流整流子電動機와 周波數變換機, 進相機, 低周波發電機 등의 交流整流子型 勵磁機로 분류된다.

일반적으로 誘導機나 同期機와 같은 定速度電動機는 速度를 광범위하게 조정하는 것은 힘들다. 그러나, 負荷에 따라서는 交流電動機의 速度를 직접 원활하게 조정할 필요가 있는 때가 적지 않다. 이와 같은 요구 때문에 交流整流子電動機가 만들어졌지만 誘導電動機와 비교하면 整流作用의 관점에서 많은 제약을 받으므로 특수 용도에 사용될 뿐이다.

發電機로 사용되는 것은 誘導電動機의 2次勵磁를 위한 勵磁機가 주가 되나 整流作用이 直流機보다 한층 힘들므로 設計上의 제한이 있고, 價格이 비싸며, 고장이 생기기가 쉽고, 効率도 大形機라 할지라도 好轉되지 않는다.

5·2 單相直捲整流子電動機 (single-phase series commutator motor)

5·2·1 小形 單相直捲電動機

直流直捲電動機에서 端子電壓의 極性을 反轉하여도 회전방향은 일정하므로 端子 사이에 單相交流電壓을 가하여도 原理上 電動機로서의 역할에 지장이 없다. 그러나 다음과 같은 점이 直流直捲電動機와 다르다.

① 극히 소형의 것을 빼놓고는 補償捲線을 감고, 토오크 발생에 공헌하지 않는 電機子反作用을 相殺하여 無效電力의 증가를 억제함으로써 力率의 저하를 막는다.

② 磁氣回路의 鐵心은 전부 積層하여 交番磁束에 의한 鐵損을 적게 한다.

그러나 家庭用 재봉틀, 청소기, 電氣톱, 電氣드릴, 電子計算機 등 數拾 내지 數百 와트 이하의 소위 交, 直 兩用의 萬能電動機(universal motor)에는 補償捲線을 감지 않는다.

容量이 위의 값보다 큰 것에는 그림 5·1과 같이 電機子 AT와 같은 크기이고 방향이 반대인 補償捲線 C를 감는다.

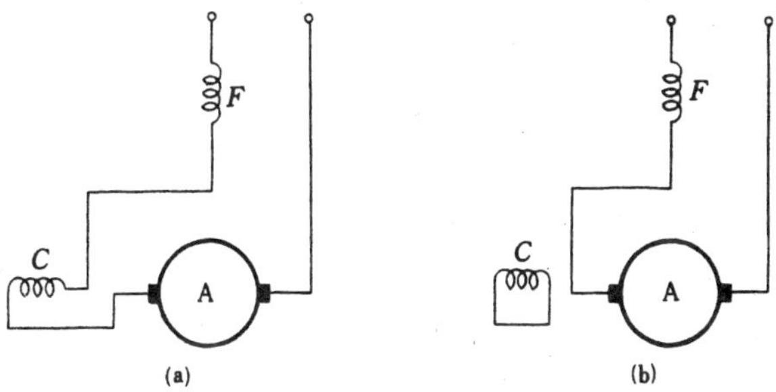

그림 5·1 單相直捲電動機의 補償捲線

그림 (a)는 直列補償(series compensation), (b)는 變壓器 起電力에 의한 誘導補償(inductive compensation)이다.

그림 5·2는 補償捲線을 가지고 있는 單相直捲電動機의 벡터圖를 표시한다. 그림에서 $\dot{\Phi}$는 正弦波分布 界磁磁束의 最大値[Wb], $\dot{I}$는 電流 [A], I_w는 鐵損電流, I_r은 磁束을 만드는 無效電流, $\dot{I}r_f$는 界磁捲線의 抵抗電壓降下를 相殺해 주는 電壓分 [V], $\dot{E}_f = -jI_r x_f$는 界磁捲線 내의 誘起起電力 [V], $\dot{E}_a$는 電機子捲線에 생기는 速度起電力, $\dot{I}(r_a+r_c)+j\dot{I}(x_a+x_c)$는 電機子와 補償捲線의 누설 임피던스 降下를 相殺시키는 供給電壓分, $\dot{V}$

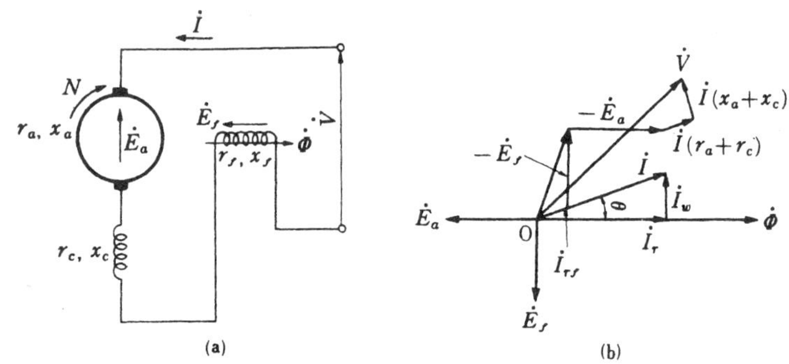

그림 5·2 單相直捲電動機의 벡터圖

는 端子電壓 [V]이다.

速度起電力 $\dot{E}_a$는 直流機의 식 (1·12)의 Φ 대신 $\Phi \sin \omega t$를 넣으면 되므로 이것의 實效値는

$$E_a = \frac{1}{\sqrt{2}} \frac{P}{a} Z\Phi \frac{N}{60} \text{ [V]} \tag{5·1}$$

이다. 여기서 Z는 電機子 全體導體數, a는 電機子 並列回路數, P는 磁極數, N은 每分回轉數이다.

순시 發生토오크 τ는 直流機의 토오크의 식 (1·31)의 Φ 대신 $\Phi \sin \omega t$, I_a 대신 交番電流 $\sqrt{2} I \sin(\omega t - \theta)$를 넣으면 된다.

$$\tau = \frac{1}{9.8} \frac{Z}{2\pi} \frac{P}{a} \Phi \sin \omega t \cdot \sqrt{2} I \sin(\omega t - \theta) \text{ [kg·m]}$$

따라서 平均토오크 T는

$$T = \frac{1}{2\pi} \int_0^{2\pi} \tau d(\omega t) = \frac{1}{9.8} \frac{Z}{2\sqrt{2}\pi} \frac{P}{a} \Phi I \cos\theta \text{[kg·m]} \tag{5·2}$$

가 된다.

單相直捲電動機에서는 界磁磁束은 負荷電流와 더불어 증가하므로 直流直捲機와 마찬가지로 速度는 負荷電流가 증가할수록 저하하고, 토오크는 負荷電流가 적은 범위에서는 電流의 2乘에 비례하여 증가한다. 즉 전동기 특성은 토오크 증가에 따라서 速度가 급격히 떨어지는 直捲特性이 되며 起

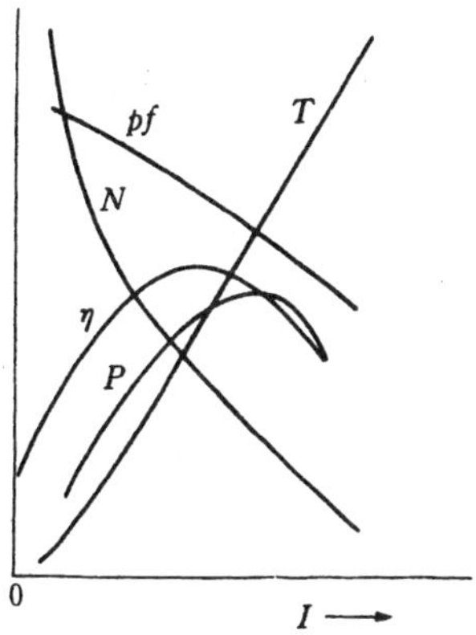

그림 5·3 出力特性

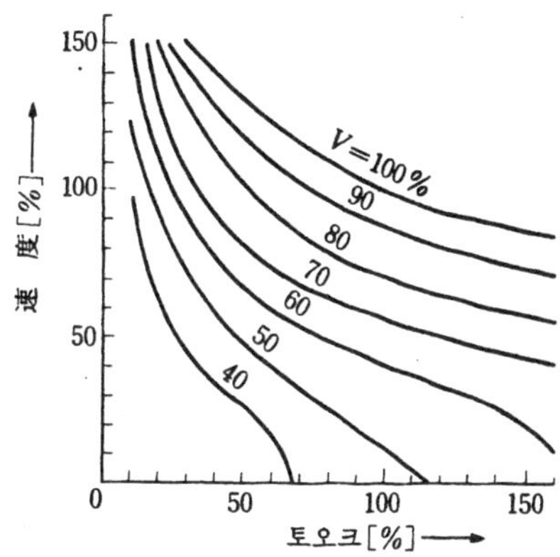

그림 5·4 速度-토오크特性

動토오크는 상당히 크다. 그림 5·3, 5·4는 특성의 대체적인 경향을 표시한다. 速度制御는 端子電壓을 변화시키면 된다.

5·2·2 大形 單相直捲電動機

交流電鐵 등 100[kW] 이상의 대형기에서는 補償捲線 뿐만 아니라 補極捲線도 감고 整流를 개선하도록 한다. 그림 5·5는 結線圖이며, 補極捲線 I에는 並列로 分路抵抗 r을 연결한다.

整流作用을 해치는 불꽃電壓(sparking voltage)은 直流機의 경우와 마

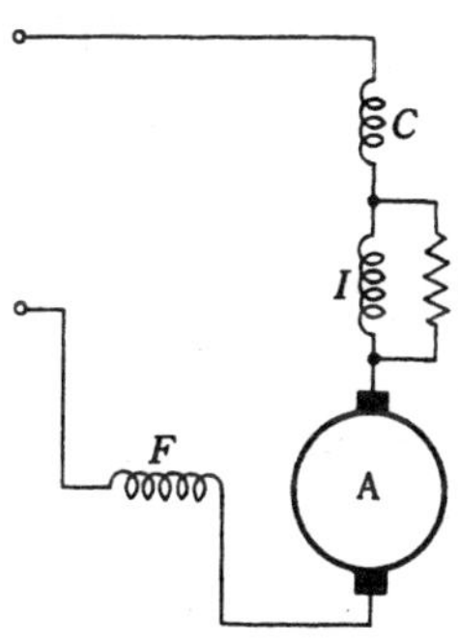

그림 5·5 補極捲線

찬가지로 브러시로 短絡되어 整流가 이루어지는 電機子 코일의 리액턴스 電壓 $\dot{E}_r$ 외에 主磁束交番에 의하여 이 코일에 誘起되는 變壓器 起電力 $\dot{E}_t$로 된다. $\dot{E}_r$은 식 (1·20)에 표시한 바와 같이 L을 短絡 코일의 自己인덕턴스 [H], T_c를 整流周期[s]라 하면 直線整流에 대하여는

$$\dot{E}_r = \frac{2L\dot{I}}{T_c} \tag{5·3}$$

變壓器 起電力은 短絡코일의 捲回數를 w_s, 正弦波磁束의 最大值를 Φ [Wb]라 하면 식 (2·5), (2·6)에서

$$\dot{E}_t = 4.44 f w_s \Phi \text{ [V]} \tag{5·4}$$

따라서 불꽃電壓은 $\dot{E}_f = \dot{E}_r + \dot{E}_t$이며, 그림 5·6과 같이 된다.

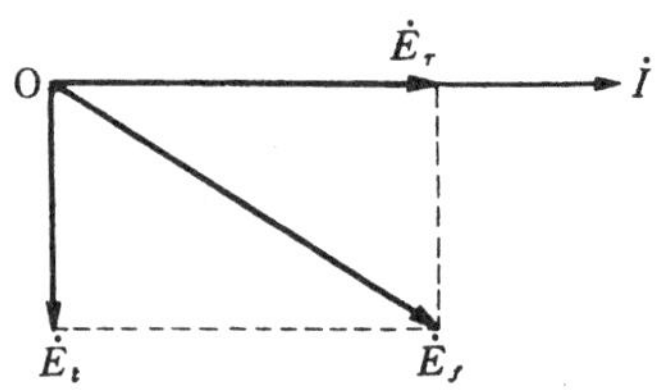

그림 5·6 불꽃電壓

불꽃電壓을 없애려면 主極 중간에 있는 補極을 적당한 位相의 電流로 勵磁하여 整流磁束을 만들고, $-\dot{E}_f$에 같은 速度起電力을 短絡 코일 내에 유기시키면 된다.

補極捲線에 分路抵抗을 연결한 것은 이러한 이유 때문이다.

그런데, $\dot{E}_t$는 回轉速度와는 무관계하지만 $\dot{E}_r$이 回轉速度에 비례하므로 불꽃電壓은 回轉速度에 따라서 변한다.

그러므로 電流 $\dot{I}$가 일정하고, 回轉速度가 변하는 경우에는 어떤 速度에서만 完全補償이 가능하게 되고 起動時에는 無補償 상태가 된다. 완전히 補償되지 않고, 남아 있는 殘留電壓에는 실용상 제한이 있으며, 이 제한을 넘으면 惡性 불꽃의 원인이 된다. 이 대책으로는 接觸抵抗이 큰 브러시를 사용하든가, 導體와 整流子片 사이에 抵抗이 큰 라이서(riser)를 쓰는 방법이 있다.

變壓器 起電力을 적게 하는 것도 불꽃 발생을 줄이는 대책이 되므로 電源周波數와 主磁束을 줄이는 것도 유효하다. 西歐電鐵에서 $16\frac{2}{3}$[Hz]의 周波數를 택한 것도 한 예이다.

5·3 單相反撥電動機(repulsion motor)

反撥電動機는 單相直捲電動機의 변형이며, 固定子에 감은 單相捲線을 직접 電源에 접속하고 回轉子는 直流電動機와 같은 것이지만 브러시는 短絡한다. 그림 5·7은 反撥電動機를 표시하는 略圖이다. 이 電動機에서는 그림과 같이 브러시를 固定子磁軸에서 角 β 만큼 이동시킬 수 있게 되어 있다.

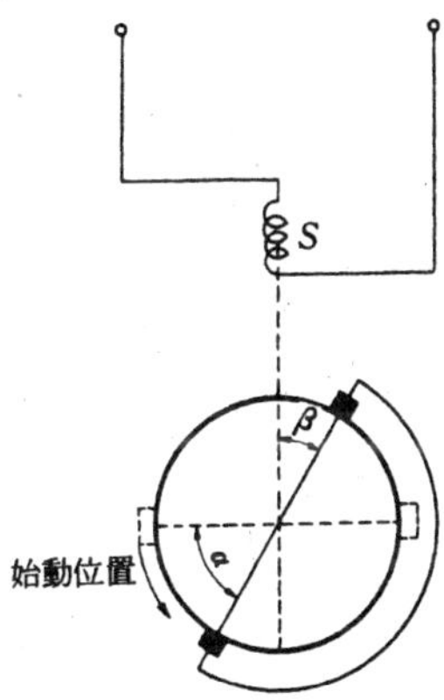

그림 5·7 反撥電動機

固定子 S의 捲回數를 w, 電流 I에 의하여 생기는 起磁力을 브러시 軸 방향의 $F_c = wI\sin\alpha$와 이것과 直角方向의 $F_f = wI\cos\alpha$로 나누어 생각하면 起磁力이 F_c와 같은 補償捲線 C와 F_f와 같은 起磁力을 가진 界磁捲線 F를 가지고 있는 것과 마찬가지가 된다.

브러시의 위치를 바꾸어 브러시角 $\alpha = \frac{\pi}{2} - \beta$를 변화시키면 F_f 및 F_c의 크기가 변하고 특성이 변화한다.

$\alpha = 0$일 때는 固定子捲線이 만드는 磁束은 電機子捲線과 직교하므로 電壓이 생기지 않으며, 이 위치에서 起動하면 起動토오크는 零이다. α가 증가하는 데 따라 回轉速度는 증가하고 $\alpha = 70 \sim 80°$에서 同期速度에 이른다.

$\alpha = 90°$에서는 電機子의 誘起電流는 최대가 되나 固定子捲線 磁束과 電機子電流 사이의 토오크는 브러시의 좌우에서 서로 相殺되어 合成토오크는 零이 된다.

어떤 일정한 브러시 角 α에 대하여 負荷가 변화하는 경우의 특성은 單相直捲機와 같다.

一定負荷에 대하여 速度를 변화하려면 브러시角을 이동시키면 되고, 브러시角을 逆方向으로 이동시키면 逆回轉도 시킬 수 있다.

그림 5·8은 토오크 및 電流特性의 경향을 표시한다.

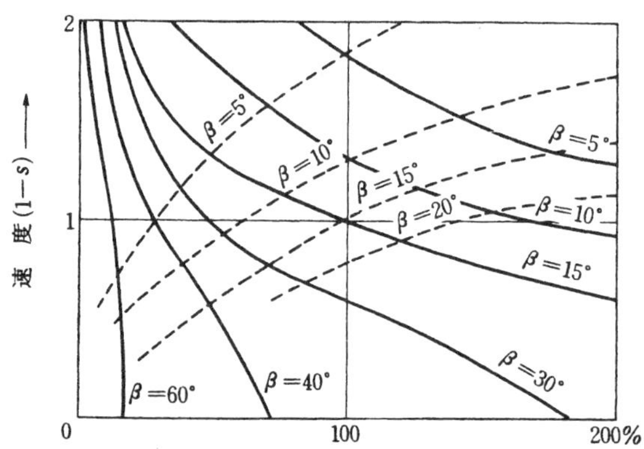

그림 5·8 單相反撥電動機의 토오크 및 電流特性

5·4 3相整流子電動機

5·4·1 整流子를 가지고 있는 回轉子의 周波數變換作用

그림 5·9는 3相分布捲線을 감은 固定子 P 안에 整流子를 가진 直流機의 電機子捲線과 같은 捲線을 감은 回轉子 S를 놓고, 整流子 주변에 3개의 브러시 u, v, w를 120°의 電氣角으로 배치한 것이다. 固定子捲線에 周波數 f의 3相交流를 흘리면 相回轉方向에 同期速度 $n_0 = \frac{2f}{P}$ [rps]로 空間的으로 회전하는 回轉磁束 Φ가 생긴다.

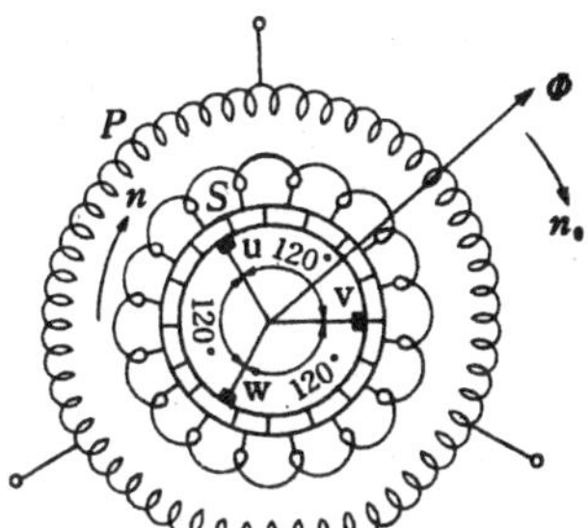

그림 5·9 整流子機의 周波數變換作用

回轉子가 靜止하고 있으면 回轉子捲線은 Φ에 의하여 브러시 uv, vw, wu 사이에 차례로 3相電壓 E_2를 유기한다. E_2의 周波數는 f이고, E_2의 크기는 Φ와 f에 비례한다.

여기서 回轉子가 相回轉方向으로 n [rps]의 回轉速度, 즉 $s = (n_0 - n)/n_0$의 슬립으로 회전하면 回轉子導體는 回轉磁界에 대하여 (n_0-n)[rps]로 회전하게 되므로 回轉子捲線에 유기되는 電壓의 周數波 f_2는

$$f_2 = (n_0-n)\frac{P}{2} = sf \text{ [Hz]}$$

가 된다.

그러나 브러시 사이에 생기는 電壓의 周波數는 回轉速度 n에 관계 없이 항상 f이다. 왜냐하면 브러시는 空間的으로 정지하여 있고, 고정되어 있으므로 磁界가 直流機와 같이 일정한 위치에 머물러 있을 때에는 브러시 사이의 電壓은 周波數 零, 즉 直流電壓이 유기되지만 磁界가 同期速度 n_0으로 회전 할 때는 1회전에 대하여 $\frac{P}{2}$[Hz]의 電壓을 각 브러시 사이에서 발생하고, 1초 동안에는 $n_0\frac{P}{2}=f$[Hz]의 交流電壓을 생기게 하기 때문이다.

回轉子가 靜止하고 있는 경우의 브러시電壓 E_2의 實効值는 誘導機의 식 (4·11)과 같은 식 (5·5)로 주어진다.

$$E_2 = 4.44\, k_{w2}\, f w_2 \Phi \text{ [V]} \tag{5·5}$$

回轉子가 n[rps]로 회전할 때의 電壓 E_2'는 周波數가 s배이므로

$$E_2' = sE_2 = 4.44\, k_{w2} s f\, w_2 \phi \text{ [V]} \tag{5·6}$$

가 된다. E_2'는 回轉子速度가 同期速度 이하($s>0$)의 경우에는 속도가 낮을수록 크며, 同期速度에서 零, 同期速度 이상($s<0$)이 되면 負, 즉 位相이 반대가 된다.

回轉子電流에 대하여도 電壓과 마찬가지로 개개의 回轉子捲線의 電流의 周波數는 sf이지만 브러시에서 출입하는 電流周波數는 항상 f이다. 이와 같이 整流子는 捲線의 電壓, 電流의 周波數 sf를, $n=(1-s)\frac{2f}{P}$의 回轉速度로 돌아가게 함으로써 브러시에 의하여 f인 周波數에 변환시키는 작용을 한다.

5·4·2 3相直捲整流子電動機

그림 5·10(a)와 같이 固定子와 回轉子捲線을 直列로 연결하고 이것에 3相交流 I_u, I_v, I_w를 흘린다.

回轉子捲線은 브러시 u, v, w에서 보면 $\varDelta$결선의 3相捲線이므로 브러시로부터 f[Hz]의 3相交流를 흘리면 回轉速度에는 무관계로 항상 同期速度 $n_0=\frac{2f}{P}$[rps]로 相回轉方向으로 회전하는 回轉起磁力 $\dot{F}_2$가 생긴다.

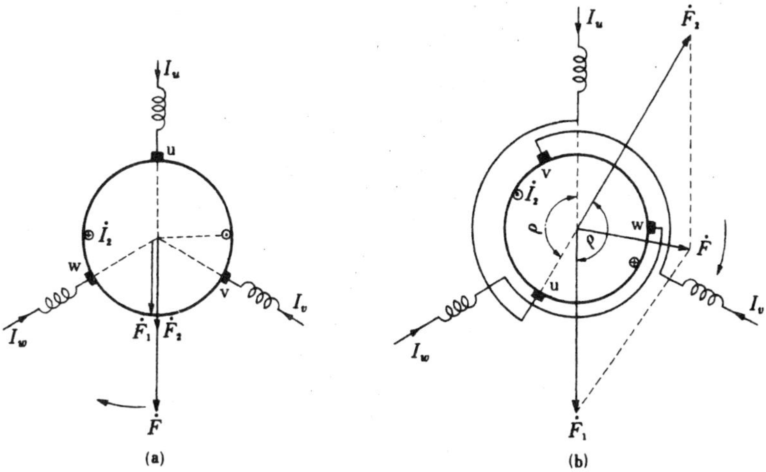

그림 5·10 3相直捲整流子電動機

$\dot{F}_2$의 最大値의 방향은 어떤 브러시에서 유입하는 線電流가 최대일 때 그 브러시軸 방향과 일치한다.

固定子捲線도 同期速度로 회전하는 回轉起磁力 $\dot{F}_1$을 발생하며, 이것의 최대방향은 電流最大인 位相에 있는 捲線磁軸의 방향과 일치한다. $\dot{F}_1$과 $\dot{F}_2$의 合成起磁力 $\dot{F}$에 의하여 空隙에 磁束이 생기고 回轉子電流 $\dot{I}_2$ 사이에 토오크가 발생한다.

그림 (a)와 같이 브러시角 $\rho=0$일 때에는 $\dot{F}_1$과 $\dot{F}_2$는 同相이 되어 $\dot{F}=\dot{F}_1+\dot{F}_2$의 磁束分布와 回轉子電流 $\dot{I}_2$의 分布와는 空間的으로 90°의 相差가 있으므로 平均토오크는 零이다.

그림 (b)는 브러시를 相回轉方向으로 ρ만큼 이동시켰을 경우이며, 合成起磁力 $\dot{F}$와 $\dot{I}_2$의 空間的 相差가 90°가 되지 않으므로 回轉磁界와 같은 방향에 토오크가 발생한다. 즉 브러시角 ρ의 변화로 토오크 및 回轉速度를 변화시킬 수 있다.

그림 5·11은 1相의 벡터圖이다. 固定子電流 $\dot{I}_1$에 의한 起磁力 $\dot{F}_1$에 대하여 回轉子起磁力 $\dot{F}_2$는 ρ만큼 뒤지며, 合成起磁力 $\dot{F}$에 의하여 磁束 $\dot{\Phi}$

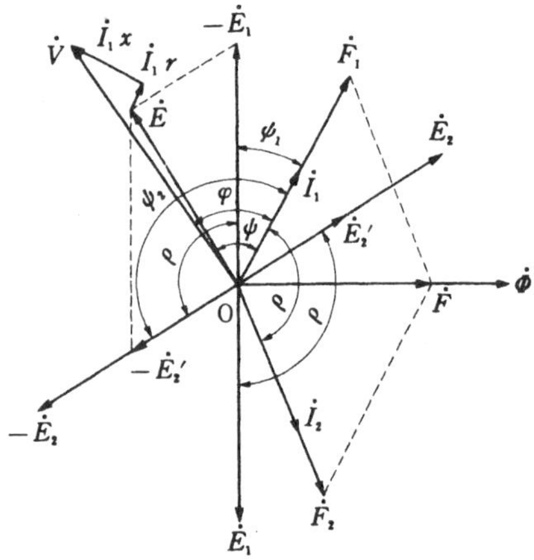

그림 5·11 3相直捲整流子電動機의 벡터圖

가 생긴다.

$\dot{\Phi}$의 磁束變化에 의한 固定子誘起電壓 $\dot{E}_1$은 Φ보다 90° 뒤지며, 回轉子誘起電壓 $\dot{E}_2'$는 식 (5·6)과 같고 $\dot{E}_1$보다 ρ만큼 앞선다.

固定子와 回轉子의 合成 누설임피던스를 $r+x$라 하면 固定子의 供給電壓 $\dot{V}$는

$$\dot{V} = -\dot{E}_1 - \dot{E}_2' + \dot{I}_1(r+jx)$$

가 된다.

電氣的 入力 P_1은

$$P_1 = 3\,VI_1 \cos\varphi\,[\mathrm{W}] \tag{5·7}$$

機械的 出力 P는

$$P = 3\,EI_1 \cos\psi\,[\mathrm{W}] \tag{5·8}$$

가 되고 同期와트로 표시한 토오크는

$$T = \frac{P}{1-s}[\mathrm{W}] \tag{5·9}$$

와 같이 된다. 토오크와 브러시角 ρ의 관계는 다음과 같이 유도된다. 그림 5·11에서

$$\frac{\sin \widehat{F_1OF}}{\sin \widehat{F_1FO}} = \frac{F_2}{F_1} = \frac{k_2w_2}{k_1w_1} = \mu \tag{5·10}$$

그런데 $\widehat{F_1FO} = \rho - \widehat{F_1OF}$로부터

$$\sin \widehat{F_1OF} = \mu \sin \widehat{F_1FO} = \mu \sin(\rho - \widehat{F_1OF})$$

$$\widehat{F_1OF} = \sin^{-1}\frac{\mu \sin \rho}{\sqrt{(1+\mu \cos \rho)^2 + \mu^2 \sin^2 \rho}}$$

따라서 機械的 出力은

$$P = 3\,EI_1 \cos \psi = 3(E_1I_1 \cos \psi_1 + E_2' I_1 \cos \psi_2)$$

위 식의 우변 제 1항은 固定子入力 P_1, 제 2항은 回轉子入力 P_2를 표시한다.

그리고

$$\psi_1 = \frac{\pi}{2} - \widehat{F_1OF} = \frac{\pi}{2} - \sin^{-1}\frac{\mu \sin \rho}{\sqrt{(1+\mu \cos \rho)^2 + \mu^2 \sin^2 \rho}}$$

이므로

$$P_1 = 3\,E_1I_1 \cos \psi_1 = 3\,E_1I\frac{\mu \sin \rho}{\sqrt{1+2\,\mu \cos \rho + \mu^2}}$$

$$P_2 = 3\,E_2I_1 \cos \psi_2 = 3\,\mu\,E_1I_1s \cos(\psi_1 + \rho)$$

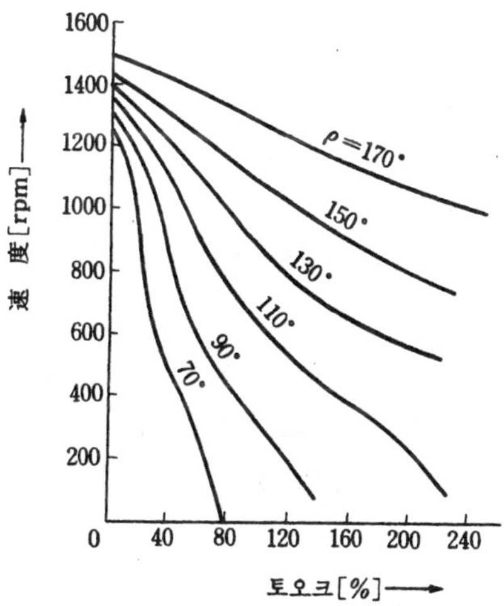

그림 5·12 速度-토오크特性

$$= -3E_1I_1\mu\frac{s\sin\rho}{\sqrt{1+2\mu\cos\rho+\rho^2}}$$

위로부터 機械的 出力은

$$P = 3E_1I_1\frac{\mu\sin\rho}{\sqrt{1+2\mu\cos\rho+\rho^2}}(1-s) \quad [\mathrm{W}] \tag{5·11}$$

토오크는

$$T = 3E_1I_1\frac{\mu\sin\rho}{\sqrt{1+2\mu\cos\rho+\rho^2}} \quad [\mathrm{W}] \tag{5·12}$$

가 된다.

그림 5·12는 速度토오크의 特性曲線이며, 起動時에는 ρ의 적은 값으로부터 점차 증가시킨다.

5·4·3 3相分捲整流子電動機

(1) 固定子給電形 電動機

그림 5·13에서 回轉子 S의 整流子上에 있는 3개의 브러시를 短絡하고 固定子 P의 3相捲線에 周波數 f의 3相電壓을 가하면, 固定子에서 同期速度 n_0으로 회전하는 回轉磁束 Φ가 생기고, 回轉子는 磁束 Φ에 의하여 電流를 유기한다. 슬립을 s라 하면 回轉子捲線의 電流周波數는 sf이지만 電流分布는 空間에 대해서는, 同期速度에서 Φ와 같은 방향으로 회전하므

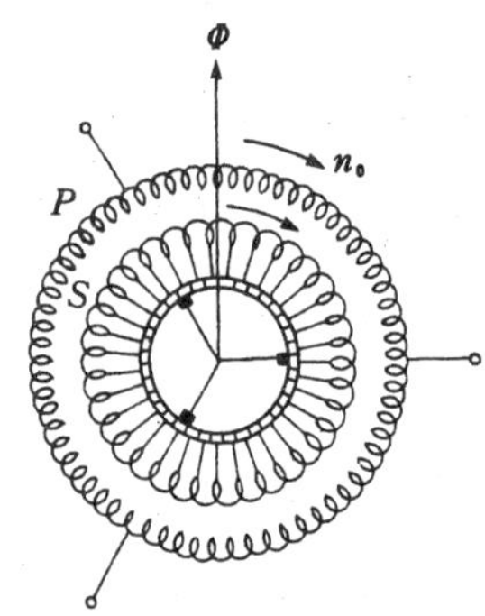

그림 5·13 3相交流에 의한 回轉磁界

로 Φ 사이에 토오크가 생긴다. 이상과 같은 동작은 誘導電動機와 똑같다.

誘導電動機의 2次捲線에 슬립周波數의 電流를 다른 勵磁機에서 가하면 2次勵磁가 이루어진다.

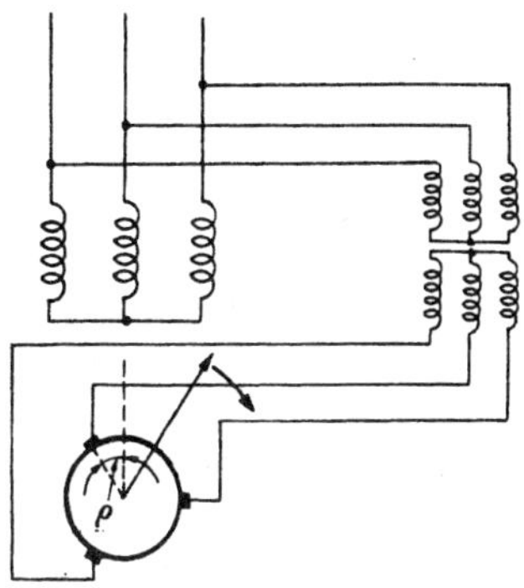

그림 5·14 3相分捲整流子電動機

그림 5·14와 같이 電源에 접속한 變壓器의 2次電壓을 整流子電動機의 브러시에 가하면 整流子의 周波數變換作用에 의하여 回轉子捲線의 電流는 周波數 sf에 변환되고, 이것이 回轉子의 誘起電壓에 가하여져서 이들 合成電壓으로 2次電流가 생긴다.

3相分捲電動機는 勵磁機가 誘導電動機의 回轉子와 一體가 된 것에 지나지 않으며, 誘導電動機를 2次勵磁法으로 速度制御하는 것과 본질적으로 같다.

그림 5·15는 벡터圖이다. 固定子捲線에 대하여 브러시軸을 회전방향으로 ρ만큼 뒤지게 하면 固定子 누설임피던스를 무시하였을 때 回轉磁界 Φ에 대하여 固定子端子電壓 $\dot{V}$는 90° 앞서고, 回轉子 誘起電壓 $\dot{E}_2'$는 90° 뒤진 位相에 있게 된다. 變壓器에서 가해지는 電壓 $\dot{E}_t$는 $\dot{V}_1$과 同相이나 回轉子에 대한 작용은 $\dot{V}$보다 ρ만큼 뒤진다. $\dot{E}_t$와 $\dot{E}_2'$의 合成電壓 $\dot{E}$를 回轉子 임피던스로 나눈 것이 回轉子電流 $\dot{I}_2$가 되고, $I_2\Phi\sin\alpha$에 비례하는 토오크를 발생한다.

$\dot{E}_t$의 크기와 ρ를 변화시키면 $\dot{I}_2$의 크기와 位相이 변화하고 토오크도

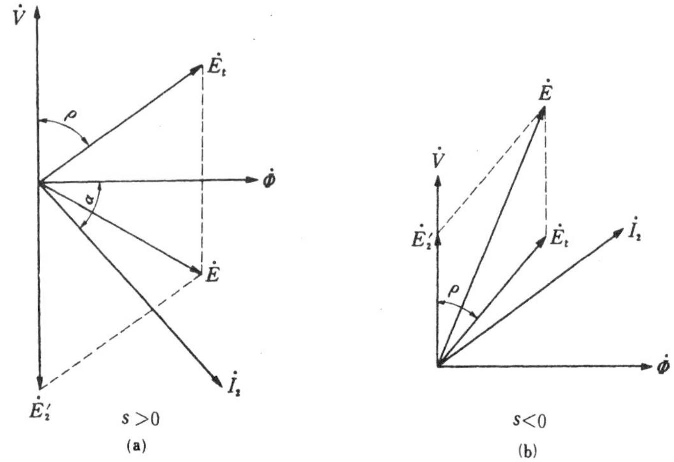

그림 5·15 3相分捲整流子電動機의 벡터圖

변화한다. $\rho=0$에서 $\dot{E}_t$와 $\dot{E}_2'$가 같은 크기일 때 $\dot{I}_2=0$이 되어 無負荷가 된다.

브러시角의 調整은 力率 또는 速度의 변화를 초래하는데, 이것은 誘導機의 2次勵磁와 똑같은 현상이다.

一定 端子電壓 $\dot{V}$에서는 Φ는 거의 일정하므로 負荷와 함께 $\dot{I}_2$의 크기와 位相이 변화하여 誘導電動機와 같은 分捲特性을 갖는다.

(2) 回轉子給電形 電動機

回轉子給電形의 전동기 중에서 가장 널리 사용되는 것은 1914年에 H.K. Schrage가 고안한 쉬리게電動機(Schrage motor)이다. 그림 5·16과 같이 回轉子가 1次捲線 P이고, 슬립 링을 거쳐 3相電源에 연결한다. 回轉子 슬롯에는 P 외에 整流子捲線 C로 표시한 3次捲線을 감고 整流子에 접속한다. 固定子에는 S_1, S_2, S_3의 2次捲線을 감고, 각각의 두 端子를 整流子 위에 있는 브러시 a_1b_1, a_2b_2, a_3b_3에 연결한다. P에 3相電壓을 가하면 同期速度 n_0으로 회전하는 回轉磁束 Φ가 생기고 回轉子는 Φ와 相對的으로 逆回轉方向에 슬립 s로 회전한다. 따라서 Φ는 空間的으로는 sn_0의 速

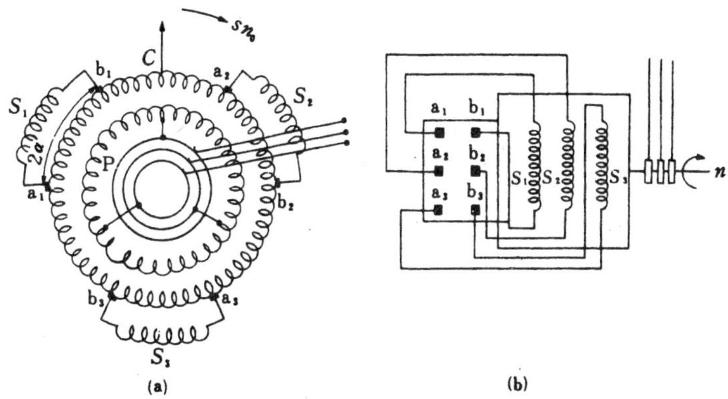

그림 5·16 쉬리게電動機

度로 相回轉方向으로 회전하여 固定子 S에는 周波數 sf의 電壓을 유기한다. 따라서 捲線 C의 브러시 사이에는 sf의 電壓을 誘起하고, 그 크기는 브러시開角 $\beta=2\alpha$로 정해진다.

S에는 이 電壓이 가해져서 β의 조정으로 速度制御가 이루어진다.

a, b 3組의 브러시는 서로 120°의 위치에 놓여지며, 1개의 핸들 齒車機構로 브러시開角을 동시에 변화시킨다.

a, b를 멀리하면 2次勵磁電壓은 증가하고(速度減小) 가까이하면 감소(速度上昇)한다. a, b가 整流子片 위에서 일치하면 整流子捲線은 機能을 상실하므로 誘導電動機가 된다.

브러시를 이 위치에서 더욱 이동시켜 a, b가 b, a가 되도록 좌우 그 위치를 바꾸어 $\beta<0$으로 하면 $s<0$이 되어 同期速度 이상으로 된다.

그리고 a, b의 中心線을 전체적으로 S 中央軸으로부터 좌우로 이동하면 이동한 角度만큼 2次勵磁電壓의 位相, 즉 力率도 변화한다.

이와 같이 同期速度의 상하 약 50[%] 정도, 약 1 : 4 범위의 速度制御가 가능하며 分捲特性을 갖는다.

5·5 交流整流子形 勵磁機

5·5·1 整流子形 周波數變換機

그림 5·17과 같이 整流子에 120° 간격으로 3개의 브러시를 배치하고 回轉子捲線에 3개의 슬립 링을 붙인다. 슬립 링으로부터 周波數 f의 3相電壓을 가한다. 電壓에 비례하는 回轉磁束 Φ는 同期速度 $n_0 = \frac{2f}{P}$로 相回轉方向에 회전하므로 回轉子를 外力으로 Φ와 반대 방향으로 速度 n으로 돌리면 空間에 대한 磁束 Φ의 速度는 $n_0 - n$이고, 브러시에서 얻어지는 3相電壓의 周波數는

$$\frac{P}{2}(n_0 - n) = \frac{Pn_0(n_0 - n)}{2n_0} = sf$$

로 변환된다.

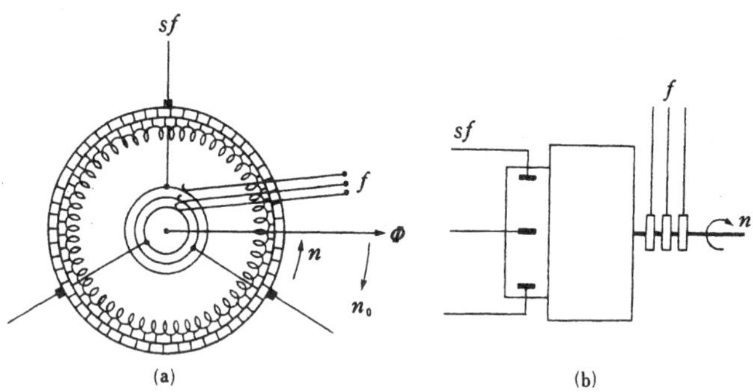

그림 5·17 整流子形 周波數變換機

브러시 위치를 이동하면 電壓位相이 변화하고 슬립 링에 공급되는 電壓의 크기를 變壓器탭으로 조정하면 電壓振幅이 변화한다.

固定子는 磁氣回路의 磁氣抵抗을 감소시키기 위한 것이며, 대개 捲線은 감지 않으나 대용량의 것이면 補償捲線을 감는다.

5·5·2 低周波發電機

그림 5·18과 같은 3相整流子機의 固定子捲線 P에 整流子周波數變換機에서 발생한 $f_1 = sf$의 低周波電壓을 가하면 $n_1 = \dfrac{2f_1}{P}$의 낮은 同期速度로 회전하는 回轉磁束 Φ가 생긴다.

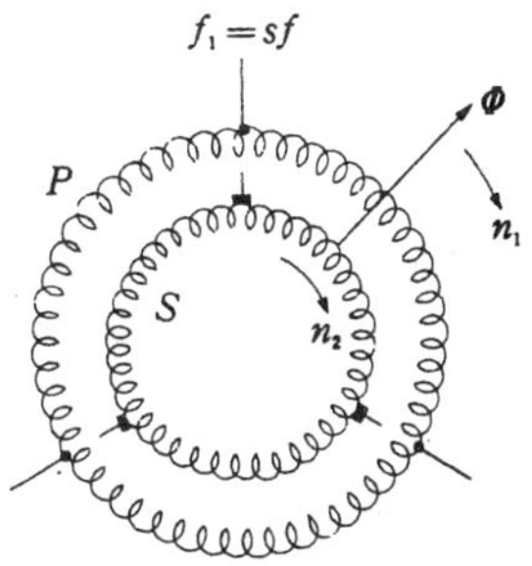

그림 5·18 低周波發電機

回轉子를 外力으로, 速度 n_2로 같은 방향으로 돌리면 回轉子의 슬립 s_1은

$$s_1 = \frac{n_1 - n_2}{n_1}$$

이며 回轉子 브러시 사이에는

$$E_2' = 4.44\, s_1 f_1 w_2 \phi \,[\mathrm{V}]$$

의 電壓이 誘起되며, 이것의 周波數는 n_2에 무관계로 항상 $f_1 = sf$이다. n_2를 상당히 크게 하면 s_1이 커져서 매우 높은 電壓이 얻어진다.

第 6 章　電力用 半導體素子와 應用概要

第 5 章까지의 각종 電氣機器는 어느 것이나 電磁界의 性質을 이용한 電磁에너지 變換機器이고, 이들 電磁變換機器가 현재의 電力機器의 중심이 되어 있다.

그러나 최근 실리콘 整流器(silicon rectifier)나 사이리스터(thyristor) 등 大電力用의 半導體素子가 開發되어, 交流→直流의 變換(콘버어터, 順變換裝置), 直流→交流의 變換(인버어터, 逆變換裝置), 直流電力의 制御(D.C 쵸퍼方式), 交流電力의 制御 및 周波數變換(사이크로 콘버어터) 등 電子裝置에 의한 電力의 變換, 制御, 開閉技術이 눈부시게 발전하여 이들 靜止形電子裝置에 의한 電力變換技術은 電力電子工學(power electronics)이라는 새로운 分野를 이루고 종래의 電磁形 回轉機器를 중심으로 한 電力變換工學과 관련하여 새로운 국면을 개척하기에 이르렀다.

6·1　半導體整流器

6·1·1　半導體整流素子

각종 材料를 固有抵抗의 순서로 배열하면 그림 6·1과 같으며, 半導體는 固有抵抗이 導體와 絕緣物의 중간에 있다.

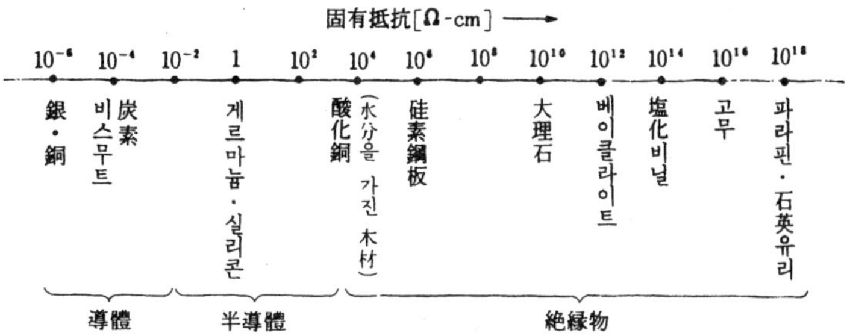

그림 6·1 각종 材料의 固有抵抗

半導體의 電氣的 性質을 알려면 原子의 구조에까지 파고 들어야 한다. 原子는 正의 電荷를 가진 原子核과 그 둘레의 一定軌道를 돌고 있는 몇 개의 電子로 되어 있고 全體로서 中性이다. 그리고 最外側의 軌道를 돌고 있는 電子가 가장 에너지가 높은 電子이고, 이 電子를 **價電子**(valence electron)라 한다.

半導體의 대표적인 것은 실리콘, 게르마늄이고 이것의 原子價는 4이다. 실리콘, 게르마늄의 最外側의 軌道에는 8개의 電子의 座席數가 있으며, 그림 6·2에 표시한 바와 같이 바로 이웃의 原子에서 電子를 내놓아 이들 座席을 차지하게 한다. 이와 같은 結晶을 **共有結合**(covalent bound)이라 한다.

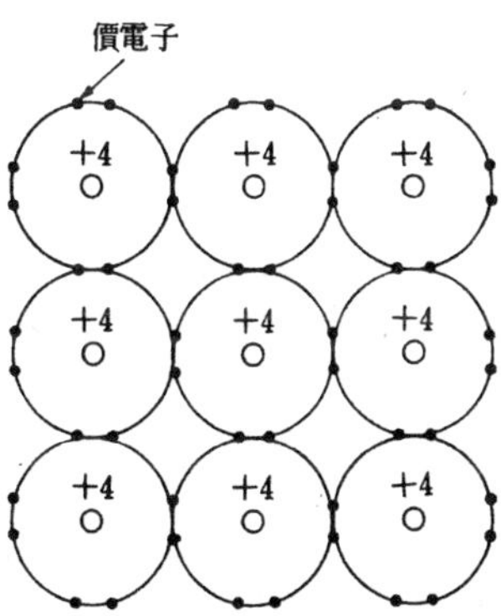

그림 6·2 共有結合의 電子配列

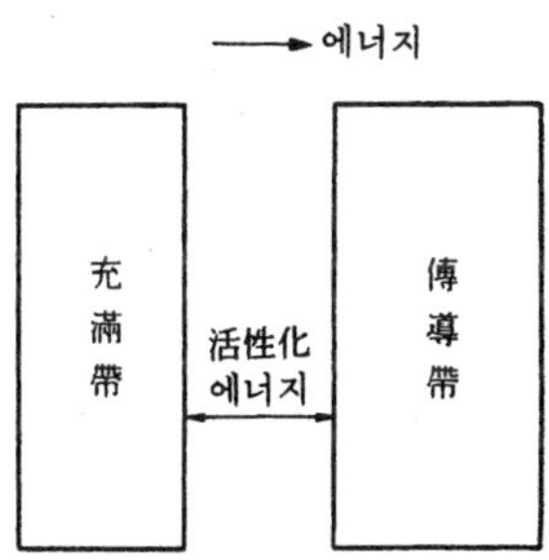

그림 6·3

그리고 不純物을 포함하지 않은 半導體를 **眞性半導體**(intrinsic semiconductor)라 하며, 이러한 半導體에서는 價電子는 原子核에 흡인되어 있어 약간의 電界로는 電子가 이동하지 않으므로 電氣傳導는 생기지 않지만 加熱 빛과 X線의 照射, 磁界, 電界 등으로 적당한 에너지를 주면 얼마만큼의 價電子는 原子核의 束縛을 벗어나서 自由電子가 되어 半導體의 電氣的特性이 변화한다. 自由電子는 價電子보다 높은 에너지를 가지고 그 半導體에 電氣傳導性을 주는 電子이며, 이것이 존재하는 에너지帶를 **傳導帶**(conduction band)라 한다. 이에 대하여 價電子를 갖는 에너지帶를 **充滿帶**(valence band)라 한다. 眞性半導體에서는 傳導帶의 電子의 數와 充滿帶의 電子의 空席數와는 일치한다.

充滿帶와 傳導帶의 에너지差를 活性化 에너지라 하고, 실리콘의 경우, 1.1[eV]이며, 비교적 적으므로 실리콘 半導體의 電氣的 特性은 溫度, 電界, 磁界 등의 영향을 받기 쉽다.

다음에 이들 導體에

P, Sb, Au,……5價原子

등의 原子(불순물)를 약간 가하면 그림 6·4에 표시한 바와 같이 바로 이웃의 原子와 4개의 電子까지는 결합하지만 1개의 電子는 남게 된다. 이 電子는 不純物 原子에 가볍게 拘束되고 있을 뿐이므로 電界가 조금만 가해지면 電界와 逆方向으로 結晶 속을 움직여 負의 電荷가 이동한다.

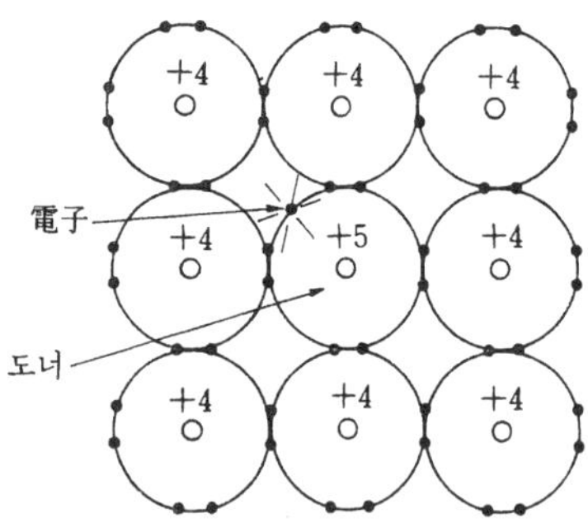

그림 6·4　n形 半導體의 電子配列

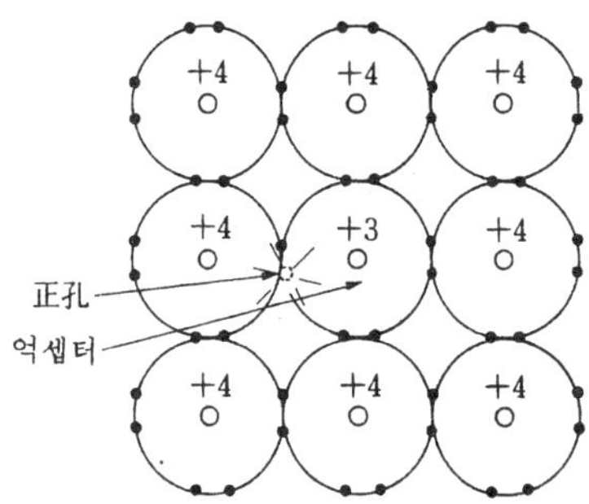

그림 6·5　p形 半導體의 電子配列

이와 같은 것을 n形 半導體라 하고 投入不純物을 **도너**(donnar)라 한다.

또,

B, Ga, Al, In,……3價의 原子

등의 原子를 가하면 그림 6·5에서와 같이 最外側軌道의 電子의 座席에 空席이 1개 생긴다. 이 空席을 **正孔**(hole)이라 한다. 結晶中에 空席이 생기면 이웃의 電子가 이 공석에 들어가 여기에 또 공석이 생긴다. 이렇게 하여 電界가 조금 가하여져도 電界方向으로 이 공석이 이동하여 正의 電荷가 運搬된다.

이와 같은 半導體를 p形 半導體라 하며, 投入不純物을 **억셉터**(acceptor)라 한다.

6·1·2 p-n 接合

p형과 n형의 두 半導體가 그림 6·6(a)와 같이 접합되면 접합면에서 n層의 過剩電子가 p層에 擴散하여 正孔과 결합한다. 또, p層의 正孔은 n層에 확산하여 電子와 결합한다. 이 결과 接合面 근방의 p層에서는 正孔을 잃어 負電位로, n層에서는 電子를 잃어서 正電位가 되므로 접합면에는 그림 6·6(a)와 같은 電位가 생겨 이 이상의 電子, 正孔의 擴散을 방해한다. 이 電壓을 접합면의 **電位障壁**(potential barrier)이라 한다. 그리고 접합면 근방은 電子와 正孔이 없는 空乏層(depletion layer)을 형성한다.

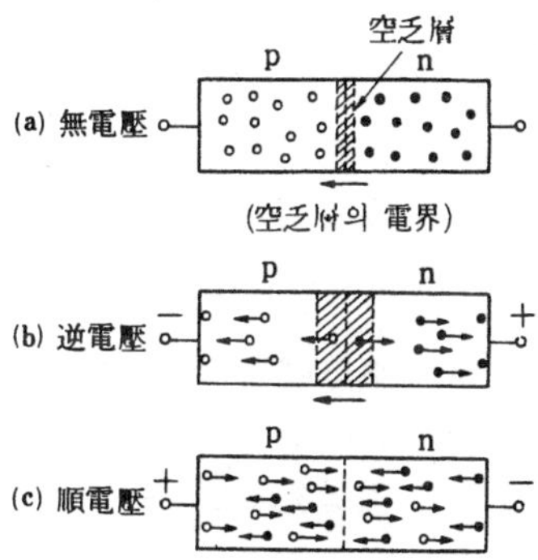

그림 6·6

이와 같이 하여 생긴 電位障壁 때문에 접합면을 통한 電子, 正孔의 擴散은 중지되고 접합면에서의 電流는 0이 된다.

다음에 그림 6·6(c)에 표시한 바와 같이 p層쪽을 正으로 하는 極性의 電壓(이것을 順電壓이라 한다.)을 걸고, 이 값이 電位障壁보다 크면 p層의 正孔은 오른쪽에, n層의 電子는 왼쪽에 加速되고 접합면을 넘어 正孔은 n層에, 電子는 p層으로 계속 확산하여 導電狀態가 된다. 導通時의 電荷의 캐리어(carrier)는 접합면에서는 電子와 正孔이나, 접합면에서 멀리 떨어진 곳에서는 p層에서는 正孔, n層에서는 電子가 주로 된다.

다음에 그림 6·6(b)와 같이 (c)와는 極性이 반대되는 電壓을 가하면 이 電壓은 접합면에 걸려 電位障壁을 더욱 더 높이므로 접합면의 空乏層으로 말미암아 콘덴서를 형성하고 電流가 흐르지 않아 不導通이 된다.

이상에서 p-n接合은 整流作用을 함을 알았다. 실제로는 그림 (b)의 逆電壓이 걸렸을 때 약간의 電流가 逆電壓의 방향으로 흐른다. 이것을 逆電流라 한다. 이 電流는 다음과 같은 熱電流와 再結合電流의 2가지이다. 즉 p層, n層 어느 쪽에나 熱에너지를 얻어서 原子核의 束縛을 벗어나 自由電子가 되는 것이 얼마만큼 존재한다. 따라서 같은 數의 正孔도 존재한다. 이 경향은 溫度가 높으면 높을수록 크게 된다. 이와 같이 하여 생긴 p層 중의 電子, n層 중의 正孔은 電位障壁에 의하여 加速되어 接合面에 逆電流를 형성한다. 이 電流는 溫度에 의존하는 電流이므로 **熱電流**(thermal current)라 한다.

또 p層의 正孔, n層의 電子中에는 電位障壁을 넘어 反對層 속으로 擴散하여 再結合되는 것이 약간 있다. 이에 의한 電流를 再結合電流(recombination current)라 하며 이는 順方向의 電流이다.

그림 6·6(a)와 같은 無電壓時에는 再結合電流와 熱電流와는 크기가 같고 접합면의 電流는 0이 되어 있으나, 그림 (b)와 같이 電位障壁이 높아짐에 따라서 이 再結合電流는 거의 흐르지 않고 接合面에서의 電流는 熱電流만이 된다. 이렇게 하여 逆電壓印加時의 p-n接合의 整流特性은 그림 6·7과 같이 된다. 整流特性의 良否는 $+V$, $-V$에 대한 順方向, 逆方

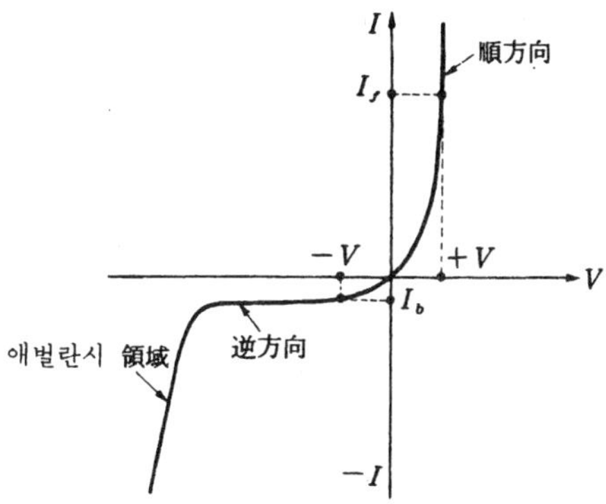

그림 6·7 半導體의 整流特性

向의 電流 I_f, I_b의 比 r로 표시된다.

$$r = \frac{I_f}{I_b}$$

이 r을 整流比라 하고 실리콘, 게르마늄에서는 약 10^5, 셀렌에서는 10^3 정도이다.

또, 逆電壓을 증가하여 가면 어느 점에서 급히 큰 電流가 흐르기 시작한다. 이 電流의 急增을 **降服**(breakdown)이라 한다. 이 降服은 영구적인 特性變化가 아니고, 않는 한, 接合部가 熱破壞하지 電壓을 내리면 다시 元狀態로 復歸한다. 이 降服에는 電子 애벌란시(electronic avalanche)와 제너(zener) 降服의 2가지가 있다.

높은 電界中에서 電子 또는 正孔이 加速되어 이것에 의하여 얻은 運動에너지로 價電子를 밀어내어 새로이 電子正孔의 雙을 만든다. 새로이 생긴 電子와 正孔의 雙은 또다시 같은 일을 되풀이하여 눈사태 모양으로 電流가 증가하는 것이 電子 애벌란시이다.

제너降服은 이와 같은 캐리어의 倍增現象에 따르는 것이 아니고, 높은 電界中에서 價電子가 量子力學的 터널效果에 의하여 禁制帶(充滿帶와 傳導帶 사이의 電子가 존재하지 않는 帶)를 통하여 傳導帶에 도달하고, 電流의 증대를 초래하는 현상이다.

p-n 接合이 얇은 경우에는 제너 現象이, 두꺼운 경우에는 電子 애벌란시 現象이 생긴다고 한다. 이러한 현상을 이용하여 제너 다이오드(zener diode), 애벌란시 다이오드(avalanche diode) 등과 같은 특수한 整流素子도 있으나 일반적인 整流素子에서는 許容逆電壓은 이와 같은 降服을 일으키지 않는 범위에 억제되어 許容逆電壓의 最大値를 許容尖頭逆耐電壓(PIV)이라 한다.

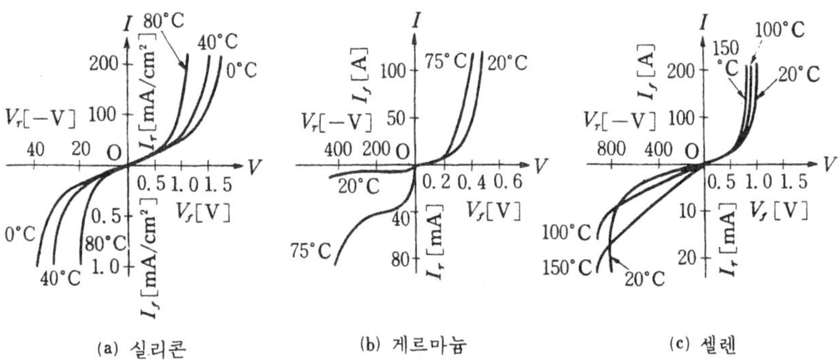

그림 6·8 각종 整流素子의 V-I 特性

그림 6·8은 실리콘, 게르마늄, 셀렌整流素子의 溫度를 파라미터로 한 V-I 特性이며, 이 그림에서 명백한 바와 같이 半導體 整流素子는 溫度가 상승하면 逆電流가 증가하여 整流比가 작게 되고, 逆耐電壓이 저하할수록 溫度의 영향을 받기 쉽다.

또 順電壓이 걸려서 導通狀態에 있을 때, 즉 電子와 正孔이 혼입되어 있을 때 이들이 再結合하여 消失되지 않는 사이에 逆電壓이 인가되면 이 電界로 말미암아 n 層中의 正孔은 p 層으로, p 層中의 電子는 n 層으로 끌리므로 急峻한 逆電流가 흘러 때로는 素子를 파괴하거나, 誘導障害를 발생할 때가 있다. 이것을 **홀蓄積效果**라 한다.

6·1·3 半導體整流素子의 構造, 性能

그림 6·9(a)는 실리콘 整流器의 外觀, (b)는 內部構造이며, 整流素子

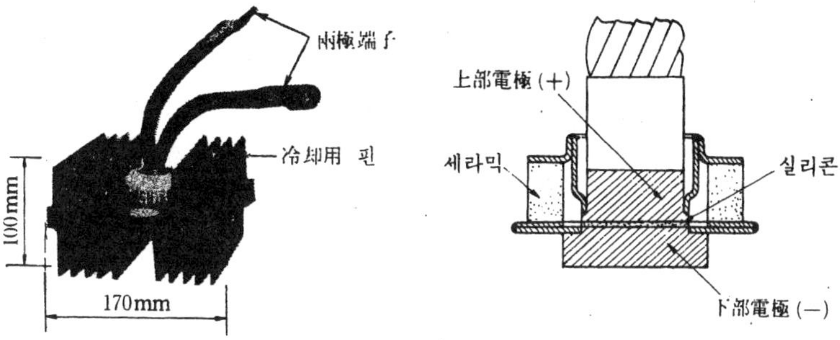

(a) 실리콘 整流器의 外觀 (b) 內部構造

그림 6·9 실리콘整流器

本體를 不活性 가스로 封入하고 氣密로 하여 外界의 水分, 먼지 등이 부착하지 않도록 할 것, 整流素子內에 발생한 熱損失을 외부에 放散하기 쉽도록 할것, 半導體와 銅 사이의 電極을 직접 접속하면 熱膨脹係數가 다르므로 質이 弱한 半導體쪽이 파괴될 염려가 있어 硬臘땜으로 銅電極에 붙여야 하는 등의 주의가 필요하다.

그림 6·10 셀렌整流素子

그림 6·10은 셀렌整流器의 外觀이고 셀렌이 p형, 셀렌化 카드뮴이 n형의 半導體整流素子로 되어 있다.

표 6·1은 셀렌, 게르마늄, 실리콘, 整流素子의 特性을 비교한 것이며,

셀렌에 비하여 실리콘의 電流密度가 매우 크다. 따라서 一定電流의 整流素子의 경우 실리콘 整流素子쪽이 상당히 소형이 되나 셀렌整流素子에 비하여 熱容量과 過負荷耐量이 적고, 一定溫度 이상이 되면 永久破壞가 된다. 이에 비하여 셀렌整流器는 過負荷耐量이 큰 이외에 일단 熱破壞가 되어도 有効面積이 축소할 뿐 再使用이 가능한 경우가 많다. 이것을 自癒作用이라 한다.

표 6·1 Se, Ge, Si 各 整流素子의 特性 比較表

整流素子名	許容溫度 [°C]	許容電流密度 [A/cm²]	尖頭逆耐電壓 [V]	順方向電壓降下 [V]	特徵	用途
셀렌 Se	70	0.1～0.2	약 40	약 1.0	自癒作用, 安價	小容量整流器
게르마늄 Ge	65	100	25～400	약 0.5	順方向電壓降下가 작다	計器 磁氣增幅器
실리콘 Si	200	100～200	25～1200	약 0.9	電流密度, 逆耐電壓이 크다	大容量用

실리콘 등의 半導體 整流素子는

(1) 順方向 導通時의 損失에 의한 熱破壞

(2) 逆電壓印加時 過電壓→降服→過電流→過熱→永久破壞에 의하여 결국 熱的으로 파괴한다. 따라서 整流器의 許容電流는 順電流의 平均値뿐만 아니라 그의 波形, 周圍溫度, 冷却方向에 따라서 달라진다.

6·1·4 整流回路의 基礎

(1) 純抵抗負荷整流回路

① 單相半波整流回路

그림 6·11(a)에서 $v=\sqrt{2}V\sin\theta$의 正弦波電壓에 대하여 $\pi\geqq\theta\geqq 0$되는 正의 半사이클期間만 整流素子 D는 導通하고, 直流電壓 e_d의 波形은 그림 6·11(b)의 굵은 線으로 표시한 것과 같이 된다.

따라서 e_d의 平均値 E_{d0}은

$$E_{d0}=\frac{1}{2\pi}\int_0^{2\pi}e_d d\theta=\frac{1}{2\pi}\int_0^{\pi}v d\theta=\frac{\sqrt{2}}{\pi}V=0.45V\,[\mathrm{V}]\quad(6\cdot 1)$$

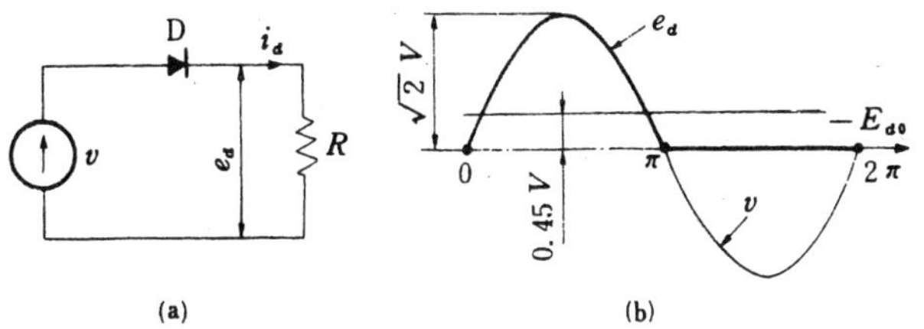

그림 6·11 單相半波整流回路

또 直流電流 i_d의 平均値 I_d다

$$I_d = \frac{E_{d0}}{R} \tag{6·2}$$

② **單相全波整流回路**

v의 正의 半사이클에서는 D_1, D_2'가 負의 半사이클에서는 D_2, D_1'가 導通하여 出力電壓 e_d는 그림 6·12(b)의 굵은 線과 같이 된다.

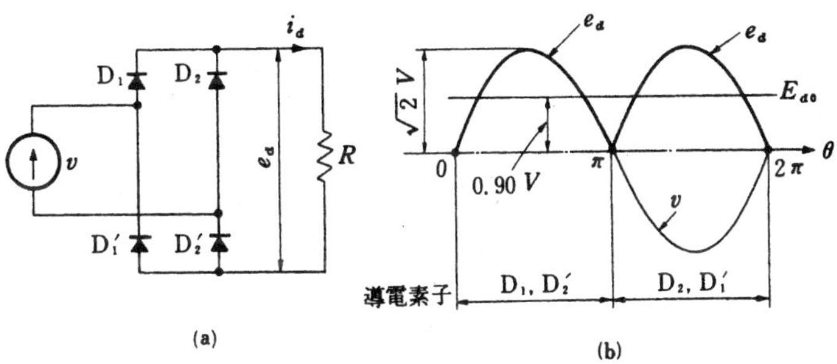

그림 6·12 單相全波整流回路

따라서

$$E_{d0} = \frac{1}{\pi}\int_0^{\pi} e_d d\,\theta = \frac{2\sqrt{2}}{\pi}V = 0.90\,V \tag{6·3}$$

이 되어 半波整流의 경우의 2배가 된다. 正의 半사이클에서는 D_2, D_1'에 v가 逆方向으로 걸리고 있다. 따라서 $v \fallingdotseq 0$인 한 D_1, D_2, D_1' D_2'가 동시에 導通하는 일이 없다.

③ 電源中性點을 이용한 單相全波整流回路

그림 6·13(a)의 回路에서는 2개의 整流素子만으로 된다. 단, D_1이 導通時에는 D_2에 $v_1 - v_2$의 逆電壓이 걸리므로 그림 6·12(a)와 비교할 경우 $v = v_1$이라 하면 直流의 平均電壓은 똑같으나, 그림 6·13(a)에서는 2배의 逆耐電壓에 견디는 整流素子를 쓸 필요가 있다.

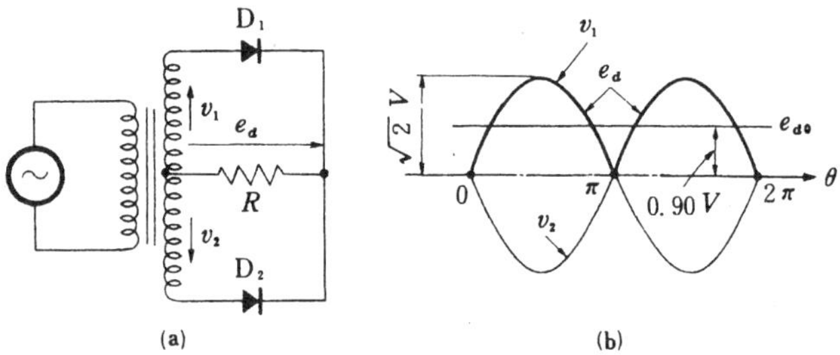

그림 6·13 電源中性點을 이용한 單相全波整流回路

④ 3相半波整流回路

그림 6·14(a)에서 點 0과 P사이에 $v_1 - D_1$, $v_2 - D_2$, $v_3 - D_3$의 3枝路가 並列로 연결되어 있으나, 平衡3相電壓 v_1, v_2, v_3 중에서 가장 큰 것의 枝路만이 整流素子의 작용으로 접속된다. 따라서 負荷에 걸리는 電壓 e_d의 波形은 그림 6·14(b)의 굵은 선과 같이 된다.

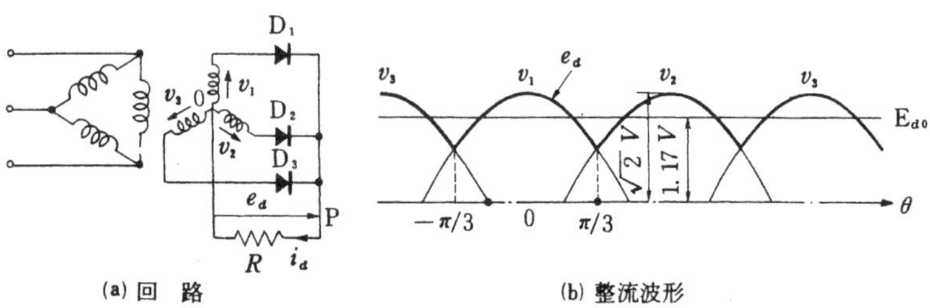

그림 6·14 3相半波整流回路

$v_1 = \sqrt{2}\,V\cos\theta$라 하면 E_{d0}은

$$E_{d0} = \frac{1}{2\pi/3}\int_{-\frac{\pi}{3}}^{\frac{\pi}{3}} v_1 d\theta = \frac{3\sqrt{2}}{2\pi}V = 1.17V \tag{6·4}$$

⑤ 3 相全波整流回路

그림 6·15(a)와 같은 結線을 그래츠 結線(graetz connection)이라 한다. 線間電壓 V_l의 平衡 3 相電壓 v_1, v_2, v_3(星形 電壓)의 中性點을 0이라 하자. 負荷側의 +의 端子 P와 0 사이에는 v_1-D_1, v_2-D_2, v_3-D_3의 3개의 枝路가 並列로 연결되어 있으므로 이의 整流作用은 그림 6·14(a)의 3 相半波整流回路와 똑같은 것이 된다. 따라서 0에 대한 點 P의 電位의 시간적 변화는 그림 6·15(b)의 굵은 곡선 ①이 된다. 그리고 곡선

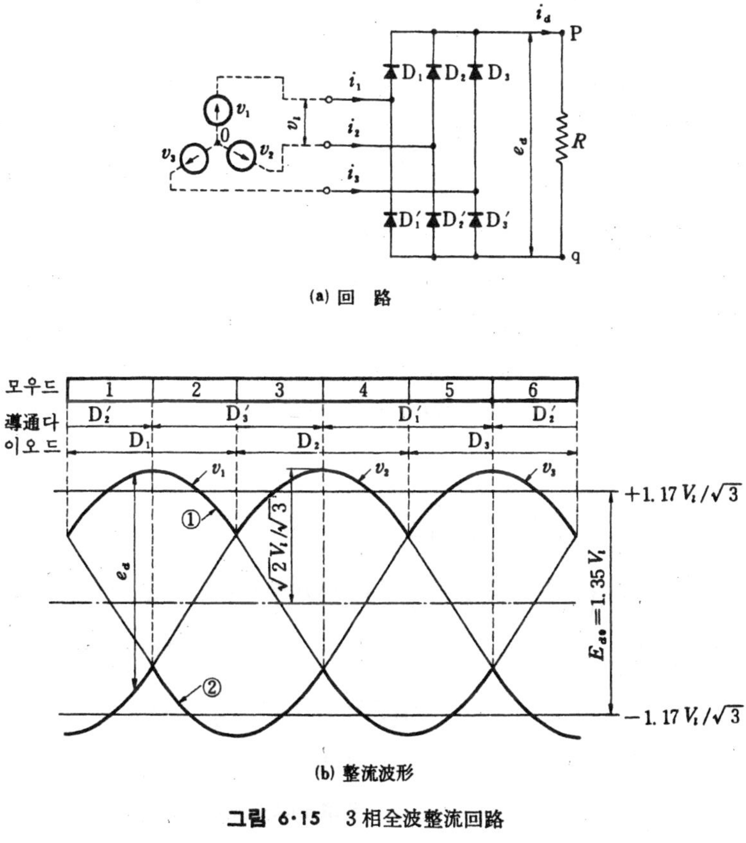

(a) 回 路

(b) 整流波形

그림 6·15 3 相全波整流回路

①의 平均電壓(點 0에 대한)은 식 (6·4)에서 $1.17V = 1.17V_l/\sqrt{3} = 0.675V_l$이 된다.

또, 電源中性點 0과 負荷側의 負의 端子 q 사이에는 $D_1-(-v_1)$, $D_2-(-v_2)$, $D_3-(-v_3)$의 3枝路가 並列로 연결되어 있다. 따라서 이것도 그림 6·14(a)의 경우와 똑같으며, $|-v_1|$, $|-v_2|$, $|-v_3|$ 중에서 가장 큰 것의 回路만이 q와 0 사이에 접속된다. 그 결과 0에 대한 點 q의 電位의 시간적 변화는 그림 6·15(b)의 굵은 곡선 ②가 된다. 곡선 ②의 平均値는 곡선 ①의 부호를 바꾸어 놓은 것만 다를 뿐이다.

따라서 直流電壓 e_d는 곡선 ①과 ② 사이에 낀 크기가 되며, 그 平均値 E_{d0}은

$$E_{d0} = 0.675\ V_l \times 2 = 1.35\ V_l \tag{6·5}$$

이 整流回路는 그림 6·15(b)에서 알 수 있는 바와 같이 6개의 모우드(mode)로 나누어져, D_1, D_2, D_3群과 D_1', D_2', D_3'群의 素子는 각각 120° 만큼 導通하고 D_1과 D_1', D_2와 D_2', D_3과 D_3'가 동시에 導通할 수는 없다.

(2) 單相全波整流回路의 L의 影響

整流素子降下를 무시한 경우의 그림 6·16(a)와 같이 L, R 負荷를 가진 單相全波整流回路를 解析하고 인덕턴스 L의 영향을 究明하기로 한다.

$$v_1 = \sqrt{2}\,V \sin \omega t\ [\mathrm{V}]$$
$$v_2 = \sqrt{2}\,V \sin \omega t\ [\mathrm{V}]$$

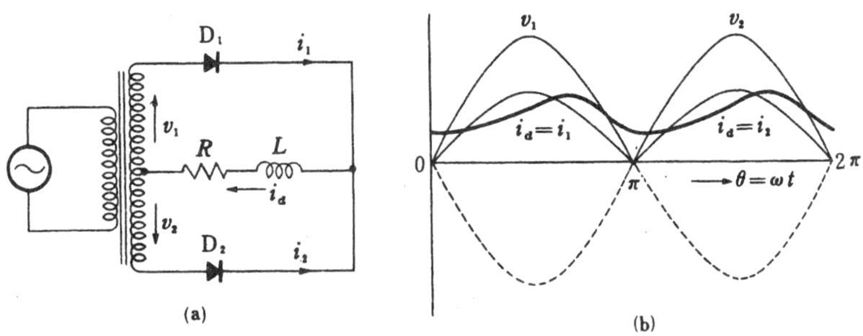

그림 6·16 L, R 負荷의 單相全波整流回路와 그 波形

라 하자.

D_1이 導通하고 있는 기간을 생각하면 瞬時直流電流는 $i_d = i_1$이며 다음의 微分方程式을 만족한다.

$$Ri_1 + L\frac{di_1}{dt} = \sqrt{2}\,V\sin\omega t$$

이것을 풀면

$$i_1 = \frac{\sqrt{2}\,V}{\sqrt{R^2+X^2}}\sin(\theta-\rho) + C\varepsilon^{-Rt/L} \tag{6·6}$$

단, $X = \omega L, \quad \omega t = \theta, \quad \rho = \tan^{-1}\frac{X}{R}$

電壓과 電流는 그림 6·16과 같은 波形이 되어 i_1과 i_2는 半波마다 교대하지만 이들의 波形은 똑같으므로 i_1에서 i_2에 넘어가는 i_d와 i_2에서 i_1로 넘어가는 i_d와는 같은 값이다.

$$i_{1(\theta=0)} = i_{1(\theta=\pi)} \tag{6·7}$$

식 (6·6)을 위의 식에 넣으면 C가 결정된다.

$$i_{1(\theta=0)} = -\frac{\sqrt{2}\,V}{\sqrt{R^2+X^2}}\sin\rho + C$$

$$i_{1(\theta=\pi)} = \frac{\sqrt{2}\,V}{\sqrt{R^2+X^2}}\sin\rho + Ce^{-R\pi/X}$$

따라서

$$C = \frac{2\sqrt{2}\,V\sin\rho}{\sqrt{R^2+X^2}(1-e^{-R\pi/X})}$$

이것에서 식 (6·6)은

$$\begin{aligned} i_1 &= \frac{\sqrt{2}\,V}{\sqrt{R^2+X^2}}\left\{\sin(\theta-\rho) + \frac{2\sin\rho}{1-e^{R\pi/X}}e^{-R\theta/X}\right\} \\ &= \frac{\sqrt{2}\,V}{R}\left\{\cos\rho\,\sin(\theta-\rho) + \frac{\sin 2\rho}{1-e^{-\pi\cot\rho}}e^{-\theta\cot\rho}\right\} \end{aligned} \tag{6·8}$$

이것의 直流平均値 I_d는

$$I_d = \frac{1}{\pi}\int_0^\pi i_1 d\theta = \frac{2\sqrt{2}\,V}{\pi R} \tag{6·9}$$

가 되고 리액턴스 X에는 무관계하다.

또 負荷에 가해지는 直流平均電壓은

$$E_{d0} = \frac{1}{\pi}\int_0^{\pi} v_1 d\,\theta = \frac{2\sqrt{2}\,V}{\pi} = I_d R \tag{6·10}$$

이 된다.

다음에 리액턴스의 영향을 생각하기 위하여 식 (6·8)에서 $X=\infty$라 하자.

$\rho = \tan^{-1}(X/R) = \frac{\pi}{2}$이므로

$$\cos\rho\ \sin(\theta-\rho) = 0$$

이나

$$\frac{\sin 2\rho}{1-e^{-\pi\cot\rho}}e^{-\theta\cot\rho} = \frac{\sin\pi}{1-e^{-\pi\cot\frac{\pi}{2}}}e^{-\theta\cot\frac{\pi}{2}} = \frac{0}{1-e^{-0}}e^{-0} = \frac{0}{0}\times 1$$

은 不定形이 된다. 그러므로 不定形이 되는 식의 分母, 分子를 각각 ρ로 微分하고 $\rho=\frac{\pi}{2}$로 놓기로 한다.

$$\frac{\dfrac{d}{d\rho}(\sin 2\rho)}{\dfrac{d}{d\rho}(1-e^{-\pi\cot\rho})} = \left[\frac{2\cos 2\rho}{-\pi\,\mathrm{cosec}^2\rho\ e^{-\pi\cot\rho}}\right]_{\theta=\frac{\pi}{2}} = \frac{2}{\pi}$$

따라서

$$i_1 = \frac{2\sqrt{2}\,V}{\pi R} = I_d \tag{6·11}$$

즉 i_1은 완전한 直流가 되고 脈動分은 消滅한다.

$X \gg R$일 때도 위와 마찬가지로 해서 다음 近似式을 얻는다.

$$i_1 = I_d = \frac{\sqrt{2}}{X}\,V\left(\cos\theta + \frac{2\theta}{\pi}\right) \tag{6·12}$$

이것으로부터 X가 클수록 脈動分의 振幅은 적게 됨을 알 수 있다.

다음에 $X=0$이라 하면 식 (6·8)에서 $\rho=0$이라 놓아

$$i_1 = \frac{\sqrt{2}\,V\sin\theta}{R} = \frac{v_1}{R} \tag{6·13}$$

이 되어 i_1은 v_1과 같은 位相, 같은 波形이 된다. 이와 같이 X는 直流電壓의 平均値에는 전혀 영향을 주지 않지만 그 波形을 개선하여 $X\to\infty$에 접근할수록 平滑한 直流가 얻어진다.

6·2 半導體制御整流素子

6·2·1 사이리스터와 그의 特性

사이리스터는 그림 6·17과 같은 pnpn의 4층으로 된 半導體素子이다. 그림의 p_2층에 붙인 第3의 電極을 게이트(gate)라 하고, 게이트電流를 흘림으로써 素子를 阻止狀態(off state)에서 導通狀態(on state)로 바꿀 수 있다.

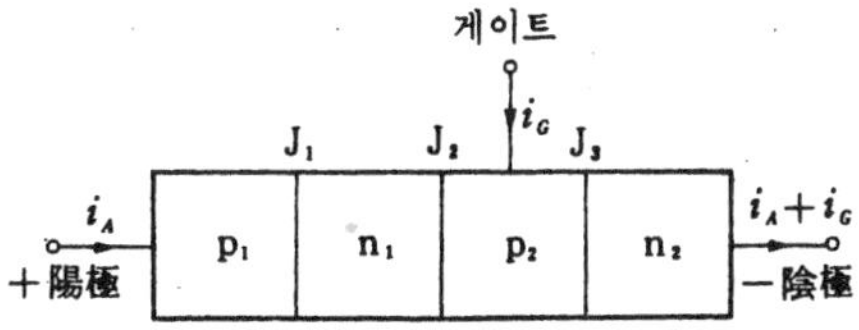

그림 6·17 사이리스터

사이리스터는 게이트電流가 0일 때에는 順方向으로 電壓을 가하여도 電流는 거의 흐르지 않고 阻止狀態가 된다. 그러나, 電壓을 점점 증가시키면 그림 6·18과 같이 브레이크 오버電壓(break over voltage) V_{B0}에 도

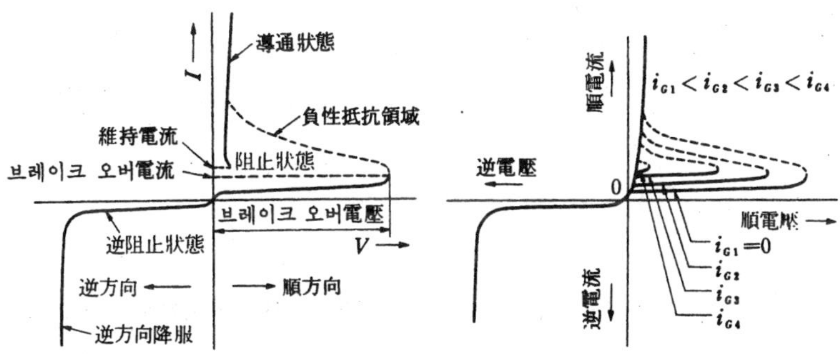

(a) $i_G=0$에서의 特性　　(b) i_G를 변화시켰을 때의 特性

그림 6·18 사이리스터의 電壓, 電流特性

달하여 負性 抵抗領域에 들어가서 導通狀態가 된다.

사이리스터에 게이트電流 i_G를 흘리면 그림 6·18(b)에 표시한 바와 같이 브레이크 오버電壓은 점점 降下하여 게이트電流가 어느 정도 이상으로 크게 되면 順方向特性은 실리콘 整流器의 順方向特性과 거의 같게 된다. 따라서 브레이크 오버電壓보다 낮은 順方向電壓에서 阻止狀態에 있는 사이리스터에 적당한 크기의 게이트電流를 흘리면 阻止狀態에서 導通狀態로 스위치(switch) 할 수 있다. 이와 같이 阻止狀態에서 導通狀態로 스위치하는 것을 **턴 온**(turn on)이라 하고, 반대로 導通狀態에서 阻止狀態로 스위치하는 것을 **턴 오프**(turn off)라 한다.

6·2·2 사이리스터의 點弧와 消弧

(1) 點弧와 點弧回路

사이리스터를 點弧하려면 적당한 게이트 電流펄스를 가하여야 한다. 그림 6·19는 턴 온時의 順方向電壓 V_p의 변화를 나타낸 것으로 턴 온時間 t_{on}보다 긴 게이트電流 펄스를 가하면 사이리스터를 點弧할 수 있다.

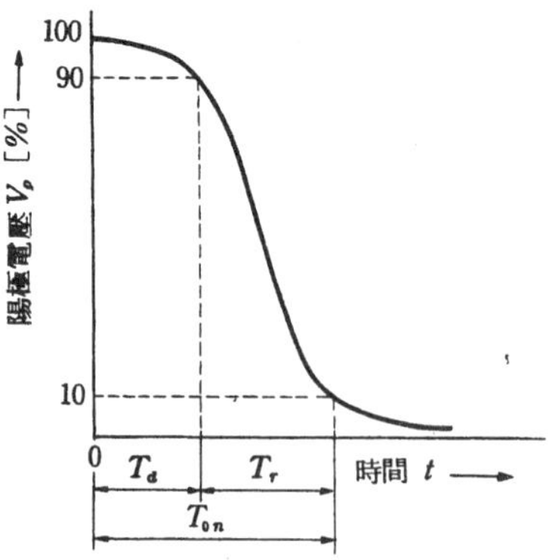

그림 6·19 턴 온特性

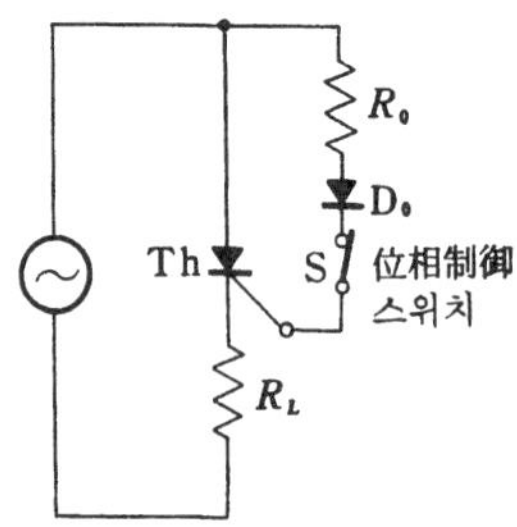

그림 6·20 交流電壓에 의한 點弧

사이리스터를 턴 온 시키기 위한 點弧回路에는 여러 가지가 있으나 여기서는 그림 6·20, 6·21에 대표적인 2가지 방식만 소개한다.

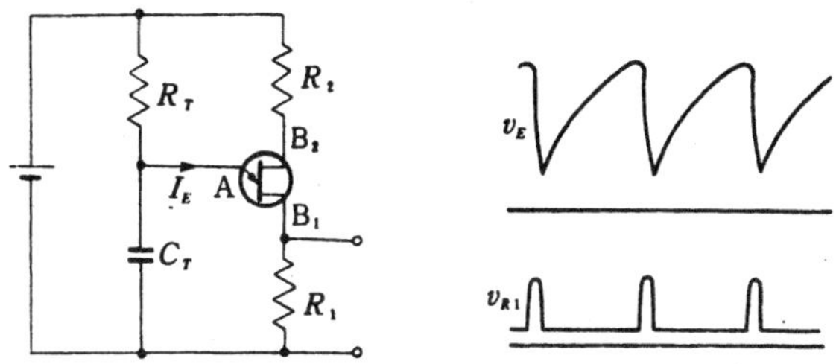

(a) 發振回路 (b) 電壓波形

그림 6·21 UJT를 사용한 點弧回路

그림 6·20은 電源에서 게이트電力을 얻는 가장 간단한 回路方式이며, 스위치 S를 닫는 時間을 位相制御하면 廣範圍로 點弧角을 제어할 수 있다.

그림 6·21은 單接合트랜지스터(UJT) 弛張發振器를 사용한 點弧方式이다. 그림의 抵抗 R_1 端子에 나타나는 펄스의 周期가 時定數 R_TC_T로 정해짐을 이용하여 R_T 또는 C_T를 制御함으로써 게이트 펄스의 位相制御를 하게 하는 방식이다.

(2) 턴 오프와 消弧回路

사이리스터는 自已消弧能力이 없으므로 일단 點弧한 사이리스터를 消弧하려면 적당한 방법을 써야 한다. 즉 電流를 維持電流(holding current) 이하로 하든가, 또는 사이리스터에 逆方向電壓을 가하여 逆바이어스를 주든가 하여야 한다. 逆바이어스를 주어 消弧시킬 때에는 캐리어가 擴散하여 素子의 制御性能이 회복하는 데 약간의 시간이 걸린다. 이 시간을 턴

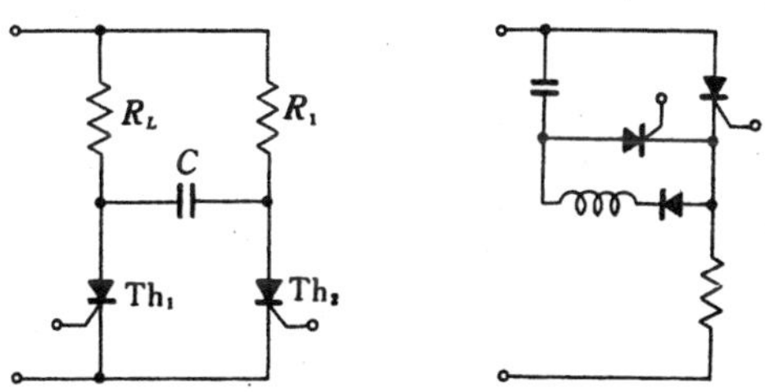

(a) 플립 플롭 (b) 초퍼回路

그림 6·22 消弧回路

오프時間(turn off time)이라 하며, 이것은 逆電壓의 크기에 따라서 변화하나 대개 數 μs～數 10 μs의 값이다.

交流回路에서는 負의 半周期 동안 逆電壓이 가하여지므로 쉽게 턴 오프되지만 直流回路에서는 그림 6·22와 같이 콘덴서나 리액터를 써서 强制로 턴 오프시켜야 한다. 이들 回路에 의한 턴 오프 機構에 대해서는 6·2·3, 6·2·4에서 취급한다.

6·2·3 直流電力制御

(1) 쵸퍼(chopper)回路

사이리스터는 일종의 開閉素子로 동작하므로 直流電源에 直列로 사이리스터를 삽입하고 이것을 적당한 期間開閉하면 直流電壓은 그림 6·23과 같이 斷續的으로 변화하여 直流電壓의 制御가 가능하게 된다.

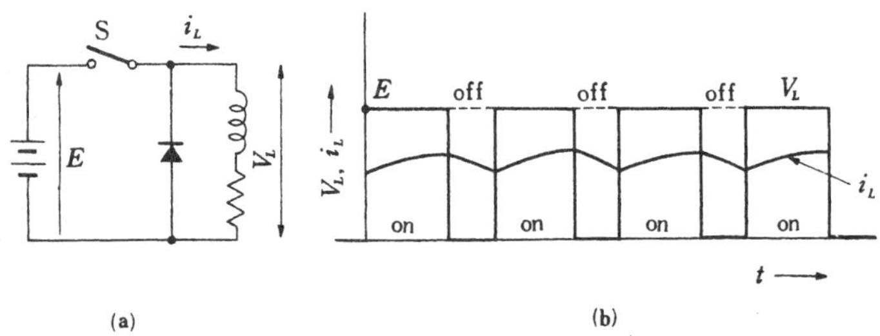

그림 6·23 直流쵸퍼回路의 原理

그림 6·24는 사이리스터를 사용한 直流쵸퍼回路의 한 예를 표시한 것이며, 캐소드 펄스形 回路라고 부른다.

그림 6·24(a)에서 Th_1은 主사이리스터, Th_2는 補助사이리스터이며, Th_1을 點弧하면 回路는 온(on), Th_2를 點弧하면 回路는 오프(off) 상태가 되어 T_{on}, T_{off}의 양쪽을 자유로이 변화시킬 수 있다.

① 始 動

이 回路를 始動하려면 우선 Th_1이 오프 상태에서 Th_2에 게이트 펄스를

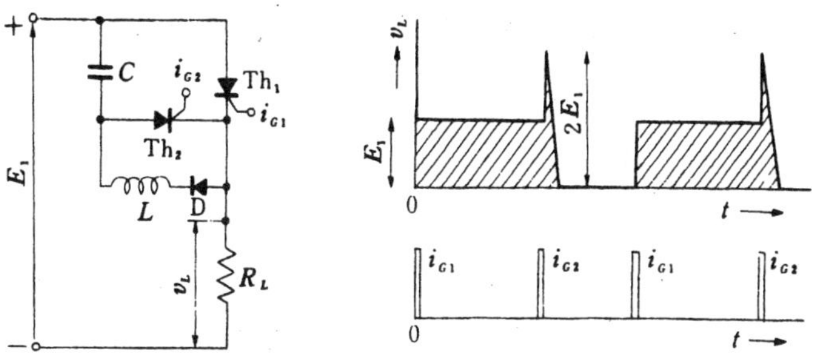

(a) 回路　　(b) 게이트 펄스와 負荷端子電壓

그림 6·24 直流쵸퍼回路(캐소드 펄스形)

가한다. Th_2가 온하면 E_1-C-Th_2-R_L-E_1의 回路가 이루어져서 이 回路에는 식 (6·14)의 電流가 흐르고 콘덴서 C는 식 (6·15)에 따라서 充電된다.

$$i = \frac{E_1}{R_L} e^{-\frac{t}{CR_L}} \tag{6·14}$$

$$e_c = E_1(1 - e^{\frac{t}{CR_L}}) \tag{6·15}$$

② **閉路動作**(switch in)

C가 E_1으로 充電된 상태에서 Th_1에 게이트 펄스를 가하여 온시키면 負荷抵抗 R_L에 電壓 E_1이 가해진다. 이와 동시에 C-Th_1-D-L의 回路

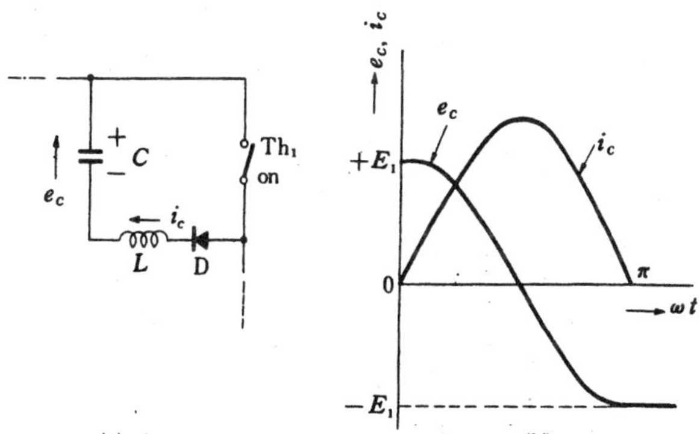

(a)　　(b)

그림 6·25 閉路時 轉流콘덴서의 充電

〔그림 6·25(a)〕가 구성되어 이 回路에는 다음 식의 振動電流 i_c가 흐른다.

$$\left.\begin{aligned} &\frac{1}{C}\int i_c dt + L\frac{di_c}{dt} = 0 \\ &i_c = E_1\sqrt{\frac{C}{L}}\sin\frac{t}{\sqrt{LC}} \end{aligned}\right\} \qquad (6\cdot16)$$

$i_c<0$가 되면 整流器 D가 導通하지 않으므로 그림 6·25(a)의 回路는 오프상태가 되어 C의 充電電壓은 $-E_1$의 상태로 유지된다〔그림 6·25(b)〕.

③ **開路動作**(switch off)

콘덴서 C가 $-E_1$에 充電된 상태에서 Th_2를 온시키면 $C-Th_1-Th_2$의 回路〔그림 6·26(a)〕가 이루어지므로 Th_1은 C의 充電電壓 $-E_1$에 의하여 逆바이어스되고 턴 오프된다. Th_1이 오프되면 $E_1-C-Th_2-R_L$의 回路〔그림 6·26(b)〕를 통하여 다음 식으로 표시되는 電流가 흐르고, C의 充電電壓은 식 (6·17)과 같이 변화한다.

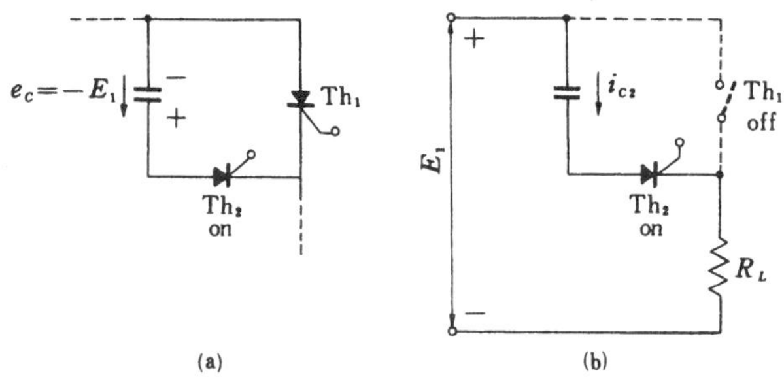

그림 6·26 턴 오프時의 回路狀態

$$\left.\begin{aligned} &i_{c_2} = \frac{2E_1}{R_L}\left(e^{-\frac{t}{CR_L}}\right) \\ &e_c = E_1\left(1-2e^{-\frac{t}{CR_L}}\right) \end{aligned}\right\} \qquad (6\cdot17)$$

여기서 i_{c_2}가 維持電流 이하가 되면 Th_2는 오프되고 C는 다시 E_1에 充電되어 開路動作을 끝낸다. 그림 6·24(b)에 이 때 얻어진 出力電壓波形

이 표시되어 있다.

(2) 單相制御整流回路

사이리스터를 사용한 整流回路는 制御角을 변화시킴으로써 直流出力電壓을 쉽게, 그리고 연속적으로 制御할 수 있으므로 可變電壓, 또는 定電壓의 直流電源으로 많은 용도에 사용되고 있다. 이러한 整流回路에는 여러가지 방식의 것이 있으나 기본적으로는 그림 6·27(a)의 半波整流回路, 그림 (b)의 全波整流回路의 어느 하나로 표시된다.

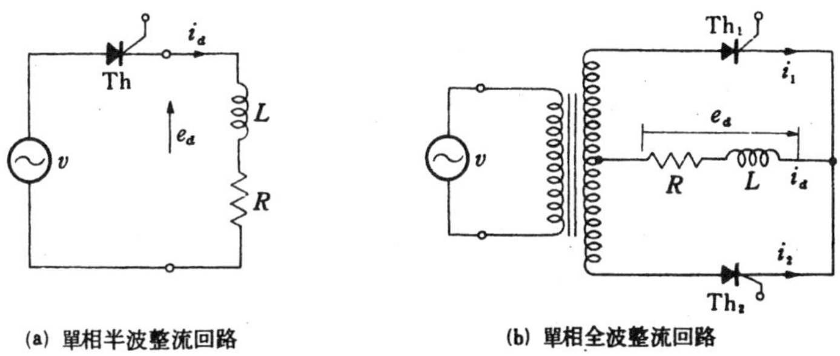

그림 6·27 單相制御 整流回路

① 單相半波整流回路

우선 그림 6·27(a)의 單相半波整流回路에서 사이리스터의 點弧角(制御角) α를 변화시킨 경우의 動作의 개요를 설명한다.

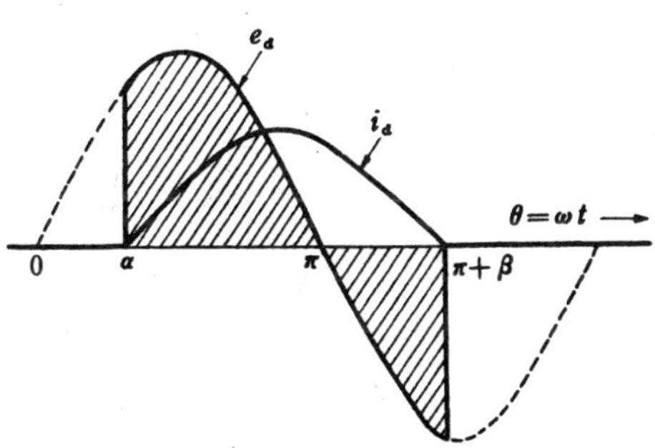

그림 6·28 單相半波整流波形(誘導負荷)

그림의 回路에서 사이리스터 Th를 位相角 α에서 點弧시키면 그림 6·28에 표시한 바와 같이 位相角 $\alpha \sim \pi+\beta$ 사이에 電流 i_d가 흐르며, i_d는 다음 식으로 주어진다.

$$L\frac{di_d}{dt}+Ri_d=\sqrt{2}\,V\sin\omega t \tag{6·18}$$

初期條件을 $\omega t=\alpha$에서 $i_d=0$이라 하면 위 식을 풀어서

$$i_d=\frac{\sqrt{2}\,V}{Z}\left\{\sin(\omega t-\gamma)-\sin(\alpha-\gamma)e^{-R(\omega t-\alpha)/\omega L}\right\} \tag{6·19}$$

여기서 $Z=\sqrt{R^2+(\omega L)^2}$

$\gamma=\tan^{-1}(\omega L)/R$

i_d가 0이 되는 시간을 t_β라 하여 $\omega t_\beta=\pi+\beta$라 놓고 식 (6·19)에 대입하면

$$\sin(\beta-\gamma)+\sin(\alpha-\gamma)e^{-(\pi+\beta-\alpha)\cot\gamma}=0 \tag{6·20}$$

制御角 α가 주어지면 위 식에서 i_d가 0이 되는 位相角, 즉 사이리스터가 턴 오프되는 位相角 β를 구할 수 있다。

또, 負荷에 가해지는 直流電壓의 平均值를 E_d, 負荷電流의 平均值를 I_d라 하면

$$E_d=\frac{1}{2\pi}\int_\alpha^{\pi+\beta}\sqrt{2}\,V\sin\omega t\,d(\omega t)=\frac{V}{\sqrt{2}\pi}(\cos\alpha+\cos\beta) \tag{6·21}$$

$$I_d=\frac{V}{\sqrt{2}\pi R}(\cos\alpha+\cos\beta) \tag{6·22}$$

다음에는 그림 6·29(a)와 같이 負荷와 並列로 環流다이오드 D를 삽입

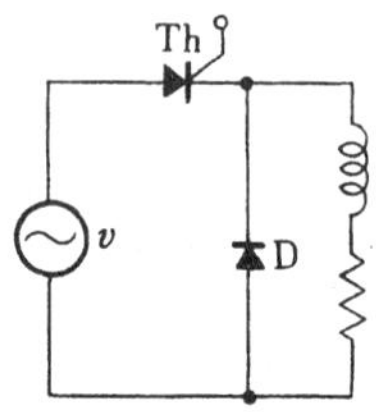

(a) 回路圖

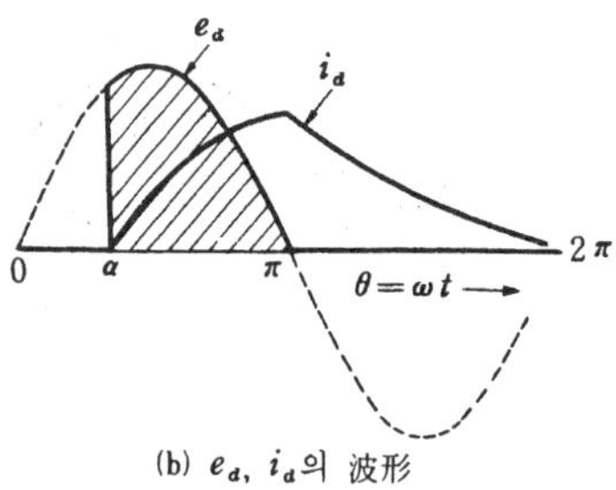

(b) e_d, i_d의 波形

그림 6·29 單相半波整流回路(環流다이오드가 있는 경우)

한 경우의 동작을 생각해 본다. 電壓 v의 正의 半周期 동안은 D가 없는 경우와 같으며, 電流 i_d는 식 (6·19)에서 구해진다. 그러나 $\omega t>\pi$가 되고 電壓 v가 負의 半周期에 들어가야만 다이오드 D가 導通狀態가 되므로 負荷는 D로 短絡되어 다음 식으로 정해지는 電流가 흐른다.

$$L\frac{di_d}{dt}+Ri_d=0 \tag{6·23}$$

여기서 $\theta=\pi$에서의 電流의 값을 I_0이라 하면 식 (6·19)에서

$$i_d(\theta=\pi)=I_0=\frac{\sqrt{2}V}{Z}\left\{\sin(\pi-\gamma)-\sin(\alpha-\gamma)\right\}e^{-R(\pi-\alpha)/\omega L} \tag{6·24}$$

이 I_0이 短絡期間의 電流 $i_d(\omega t\geqq\pi)$의 初期値이므로 식 (6·23)을 풀면

$$i_d(\omega t\geqq\pi)=I_0e^{-R(\omega t-\pi)/\omega L} \tag{6·25}$$

가 된다. 이 電流는 사이리스터가 再次 點弧하는 位相角 $2\pi+\alpha$까지 계속 흐른다. 또, 環流다이오드 D를 삽입한 경우의 負荷電壓, 電流의 平均値는 식 (6·21), (6·22)의 β를 0으로 놓으면 다음 식과 같이 된다.

$$E_d=\frac{V}{\sqrt{2}\pi}(1+\cos\alpha),\quad I_d=\frac{V}{\sqrt{2}\pi R}(1+\cos\alpha) \tag{6·26}$$

【예제 1】 그림 6·27(a) 및 그림 6·29(a)의 회로에서 交流電壓 100 [V], $R=10\,[\Omega]$, $\omega L=10\,[\Omega]$, $\alpha=45°$ 일 때의 出力電流를 구하라.

(풀이) $\gamma=\tan^{-1}(\omega L)/R=\tan^{-1}1 \qquad \therefore\ \gamma=\frac{\pi}{4}$

따라서 식 (6·20)은

$$\sin\left(\beta-\frac{\pi}{4}\right)+\sin\left(\frac{\pi}{4}-\frac{\pi}{4}\right)e^{-\left(\pi+\beta-\frac{\pi}{4}\right)\times 1}=0$$

$$\therefore\ \beta=\frac{\pi}{4}$$

그러므로 그림 6·27(a)의 경우에는

$$I_d=\frac{V}{\sqrt{2}\pi R}(\cos\alpha+\cos\beta)=\frac{V}{\pi R}=3\cdot18\ [\mathrm{A}]$$

또, 그림 6·29(a)의 회로에서는 식 (6·26)에서

$$I_d=\frac{V}{\sqrt{2}\pi R}(1+\cos\alpha)=\frac{V}{\sqrt{2}\pi R}\left(1+\frac{1}{\sqrt{2}}\right)=3.84\ [\mathrm{A}]$$

6·2·4 사이리스터 인버어터

交流에서 直流로의 變換裝置를 整流裝置 또는 順變換裝置라고 하는데 대하여, 直流에서 交流로 변환하는 裝置를 인버어터(inverter) 또는 逆變換裝置라 하며, 인버어터에는 轉流에너지의 供給方法에 따라서 自勵式과 他勵式, 周波數의 決定方式에 따라서도 自勵式과 他勵式이 있는 등 여러 가지 방식으로 분류되나, 여기서는 單相並列 인버어터와 3相 인버어터의 요점만을 다룬다.

(1) 單相並列 인버어터

그림 6·30(a)는 單相並列 인버어터의 原理圖이다. 그림의 스위치 S_1, S_2를

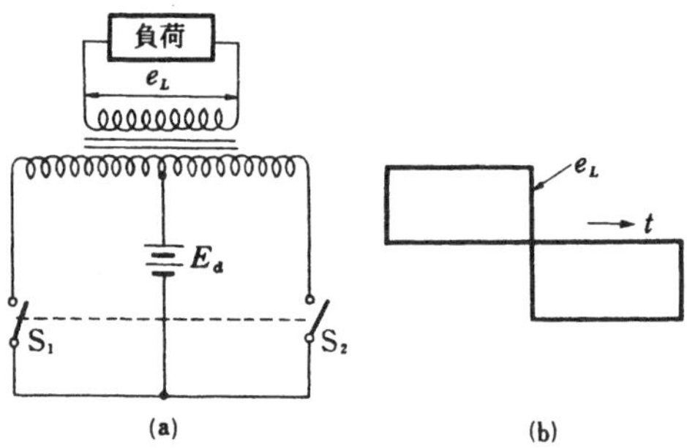

그림 6·30 單相並列 인버어터의 原理

一定周期로 교대로 온 오프 시키면 變壓器의 2次端子에는 그림 (b)에 표시된 바와 같은 方形波電壓을 誘起한다. 이 스위치를 사이리스터로 바꾼 것이 사이리스터 並列인버어터이며, 그림 6·31(a)에 이것의 基本回路, 그림 (b)에 그 改良形을 표시하였다.

그림의 콘덴서 C는 轉流콘덴서, L_d는 轉流인덕턴스, 整流器 D_1, D_2는 歸還다이오드이며, 어느 것이나 사이리스터 스위치의 轉流를 확실하게 하기 위한 것이다.

다음에 그림 (b)에서 Th_1 온상태에서 Th_2 오프상태로 移行하는 轉流時의 동작을 알아본다.

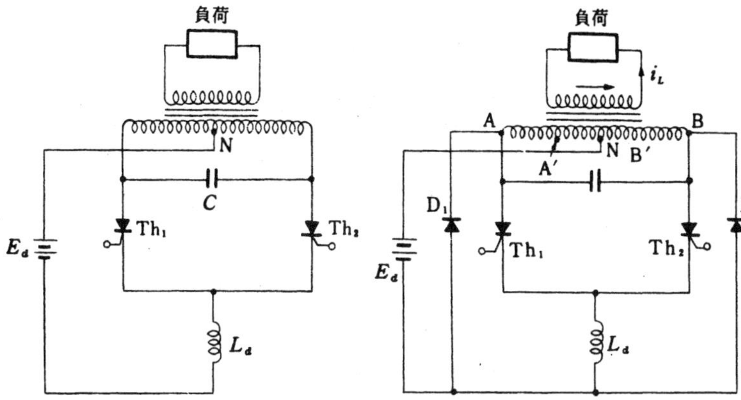

(a) 基本回路 (b) 轉流改良形

그림 6·31 單相並列 인버어터

우선 최초에 Th_1이 온, Th_2가 오프 상태에 있다고 하면 變壓器 1次捲線 N, A 사이에 直流電壓 E_d가 가해지고, 2次捲線에 E_d(捲數比는 1이라 한다)의 電壓이 誘起하여 負荷電流 i_L이 흐른다. 한편, 變壓器 1次捲線의 B, N 사이에는 單捲變壓器 작용에 의하여 電壓 E_d가 誘起되고 콘덴서 C에는 捲線 B, A 사이의 電壓 $2E_d$가 가해지며, C는 $2E_d$까지 充電된다.

다음에 Th_2에 트리거 펄스를 가하면 Th_2는 온 상태에 轉換하여 콘덴서 C의 充電電壓 $2E_d$는 Th_2를 통하여 Th_1에 逆바이어스 電壓으로 가해진다. 逆바이어스 電壓이 가해지는 시간이 턴 오프時間보다 충분히 길게 되도록 C의 값을 정하면 이 逆바이어스電壓에 의하여 Th_1은 턴 오프된다.

Th_1이 오프된 후의 回路狀態는 그림 6·32와 같게 되어 誘導性 負荷일 때에는 $i_L \fallingdotseq I_0$의 電流가 負荷에 계속 흐르고 變壓器의 1次捲線에는 i_{11}, i_{12}가 分流해서 흐른다. 다음에 이 상태의 동작을 回路方程式으로부터 구해 보기로 한다.

(2) 轉流期間의 動作

變壓器를 捲數比 1의 理想變壓器라 하면 암페어 턴의 관계에서

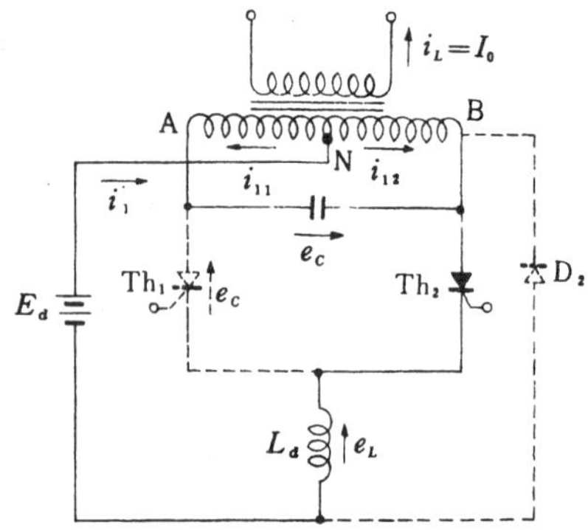

그림 6·32 轉流期間의 回路動作

$$I_0 = i_{11} - i_{12} = 2i_{11} - i_1 \qquad (6\cdot27)$$

또 回路의 電壓平衡條件에서

$$E_d = L_d\frac{di_1}{dt} - \frac{1}{2}e_c \qquad e_c = \frac{1}{C}\int i_{11}dt \qquad (6\cdot28)$$

i_1의 初期値를 I_0, e_c의 初期値를 $2E_d$라 하고 위 식을 풀면

$$i_1(t) = \frac{2E_d}{\omega L_d}\sin\omega t + I_0(2\cos\omega t - 1) \qquad (6\cdot29)$$

$$e_c = 4E_d\cos\omega t - \frac{I_0}{\omega C}\sin\omega t - 2E_d \qquad (6\cdot30)$$

$$e_L = L_d\frac{di_1}{dt} = \frac{1}{2}\left(4E_d\cos\omega t - \frac{I_0}{\omega C}\sin\omega t\right) \qquad (6\cdot31)$$

여기서 $\omega^2 = 1/(4L_dC)$ (6·32)

식 (6·30)의 e_c가 0이 될 때까지의 기간은 Th_1에 e_c가 逆바이어스電壓으로 가해져서 이 기간 내에 Th_1이 턴 오프를 끝내고 制御機能을 회복할 때까지가 필요하다. 즉 이 기간을 T_0이라 하면 T_0이 턴 오프時間 T_{off}보다 충분히 길도록 C의 값을 선정해 둘 필요가 있다.

다음, 轉流인덕턴스의 端子電壓 $e_L=0$이 되는 時間을 T_0'라 하면 $t>T_0'$에서는 $e_L<0$이 되어 整流器 D_2가 導通狀態가 되고 L_d는 D_2에 의하여 短絡된다. 또, $t=T_0'$일 때의 e_c는 식(6·29), (6·31)에서 $e_0=-2E_d$

가 되어 充電電壓의 極性이 反轉하고, $t>T_0'$에서는 充電電壓은 $e_c=-2E_d$로 維持된다.

$t>T_0'$의 기간이 되어도 負荷가 誘導性이기 때문에 I_0이 그대로 계속 흐르려고 하므로 어느 기간 동안은 E_d-D_2-(捲線 BN)을 통하여 E_d에 대해서는 負方向의 電流가 흘러 負荷인덕턴스에 저장된 電磁에너지를 電源側에 歸還시킨다.

이 期間中에는 온 상태에 있던 사이리스터 Th_2에는 逆方向의 電流가 흐르려고 하므로 일단 오프상태가 되고 負荷의 電磁에너지의 放出이 끝난 다음 再次 온 상태에 돌아가서(이 기간에는 트리거 펄스를 가해 둘 필요가 있다) 이 때 비로소 轉流가 끝난다.

이와 같이 그림 6·31(b)의 回路에서는 C, L_d, D_1, D_2에 의하여 安定된 轉流動作을 시킬 수 있으나 L_d 중에 저장된 電磁에너지가 L_d-D_2-Th_2 回路에서 소비되어 半導體素子의 溫度上昇을 초래할 뿐만 아니라 인버어터의 效率을 떨어뜨리는 결점이 있다. 이것을 개선하려고 D_1과 D_2의 陰極側의 端子를 變壓器의 中間탭點(그림 6·31의 A′와 B′)에 이동하여 L_d의 에너지를 變壓器捲線을 통해서 電源側에 歸還하는 방법이 쓰이고 있다.

【예제 2】 $E_d=100\,[\mathrm{V}]$, $I_0=5\,[\mathrm{A}]$, $L=0.2\,[\mathrm{mH}]$, $C=10\,[\mu\mathrm{F}]$ 일 때 사이리스터의 턴 오프 時間의 許容時間 T_0을 구하라.

(풀이) 식 (6·30), (6·32)에서

$$\omega=\frac{1}{2\sqrt{LC}}=11.2\times10^3\,[\mathrm{rad/sec}]$$

$$\frac{I_0}{\omega C}=\frac{5}{11.2\times10^3\times10\times10^{-6}}=44.6\,[\mathrm{V}]$$

$e_c=400\cos\omega t-44.6\sin\omega t-200=0$을 풀면

$$\omega T_0=0.936 \qquad \therefore\ T_0=83.6\times10^{-6}\,[\mathrm{s}]$$

따라서, $T_{\mathrm{off}}<83.6\,[\mu\mathrm{s}]$의 사이리스터를 쓰면 된다.

(3) 3相 인버어터

電力用의 인버어터로는 單相보다는 3상 인버어터가 실제로 널리 쓰이고 있다. 3相인버어터는 2組의 單相 인버어터를 조합하여 180° 通電形으로

꾸민것과 3相用으로 고안된 120° 通電形의 인버어터도 있다.

그림 6·33에 3相 인버어터의 한 예로 다이오드直列形 3相 인버어터 (120°通電形)의 回路圖를 표시한다.

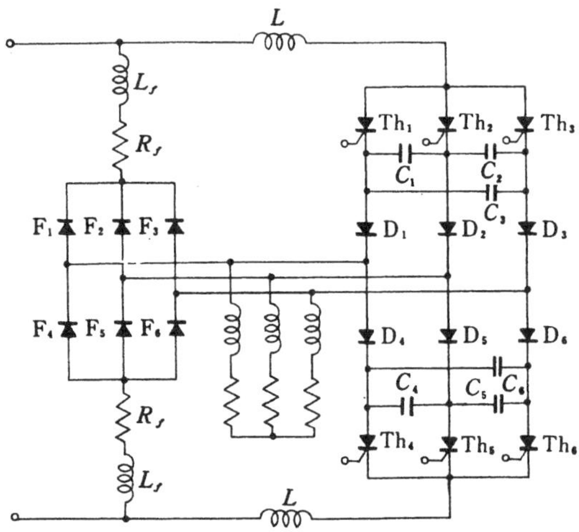

그림 6·33 다이오드直列形 3相브리지 인버어터

이 回路는 轉流콘덴서 C를 각 線間에 접속한 並列形 인버어터이며, C의 電荷를 유지하려고 直列다이오드 D가 삽입되어 있는 것이 특징이다.

6·2·5 사이크로 콘버어터

整流子와 브러시의 접촉에 의한 機械的 整流는 角周波數 ω를 $(\omega-p\omega_m)$의 周波數에 變換하는 일종의 機械的 周波數變換이다.

사이크로 콘버어터(cycro converter)는 機械的 整流子 대신 사이리스터를 써서 交流電力을 直流電力으로 변환하는 것이 아니고 직접 다른 周波數의 交流電力으로 변환하는 靜止形 周波數變換機이다. 여기서는 우선 機械的 整流子에 의한 周波數變換機의 原理를 알아보고, 다음에 사이크로 콘버어터의 動作原理를 설명한다.

(1) 機械的 整流子의 周波數變換

그림 6·34 는 整流子와 브러시로 구성된 vertoro라고 하는 機械的 周波數變換機의 原理圖이다.

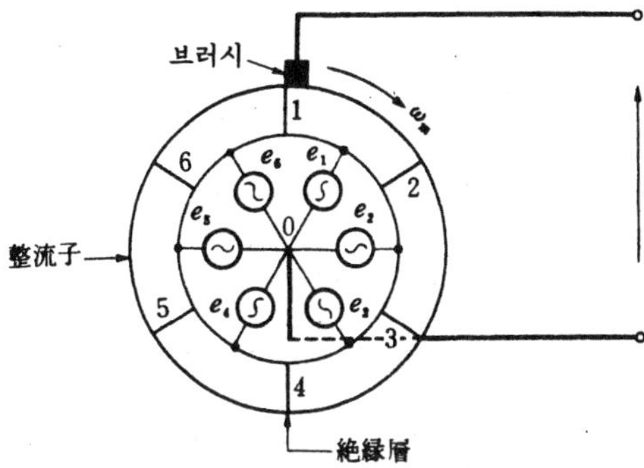

그림 6·34 vertoro 의 原理圖

n 相의 交流電壓은 각각 對應하는 整流子片에 연결되어 있다. 整流子面 위에는 一定角速度 ω_m 으로 회전하는 브러시가 배치되고, 出力電壓은 브러시와 中性點 0 사이에서 발생한다.

여기서 브러시가 각 整流子片에 접촉하고 있는 시간을 T_B 라 하면

$$T_B = 2\pi/(n\omega_m) \tag{6·33}$$

가 되며, $\Delta t = T_B$ 간격으로 相電壓 e_1, e_2, ⋯ 가 순차적으로 出力電壓이 되어 얻어진다.

여기서 각 相電壓이 n 相對稱電壓이고 브러시가 $t=0$ 에서 整流子 1의 左端에 있다고 하면 브러시에서 얻어지는 電壓 e_0 은 다음과 같이 된다.

$$\left.\begin{array}{ll} t = 0 \sim T_B & e_0 = e_1 = \sqrt{2}E\cos\omega t \\ t = T_B \sim 2T_B & e_0 = e_2 = \sqrt{2}E\cos(\omega t - 2\pi/n) \\ \vdots & \vdots \\ t = kT_B \sim (k+1)T_B & e_0 = e_k = \sqrt{2}E\cos(\omega t - 2k\pi/n) \end{array}\right\} \tag{6·34}$$

여기서 $\omega T_B = 2\pi/n$ 의 경우에는

$$e_0(0) = e_0(T_B) = \cdots = e_0(kT_B) = \cdots$$

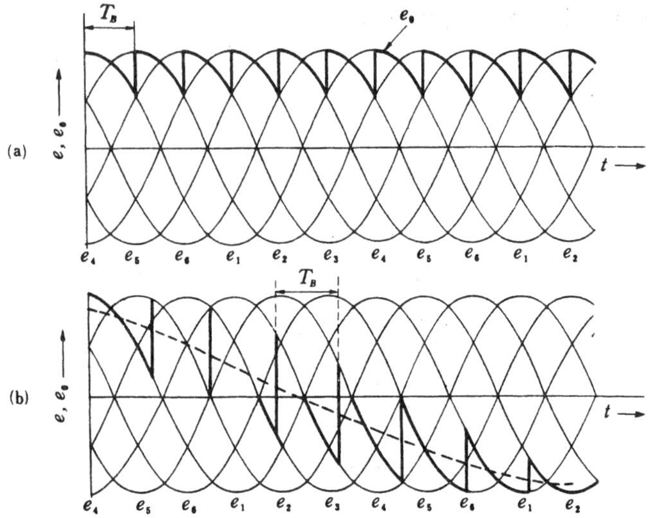

그림 6·35 그림 6·34의 出力波形

가 되어 出力波形은 그림 6·35(a)와 같은 整流波形이 되고 出力은 直流가 된다. $\omega T_B = 2\pi/n$의 조건은 식 (6·34)에서 $\omega = \omega_m$, 즉 交流電壓의 角周波數와 回轉角周波數 ω_m이 같으면 直流로 變換된다. 다음에는 $\omega_m < \omega$의 경우의 동작을 조사해 본다. 이 경우에는 $\omega T_B > 2\pi/n$가 된다. 여기서 $\omega T_B - 2\pi/n = \Delta\theta$라고 놓으면 整流子와의 접촉이 바뀌는 時點인

$t = 0,\ T_B,\ 2T_B, \cdots$의 出力電壓은

$$e_1(0) = \sqrt{2}E,\quad e_2(T_B) = \sqrt{2}E\cos(\Delta\theta),\ \cdots$$

$$e_k(kT_B) = \sqrt{2}E\cos(k\Delta\theta), \cdots$$

가 되어 出力電壓波形은 그림 6·35(b)와 같이 변화한다.

그림 (b)의 點線은 基本波成分을 나타낸 것이며, 이것에서 出力電壓은 低周波의 交流出力으로 변환되었음을 알 수 있다.

(2) 사이크로 콘버어터의 原理

그림 6·34의 機械的 整流子와 브러시를 사이리스터로 바꾸고, 각 사이리스터를 時間 T_B마다 順次 온 오프시키면 機械的 周波數變換機와 같은

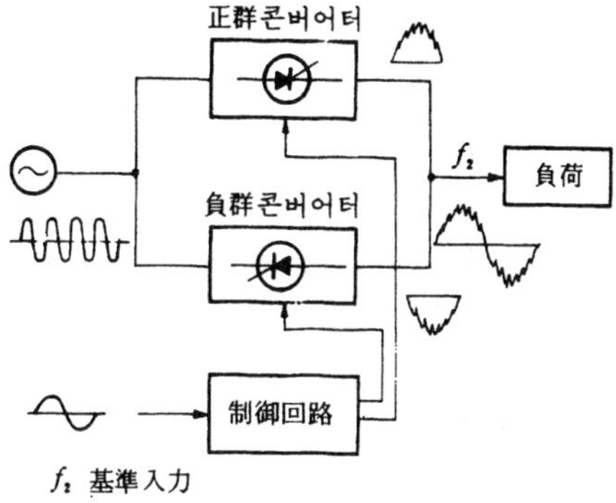

그림 6·36 사이크로 콘버어터의 構成

原理로 그림 6·35(b)에 표시한 出力波形이 얻어진다.

그림 6·36은 사이크로 콘버어터의 基本構成을 나타낸 것이며, 正과 負의 각각의 半周期出力을 얻기 위하여 正群콘버어터와 負群콘버어터의 두 整流回路를 內藏하고 있다.

그림 6·37은 3相-單相 사이크로 콘버어터의 回路例를 표시한 것이다.

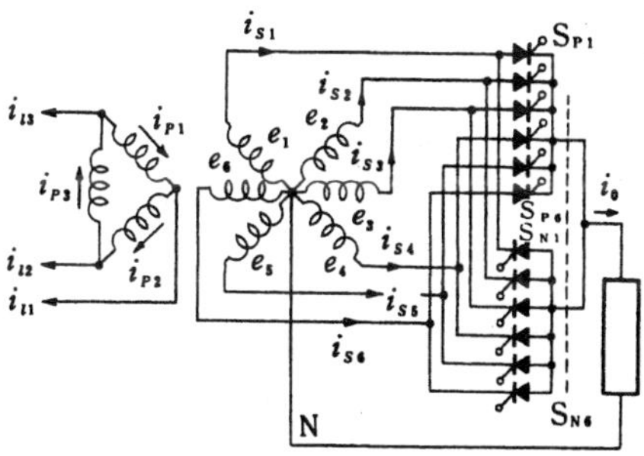

그림 6·37 3相-單相 사이크로 콘버어터

6·2·6 無整流子電動機

直流電動機는 誘導電動機나 同期電動機에 比하여 速度制御特性이 우수하나, 整流子를 가지고 있으므로 불꽃의 發生 등 保守하는 데 문제점이 있어 利用面에서 制約을 받고 있다. 無整流子電動機(commutator-less motor) 또는 사이리스터 모우터는 直流機의 機械的 整流子의 機能을 사이리스터 등으로 대치하여 直流機의 난점인 불꽃 발생을 제거하고 넓은 범위에 걸쳐서 効率이 좋은 速度制御를 가능하게 한 것으로써 一種의 直流機라고 보아도 된다.

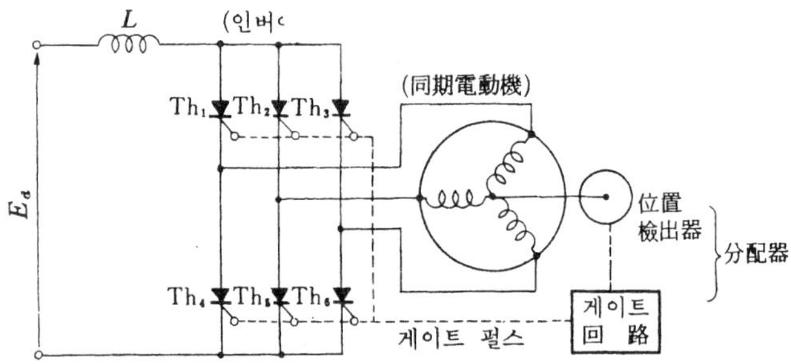

그림 6·38 사이리스터 모우터의 回路構成

사이리스터 모우터에는 여러 가지 방식이 고안되어 있으나, 기본적으로는 그림 6·38과 같이 同期電動機와 이에 交流電力을 공급하는 인버어터로 구성되고 있다. 이 경우에 電機子電流와 界磁磁束 사이에 가장 효과적으로 토오크를 발생하도록 電機子捲線과 界磁의 相對的 位置를 검출하여 이 檢出器로부터의 出力信號를 써서 인버어터를 구성하는 사이리스터素子를 턴 오프시키도록 한다. 이러한 動作을 하는 것이 그림 6·38의 分配器(distributor)이며, 位置檢出器와 信號의 整形, 處理, 增幅回路로 되어 있다.

찾아보기

신편 전기기계 개정신판

초판 1쇄 발행 1986년 8월 15일
개정신판 20쇄 발행 2018년 3월 16일

지은이 이윤종
펴낸이 최국주
펴낸곳 동명사
출판등록 1950년 11월 1일(제1-76호)
주소 (우 10881) 경기도 파주시 회동길 50(문발동)
전화 031-955-7200(대표)~2, 7203(편집부), 7204(물류)
팩스 031-955-7205
전자우편 webmaster@dmsbook.com
홈페이지 www.dmsbook.com

ISBN 978-89-411-1313-3 93560
값 22,000원

東明社